Bucher

Anwendungsorientierte Mathematik für Technikerschulen

Ihr Plus – digitale Zusatzinhalte!

Auf unserem Download-Portal finden Sie zu diesem Titel kostenloses Zusatzmaterial. Geben Sie dazu einfach diesen Code ein:

plus-48kyh-vt8a9

plus.hanser-fachbuch.de

Stephan Emanuel Bucher

Anwendungsorientierte Mathematik für Technikerschulen

2., aktualisierte Auflage

HANSER

Dieses Buch ist in der Erstauflage unter dem Titel „Anwendungsorientierte Mathematik für Techniker“ erschienen.
Aus Gründen der besseren Lesbarkeit wird auf die gleichzeitige Verwendung der Sprachformen männlich, weiblich und divers (m/w/d) verzichtet. Sämtliche Personenbezeichnungen gelten gleichermaßen für alle Geschlechter.

Print-ISBN: 978-3-446-47869-5
E-Book-ISBN: 978-3-446-47875-6

Bibliografische Information der Deutschen Nationalbibliothek:
Die Deutsche Nationalbibliothek verzeichnet diese Publikation in der Deutschen Nationalbibliografie; detaillierte bibliografische Daten sind im Internet unter http://dnb.d-nb.de abrufbar.

www.hanser-fachbuch.de
Lektorat: Dipl.-Ing. Natalia Silakova-Herzberg
Herstellung: Der Buchmacher, Arthur Lenner, Windach
Coverkonzept: Marc Müller-Bremer, www.rebranding.de, München
Titelmotiv: © shutterstock/Venomous Vector
Satz: Eberl & Koesel Studio, Kempten
Druck: CPI Books GmbH, Leck
Printed in Germany

Vorwort

Das Buch entstand im Laufe der Unterrichtstätigkeit des Autors an der Inovatech, einer Höheren Fachschule für Technik. Technikerstudenten sind Praktiker mit einer ersten Berufserfahrung. Das Schwergewicht wird deshalb im Unterricht, wo immer möglich, auf die kürzeste Verbindung von der Theorie zur praktischen Anwendung gelegt; auf Beweise, die Diskussion exotischer Spezialfälle und theoretische Spitzfindigkeiten wird weitgehend verzichtet, manchmal vielleicht vom Standpunkt der „reinen Lehre" aus betrachtet bis hart an die Grenze des Vertretbaren. Auch wird darauf Wert gelegt, den Studierenden jeweils eine Methode zu präsentieren, die immer anwendbar ist – wir sind der Ansicht, dass sich der Technikerstudent nicht mit verschiedenen Methoden für die gleiche Problemlösung belasten sollte.

Mathematik-Lehrbücher für Techniker gibt es im deutschen Sprachraum schon eine ganze Menge. Wir beginnen bei den Grundlagen, haben aber bewusst auch anspruchsvolle Beispiele und Anwendungen eingeschlossen, die nicht zum Standardrepertoire für Techniker gehören. Es geht uns dabei darum, den Studierenden die Breite der Anwendbarkeit der vermittelten Mathematik aufzuzeigen und sie darauf hinzuweisen, dass alles überall noch weitergeht.

Damit, und indem wir entsprechende Stichworte und Anknüpfungspunkte geben, möchten wir interessierte Leser dazu ermutigen, selbständig ihre Kenntnisse zu erweitern und zu vertiefen. Sehr viel Information kann im Internet (speziell auf Youtube) gefunden werden, und es gibt ausgezeichnete weiterführende Werke im Buchhandel (siehe Literaturverzeichnis).

Die vorliegende 2. Auflage wurde in zahlreichen Einzelheiten erweitert und angepasst. Bei Herleitungen und Berechnungen haben wir darauf geachtet, alle wichtigen Schritte und Konzepte aufzuzeigen. Wir hoffen deshalb, dass das Buch auch beim Selbststudium von Nutzen sei. Fundierte Kritik und Verbesserungsvorschläge nehmen wir gerne entgegen.

Der Mathematik-Unterricht an den Technikerschulen umfasste bisher 4 Semester, und dafür ist das Buch ausgelegt. Im neuen Rahmenlehrplan ist vorgesehen, dass die praktischen Anwendungen der Mathematik im Rahmen der einzelnen technischen Fächer (Elektrotechnik, Maschinenelemente, Antriebstechnik, usw.) unterrichtet werden, und er enthält einen nicht unwesentlichen Anteil an selbstständigem „angeleiteten" Studium. Das Buch kann daran angepasst werden, denn die praktischen Anwendungen sind als solche ersichtlich; sie können im Unterricht übersprungen werden und der Studierende hat die Möglichkeit, sie für sich „angeleitet" durchzuarbeiten.

Als gute Ergänzung zum Selbststudium empfehlen wir die Webseite von Barbara Flütsch (*https://www.sos-mathe.ch/*) mit zahlreichen (gelösten) Aufgaben unterschiedlicher Schwierigkeit aus allen für uns relevanten Gebieten.

An Taschenrechner werden keine besonderen Anforderungen gestellt; fast alle der im Kurs zu lösenden Probleme sind mit einem TI-30 eco RS zu bewältigen, der einfach und intuitiv zu bedienen ist. Besser geeignet für Techniker ist der etwas anspruchsvollere TI-30X Pro, der quadratische und kubische Gleichungen sowie Gleichungssysteme mit zwei und drei Unbekannten löst, Integrale numerisch auswertet und, neben statistischen Berechnungen und Regressionen, sogar einen beschränkt brauchbaren numerischen Gleichungslöser enthält. Mit programmierbaren Rechnern sind viele unserer Studierenden überfordert – im Unterricht kann dazu keine Unterstützung geleistet werden – und die kompliziertere Bedienung wirkt sich als Nachteil aus.

Immer häufiger wird im Alltag für Berechnungen direkt der PC eingesetzt, was die Dokumentation und Wiederverwendung umfangreicher Berechnungsvorgänge ermöglicht. Wir bevorzugen dafür Mathcad, für tabellenorientierte Anwendungen Excel, und stellen dazu auch Beispiele zur Verfügung.

Ich danke dem Hanser Verlag und seinen Mitarbeitern, insbesondere der Lektorin Frau Natalia Silakova und Ihrer Kollegin Christina Kubiak für ihre sehr engagierte, umsichtige und professionelle Unterstützung und Beharrlichkeit während der nicht immer einfachen Vorbereitungszeit.

Zum Schluss möchte ich mich bei der Schulleitung der Inovatech dafür bedanken, dass sie Vorschlägen gegenüber stets aufgeschlossen ist und eine Atmosphäre des Vertrauens schafft, in der der Dozent bei der Vermittlung der Lehrinhalte Freiheit genießt und nicht über Gebühr administrativ belastet wird.

Rickenbach im Frühjahr 2024 *Stephan Bucher*

Inhalt

1 Grundlagen

1.1 Die Zahlen

Wir unterscheiden folgende Zahlenmengen:

$\mathbb{N}$ **Natürliche Zahlen,** $\mathbb{N} = \{1, 2, 3, 4, 5, \ldots\}$

Die natürlichen Zahlen sind bezüglich Addition und Multiplikation *abgeschlossen*, d. h., Addition oder Multiplikation natürlicher Zahlen liefert wieder eine natürliche Zahl.

$\mathbb{Z}$ **Ganze Zahlen:** natürliche und negative Zahlen und die Null, also

$$\mathbb{Z} = \{\ldots, -3, -2, -1, 0, 1, 2, 3, \ldots\}$$

Die ganzen Zahlen sind bezüglich Addition, Subtraktion und Multiplikation abgeschlossen.

$\mathbb{Q}$ **Rationale Zahlen:** alle Zahlen, die bei der Division von zwei ganzen Zahlen entstehen, wobei nicht durch Null dividiert werden darf:

$$\mathbb{Q} = \{a = p/q \mid p, q \in \mathbb{Z}, q \neq 0\}$$

Jede rationale Zahl kann auch dargestellt werden als p/q, wobei $p \in \mathbb{Z}$ und $q \in \mathbb{N}$.

In Dezimalschreibweise (mit Dezimalkomma) sind rationale Zahlen *periodisch*, d. h., das gleiche Zahlenmuster wiederholt sich immer wieder. Die Länge der Periode ist höchstens $q - 1$. (Überlege, was bei der schriftlichen Division abläuft!)

Die rationalen Zahlen sind bezüglich Addition, Subtraktion, Multiplikation und Division (nicht durch Null) abgeschlossen.

$\mathbb{R}$ **Reelle Zahlen:** Es gibt Zahlen, deren Darstellung in Dezimalschreibweise nicht abbricht und die nicht periodisch sind. Beispiele sind die Quadratwurzeln der meisten Zahlen oder die Zahl π, das Verhältnis zwischen Umfang und Durchmesser beim Kreis. Die reellen Zahlen umfassen neben den rationalen Zahlen auch diese *irrationalen Zahlen*.

$\mathbb{C}$ **Komplexe Zahlen:** Es gibt höhere Rechenoperationen, die aus den reellen Zahlen hinausführen, beispielsweise gibt es keine reelle Zahl, die die Quadratwurzel einer negativen reellen Zahl ist. Die komplexen Zahlen stellen eine Erweiterung der reellen Zahlen dar, die *bezüglich aller mathematischen Operationen abgeschlossen* ist. Die komplexen Zahlen vereinfachen die Lösung bestimmter Probleme, und sie werden beispielsweise in der Elektrotechnik bei der Beschreibung des Wechselstroms (siehe *6.7*) und ganz allgemein bei der Behandlung von Schwingungsvorgängen verwendet.

Es gelten folgende Mengenbeziehungen: $\mathbb{N} \subset \mathbb{Z} \subset \mathbb{Q} \subset \mathbb{R} \subset \mathbb{C}$

Wir brauchen für alle unsere Berechnungen nur eine kleine Teilmenge der rationalen Zahlen, nämlich diejenigen, die mit 10 (oder was immer der Rechner schafft) dezimalen Stellen dargestellt werden können. Alle reellen Zahlen können beliebig genau durch rationale Zahlen angenähert werden, sodass diese Einschränkung für unseren Alltag keine *praktische* Bedeutung hat.

1.2 Arithmetische Grundoperationen

Als arithmetische Grundoperationen kennen wir *Addition, Subtraktion, Multiplikation* und *Division.* Die Subtraktion kann man als Addition einer negativen Zahl auffassen, die Division mit einer Zahl a als Multiplikation mit dem Kehrwert $1/a$, sodass Addition und Subtraktion bzw. Multiplikation und Division aufeinander zurückgeführt werden können.

Beispiele:

1.1 $2 - 3 = 2 + (-3) = -1$

1.2 $9 \div 3 = 9 \cdot (1/3) = 3$

Wie bereits erwähnt, sind die rationalen Zahlen bezüglich dieser Operationen abgeschlossen, das Ergebnis der Addition oder Multiplikation rationaler Zahlen ist also immer auch wieder eine rationale Zahl.

Bezeichnungen:

Addition	Summand + Summand = Summe
Subtraktion	Minuend - Subtrahend = Differenz
Multiplikation	Faktor · Faktor = Produkt
Division	Dividend ÷ Divisor = Quotient

1.3 Rechenregeln

1.3.1 Reihenfolge der Operanden

Bei Addition und Multiplikation (und wie wir in *1.2* gesehen haben, kann man eine Subtraktion als Addition einer negativen Zahl schreiben und eine Division als Multiplikation mit dem Kehrwert) darf man die Reihenfolge der Summanden bzw. Faktoren vertauschen, ohne dass sich dadurch am Resultat etwas ändert. Das ist das *Kommutativgesetz.*

Beispiele:

1.3 $2 + 3 = 3 + 2 = 5$

1.4 $4 \cdot 7 = 7 \cdot 4 = 28$

1.3.2 Vorzeichen

Multiplikation einer beliebigen Zahl a mit einer negativen Zahl b kehrt das Vorzeichen von a um, d. h. für positives a wird das Produkt $a \cdot b$ negativ, für negatives a positiv.

Mehrfache Multiplikationen können eine nach der anderen von links nach rechts durchgeführt werden (*1.3.3*), wobei jedesmal die Vorzeichenregel anzuwenden ist.

Beachte: Der Rechner verwendet zur Eingabe negativer Zahlen ein anderes Minuszeichen als bei der Subtraktion! Dieses findet sich unten rechts im Zahlenblock.

Beispiele:

1.5 $2 \cdot (-3) = -6$

1.6 $(-4) \cdot 7 = -28$

1.7 $(-4) \cdot (-5) = +20 = 20$

1.8 $(-2) \cdot (-4) \cdot (-5) = -40$

1.9 $(-2) \cdot (-2) \cdot (-4) \cdot (-5) = +80 = 80$

1.3.3 Reihenfolge der Operationen

Normalerweise führt man gleichberechtigte Operationen *von links nach rechts* durch, darf aber auch anders (*Assoziativgesetz*), außerdem gilt die *Punkt-vor-Strich-Regel*:

Operationen „mit Punkten“, also Multiplikation und Division, werden zuerst ausgeführt, nachher werden die Zwischenresultate der Multiplikationen und Divisionen addiert bzw. subtrahiert. ■

Wo Operationen in anderer Reihenfolge auszuführen sind, setzt man **Klammern**. Mehrfache Klammern werden **schrittweise von innen nach außen** ausgewertet.

Die meisten Taschenrechner kennen diese Regel, sehr billige und kaufmännisch orientierte Rechner sind aber manchmal programmiert, jede Operation nach der Eingabe sofort auszuführen.

Beispiele:

1.10 $4 \cdot 7 - 2 \cdot 3 = 28 - 6 = 22$

1.11 $4 \cdot (7 - 2) \cdot 3 = 4 \cdot 5 \cdot 3 = 60$

1.12 $3 + 4 \cdot (18 - 2 \cdot (5 - 1) + 7) = 3 + 4 \cdot (18 - 2 \cdot 4 + 7) = 3 + 4 \cdot 17 = 3 + 68 = 71$

1.13 $7 - 6 \div 3 + 1 = 7 - 2 + 1 = 6$

Wir können anstelle von Zahlen auch mit Buchstaben (als Platzhalter) rechnen.

Beispiel:

1.14 $3 \cdot a - a + 5 \cdot (2 \cdot a + 4 \cdot a - 3 \cdot a) - 8 \cdot a \div 4 = 3 \cdot a - a + 5 \cdot 3 \cdot a - 2 \cdot a$

$$= 3 \cdot a - a + 15 \cdot a - 2 \cdot a$$

$$= 15 \cdot a$$

Das heißt, dass man links für a eine beliebige Zahl einsetzen kann und das Ergebnis immer gleich dem Fünfzehnfachen dieser Zahl ist.

1.3.4 Addition und Subtraktion von Klammerausdrücken

Regeln:

- Wird eine Klammer *als Ganzes* addiert, ist sie überflüssig und kann weggelassen werden.
- Wird eine Klammer *als Ganzes* subtrahiert, so kann sie weggelassen werden, wenn die Vorzeichen aller *Summanden* (bzw. *Subtrahenden*) im Innern der Klammer umgekehrt werden.

Mit „als Ganzes" meinen wir, dass die Klammer nicht noch mit einem Faktor multipliziert sein darf, also beispielsweise

$2 - (3 + 5) = 2 - 3 - 5 = -6$ ist richtig,

$2 - (3 + 5) \cdot 4 = 2 - 3 - 5 \cdot 4$ ist falsch! Hier muss zuerst die Klammer mit 4 multipliziert werden gemäß der Punkt-vor-Strich-Hierarchie.

Beispiele:

1.15 $1 + (3 - 5 \cdot 6) = 1 + 3 - 5 \cdot 6 = 1 + 3 - 30 = -26$

1.16 $2 + 7 \cdot 8 - (2 \cdot 3 + 4 - 9) = 2 + 56 - 2 \cdot 3 - 4 + 9 = 2 + 56 - 6 - 4 + 9 = 57$

1.17 $7 - (5 \cdot 6 + (-2) \cdot 4 - 17) = 7 - 5 \cdot 6 - (-2) \cdot 4 + 17$

$$= 7 - 30 \quad -(-8) \quad + 17$$

$$= 7 - 30 \quad + 8 \quad + 17$$

$$= 2$$

1.3.5 Multiplikation von Klammerausdrücken

Beim Multiplizieren von Klammerausdrücken wird jeder Summand in jedem Klammerausdruck mit jedem Summanden aller anderen Klammerausdrücke multipliziert und diese Glieder addiert (*Distributivgesetz*). Das tönt etwas kompliziert, deshalb ein Beispiel:

Beispiel:

1.18 $(3 + 4 - 5) \cdot (7 - 2) = 3 \cdot 7 + 3 \cdot (-2) + 4 \cdot 7 + 4 \cdot (-2) - 5 \cdot 7 - 5 \cdot (-2)$

$$= 21 \quad - 6 \quad + 28 \quad - 8 \quad - 35 \quad + 10 = 10$$

$3 + 4 - 5 = 2, \quad 7 - 2 = 5, \quad 2 \cdot 5 = 10,$

es stimmt also!

Man kann derartige Operationen in einfachen Fällen auch geometrisch darstellen, siehe *1.5.2*.

1.4 Bruchrechnen

1.4.1 Begriffe

Die Bruchschreibweise ist eine Schreibweise für eine Division, die man noch nicht ausgeführt hat. Der Bruch besteht aus dem *Zähler,* der angibt, wie viele Teile der Bruch zählt, und dem *Nenner,* der angibt, um was für (Bruch-)Teile es sich handelt.

Nachdem die Division ausgeführt wurde, gibt man das Ergebnis als eine Zahl mit Kommastellen an und nennt das einen *Dezimalbruch.*

Beispiel:

1.19 ¼ ist ein Bruch, 0,25 der zugehörige Dezimalbruch.

Man sieht sofort, dass sich der Wert eines Bruches nicht ändert, wenn man Zähler und Nenner mit der gleichen Zahl multipliziert; beispielsweise sind 1/4 und 5/20 gleichwertig, denn sie haben den gleichen Dezimalbruch.

Brüche mit gleichem Nenner nennt man *gleichnamig,* das Multiplizieren von Zähler und Nenner mit der gleichen Zahl *erweitern.* Das Umgekehrte, die Division von Zähler und Nenner durch die gleiche Zahl, heißt *kürzen* (*1.4.3*).

Beim „klassischen" TI-30 werden Brüche wie folgt eingegeben: Zähler [**a**^{b}/$_c$] Nenner (Zähler höchstens 6 Stellen, Nenner höchstens 3 Stellen). Beim TI-30 wechselt [**F↔D**] zwischen Bruch- und Dezimalbruchdarstellung hin und her, beim TX-30XPro [◂▸≈].

1.4.2 Addition von Brüchen; das kleinste gemeinsame Vielfache

Am einfachsten ist es natürlich, wenn man, um zwei Brüche zu addieren, ihre Dezimalbrüche addiert: ½ + ¼ = 0,5 + 0,25 = 0,75. Auf einem Rechner mit Punkt-vor-Strich-Logik kann man einfach alles von links nach rechts eintippen, und das ist immer ein einfaches Mittel zur Kontrolle, ob man richtig gerechnet hat. Aber wir wollen es uns nicht so einfach machen, denn mit etwas Technik im Bruchrechnen kann man sehr häufig Probleme vereinfachen und übersichtlich machen und Zusammenhänge erkennen, die sonst verborgen bleiben.

Addieren kann man gleichartige Dinge, 3 Studenten + 2 Studenten = 5 Studenten. Beim Bruch gibt der Nenner an, auf was für Teile sich der Zähler bezieht. Wir können deshalb Brüche mit gleichem Nenner addieren, indem wir einfach die Zähler addieren, also etwa 1/4 + 3/4 = 4/4. Damit ist die Vorgehensweise skizziert: Wenn wir eine Methode finden, um die Nenner von zwei Brüchen gleich zu machen, können wir die Brüche addieren, indem wir die Zähler addieren.

Den Nenner dürfen wir immer als *natürliche Zahl* ansehen und ein eventuelles negatives Vorzeichen dem Zähler zuschieben.

Wie wir in *1.4.1* festgestellt haben, ändert sich der Wert eines Bruches nicht, wenn Zähler und Nenner mit der gleichen Zahl multipliziert werden. Wir müssen also für jeden Bruch eine solche Zahl so finden, dass alle Nenner am Schluss denselben Wert haben. Wir suchen ein *gemeinsames Vielfaches* der Nenner.

Ein gemeinsames Vielfaches ist immer das Produkt aller voneinander verschiedenen Nenner. Aber damit erhalten wir oft eine große und unhandliche Zahl!

Mit etwas Erfahrung, und wenn man in der Schule einmal die „Reihen" gut auswendig gelernt hat, entwickelt man schnell ein gewisses „Gefühl" für Zahlen, sodass man ein geeignetes Vielfaches erkennen kann, ohne viel zu rechnen: *Man sucht eine Zahl - je kleiner, desto besser - die durch alle Nenner teilbar ist.* Optimal ist es, das *kleinste gemeinsame Vielfache* (k.g.V.) zu finden. Wir wollen eine Methode zu seiner Bestimmung nachstehend kurz skizzieren.

Heute können viele Taschenrechner das k.g.V. bestimmen, leider immer nur von 2 Zahlen. Die Funktion heißt bei Texas Instruments **lcm**, *least common multiple*. Aber diese Rechner können auch bruchrechnen, sodass man das k.g.V. - wenigstens aus diesem Grund - gar nicht mehr zu kennen braucht ...

Um das k.g.V. für mehrere Zahlen *gleichzeitig* zu bestimmen, müssen wir etwas weiter ausholen.

Primzahlen sind Zahlen, die nur durch 1 und sich selber teilbar sind, also die Zahlen, deren Folge beginnt mit 2, 3, 5, 7, 11, 13, 17, 19, 23, 29, 31, etc. Primzahlen sind sehr interessante und rätselhafte Objekte in der Zahlentheorie. Für uns genügt es im Moment, zu wissen, dass jede Zahl, die nicht selber Primzahl ist, in sogenannte *Primfaktoren* zerlegt werden kann, zum Beispiel $204 = 2 \cdot 2 \cdot 3 \cdot 17$, in Potenzschreibweise (davon mehr in *1.5.1*) lautet das $204 = 2^2 \cdot 3 \cdot 17$. Um die Primfaktoren einer Zahl zu finden, dividiert man sie solange durch 2, bis es „nicht mehr geht", fährt dann bei 3 fort, dann bei 5 und allen anderen Primzahlen (wenn man die nicht kennt, dividiert man einfach durch alle ungeraden Zahlen). Ein Faktor einer Zahl kann nicht größer sein als ihre Quadratwurzel; beim Erreichen der Quadratwurzel der letzten Zahl kann man deshalb aufhören, der ganze Rest ist dann der letzte Primfaktor.

TI-30X Pro: **math 4: ▸Pfactor**

Das k.g.V. ist ein Vielfaches jeder der Zahlen. Die Primfaktoren des k.g.V. sind also diejenigen Primfaktoren, mit denen man *jede* der Zahlen bilden kann. Jeder Faktor, der *irgendwo* vorkommt, muss darin vorkommen, und zwar mit der höchsten vorkommenden Potenz.

Beispiel:

1.20 Bestimme das k.g.V. der Zahlen 312, 676, 144

Primfaktorzerlegung: $312 = 2^3 \cdot 3 \cdot 13$

$676 = 2^2 \cdot 13^2$

$144 = 2^4 \cdot 3^2$

$\text{k.g.V.} = 2^4 \cdot 3^2 \cdot 13^2 = 24336$

Wenn ein geeignetes gemeinsames Vielfaches der Nenner bekannt ist, wird jeder Bruch so erweitert, dass sein Nenner dieser Zahl entspricht, und dann werden die Zähler addiert.

Häufig kann das Ergebnis gekürzt werden (siehe *1.4.3*).

1.4.3 Kürzen

Häufig kann das Ergebnis einer Rechnung mit Brüchen gekürzt werden. Dazu erstellt man die Primfaktorzerlegung von Zähler und Nenner und streicht gemeinsame Faktoren (wenn man nicht schon „von Auge" sieht, wie gekürzt werden kann).

Hier helfen die *Teilbarkeitsregeln*:

- Eine Zahl ist durch 2 teilbar, wenn ihr Zehnerrest es ist (wenn sie gerade ist).
- Eine Zahl ist durch 3 teilbar, wenn ihre Quersumme (das ist die Summe ihrer Ziffern) durch 3 teilbar ist: (T = Tausender, H = Hunderter, Z = Zehner, E = Einer)

$$\begin{aligned} \text{THZE} &= 1000 \cdot T + 100 \cdot H + 10 \cdot Z + E = 999 \cdot T + 99 \cdot H + 9 \cdot Z + (T + H + Z + E) \\ &= \text{Summe von durch 3 (sogar durch 9) teilbaren Zahlen + Quersumme} \end{aligned}$$

- Eine Zahl ist durch 4 teilbar, wenn ihr Hunderterrest es ist.
- Eine Zahl ist durch 5 teilbar, wenn ihr Einer 0 oder 5 ist.
- Eine Zahl ist durch 6 teilbar, wenn sie gerade und ihre Quersumme durch 3 teilbar ist.
- Eine Zahl ist durch 7 teilbar, wenn die Zahl, die man erhält, wenn man das Doppelte der letzten Ziffer (Einer) vom Rest der Zahl subtrahiert, durch 7 teilbar ist: $385 \rightarrow 38 - 2 \cdot 5 = 28$.
- Eine Zahl ist durch 8 teilbar, wenn ihr Tausenderrest es ist.
- Eine Zahl ist durch 9 teilbar, wenn ihre Quersumme durch 9 teilbar ist.

Der TI-30 kürzt einen eingegebenen Bruch, wenn man [=] bzw. [enter] drückt.

Es ist oft hilfreich, wenn man zum Kürzen gemeinsame Faktoren aus Summen und Differenzen *ausklammert*:

Beispiel:

1.21 $$\frac{ax+ay}{a+n} + \frac{nx+ny}{a+n} = \frac{ax+ay+nx+ny}{a+n} = \frac{a(x+y)+n(x+y)}{a+n} = \frac{(a+n)(x+y)}{a+n} = x+y$$

1.4.4 Multiplikation von Brüchen

Wird ein Bruch mit einer ganzen Zahl multipliziert, also zum Beispiel 2 · ¼, erhalten wir 2/4, es wird also der Zähler mit der ganzen Zahl multipliziert. Bilden wir die Hälfte der Hälfte, also ½ · ½, sieht man leicht, dass das ¼ ist – die Nenner haben sich multipliziert.

Überraschenderweise ist also das Multiplizieren von Brüchen einfacher als das Addieren: *Wir multiplizieren Zähler mit Zähler und Nenner mit Nenner.*

Häufig kann das Ergebnis gekürzt werden (siehe *1.4.3*).

1.4.5 Division von Brüchen

Beim Dividieren berechnen wir, wie viel mal der Divisor im Dividenden enthalten ist. 2 ist 3x in 6 enthalten, denn 6 ÷ 2 = 3.

Wie oft ist ½ in 1 enthalten? Natürlich 2x, also 1 ÷ ½ = 2. Wie oft ist ¼ in 1 enthalten? 4x, also 1 ÷ ¼ = 4. Und wie oft ist ¼ in ½ enthalten? Auch wieder 2x, also ½ ÷ ¼ = 2. Wir sehen, wie das Dividieren funktioniert: **Division ist dasselbe wie Multiplikation mit dem Kehrwert des Divisors.**

So werden sogenannte *Doppelbrüche* in einfache Brüche umgewandelt.

1.4.6 Umwandlung von Dezimalbrüchen in Brüche

Bei Division des Zählers durch den Nenner erhalten wir den Dezimalbruch einer Zahl. Dezimalbrüche können natürlich auch wieder in Brüche zurückverwandelt werden.

Am einfachsten ist das bei abbrechenden Dezimalbrüchen; aus 0,125 erhalten wir sofort 125/1000 und daraus durch Kürzen 1/8.

Wie wir eingangs *(1.1)* erwähnten, sind die Dezimalbruchdarstellungen rationaler Zahlen periodisch mit einer Periodenlänge von höchstens dem um 1 verminderten Nenner. Der Trick, mit der nicht abbrechenden Periode fertig zu werden, ist ein Trick, den man in der Mathematik auch bei anderen Problemen gern anwendet. Wir werden bei der Summation geometrischer Reihen in *7.3.2* wieder dasselbe tun: man subtrahiert das, was einen stört, von sich selber und schafft es damit weg.

Wir multiplizieren also unseren Dezimalbruch zuerst so mit einer geeigneten Zahl, dass die Periode gleich nach dem Komma beginnt. Dann multiplizieren wir diese Zahl nochmals so, dass eine ganze Periode vor das Komma zu stehen kommt, und subtrahieren davon die erste Zahl - und weg ist die Periode!

Beispiel:

1.22 Verwandle $p = 0{,}97123123123\ldots$ in einen Bruch!

$$100000 \cdot p = 97123{,}123123123\ldots$$
$$-100 \cdot p = -97{,}123123123\ldots$$
$$99900 \cdot p = 97026$$

Jetzt haben wir den Bruch und müssen nur noch kürzen: $p = \frac{97026}{99900} = \frac{16171}{16650}$

Beim TI-30 wechselt **F↔D** zwischen Bruch- und Dezimalbruchdarstellung, beim TI-30xPro [◂▸≈].

1.5 Potenzen und Wurzeln

1.5.1 Potenzen

Wenn derselbe Faktor a mehrmals (n-mal) mit sich selber multipliziert wird, schreiben wir dafür zur Abkürzung, wie schon in *1.4.2* erwähnt,

$$a \cdot a \cdot a \cdot a \cdot a \cdot a \cdot a \cdot \ldots \cdot a = a^n,$$

wobei a eine beliebige reelle Zahl und n eine beliebige natürliche Zahl sein können.

Bezeichnungen: a ist die **Basis**, n der **Exponent**, a^n die **Potenz**.

Für Potenzen gelten folgende **Rechenregeln**, die man sofort einsehen kann, wenn man die Potenzen als mehrfache Multiplikationen ausschreibt:

$$a^n \cdot a^m = a^{n+m} \tag{1.1}$$

$$a^n \div a^m = a^{n-m} \tag{1.2}$$

$$(a^n)^m = a^{n \cdot m} \tag{1.3}$$

$$a^n \cdot b^n = (a \cdot b)^n \tag{1.4}$$

Die Rechenoperationen werden also um eine Stufe vereinfacht:

- Aus einer Multiplikation wird eine Addition der Exponenten,
- aus einer Potenz wird eine Multiplikation der Exponenten.

Wenn wir eine Potenz mehrmals durch ihre Basis dividieren, erhalten wir eine Folge wie

$$a^n \xrightarrow{\div a} a^{n-1} \xrightarrow{\div a} \ldots \xrightarrow{\div a} a^2 \xrightarrow{\div a} a \xrightarrow{\div a} 1 \xrightarrow{\div a} \frac{1}{a} \xrightarrow{\div a} \frac{1}{a^2},$$

die eine sinnvolle Erweiterung des Potenzbegriffes für Exponenten < 1 nahelegt. Der Exponent nimmt dabei jedesmal um 1 ab. Man sieht, dass für beliebige Zahlen a offenbar gelten soll

$$a^1 = a$$

$$a^0 = 1 \text{ (es ist sogar } 0^0 = 1 \text{ - siehe Fußnote}^1\text{)}$$

und $$a^{-n} = \frac{1}{a^n}.$$

Wie wir gleich sehen werden, liefert die Anwendung der Rechenregeln für Potenzen auch bei Exponenten ≤ 0 sinnvolle Ergebnisse.

[1] $a^0 = 1$ gilt für beliebig kleine a. Und auch wenn man im Ausdruck x^x den Wert von x immer kleiner macht (gegen null gehen lässt), geht der Wert des Ausdruckes immer näher zu 1.

1.5.2 Quadratische binomische Ausdrücke

Ein *binomischer Ausdruck* oder einfach *Binom* ist ein Ausdruck mit zwei Gliedern, also ein Ausdruck der Form

$$a + b,$$

wo a und b als sogenannte *Monome* bezeichnet werden.

Speziell wichtig sind die Ausdrücke

$$(a + b)^2 = a^2 + 2ab + b^2 \tag{1.5}$$

$$(a - b)^2 = a^2 - 2ab + b^2 \tag{1.6}$$

$$(a + b) \cdot (a - b) = a^2 - b^2 \tag{1.7}$$

Diese Identitäten soll man sich einprägen, denn sie werden immer wieder gebraucht, beispielsweise wenn ein quadratischer Ausdruck in Faktoren zerlegt wird. Quadratische Binome können auch graphisch dargestellt werden *(Bild 1.1)*.

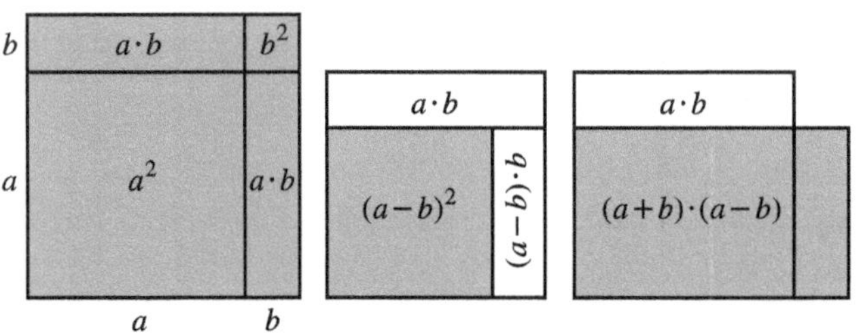

Bild 1.1 Graphische Darstellung von $(a + b)^2$, $(a - b)^2$, $(a + b) \cdot (a - b)$

1.5.3 Höhere Potenzen binomischer Ausdrücke

Wir wollen jetzt systematisch die Potenzen binomischer Ausdrücke untersuchen und bilden nach den Regeln von *1.3.5* die Produkte (Schreibweise: alle oberen Vorzeichen gehören jeweils zusammen sowie alle unteren):

$$(a \pm b)^1 = a \pm b$$

$$(a \pm b)^2 = (a \pm b) \cdot (a \pm b) = a^2 \pm a \cdot b \pm b \cdot a + b^2 = a^2 \pm 2 \cdot a \cdot b + b^2$$

$$(a \pm b)^3 = (a^2 \pm 2 \cdot a \cdot b + b^2) \cdot (a \pm b) = a^3 \pm 3 \cdot a^2 \cdot b + 3 \cdot a \cdot b^2 \pm b^3$$

$$(a \pm b)^4 = (a^3 \pm 3 \cdot a^2 \cdot b + 3 \cdot a \cdot b^2 \pm b^3) \cdot (a \pm b) = a^4 \pm 4 \cdot a^3 \cdot b + 6 \cdot a^2 \cdot b^2 \pm 4 \cdot a \cdot b^3 + b^4$$

Daraus lassen sich folgende Gesetzmäßigkeiten für $(a + b)^n$ ableiten:

- Die Summe der Exponenten von a und b ist bei jedem Glied gleich n, dem Exponenten des Binoms.
- Das erste Glied ist $a^n = a^n b^0$, dann nimmt der Exponent von a immer um 1 ab, während der Exponent von b um 1 zunimmt.
- Die Koeffizienten der Potenzen beginnen immer mit 1, dann kommt n, und am Ende wieder n und 1. Alle Zeilen sind symmetrisch.

- Die Summe der Koeffizienten der Potenzausdrücke ist gleich 2^n (setze a und b beide = 1).
- Falls b negativ ist, also $b < 0$, hat jedes Glied mit einer ungeraden Potenz von b ein negatives Vorzeichen.

Die Koeffizienten bilden das sogenannte *Pascal'sche Dreieck*[2]:

```
0                                 1
1                              1     1
2                           1     2     1
3                        1     3     3     1
4                     1     4     6     4     1
5                  1     5    10    10     5     1
6               1     6    15    20    15     6     1
7            1     7    21    35    35    21     7     1
8         1     8    28    56    70    56    28     8     1
```

etc.

Jeder Koeffizient ist gleich der Summe der beiden oberhalb von ihm stehenden Koeffizienten.

Damit können wir, ohne viel zu rechnen, sofort angeben, dass

$$(a-b)^7 = a^7 - 7a^6b + 21a^5b^2 - 35a^4b^3 + 35a^3b^4 - 21a^2b^5 + 7ab^6 - b^7$$

oder

$$49^3 = (50-1)^3 = 50^3 - 3\cdot 50^2 + 3\cdot 50 - 1 = 125\,000 - 7500 + 150 - 1 = 117649.$$

Diese Koeffizienten heißen *Binomialkoeffizienten*. Man kann sie auch direkt berechnen, beispielsweise gilt für die letzte im Dreieck angegebene Zeile (die erste Zahl ist bekanntlich immer = 1)

$$8 = \frac{8}{1}$$

$$28 = \frac{8\cdot 7}{1\cdot 2}$$

$$56 = \frac{8\cdot 7\cdot 6}{1\cdot 2\cdot 3}$$

$$70 = \frac{8\cdot 7\cdot 6\cdot 5}{1\cdot 2\cdot 3\cdot 4}$$

$$56 = \frac{8\cdot 7\cdot 6\cdot 5\cdot 4}{1\cdot 2\cdot 3\cdot 4\cdot 5}$$

$$28 = \frac{8\cdot 7\cdot 6\cdot 5\cdot 4\cdot 3}{1\cdot 2\cdot 3\cdot 4\cdot 5\cdot 6}$$

$$8 = \frac{8\cdot 7\cdot 6\cdot 5\cdot 4\cdot 3\cdot 2}{1\cdot 2\cdot 3\cdot 4\cdot 5\cdot 6\cdot 7}$$

$$1 = \frac{8\cdot 7\cdot 6\cdot 5\cdot 4\cdot 3\cdot 2\cdot 1}{1\cdot 2\cdot 3\cdot 4\cdot 5\cdot 6\cdot 7\cdot 8}$$

[2] benannt nach Blaise Pascal, französischer Mathematiker, 1623–1662

Der TI-30 berechnet Binomialkoeffizienten durch n **[nCr]** k =, wo n die Zeile und k die Position von links (beide bei 0 beginnend) im Dreieck sind, also im obigen Beispiel 8 **[nCr]** 3 = 56, 8 **[nCr]** 4 = 70, 8 **[nCr]** 5 = 56, 8 **[nCr]** 6 = 28, etc.

Beispiel:

1.23 Wie viele $a^{14}b^7$ gibt es in $(a - b)^{21}$?

Antwort: - 116 280, berechnet als 21 **[nCr]** 14 =.

1.5.4 Wurzeln

In *1.5.1* haben wir gesehen, dass $(a^n)^m = a^{n \cdot m}$. Setzen wir $n = ½$ und $m = 2$, so erhalten wir formal

$$(a^{½})^2 = a^{½} \cdot a^{½} = a^{½+½} = a^{½ \cdot 2} = a^1 = a$$

Eine Zahl, die mit sich selber multipliziert die Zahl a ergibt, nennen wir eine *Quadratwurzel* der Zahl a.

Es liegt deshalb nahe, zu definieren (mit $n \neq 0$)

$$a^{\frac{1}{2}} = \sqrt{a}$$

$$a^{\frac{1}{n}} = \sqrt[n]{a}$$

$$a^{\frac{m}{n}} = \sqrt[n]{a^m} = \left(\sqrt[n]{a}\right)^m$$

Das ist eine *Erweiterung des Potenzbegriffs.* Bei ganzzahligen Exponenten kann eine Potenz immer auch als Multiplikation geschrieben werden - das geht jetzt nicht mehr!

Mit dieser Schreibweise kann man mit Wurzeln mit den Rechenregeln des Potenzrechnens *1.5.1* rechnen und erhält vernünftige Resultate.

Mit dieser Erweiterung können wir (wenigstens theoretisch) Potenzen mit beliebigen rationalen Exponenten berechnen. Das heißt nichts anderes, als dass wir Potenzen mit beliebigen Exponenten berechnen können!

Beim Rechnen mit Wurzeln ist es häufig sinnvoll, diese als Potenzen zu schreiben, da die Rechnerei mit den Exponenten normalerweise einfacher und weniger fehleranfällig ist.

Beispiel:

1.24 $$3^{-1} \cdot \left(\sqrt[14]{\frac{1}{3^{-2}}}\right)^7 = 3^{-1} \cdot \left(\left(\frac{1}{3^{-2}}\right)^{\frac{1}{14}}\right)^7 = 3^{-1} \cdot \left(\frac{1}{3^{-2}}\right)^{\frac{1}{14} \cdot 7} = 3^{-1} \cdot 3^{2 \cdot \frac{1}{14} \cdot 7} = 3^{-1} \cdot 3^1 = 3^0 = 1$$

Noch eine Bemerkung zu den Vorzeichen: Ungeradzahlige Wurzeln sind die einzigen Potenzen negativer Zahlen mit gebrochenen Exponenten, die in $\mathbb{R}$ existieren!

1.6 Logarithmen

1.6.1 Begriff

In *1.5.4* haben wir gesehen, dass man Potenzen mit beliebigen (rationalen) Exponenten bilden kann. **Umgekehrt kann man auch jede positive Zahl als Potenz einer beliebigen positiven Basis ≠1 darstellen.** Das ist die Grundlage der *Logarithmen.*

Bezeichnungen:

$$y = a^z \quad \leftrightarrow z = \log_a(y)$$

Man nennt z den *Logarithmus,* a die *Basis* und y den *Numerus.*

In der Technik ist diese Basis in den meisten Fällen die Zahl 10. Der Zehnerlogarithmus ist die Zahl, die man bei 10 in den Exponenten schreiben muss, um den gewünschten Wert zu erhalten. Der Logarithmus von 100 zur Basis 10 ist 2, denn $10^2 = 100$. Der Logarithmus von 1000 ist 3, der Logarithmus von 0,1 ist -1, etc.

Schreibweise: $\log_{10}(100) = 2$.

> Beim Logarithmieren bestimmt man bei gegebener Basis den Exponenten einer Potenz. ■

1.6.2 Rechenregeln

Entsprechend *1.5.1* gelten für Logarithmen folgende Rechengesetze (die Basis 10 wurde hier nur als Beispiel gewählt):

$$u \cdot v = 10^{\log(u)} \cdot 10^{\log(v)} = 10^{\log(u)+\log(v)} \Rightarrow \log(u \cdot v) = \log(u) + \log(v) \qquad (1.8)$$

$$\Rightarrow \log(u/v) = \log(u) - \log(v) \qquad (1.9)$$

$$\log(a^b) = \log(a \cdot a \cdot a \cdot a \cdot \ldots) \qquad \Rightarrow \log(a^b) = b \cdot \log(a) \qquad (1.10)$$

1.6.3 Wechsel der Basis

Gebräuchliche Logarithmensysteme sind:

- **$\lg(x) = \log_{10}(x)$:** dekadische Logarithmen (Basis 10), häufig auch einfach **log(x)**
- **$\ln(x) = \log_e(x)$:** natürliche Logarithmen (Basis e = 2,7182818 …, mehr in *4.8*)
- **$\mathrm{lb}(x) = \log_2(x)$:** duale („binäre“) Logarithmen (Basis 2)

Der TI-30 kennt Zehnerlogarithmen **LOG** und natürliche Logarithmen **LN**.

Wenn wir die Logarithmen in *einer* Basis kennen, können wir sie sofort in eine beliebige andere positive Basis umrechnen.

Beispiel:

1.25 Gesucht sei der Logarithmus von 17 zur Basis 3, $z = \log_3(17)$, wenn die Logarithmen zur Basis 10 bekannt sind. Nun ist

$$3^z = 17$$

$$\left(10^{\lg(3)}\right)^z = 17$$

$$\lg\left(\left(10^{\lg(3)}\right)^z\right) = z \cdot \lg(3) \cdot \underbrace{\lg(10)}_{1} = \lg(17)$$

$$z = \log_3(17) = \frac{\lg(17)}{\lg(3)} = 2.578901923$$

Entsprechend bestehen folgende **Umrechnungen:**

$$\lg(x) = \frac{\ln(x)}{\ln(10)} = \frac{\ln(x)}{2.303} = 0.43429 \cdot \ln(x)$$

$$\ln(x) = \frac{\lg(x)}{\lg(e)} = \frac{\lg(x)}{0.43429} = 2.303 \cdot \lg(x)$$

Beim Wechsel der Basis werden also alle Logarithmen einfach **mit einer konstanten Zahl multipliziert**.

Eine weitere nützliche Beziehung ist

$$\left.\begin{array}{r} b = a^{\log_a(b)} \\ a = b^{\log_b(a)} \Rightarrow a^{\frac{1}{\log_b(a)}} = b \end{array}\right\} \Rightarrow \log_a(b) = \frac{1}{\log_b(a)} \Rightarrow \log_a(b) \cdot \log_b(a) = 1$$

1.6.4 Die Bedeutung der Logarithmen

Man kann *jede beliebige* positive Zahl als Potenz einer gegebenen positiven Zahl, z. B. 10, darstellen. Es ist

$10^{-1} = 0,1$

$10^0 = 1$

$10^1 = 10$

$10^2 = 100$

$10^3 = 1000$

und so weiter. Für die Zahlen zwischen 1 und 10 liegt der Exponent, d. h. der Logarithmus zur Basis 10, dann zwischen 0 und 1, für Zahlen zwischen 10 und 100 zwischen 1 und 2, etc. Bei einer Zahl, die 10x größer ist als eine andere, ist der Logarithmus einfach um 1 größer. Man muss also die Logarithmen *nur für einen 10er-Bereich kennen*, beispielsweise für die Zahlen zwischen 1 und 10, und kann dazu ganzzahlige Zusätze addieren.

Daher kommt die sehr große Bedeutung, die früher (bevor es Rechenmaschinen gab) die Logarithmen hatten. Mithilfe von *Logarithmentafeln* (für den Bereich von 1 bis 10) wurden aus Multiplikationen Additionen, aus Wurzeln Divisionen und aus Potenzen Multiplikationen, sodass auch komplexe Berechnungen von Hand durchführbar wurden.

Folgend zwei kleine Beispiele, wie man „früher" mit Logarithmentafeln rechnen musste.

Beispiele:

1.26 Wie viel ist $2^{3,7}$?

$$\lg(2) = 0{,}3010$$

$$3{,}7 \cdot 0{,}3010 = 1{,}1138$$

In der Logarithmentafel finden wir nur Logarithmen für Zahlen zwischen 1 und 10, das sind Logarithmen zwischen 0 und 1. Wir müssen also die Nachkommastellen unseres Resultats nachschlagen und erhalten für Logarithmus 0,1138 die Zahl 1,2996. Das Resultat für einen Logarithmus von 1,1138 ist zehnmal so viel, also 12,996.

1.27 Bestimme $\sqrt[5]{17}$.

Weil die Logarithmentafel nur den Bereich zwischen 1 und 10 abdeckt, müssen wir unsere Zahl durch Multiplikation/Division mit einer Potenz von 10 in diesen Bereich umskalieren:

$$\begin{aligned}\lg(17) &= \lg(10 \cdot 1{,}7)\\ &= \lg(10) + \lg(1{,}7)\\ &= 1 + 0{,}23045\\ &= 1{,}23045\end{aligned}$$

$$\lg(\sqrt[5]{17}) = \frac{\lg(17)}{5} = \frac{1{,}23045}{5} = 0{,}24609$$

Zum Logarithmus 0,24609 gehört die Zahl 1,76234, die unser Resultat ist.

Der bis zum Aufkommen elektronischer Rechner nach 1970 weit verbreitete Rechenschieber enthält zwei gegeneinander verschiebbare logarithmische Skalen. Dadurch kann ein Logarithmus zu einem anderen addiert und das Resultat einer Multiplikation (bzw. Division) direkt abgelesen werden.

Beispiel:

1.28 Rechenschieberanwendung: Multiplikation $2 \cdot 3 = 6$, $\log(2) + \log(3) = \log(6)$

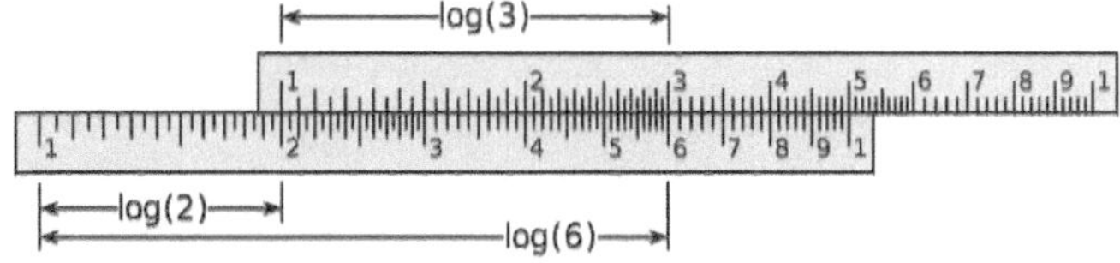

Als Hilfsmittel zum numerischen Rechnen haben die Logarithmen die überragende Bedeutung, die sie während Jahrhunderten und bis etwa 1970 hatten, vollständig verloren.

Sie sind aber nach wie vor bedeutsam, weil zahlreiche wichtige Größen, die sehr große Bereiche abdecken, logarithmisch sinnvoll dargestellt werden können (wir kennen die Richterskala für die in Erdbeben freigesetzte Energie, und viele Sinneswahrnehmungen sind auf einer logarithmischen Skala empfindlich, beispielsweise das Gehör: die Dezibelskala ist eine logarithmische Skala). Außerdem sind Zusammenhänge zwischen Größen oft in logarithmischer Darstellung einfacher; wir verweisen auch auf das Lösen von Exponentialgleichungen in *2.8.1* und die Bemerkungen am Ende von *5.7.2*. Das wird (hoffentlich) alles später noch klarer werden.

Mithilfe der Logarithmen können wir Größen berechnen, die der Taschenrechner nicht darstellen kann, weil sie zu groß (oder zu klein) sind:

Beispiel:

1.29 Wie viel ist 36^{81}?

$\lg(36^{81}) = 81 \cdot \lg(36) = 126{,}0605026$

$36^{81} = 10^{0{,}0605026} \cdot 10^{126} = 1{,}149483024 \cdot 10^{126}$

1.7 Zahlensysteme

1.7.1 Unser Dezimalsystem

Unser Zahlensystem ist auf Potenzen der Zahl 10 aufgebaut. Wir wissen, dass jede Ziffer einer Zahl einen *Zifferwert* und einen *Stellenwert* hat. Der Zifferwert liegt zwischen 0 und 9, beim Stellenwert kennen wir die Einer, Zehner, Hunderter etc.

Dieses System ermöglicht es uns, mit wenigen Ziffern alle für uns wichtigen Zahlen aufzuschreiben und mit ihnen zu rechnen. Man versuche das einmal mit römischen Zahlen!

Entscheidend war das Konzept der Zahl „Null“.

Grundsätzlich kann man aus den Potenzen jeder Basis ein Zahlensystem aufbauen und mit denselben Rechenregeln damit rechnen. Neben dem Zehner- oder Dezimalsystem sind auch andere Zahlensysteme wichtig. Wir verwenden für oktal (Basis 8) die Ziffern 0 bis 7 und die Stellenwerte Einer, Achter, Vierundsechziger etc. Bei hexadezimal (Basis 16) verwendet man zusätzlich die Ziffern A = 10, B = 11, C = 12, D = 13, E = 14 und F = 15. Das ist die Bedeutung der Zweitbelegung der Tasten 1 bis 6 mit den Buchstaben A - F beim TI-30X Pro!

Beispiel:

1.30	327 dezimal	= 507 oktal	= 147 hexadezimal
	$= 3 \cdot 10^2 + 2 \cdot 10^1 + 7 \cdot 10^0$	$= 5 \cdot 8^2 + 0 \cdot 8^1 + 7 \cdot 8^0$	$= 1 \cdot 16^2 + 4 \cdot 16^1 + 7 \cdot 16^0$
	$= 3 \cdot 100 + 2 \cdot 10 + 7 \cdot 1$	$= 5 \cdot 64 + 0 \cdot 8 + 7 \cdot 1$	$= 1 \cdot 256 + 4 \cdot 16 + 7 \cdot 1$

Elektronische Rechner arbeiten bekanntlich mit zwei unterscheidbaren Zuständen elektronischer Bausteine und rechnen deshalb im Zweier- oder Binärsystem mit den Ziffern 0 und 1. Weil das für uns unhandlich lange Zahlen gibt, fassen wir 4 solcher „bits“ zu einer hexadezimalen Ziffer zusammen. Eine zweistellige hexadezimale Zahl stellt ein Byte (8 bit) dar.

1.7.2 TI-30X Pro

Der TI-30X Pro zeigt in der Grundeinstellung in der Anzeige alle Ein- und Ausgaben in dezimaler Darstellung an. Diese Einstellung kann unter **[mode]** (nach unten scrollen) geändert werden:[3] in anderen Zahlensystemen werden nur ganzzahlige Eingaben akzeptiert und alle Eingaben werden im eingestellten System interpretiert. Binäre Zahlen werden durch ein nachgestelltes kleines „b“, hexadezimale Zahlen mit „h“ und oktale Zahlen mit „o“ gekennzeichnet. Für hexadezimale Eingaben werden die Buchstaben A – F für die Ziffern 10 – 15 über die Zweitbelegung der Tasten 1 bis 6 aufgerufen.

Binär, oktal und hexadezimal kennt der TI-30X Pro nur ganze Zahlen. Resultate von Divisionen werden ganzzahlig abgerundet (Ganzzahldivision). ■

Beispiel:

1.31 Einstellung **[mode] HEX**:

102C · 66 = 67188h

67188/7 = EBA5h (abgerundet)

EBA5 · 7 = 67187h (ergibt nicht mehr dasselbe wegen Rundung)

Auch in dezimaler Grundeinstellung kann der Rechner mit den Funktionen unter **[base n]** Eingaben in anderen Zahlensystemen verarbeiten und Resultate umrechnen:

Zur Eingabe einer nicht-dezimalen (ganzen) Zahl wird die Zahl eingegeben und dann ihr Typ über **[base n] TYPE**. Jetzt kann mit dieser Zahl wie mit einer Dezimalzahl gerechnet werden. Alle Resultate werden im Dezimalsystem ausgegeben.

Beispiele:

1.32 638 · 11 = 7018

27Eh · 11 = 7018 (vgl. *Beispiel 1.31*)

1.33 45Bh/7 = 159.2857143

1.34 $\sqrt{256} = 16$

$\sqrt{100h} = 16$

Resultate können über **[base n] CONVR** umgerechnet werden. Dabei wird wieder ganzzahlig abgerundet!

[3] In der obersten Zeile der Anzeige erscheint ein winziges „H“, „B“ oder „O“.

Beispiele:

1.35 225D8h **[enter]** 140760 (Umwandlung nach dezimal)

1.36 10.7 **[base n] CONVR ▶ Hex** Ah (auf 10 abgerundet)

Menü **[base n]** enthält eine dritte Position **LOGIC**. Damit können die bitweisen logischen Verknüpfungen (AND, OR, XOR, XNOR, NOT, etc.) zwischen zwei Zahlen (in binärer Darstellung) vorgenommen werden, mit denen man zu tun hat, wenn man auf Maschinenebene programmiert. Das Resultat einer solchen Operation ist eine Zahl, deren bits entsprechend dem Vergleich der einzelnen bits der beiden Eingaben gesetzt sind. Wir befassen uns damit nicht weiter.

1.7.3 Darstellung von Zahlen in Computern

Die Prozessoren digitaler Computer (CPU) arbeiten mit „Wörtern", wobei ein Wort eine Anzahl von Bytes zu je 8 bit ist. Die modernen PC arbeiten mit einer Wortlänge von 64 bit. Die CPU hat eine Anzahl von Registern, die je ein Wort fassen können. Mit diesen Registern wird gearbeitet, d. h. die CPU führt in einem vorgegebenen Takt an den Registerinhalten Operationen aus ihrem Befehlssatz durch.

Viele PC-Programme sind auch heute noch 32bit-Programme, die die Kapazität eines 64bit-Prozessors nicht ausnutzen (diese hat vor allem beim Rechnen mit 64bit-Zahlen Vorteile).

Für ganze Zahlen wird normalerweise die sogenannte *Zweierkomplementdarstellung* verwendet. Das höchste Bit ist das Vorzeichen (1 entspricht –, 0 entspricht +). Mit 32 bit können ganze Zahlen im Bereich von -2^{31} bis $2^{31}-1$ oder -2.147.483.648 bis +2.147.483.647 dargestellt werden. Bei 16 bit liegt der mögliche Wertebereich zwischen -32.768 und +32.767:

bit																
16	15	14	13	12	11	10	9	8	7	6	5	4	3	2	1	Wert
1	0	0	0	0	0	0	0	0	0	0	0	0	0	0	0	**-32.768**
1	0	0	0	0	0	0	0	0	0	0	0	0	0	0	1	**-32.767**
1	0	0	0	0	0	0	0	0	0	0	0	0	0	1	0	**-32.766**
1	1	1	1	1	1	1	1	1	1	1	1	1	1	1	0	**-2**
1	1	1	1	1	1	1	1	1	1	1	1	1	1	1	1	**-1**
0	0	0	0	0	0	0	0	0	0	0	0	0	0	0	0	**0**
0	0	0	0	0	0	0	0	0	0	0	0	0	0	0	1	**1**
0	0	0	0	0	0	0	0	0	0	0	0	0	0	1	0	**2**
0	0	0	0	0	0	0	0	0	0	0	0	0	0	1	1	**3**
0	1	1	1	1	1	1	1	1	1	1	1	1	1	1	0	**32.766**
0	1	1	1	1	1	1	1	1	1	1	1	1	1	1	1	**32.767**

Zur Addition von zwei ganzen Zahlen werden diese in verschiedene Register der CPU kopiert, das Resultat kommt in ein drittes Register. Wir fangen hinten an und vergleichen die einander entsprechenden Bits der beiden Summanden. Sind beide 0, ist das Resultat 0. Ist eines 0 und eines 1, ist das Resultat 1. Sind beide 1, ist das Resultat 0 und es wird ein „behalte 1" auf die nächsthöhere Stelle übertragen. Die ganze Addition wird in einem Schritt (eine Instruktion) durchgeführt.

Wie man oben sehen kann, wird auf diese Weise bei 16bit-Ganzzahlen das Resultat von 32.767 + 1 als -32.768 interpretiert. Das muss man beachten, wenn man mit derartigen Variablen arbeitet und der Wertebereich vom Programm nicht überprüft wird. Bei Variablen mit 32 oder gar 64 bit ist das normalerweise kein Problem.

Am 4.06.1996 endete der Jungfernflug der Ariane 5-Rakete in einer Katastrophe, weil alte Steuerungssoftware der Ariane 4 schludrig wiederverwendet worden war. Aus dem Untersuchungsbericht:

The internal SRI software exception was caused during execution of a data conversion from 64-bit floating point to 16-bit signed integer value. The floating point number which was converted had a value greater than what could be represented by a 16-bit signed integer. This resulted in an Operand Error. The data conversion instructions (in Ada code) were not protected from causing an Operand Error, although other conversions of comparable variables in the same place in the code were protected.[4]

Während des ersten Golfkrieges schlug am 25.02.1991 eine Scud-Lenkwaffe der Iraker auf einer amerikanischen Militärbasis in Saudi-Arabien ein und tötete 28 Nationalgardisten, obwohl die Amerikaner zur Abwehr genau dieser Gefahr Patriot-Lenkwaffen aufgestellt hatten.[5]

Der militärtaugliche Patriot-Steuerungscomputer mit 24 bit-Architektur ging auf ein Design aus den 1970er-Jahren zurück. Die interne Uhr zählt die Zeit in Zehntelsekunden ab dem Hochfahren des Systems (als ganze Zahl). Die Software arbeitet mit Sekunden und multipliziert deshalb die Anzahl Zehntelsekunden mit 0.1.

0,1 (dezimal) ist aber binär eine periodische (nicht-abbrechende) Zahl,

$$\frac{1}{10}=\frac{0}{2}+\frac{0}{4}+\frac{0}{8}+\frac{1}{16}+\frac{1}{32}+\frac{0}{64}+\frac{0}{128}+\frac{1}{256}+\frac{1}{512}+\frac{0}{1024}+\frac{0}{2048}+\frac{1}{4096}$$
$$+\frac{1}{8192}+\frac{0}{16384}+\dots$$

und bei Darstellung mit einer endlichen Anzahl bits gibt es einen kleinen Rundungsfehler.

Das Patriot-System identifiziert zuerst das Ziel und verfolgt es dann. Dabei wird extrapoliert, wo es beim nächsten Radarpuls sein wird. Ein Ziel außerhalb eines gewissen Fensters um diesen Punkt herum wird nicht ausgewertet. Zur Extrapolation wird die Zeitdifferenz zwischen zwei Radarpulsen verwendet. Bei einer Überarbeitung der Software wurde schlampig vorgegangen und die Zeit des einen Radarpulses mit einer Korrektur aus den

[4] *http://csapp.cs.cmu.edu/3e/docs/ariane5rep.html*

[5] *http://www-users.math.umn.edu/~arnold//disasters/patriot.html*

Zehntelsekunden umgerechnet, die andere mit dem Rundungsfehler ohne die Korrektur. Nach 20 Stunden Laufzeit war so die Zielverfolgung nicht mehr gegeben (aber das wusste bei der Truppe niemand). Nach 100 Stunden (3,6 Millionen Zehntelsekunden auf dem Zähler) betrug der Fehler etwa 0,34 Sekunden.[6] Eine Scud legt in dieser Zeit mehr als 500 m zurück. Details und bildliche Darstellungen geben der Untersuchungsbericht und weitere Unterlagen:

A 24-bit representation of 0.1 was used to multiply the clocktime, yielding a result in a pair of 24-bit registers. This was transformed into a 48-bit floating-point number. The software used had been written in assembly language 20 years ago. When Patriot systems were brought into the Gulf conflict, the software was modified (several times) to cope with the high speed of ballistic missiles, for which the system was not originally designed.

At least one of these software modifications was the introduction of a subroutine for converting clock-time more accurately into floating-point. This calculation was needed in about half a dozen places in the program, but the call to the subroutine was not inserted at every point where it was needed. Hence, with a less accurate truncated time of one radar pulse being subtracted from a more accurate time of another radar pulse, the error no longer cancelled.[7]

Tragischerweise war das Problem bekannt und eigentlich schon gelöst:

The Patriot battery at Dhahran failed to track and intercept the Scud missile because of a software problem in the system's weapons control computer. This problem led to an inaccurate tracking calculation that became worse the longer the system operated. At the time of the incident, the battery had been operating continuously for over 100 hours. By then, the inaccuracy was serious enough to cause the system to look in the wrong place for the incoming Scud.

The Patriot had never before been used to defend against Scud missiles nor was it expected to operate continuously for long periods of time. Two weeks before the incident, Army officials received Israeli data indicating some loss in accuracy after the system had been running for 8 consecutive hours. Consequently, Army officials modified the software to improve the system's accuracy. However, the modified software did not reach Dhahran until February 26, 1991 - the day after the Scud incident.[8]

1.8 Übungsaufgaben

1.8.1 Zu Abschnitt 1.3

1.1 $3a \cdot 5y \cdot 6c \cdot 2b$

1.2 $9ax \cdot 0 \cdot 2cy$

1.3 $3{,}25a \cdot 1{,}25a \cdot 8x$

1.4 $7a \cdot (-2x)$

---

[6] *http://www.cs.unc.edu/~smp/COMP205/LECTURES/ERROR/lec23/node4.html*

[7] *http://www-users.math.umn.edu/~arnold/disasters/Patriot-dharan-skeel-siam.pdf*

[8] *https://www.gao.gov/assets/220/215614.pdf*

1.5 $(-5x) \cdot (-3y)$

1.6 $(-3x) \cdot (-2y) \cdot (-4y)$

1.7 $(4x - 4y) \cdot (-3a)$

1.8 $3ax \cdot (1 - c) \cdot (4 - 3d)$

1.9 $(1 - a + b) \cdot (1 + a + b)$

1.10 $3xy \cdot (a - b) \cdot (5x + 3y)$

1.11 $(x - 4) \cdot (y - 2) \cdot (a + b)$

1.12 $3a \cdot (x - y + z) \cdot (-1)$

1.13 $(4x + 8) \cdot (8 + 2y) - 5 \cdot (2x - 5y + 4)$

1.14 $(2x + y) \cdot (3m + n) + (2x + y) \cdot (m - 3n)$

1.15 $(3ab - 2b) \cdot (2c - 4d) \cdot (5x - 2y)$

1.16 $(2a - 6c) \cdot (4b - 2d) - (a + 3c) \cdot (6d + 5b)$

1.17 $-1{,}7a \cdot (2a - 4b + c) + (b - a - c) \cdot (-1{,}3)$

1.18 $(x - 1) \cdot (4 + y) + xy - 4 \cdot (12 - x) \cdot (2y + 3)$

1.19 $4 \cdot (5p + 3) + 6 \cdot (-3p - 8) - 5 \cdot (-9 - 4p)$

1.20 $(3x - 2y) \cdot (8 - 5) \cdot (4x - 5y + 2x) - x^2 + 4xy$

1.21 $(m - n) \cdot (a - b + 2c) - am + 2cn$

1.22 $3ax \cdot (4 - c) \cdot (3d + 2)$

1.23 $-(18ac - 4a \cdot (3c + 5b)) \cdot (12 - 2 \cdot 6) + 1$

1.24 $-(14ac - 2c \cdot (3a - 2b)) + 4cb$

1.25 Bestimme p und q derart, dass gilt: $(x^2 + px - q)(x + 3) = x^3 + 2x^2 - 5x - 6$

1.8.2 Zu Abschnitt 1.4

Bestimme das k. g. V. der folgenden Zahlengruppen!

1.26 336, 1176, 756, 924, 1260

1.27 273, 312, 1521, 1443, 585, 468, 3003

1.28 840, 2730, 18480, 13650, 10080

1.29 3822, 12285, 4368, 1911

1.30 540, 3510, 4095, 1665, 765

Vereinfache die folgenden Terme so weit wie möglich!

1.31 $\frac{49ax}{7bx}$

1.32 $\frac{6a+12b}{6}$

1.33 $\frac{24ad-48bd+96cd}{12d}$

1.34 $\frac{7a-7}{7a-14}$

1.35 $\frac{a-ab}{a-2ab}$

1.36 $\frac{a+c}{a}+\frac{b+c}{a}$

1.37 $\frac{a+b}{a}-\frac{a-b+c}{a}$

1.38 $\frac{4a}{9}-\frac{8b}{27}$

1.39 $\frac{3a-4b}{4}+\frac{a+6b}{3}-\frac{7a+b}{6}$

1.40 $\frac{4x-8y+5z}{2}-\frac{3x+7y-2z}{6}$

1.41 $\frac{5x}{12a}+\frac{8x}{15b}$

1.42 $\frac{4x}{5y}+\frac{12nx}{15my}-\frac{16ax}{20cy}$

1.43 $-\frac{a-1}{1-a}$

1.44 $\frac{-n-1}{(2-n)\cdot(n+1)}$

1.45 $\frac{a-1}{2}\cdot\frac{3}{a-1}$

1.46 $\frac{4x-3y}{a-3b}\cdot\frac{3b-a}{36x-27y}$

1.47 $\frac{6(x+y)}{15(x-y)}\div\frac{3(x+y)}{5(x-y)}$

1.48 $\frac{2ax}{4n}\cdot\frac{12mn}{3a}\cdot\frac{2}{-x}$

1.49 $\frac{1+\frac{b}{a}}{1+\frac{a}{b}}$

1.50 $\frac{\frac{18ab}{25xy}}{\frac{9b}{5y}}$

1.8.3 Zu Abschnitt 1.5

Vereinfache!

1.51 $9a^2b^2c - (5a^2b^2c - 3a^2b^2c + 6a^2b^2c) + 7$

1.52 $4a^3x^7 \cdot 5a^4x$

1.53 $(3ab)^3$

1.54 $6^{5-x} \cdot 6^{x+n}$

1.55 $a^3 \cdot a^{-2}$

1.56 $x^3 \cdot y^3 \cdot (xy)^5$

1.57 $(1{,}5\tan x)^3$

1.58 $15a^3b^6(25b^8c - 8a^3b^2 + 9b^6x)$

1.59 $2(n+x)^{4-3a} \cdot 3(n+x)^{3+a} - 4(n+x)^7 \cdot 3(n+x)^{-2a}$

1.60 $\left(\frac{4ax}{3bn}\right)^2$

1.61 $\frac{a^{n+1} \cdot c^x}{a^n \cdot c^{x-1}}$

1.62 $\frac{(n+x)^3}{(n+x)^{-2}}\cdot\frac{(a+b)^{-4}}{(a+b)^{-8}}$

1.63 $\frac{a^{-2}x^4y^{-6}}{b^3c^{-4}d^{-5}}\div\frac{a^{-3}b^{-3}x^3}{c^{-5}y^6d^{-6}}$

1.64 $\frac{24a^{c+x}+28a^xb^x-36a^cb^r-42b^{x+r}}{6a^c+7b^x}$

1.65 $\frac{(a+b)^4}{(n+y)^6}\cdot\frac{9a^3b^3}{16n^3y^3}\div\left[\frac{(a+b)\cdot 3ab}{(n+y)\cdot 4ny}\right]^3$

1.66 $\frac{b^{7x+5y}}{b^{4x-5y}}-\frac{b^{6y+8x}}{b^{5x-4y}}$

1.67 $\left[\left(\frac{1}{1+a}\right)^4\div\left(\frac{1-a}{1}\right)^{-5}\right]\cdot\left(\frac{1-a}{1+a}\right)^{-4}$

1.68 $\left[\frac{(4xy)^4}{(4x)^8\cdot y^8}\cdot\frac{3a^5\cdot 2x^2}{6\cdot(ax)^2}\div\frac{5a^3}{16x^4y^4}\right]$

1.69 $\frac{(x-1)^3}{(1-x)^{-2}}$

Denke an die binomischen Formeln und vereinfache die folgenden Ausdrücke!

1.70 $\frac{32+32x+8x^2}{3x+6}$

1.71 $\frac{(2x-3)^2+24x}{x+1.5}$

1.72 $\frac{x+2y}{(x+2y)\cdot(x-2y)+4\cdot(2y^2+xy)}$

1.73 $\frac{(a+2b)^2-(a-2b)^2-8ab}{(a+2b)\cdot(a-2b)}+(a+2b)$

1.74 $\frac{u^3z-uz}{uz+z}$

1.75 $\frac{b-4ba^2}{b-2ab}$

1.76 $\frac{3u^3-18.75u}{3u^2-7.5u}$

1.77 $\frac{a+2}{-x-1}\div\frac{(x+1)\cdot(4+a^2+4a)}{(a+2)\cdot(-x-1)}$

1.78 $\frac{a-b}{\frac{1}{a+b}}\div\frac{\frac{a+1}{b}-\frac{b+1}{a}}{\frac{1}{a}+\frac{1}{b}+\frac{1}{ab}}$

1.79 $\frac{\frac{5x-5}{2}}{\frac{5}{x+1}}\cdot\frac{10}{x^2-1}$

1.80 $\frac{\frac{b}{a}-\frac{a}{b}}{\frac{2}{a}-\frac{2}{b}}$

1.81 $\left(\frac{m}{x+y}-\frac{m}{x-y}\right)\cdot\frac{xy}{n}\cdot\left(\frac{n}{y^2}-\frac{1}{\frac{x^2}{n}}\right)$

1.82 $m^2\cdot\frac{1-\frac{m-1}{m}}{\frac{1}{m-1}+m+1}$

Vereinfache folgende Ausdrücke, indem Du die Wurzeln als Potenzen schreibst!

1.83 $\sqrt{\sqrt[3]{c^6 \cdot \sqrt[4]{x^{12}}}}$

1.84 $\sqrt[6]{\frac{1}{m^4} \cdot \frac{\sqrt{m}}{m}} \cdot m^4 \cdot m^{-\frac{1}{4}}$

1.85 $\frac{\sqrt{18b}}{b \cdot \sqrt{3}} \cdot \frac{\sqrt{8b^3}}{\sqrt{12b}}$

1.86 $\frac{\sqrt[3]{64t^2}}{\sqrt[3]{t^4}} - \frac{1}{\sqrt[3]{8t^7}} \cdot \sqrt[3]{\frac{t^5}{27}}$

1.87 $3\left(a^2 b^{-4}\right)^{\frac{1}{2}} \div \left(\frac{27a^3}{b^4}\right)^{\frac{1}{3}}$

1.8.4 Zu Abschnitt 1.6

Vereinfache die folgenden Ausdrücke!

1.88 $\lg\left(\sqrt[3]{10^6}\right)$

1.89 $\log_a(4a) - \log_a(4)$

1.90 $\log_3\left(\frac{27^{\frac{3}{4}}}{a^3}\right)^{-4}$

1.91 $\log\left(\frac{\sqrt{(x-y)^3}}{\sqrt{\frac{x^2-y^2}{x+y}}}\right)$

1.92 $\frac{2}{\sqrt{b}} \cdot \log_a\left(a^{\sqrt{b}}\right)$

2 Gleichungen

2.1 Begriffe

Eine Gleichung besteht aus zwei Ausdrücken, zwischen denen ein Gleichheitszeichen steht. Haben beide Ausdrücke den gleichen Wert, sagt man, die Gleichung sei erfüllt.

Für uns sind diejenigen Fälle interessant, bei denen mindestens einer der Ausdrücke mindestens eine Unbekannte enthält.

Beim Lösen der Gleichung bestimmt man mögliche Werte für die Unbekannten („Lösungen“) so, dass die Gleichung erfüllt ist. Dafür gibt es mathematische Methoden.

Bei angewandten Aufgaben – „Sätzchenrechnungen“ – muss unterschieden werden zwischen *Lösungen der Gleichung* und *Lösungen der Aufgabe*. Es kommt vor, dass eine Gleichung Lösungen hat, die für die Aufgabe sinnlos sind – beispielsweise kann eine Länge nicht < 0 sein – und diese müssen am Schluss mithilfe des ursprünglichen Problems aussortiert werden. Wir werden dazu Beispiele antreffen.

Unter einer *linearen Gleichung* oder (algebraischen) *Gleichung ersten Grades* verstehen wir eine Gleichung, in der alle Unbekannten nur in der ersten Potenz vorkommen.

Beispiel:

2.1 $5 \cdot x - 2 = 8$ ist eine lineare Gleichung mit der Unbekannten x.

Ist 2 die höchste Potenz einer Unbekannten, spricht man von einer *quadratischen Gleichung*, bei 3 von einer *kubischen Gleichung*. Allgemein nennt man eine Gleichung, in der eine Unbekannte als höchstes in der n-ten Potenz vorkommt, (algebraische) *Gleichung n-ten Grades*.

Für algebraische Gleichungen bis und mit 4. Grades gibt es für die Auflösung geschlossene Formeln, für Gleichungen höheren Grades nur noch Näherungsmethoden *(8.7.9)*. Die Formeln für Gleichungen 3. (siehe *6.6*) und 4. Grades sind aber etwas kompliziert und werden deshalb nur selten gebraucht.

Durch den Einsatz von Rechnern verschwimmt die Grenze zwischen „lösbaren“ und „unlösbaren“ Gleichungen. Zum Erkennen von Zusammenhängen ist aber die Beherrschung der „manuellen“ Verfahren sehr hilfreich.

2.2 Das Umformen von Gleichungen

2.2.1 Begriff

Weil die Ausdrücke auf beiden Seiten der Gleichung den gleichen Wert haben (sollen), darf man an ihnen die gleichen Operationen vornehmen, ohne dass dabei die Gleichheit zerstört wird. Man spricht von „Umformungen" der Gleichung.

Durch Umformungen erreichen wir, dass eine Gleichung leichter lösbar wird. Ziel der Umformungen ist meistens eine Form „$x = \ldots$", wo rechts vom Gleichheitszeichen nur noch bekannte Größen stehen.

Wir unterscheiden zwischen *Äquivalenzumformungen*, die an den Lösungen einer Gleichung nichts ändern, und *nichtäquivalenten Umformungen*, bei denen Lösungen verschwinden oder neu dazukommen können. Konkret heißt das, dass die umgeformte Gleichung mehr oder auch weniger Lösungen haben kann als die ursprüngliche Gleichung.

2.2.2 Äquivalenzumformungen

Folgende Umformungen lassen die Lösungen einer Gleichung unverändert:

- Addition/Subtraktion desselben Ausdrucks auf beiden Seiten der Gleichung
- Multiplikation/Division beider Seiten der Gleichung mit einem Ausdruck, der überall von null verschieden ist
- Logarithmieren (geht nur für positive Größen)
- Exponenzieren

Wir dürfen ebenfalls Gleichungen addieren/subtrahieren/multiplizieren/dividieren.

Merksätze:

- Wird ein additiver Ausdruck (Summand) auf die andere Seite des Gleichheitszeichens geschafft, wird sein Vorzeichen umgekehrt.
- Wird ein multiplikativer Ausdruck (Faktor) auf die andere Seite des Gleichheitszeichens geschafft, wird er zum Divisor (und umgekehrt).

2.2.3 Nichtäquivalente Umformungen

Bei folgenden Umformungen ist Vorsicht am Platz:

- Multiplikation/Division *mit einem Ausdruck, der die Unbekannte enthält* (bei Multiplikation können zusätzliche „Lösungen" entstehen, bei Division können Lösungen verschwinden, nämlich die, bei denen der Ausdruck = 0 wird: wenn wir beide Seiten einer Gleichung mit Null multiplizieren, ist sie immer erfüllt!)
- Wurzelziehen (dabei können bei unsorgfältigem Vorgehen Vorzeichenvarianten verloren gehen und damit Lösungen verschwinden)

- Quadrieren, potenzieren (dabei können Vorzeichen verloren gehen und neue scheinbare Lösungen dazukommen)

Nach derartigen Umformungen *muss* am Schluss durch Einsetzen überprüft werden, welche der erhaltenen Lösungen auch Lösungen der ursprünglichen Gleichung sind.

2.3 Lineare Gleichungen mit einer Unbekannten

2.3.1 Lösungsverfahren

Normalform:

$$a \cdot x + b = 0, \text{ wo } a, b \in \mathbb{R} \text{ und } a \neq 0$$

Jede lineare Gleichung lässt sich durch Äquivalenzumformungen *2.2.2* auf diese Form bringen.

Man nennt $a \cdot x$ das *lineare* und b das *absolute* Glied.

Lösung:

$$\begin{aligned} a \cdot x + b &= 0 \\ a \cdot x &= -b \\ x &= -\frac{b}{a} \end{aligned}$$

Einsetzen der Lösung in die Gleichung liefert

$$\begin{aligned} a \cdot \left(-\frac{b}{a}\right) + b &= 0 \\ -b + b &= 0 \\ 0 &= 0 \end{aligned}$$

2.3.2 Angewandte Aufgaben

Gleichungen sind ein Hilfsmittel, mit dem schwierige Probleme systematisch in lösbare Teilprobleme zerlegt werden können. Man gibt einer unbekannten Größe einen Namen und schreibt auf, was diese Größe für Beziehungen mit den bekannten Größen hätte, wenn man sie kennen würde. Steht die Gleichung einmal, muss man nur noch richtig rechnen, um zur Lösung zu gelangen.

Der Lösungsvorgang gliedert sich in folgende Schritte:

a) Aufgabe verstehen

b) Unbekannte Größe für Gleichung wählen

c) Gleichung aufstellen. Dabei wird die in der Aufgabe gegebene Information sorgfältig in mathematische Ausdrücke „übersetzt". Am Schluss nochmals kontrollieren!

d) Gleichung lösen

e) Kontrollieren, was in der Aufgabe gefragt ist! Das muss nicht dieselbe Größe sein wie die Lösung der Gleichung.

f) Resultat in die ursprüngliche Aufgabe einsetzen und Richtigkeit überprüfen.

Aufgaben, in denen die *Zeit* vorkommt, löst man häufig am besten über die *Geschwindigkeit* bzw. *Leistung*. Geschwindigkeiten addieren sich.

2.4 Systeme linearer Gleichungen mit mehreren Unbekannten

2.4.1 Grundlagen

Mehrere lineare Gleichungen, die zusammengehören und gleichzeitig erfüllt sein sollen, nennt man ein „System linearer Gleichungen".

Wir müssen drei Fälle unterscheiden:

a) **Weniger Gleichungen als Unbekannte,** z. B. eine Gleichung mit zwei Unbekannten:

$x + y = 2$

Das Gleichungssystem ist *unterbestimmt* und hat *keine eindeutige Lösung,* sondern unendlich viele Lösungen wie z. B. (0, 2), (1, 1), (-1, 3), (5, -3).

b) **Gleich viele Gleichungen wie Unbekannte:** normalerweise *eindeutige Lösung,* außer wenn die Gleichungen voneinander abhängig sind wie z. B. bei

$$\begin{bmatrix} x+y &= 2 \\ 2x+2y &= 4 \end{bmatrix}$$

c) **Mehr Gleichungen als Unbekannte:** das Gleichungssystem ist *überbestimmt* und hat normalerweise *keine* (exakte) *Lösung,* weil die Gleichungen einander widersprechen können, z. B. 2 Gleichungen mit einer Unbekannten:

$$\begin{bmatrix} x = 2.3 \\ x = 2.4 \end{bmatrix}$$

Im Fall a) kann man durch eine sogenannte *Singulärwertzerlegung* die Lösungsmenge charakterisieren und Lösungen mit bestimmten Eigenschaften angeben, eine Diskussion des Verfahrens würde aber an dieser Stelle viel zu weit führen und ist für den Alltag des Technikers auch nicht von Bedeutung. **Fall b) ist der Normalfall.** Fall c) ist in der Praxis sehr wichtig, beispielsweise bei der Auswertung von Messdaten, die naturgemäß eine Streuung aufweisen. Mit den Methoden der *Ausgleichsrechnung* ermittelt man zu solchen überbestimmten Systemen eine *optimale Lösung,* die die einander widersprechenden Gleichungen alle *„möglichst gut"* erfüllt. Im obigen einfachen Beispiel wäre das der Mittelwert $x = 2{,}35$.

Wir werden uns hier auf den Fall b) beschränken und auf Fall c) bei der Behandlung der Statistik in *5.7.2* zurückkommen.

Zur Lösung solcher Gleichungssysteme gibt es verschiedene Methoden. Wir behandeln nachstehend in *2.4.2* die *Einsetzungsmethode* (Substitutionsmethode), die *einfach zu verstehen und immer anwendbar* ist, und in *2.4.4* die Determinantenmethode, die bei 2 Gleichungen mit 2 Unbekannten schnell und sicher zur Lösung führt. Wir besprechen in *2.4.3* kurz die *Matrizenrechnung,* deren Formalismus in der Elektrotechnik bei der Beschreibung elektrischer Netzwerke mithilfe der Kirchhoff'schen[9] Regeln, aber auch beim Lösen von Gleichungssystemen mit Mathcad gebraucht wird.

Der TI-30X Pro löst Systeme mit 2 und 3 linearen Gleichungen mit **sys-solv**.

2.4.2 Lösung durch Substitution

Das Vorgehen ist eine fortgesetzte „Salamitaktik" an *n* Gleichungen mit *n* Unbekannten:

1. Eine der linearen Gleichungen wird mithilfe von Äquivalenzumformungen nach einer der Unbekannten aufgelöst.
2. Der so erhaltene Ausdruck wird in alle übrigen Gleichungen für die betreffende Unbekannte eingesetzt. Man erhält so $n-1$ Gleichungen mit $n-1$ Unbekannten.
3. Zurück zu Schritt 1, bis man bei einer Gleichung mit einer Unbekannten angelangt ist.
4. Die Werte der berechneten Unbekannten werden in die Ausdrücke der eliminierten Unbekannten eingesetzt und diese eine nach der anderen berechnet.

Beispiel:

2.2 $$\begin{bmatrix} x+y=-3 \\ y-2x=6 \end{bmatrix}$$

1. Die zweite Gleichung wird nach y aufgelöst: $y = 2x + 6$
2. Dieser Ausdruck wird in die erste Gleichung eingesetzt: $x + (2x + 6) = -3$.
3. Wir haben damit eine Gleichung mit einer Unbekannten und der Lösung $x = -3$.
4. $x = -3$ wird eingesetzt in $y = 2 \cdot (-3) + 6 = 0$ aus der zweiten Gleichung.

Die Lösung ist also $(x, y) = (-3, 0)$.

2.4.3 Lösung mit Matrizenrechnung

Mit dieser Methodik werden beispielsweise mit Mathcad lineare Gleichungssysteme gelöst. Wir schreiben das System der linearen Gleichungen als

$$a_{11} \cdot x_1 + a_{12} \cdot x_2 + a_{13} \cdot x_3 = y_1$$

$$a_{21} \cdot x_1 + a_{22} \cdot x_2 + a_{23} \cdot x_3 = y_2$$

$$a_{31} \cdot x_1 + a_{32} \cdot x_2 + a_{33} \cdot x_3 = y_3$$

und kürzen das ab als

$$A \cdot x = y,$$

[9] Gustav Robert Kirchhoff, deutscher Physiker, *1824 in Königsberg, †1887 in Berlin

wo

$$A=\begin{pmatrix} a_{11} & a_{12} & a_{13} \\ a_{21} & a_{22} & a_{23} \\ a_{31} & a_{32} & a_{33} \end{pmatrix} \qquad x=\begin{pmatrix} x_1 \\ x_2 \\ x_3 \end{pmatrix} \qquad y=\begin{pmatrix} y_1 \\ y_2 \\ y_3 \end{pmatrix}$$

Man nennt A eine *Matrix* (hier eine 3x3-Matrix mit 3 Zeilen und 3 Spalten), x und y sind *Vektoren* (hier 3-er Vektoren).

Die Multiplikation einer Matrix mit einem Vektor ist so definiert: Man nimmt die erste Zeile der Matrix, multipliziert die Elemente gliedweise mit den Elementen des Vektors und addiert alle Produkte zusammen. Das ergibt das erste Element des Produktes der Matrix mit dem Vektor. Das Produkt der zweiten Zeile der Matrix mit dem Vektor ergibt das zweite Element des Produktes der Matrix mit dem Vektor. Das Produkt der Matrix mit dem Vektor ist also wieder ein Vektor.

Beispiel:

2.3

$$A=\begin{pmatrix} 2 & 0 & 3 \\ 1 & 1 & 4 \\ 0 & 2 & 3 \end{pmatrix} \qquad x=\begin{pmatrix} 1 \\ 5 \\ 6 \end{pmatrix} \quad A\cdot x=\begin{pmatrix} 2\cdot 1+0\cdot 5+3\cdot 6 \\ 1\cdot 1+1\cdot 5+4\cdot 6 \\ 0\cdot 1+2\cdot 5+3\cdot 6 \end{pmatrix}=\begin{pmatrix} 20 \\ 30 \\ 28 \end{pmatrix}$$

Eine Matrix mit m Zeilen und n Spalten kann also nur mit einem Vektor mit n Zeilen multipliziert werden. Das Resultat ist ein Vektor mit m Zeilen.

Ebenso kann man eine mxn-Matrix mit einer nxp-Matrix multiplizieren; das Resultat ist eine mxp-Matrix. Bei Matrizenmultiplikation gilt das Kommutativgesetz nicht, $A \cdot B$ ist also normalerweise nicht gleich wie $B \cdot A$.

Wenn wir beim Gleichungssystem die Matrix A so mit dem Vektor x multiplizieren, erhalten wir wieder unsere linearen Gleichungen in der ursprünglichen Schreibweise.

Vertauscht man bei einer Matrix Zeilen und Spalten, nennt man das *Transponieren* und das Resultat *die zu A transponierte Matrix A^T.*

$$A=\begin{pmatrix} 2 & 0 & 3 \\ 1 & 1 & 4 \\ 0 & 2 & 3 \end{pmatrix} \qquad A^T=\begin{pmatrix} 2 & 1 & 0 \\ 0 & 1 & 2 \\ 3 & 4 & 3 \end{pmatrix}$$

Matrizen mit gleich vielen Zeilen und Spalten nennt man *quadratische Matrizen.* Es gibt eine quadratische Matrix, die *Einheitsmatrix E*, die jede andere passende Matrix (oder Vektor) bei Multiplikation von links wie von rechts unverändert lässt. E hat für 3x3 die Gestalt

$$E=\begin{pmatrix} 1 & 0 & 0 \\ 0 & 1 & 0 \\ 0 & 0 & 1 \end{pmatrix}$$

und entsprechend für andere Dimensionen (1 in der Hauptdiagonalen, 0 sonst).

Zu jeder quadratischen Matrix A mit voneinander unabhängigen Zeilen gibt es eine *inverse Matrix* A^{-1} (Vorsicht: das ist eine Schreibweise, keine Potenz!) so, dass gilt

$$A \cdot A^{-1} = A^{-1} \cdot A = E.$$

Die ausführliche Diskussion dessen, was mit „voneinander unabhängig" gemeint ist, würde für uns hier zu weit führen. Die Zeilen sind nicht unabhängig, wenn eine von ihnen als Summe von Vielfachen anderer Zeilen ausgedrückt werden kann, beispielsweise wenn eine Zeile das Doppelte einer anderen ist. Auf dem Rechner kann man das mit der Determinanten det(A) (in Mathcad mit $|A|$ bezeichnet) nachprüfen, die nicht = 0 sein darf.

Zurück zum Gleichungssystem: Wir multiplizieren es von links her mit der inversen Koeffizientenmatrix und erhalten dadurch formal die Lösung:

$$A \cdot x = y$$

$$A^{-1} \cdot A \cdot x = A^{-1} \cdot y$$

$$E \cdot x = x = A^{-1} \cdot y$$

An *Beispiel 2.2* (Vorsicht: beide Gleichungen nach x und y ordnen!):

Beispiel:

2.4 $$\begin{bmatrix} x+y=-3 \\ -2x+y=6 \end{bmatrix}$$

$$A=\begin{pmatrix} 1 & 1 \\ -2 & 1 \end{pmatrix} \qquad y=\begin{pmatrix} -3 \\ 6 \end{pmatrix}$$

$$A^{-1}=\begin{pmatrix} \frac{1}{3} & -\frac{1}{3} \\ \frac{2}{3} & \frac{1}{3} \end{pmatrix} \qquad A^{-1}\cdot A = A\cdot A^{-1}=\begin{pmatrix} 1 & 0 \\ 0 & 1 \end{pmatrix} \qquad A^{-1}\cdot y=\begin{pmatrix} -3 \\ 0 \end{pmatrix}$$

Wir erhalten also wiederum die beiden Lösungen (-3, 0).

Die Arbeit, die dabei geleistet werden muss, ist noch größer als beim Auflösen des Gleichungssystems durch Substitution, denn zur Berechnung der inversen Matrix muss man n Systeme aus n linearen Gleichungen (alle mit der gleichen Koeffizientenmatrix, aber verschiedenen „rechten Seiten") lösen - der Rechner tut das aber „versteckt" und verwendet dafür optimierte Algorithmen.

Der TI-30X Pro beherrscht Matrixoperationen bis 3x3 (**matrix**, **vector**) und löst lineare Gleichungssysteme mit 2 und 3 Unbekannten (**sys-solv**).

2.4.4 Lösung eines Gleichungssystems mit der Determinantenmethode

Unter der *Determinanten* einer 2x2-Matrix versteht man eine Zahl, die wie folgt gebildet wird:

$$A=\begin{pmatrix} a & b \\ c & d \end{pmatrix} \qquad \rightarrow \qquad \det(A)\equiv|A|=a\cdot d-b\cdot c$$

Ist die Determinante = 0, so sind die Gleichungen voneinander abhängig und das zugehörige Gleichungssystem ist *unterbestimmt* (hat unendlich viele Lösungen), wie z. B. in

$$3x + 4y = 7$$

$$6x + 8y = 14,$$

oder sie widersprechen sich und es gibt keine Lösung, wie z. B. in

$$3x + 4y = 7$$

$$3x + 4y = 8.$$

Die Lösungen können als Verhältnis von zwei Determinanten ausgedrückt werden, wobei in der im Zähler stehenden Determinanten die Koeffizienten der Unbekannten durch die Konstanten der „rechten Seite" ersetzt werden (Cramer'sche[10] Regel).

Zur Lösung von 2 Gleichungen mit 2 Unbekannten ist die Determinantenmethode häufig die einfachste und zudem eine ziemlich sichere Methode:

Gleichungen $\begin{bmatrix} ax + by = p \\ cx + dy = q \end{bmatrix}$

Lösungen

$$x = \frac{\det\begin{pmatrix} p & b \\ q & d \end{pmatrix}}{\det\begin{pmatrix} a & b \\ c & d \end{pmatrix}} = \frac{p \cdot d - b \cdot q}{a \cdot d - b \cdot c}$$

$$y = \frac{\det\begin{pmatrix} a & p \\ c & q \end{pmatrix}}{\det\begin{pmatrix} a & b \\ c & d \end{pmatrix}} = \frac{a \cdot q - p \cdot c}{a \cdot d - b \cdot c}$$

Beispiel:

2.5

$$\begin{bmatrix} x - y = -1 \\ 2x + y = 10 \end{bmatrix} \Rightarrow \begin{cases} x = \dfrac{\det\begin{pmatrix} -1 & -1 \\ 10 & 1 \end{pmatrix}}{\det\begin{pmatrix} 1 & -1 \\ 2 & 1 \end{pmatrix}} = \dfrac{(-1)\cdot 1 - (-1)\cdot 10}{1\cdot 1 - (-1)\cdot 2} = \dfrac{9}{3} = 3 \\ y = \dfrac{\det\begin{pmatrix} 1 & -1 \\ 2 & 10 \end{pmatrix}}{\det\begin{pmatrix} 1 & -1 \\ 2 & 1 \end{pmatrix}} = \dfrac{1\cdot 10 - (-1)\cdot 2}{1\cdot 1 - (-1)\cdot 2} = \dfrac{12}{3} = 4 \end{cases}$$

[10] Gabriel Cramer, Genfer Mathematiker, 1704 - 1752

Die Determinante einer 3x3-Matrix kann wie folgt berechnet werden (Regel von Sarrus[11]): rechts von der Matrix wird die Matrix bis auf die letzte Spalte nochmals hingeschrieben, dann werden die Produkte aus den in schräger Linie stehenden Zahlen gebildet und addiert, wobei die Linien schräg nach unten positiv, die schräg nach oben negativ zählen.

Beispiel:

2.6
$$A=\begin{pmatrix}2&0&3\\1&1&4\\0&2&3\end{pmatrix}\quad\rightarrow\quad\begin{matrix}2&0&3&2&0\\1&1&4&1&1\\0&2&3&0&2\end{matrix}$$

$$\begin{aligned}\det(A)&=2\cdot1\cdot3+0\cdot4\cdot0+3\cdot1\cdot2-0\cdot1\cdot3-2\cdot4\cdot2-3\cdot1\cdot0\\&=6+0+6-0-16-0\\&=-4\end{aligned}$$

Bei größeren Matrizen wird nach Unterdeterminanten entwickelt. Komplexität und Rechenaufwand steigen mit zunehmender Größe der Matrix gewaltig an und der Aufwand für die Anwendung der Cramer'schen Regel wird unverhältnismäßig. Wir gehen hier bewusst nicht auf Details ein.

2.4.5 Praxisbeispiel

Berechne in der untenstehenden Schaltung[12] den Wert von Widerstand R_3.

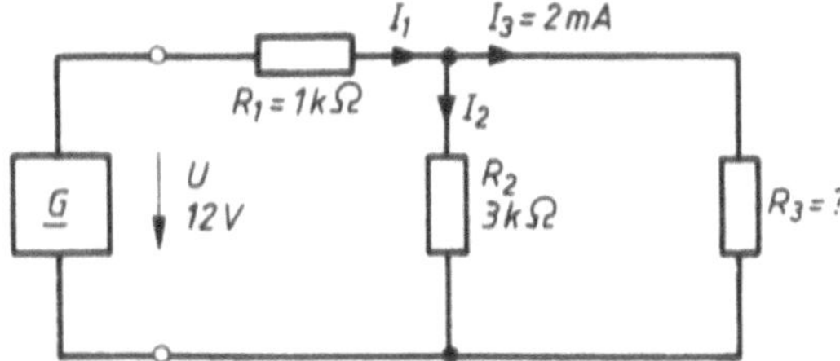

Die Kirchhoff'schen[13] Regeln für elektrische Netzwerke lauten:

Maschenregel: Alle Teilspannungen bei einem Umlauf in einer Masche in einem elektrischen Netzwerk addieren sich zu Null. Dabei ist wichtig, dass der Umlaufsinn (Vorzeichen) eingehalten wird!

Knotenregel: In jedem Knotenpunkt eines elektrischen Netzwerkes ist die Summe der zufließenden Ströme gleich der Summe der abfließenden Ströme.

Außerdem gilt das Ohm'sche Gesetz, $U = I \cdot R$.

---

[11] Pierre Frédéric Sarrus, französischer Mathematiker, 1798 - 1861

[12] Aus Zastrow, Elektrotechnik, Vieweg-Verlag, Übung 7.2

[13] 1845 durch den 21-jährigen deutschen Physiker Gustav Robert Kirchhoff (1824 - 1887) aufgestellt.

Eine physikalische Größe besteht aus einer *Maßzahl* und einer *Einheit*. Die Einheit bestimmt den Betrag der Maßzahl. Es gilt (Ohm'sches Gesetz!) $\mathrm{V} = \mathrm{A} \cdot \Omega$.

Im Rechner können wir nur nackte Zahlen eingeben. Wenn wir alle Größen *in den Grundeinheiten* einsetzen, also $R_1 = 1000\,\Omega$, $R_1 = 3000\,\Omega$ und $I_1 = 0{,}002\,\mathrm{A}$, können wir mit den reinen Zahlenwerten rechnen und erhalten die Resultate ebenfalls wieder in den Grundeinheiten.

Zur Anwendung der Kirchhoff'schen Regeln führen wir die Hilfsgrößen I_1 und I_2 ein.

Mit der Maschenregel erhalten wir für die Masche links

$$1000\,\Omega \cdot I_1 + 3000\,\Omega \cdot I_2 - 12\,\mathrm{V} = 0$$

und für die Masche rechts

$$3000\,\Omega \cdot I_2 - 0{,}002\,\mathrm{A} \cdot R_3 = 0$$

Die Knotenregel liefert uns für z. B. den Knotenpunkt oben in der Mitte eine dritte Gleichung,

$$I_1 = I_2 + 0{,}002\,\mathrm{A}$$

Das sind drei lineare Gleichungen in den Unbekannten I_1, I_2 und R_3.

```
                 DEG
[ 1000: 3000:      0|    12|
     0: 3000:-0.002|     0|
     1:   -1:      0| 0.002|
                      SOLVE
```

```
              DEG
LINEAR SYSTEM SOLUTION ↑
x=0.0045
                       ↓
```

```
              DEG
LINEAR SYSTEM SOLUTION ↑
y=0.0025
                       ↓
```

```
              DEG
LINEAR SYSTEM SOLUTION ↑
z=3750
                       ↓
```

Die Lösung ist also $R_3 = 3750\,\Omega = 3{,}75\,\mathrm{k}\Omega$, außerdem gilt $I_1 = 0{,}0045\,\mathrm{A} = 4{,}5\,\mathrm{mA}$ und $I_2 = 0{,}0025\,\mathrm{A} = 2{,}5\,\mathrm{mA}$.

2.5 Quadratische Gleichungen

2.5.1 Allgemeine Lösungsformel

Die allgemeine Form einer quadratischen Gleichung in x lautet

$$a \cdot x^2 + b \cdot x + c = 0;\ a, b, c \in \mathbb{R};\ a \neq 0.$$

Dabei ist x die Gleichungsvariable, und a, b, c sind reelle Parameter. Man nennt $a \cdot x^2$ das quadratische, $b \cdot x$ das lineare und c das absolute Glied. Es muss $a \neq 0$ sein, da sonst keine quadratische Gleichung vorliegt.

Dividiert man die allgemeine Form

$$a \cdot x^2 + b \cdot x + c = 0$$

beiderseits durch $a \neq 0$, so erhält man die dazu äquivalente Gleichung

$$x^2 + \frac{b}{a} \cdot x + \frac{c}{a} = 0.$$

Mit den Abkürzungen $b/a = p$ und $c/a = q$ ergibt sich die *Normalform der quadratischen Gleichung*:

$$x^2 + p \cdot x + q = 0;\ x \in \mathbb{R};\ p, q \in \mathbb{R}$$

Sie ist dadurch gekennzeichnet, dass der Koeffizient des quadratischen Gliedes +1 ist.

Auflösung der Normalform nach der Unbekannten x:

$$x^2 + p \cdot x + q = 0$$

$$x^2 + p \cdot x = -q$$

$$\underbrace{x^2 + p \cdot x + \frac{p^2}{4}}_{\left(x + \frac{p}{2}\right)^2} = \frac{p^2}{4} - q$$

Addition von $p^2/4$ auf beiden Seiten der Gleichung, sodass ein binomischer Ausdruck *Gl. (1.5)* gebildet werden kann und x nur noch an einer Stelle vorkommt. Man nennt das „quadratisch ergänzen".

$$x + \frac{p}{2} = \pm\sqrt{\frac{p^2}{4} - q}$$

Die Wurzel kann beide Vorzeichen haben!

$$x = -\frac{p}{2} \pm \sqrt{\frac{p^2}{4} - q}$$

Die Gleichung hat 2 Lösungen: eine mit „+" und eine mit „-".

Durch Wiedereinsetzen der Ausdrücke $p = b/a$ und $q = c/a$ erhalten wir daraus mit wenigen Umformungen die **allgemeine Lösungsformel:**

Die Gleichung $a \cdot x^2 + b \cdot x + c = 0$ hat die beiden Lösungen

$$x_{1,2} = \frac{-b \pm \sqrt{b^2 - 4 \cdot a \cdot c}}{2 \cdot a} \tag{2.1}$$

Der unter der Wurzel stehende Ausdruck

$$D = b^2 - 4ac$$

wird *Diskriminante* genannt. Er entscheidet über die Art der Lösungen der quadratischen Gleichung:

$D > 0$: zwei verschiedene reelle Lösungen

$D = 0$: zwei zusammenfallende reelle Lösungen, d. h. eine Lösung

$D < 0$: keine reelle Lösung

2.5.2 Der Satz von Vieta

Zwischen den Lösungen x_1, x_2 und den Koeffizienten a, b, c einer quadratischen Gleichung bestehen folgende Beziehungen:

$$x_1 + x_2 = \frac{-b+\sqrt{b^2-4\cdot a\cdot c}}{2\cdot a} + \frac{-b-\sqrt{b^2-4\cdot a\cdot c}}{2\cdot a} = \frac{-2\cdot b}{2\cdot a} = -\frac{b}{a}$$

$$x_1 \cdot x_2 = \frac{(-b)+\sqrt{b^2-4\cdot a\cdot c}}{2\cdot a} \cdot \frac{(-b)-\sqrt{b^2-4\cdot a\cdot c}}{2\cdot a} = \frac{(-b)^2-\left(\sqrt{b^2-4\cdot a\cdot c}\right)^2}{4\cdot a^2}$$

$$= \frac{b^2-\left(b^2-4\cdot a\cdot c\right)}{4\cdot a^2} = \frac{+4\cdot a\cdot c}{4\cdot a^2} = \frac{c}{a}$$

(Beim zweiten Ausdruck wurde von der binomischen Formel *Gl. (1.7)* $(u + v) \cdot (u - v) = u^2 - v^2$ Gebrauch gemacht.)

Diese Ergebnisse sind unter der Bezeichnung **Satz von Vieta**[14] bekannt:

Ist $a \cdot x^2 + b \cdot x + c = 0$ eine quadratische Gleichung mit $a, b, c \in \mathbb{R}$; $a \neq 0$, so gilt für die beiden Lösungen x_1 und x_2 der quadratischen Gleichung:

$$x_1 + x_2 = -\frac{b}{a} \quad \text{und} \quad x_1 \cdot x_2 = \frac{c}{a}$$

■

Mit diesem Satz kann man, wenn eine Lösung bekannt ist, die zweite einfach berechnen, oder man kann beide Lösungen durch Probieren erraten.

[14] François Viète (Vieta), französischer Mathematiker in Paris, 1540 – 1603

2.6 Nichtlineare Gleichungssysteme mit 2 Unbekannten

2.6.1 Lösungsverfahren

Beispiel:

2.7 $$\begin{bmatrix} x+y=9 \\ x\cdot y=20 \end{bmatrix}$$

Solche Probleme führen oft auf die Lösung quadratischer Gleichungen in einer Unbekannten.

Bei der Lösung erinnern wir uns an das Verfahren aus *2.4.2*: Wir lösen eine Gleichung nach einer Unbekannten auf und setzen den erhaltenen Ausdruck in die zweite Gleichung ein, die damit nur noch eine Unbekannte enthält:

$$x\cdot\underbrace{(9-x)}_{y}=20$$

$$9x-x^2=20$$

$$-x^2+9x-20=0$$

$$x_{1,2}=\frac{-9\pm\sqrt{9^2-4\cdot(-1)\cdot(-20)}}{2\cdot(-1)}=\frac{-9\pm1}{-2}=\begin{cases}4\\5\end{cases}$$

Mithilfe von $y = 9 - x$ ergibt sich daraus $y_1 = 9 - 4 = 5$ und $y_2 = 9 - 5 = 4$. Beide Lösungspaare erfüllen die ursprüngliche Gleichung, diese hat also die Lösungen (4, 5) und (5, 4).

Beispiel:

2.8 Wir dürfen auch eine Gleichung von der anderen subtrahieren, sie addieren, multiplizieren oder dividieren:

$$\begin{bmatrix} x-y=1 \\ x^2-y^2=-4 \end{bmatrix}$$

Die zweite Gleichung erinnert uns an eine binomische Formel:

$$\begin{bmatrix} x-y=1 \\ (x+y)\cdot(x-y)=-4 \end{bmatrix}$$

Wir dividieren die zweite Gleichung durch die erste und erhalten:

$$\begin{bmatrix} x-y=1 \\ \dfrac{(x+y)\cdot(x-y)}{x-y}=\dfrac{-4}{1} \end{bmatrix}\rightarrow\begin{bmatrix} x-y=1 \\ x+y=-4 \end{bmatrix}$$

Jetzt haben wir zwei gewöhnliche lineare Gleichungen in zwei Unbekannten und finden sofort die Lösung:

$$x = -\frac{3}{2}$$
$$y = -\frac{5}{2}$$

2.6.2 Anwendungsbeispiel: elastischer Stoß

Wenn zwei Körper, z. B. Stahlkugeln der Massen m_1 kg und m_2 kg, so zusammenprallen, dass ihre Schwerpunkte und der Berührungspunkt beim Stoß auf einer Linie liegen, spricht man von einem *geraden zentrischen Stoß* (*Ref. 27*). Wenn beim Zusammenstoß keine bleibende Verformung und Erwärmung eintritt, nennen wir den Stoß *vollkommen elastisch*. Nach den physikalischen Gesetzen bleiben dabei *Impuls* und *Bewegungsenergie* erhalten.

Der Impuls p ist das Produkt aus Masse m in kg und vorzeichenbehafteter Geschwindigkeit v in m/s, die Bewegungsenergie E beträgt $\frac{1}{2} \cdot m \cdot v^2$. Das bedeutet ($v_1$ und v_2 sind die Geschwindigkeiten vor dem Stoß, w_1 und w_2 nach dem Stoß), dass die beiden folgenden Gleichungen erfüllt sind:

$$\begin{bmatrix} m_1 \cdot w_1 + m_2 \cdot w_2 = m_1 \cdot v_1 + m_2 \cdot v_2 \\ \frac{1}{2} \cdot m_1 \cdot w_1^2 + \frac{1}{2} \cdot m_2 \cdot w_2^2 = \frac{1}{2} \cdot m_1 \cdot v_1^2 + \frac{1}{2} \cdot m_2 \cdot v_2^2 \end{bmatrix}$$

Unser Ziel ist die Berechnung der Geschwindigkeiten nach dem Stoß, wenn Massen und Geschwindigkeiten vor dem Stoß gegeben sind. ■

Wir haben zwei Gleichungen in zwei Unbekannten, das Problem ist also mathematisch bestimmt. Leider sieht die zweite Gleichung mit den Quadraten ziemlich abschreckend aus. Zum Glück für uns trügt der Schein!

Wir formen die beiden Gleichungen vorübergehend so um, dass die Größen für Körper 1 links stehen und die Größen für Körper 2 rechts:

$$\begin{bmatrix} m_1 \cdot (w_1 - v_1) = m_2 \cdot (v_2 - w_2) \\ \frac{1}{2} \cdot m_1 \cdot (w_1^2 - v_1^2) = \frac{1}{2} \cdot m_2 \cdot (v_2^2 - w_2^2) \end{bmatrix}$$

Indem wir jetzt die zweite Gleichung durch die erste dividieren, den Faktor ½ wegkürzen und uns an die binomische Formel $a^2 - b^2 = (a+b) \cdot (a-b)$ aus *1.5.3* erinnern, erhalten wir eine gleichwertige, aber sehr viel einfachere und erst noch lineare zweite Gleichung,

$$\frac{\frac{1}{2} \cdot m_1 \cdot (w_1^2 - v_1^2)}{m_1 \cdot (w_1 - v_1)} = \frac{\frac{1}{2} \cdot m_2 \cdot (v_2^2 - w_2^2)}{m_2 \cdot (v_2 - w_2)}$$

$$\Downarrow$$

$$w_1 + v_1 = v_2 + w_2$$

Wir formen die Gleichungen wieder so um, dass die unbekannten Terme links und die bekannten rechts vom Gleichheitszeichen stehen, und haben jetzt zwei ganz normale lineare Gleichungen vor uns!

$$\begin{bmatrix} m_1 \cdot w_1 + m_2 \cdot w_2 = m_1 \cdot v_1 + m_2 \cdot v_2 \\ w_1 - w_2 = v_2 - v_1 \end{bmatrix}$$

Die zweite Gleichung besagt, dass die Geschwindigkeitsdifferenz beim elastischen Stoß nur das Vorzeichen (die Richtung um 180°) wechselt. Die gesuchten Lösungen sind

$$w_1 = \frac{m_1 \cdot v_1 + m_2 \cdot v_2 - m_2 \cdot (v_1 - v_2)}{m_1 + m_2}$$

$$w_2 = \frac{m_1 \cdot v_1 + m_2 \cdot v_2 - m_1 \cdot (v_2 - v_1)}{m_1 + m_2}$$

Der Ausdruck $\frac{m_1 \cdot v_1 + m_2 \cdot v_2}{m_1 + m_2}$ bezeichnet dabei die Geschwindigkeit des gemeinsamen Schwerpunktes. Diese ist vor und nach dem Stoß gleich, der Schwerpunkt bewegt sich während des ganzen Vorganges gleichförmig.

2.6.3 Anwendungsbeispiel: Koordinatenbestimmung

Bei der Beschreibung des Problems verwenden wir ein Koordinatensystem, wie es erst in *4.2.2* eingeführt wird. Hier geht es nur um das Lösen der Gleichungen.

Gegeben: A und B durch ihre Koordinaten $(x_A | y_A)$ und $(x_B | y_B)$

a und b so, dass $a + b \geq \overline{AB}$ und $|a - b| \leq \overline{AB}$ ($\overline{AB}$ = Abstand von A zu B)

Gesucht: Koordinaten $(x | y)$ von Punkt P mit Abstand a zu A und Abstand b zu B

Die Punkte mit einem bestimmten Abstand zu einem Punkt P liegen auf einem Kreis um diesen Punkt P.

Wir dürfen das Koordinatensystem so legen (bzw. verschieben), dass Punkt A im Zentrum liegt, also $(x_A | y_A) = (0 | 0)$. Das vereinfacht die Rechnung.

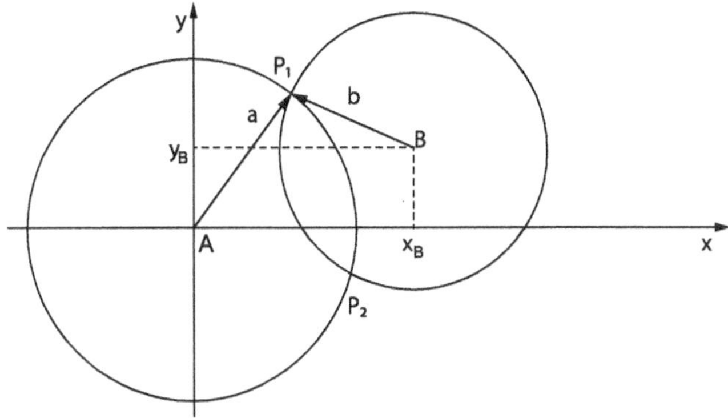

Bild 2.1 Koordinatenbestimmung aus Entfernungen

Wie man an *Bild 2.1* sieht, gibt es zwei (im Grenzfall eine) Lösungen P_1 und P_2, also Punkte, die die Entfernung a von A und die Entfernung b von B haben.

Für den gesuchten Punkt $P = (x\,|\,y)$ muss mit dem Satz von Pythagoras gelten:

$$\begin{bmatrix} x^2+y^2=a^2 \\ (x-x_B)^2+(y-y_B)^2=b^2 \end{bmatrix} \to \begin{bmatrix} x^2+y^2=a^2 \\ x^2-2xx_B+x_B^2+y^2-2yy_B+y_B^2=b^2 \end{bmatrix}$$

Wenn wir von der zweiten Gleichung die erste subtrahieren, fallen x^2 und y^2 weg und das System vereinfacht sich zu

$$\begin{bmatrix} x^2+y^2=a^2 \\ -2xx_B-2yy_B+x_B^2+y_B^2=b^2-a^2 \end{bmatrix}$$

Jetzt lösen wir die zweite Gleichung nach y auf,

$$y=\frac{a^2-b^2+x_B^2+y_B^2}{2y_B}-\frac{x_B}{y_B}\cdot x=p-q\cdot x,$$

und setzen diesen Ausdruck in die erste Gleichung ein:

$$x^2+(p-q\cdot x)^2=a^2$$
$$x^2+p^2-2pq\cdot x+q^2\cdot x^2-a^2=0$$
$$\left(1+q^2\right)\cdot x^2-(2pq)\cdot x+\left(p^2-a^2\right)=0$$

Das ist eine quadratische Gleichung in x mit zwei Lösungen x_1 und x_2. y_1 und y_2 erhalten wir daraus mit $y = p - q \cdot x$.

2.7 Wurzelgleichungen

Von einer Wurzelgleichung spricht man, wenn die Unbekannte irgendwo unter einer Wurzel vorkommt. Bei der Auflösung versucht man, die Wurzel zum Verschwinden zu bringen, indem man den Wurzelausdruck mit der Unbekannten auf einer Seite des Gleichheitszeichens isoliert und dann quadriert (bzw. potenziert).

Vorsicht: Beim Quadrieren geht Vorzeicheninformation verloren (vgl. *2.2.3*). Es ist deshalb bei mehreren Lösungen wichtig, die Endresultate in die ursprüngliche Gleichung einzusetzen, um zu verifizieren, welche Resultate Lösungen der ursprünglichen Gleichung sind!

Beispiele:

2.9 $3+2\sqrt{x}=5$

$$2\sqrt{x}=5-3=2$$
$$\sqrt{x}=\frac{2}{2}=1\Rightarrow x=1^2=1$$

2.10
$$+\sqrt{x+4}=+\sqrt{5x}-2$$
$$x+4=5x-2\cdot 2\cdot\sqrt{5x}+4$$
$$-4x=-4\cdot\sqrt{5x}$$
$$x=\sqrt{5x}$$
$$x^2=5x$$
$$x^2-5x=0$$
$$x\cdot(x-5)=0$$

Hier muss zweimal quadriert werden, bis alle Wurzeln verschwunden sind.

Die Gleichung am Schluss hat die beiden Lösungen $x_1 = 0$ und $x_2 = 5$ (ein Produkt ist gleich 0, wenn mindestens ein Faktor 0 ist). Durch Einsetzen in die ursprüngliche Gleichung überzeugt man sich davon, dass nur $x_2 = 5$ Lösung der Aufgabe ist.

2.11
$$\sqrt{x-2ab}=\sqrt{x}-2b$$
$$x-2ab=x-4b\cdot\sqrt{x}+4b^2$$
$$\frac{-2ab-4b^2}{-4b}=\frac{a+2b}{2}=\sqrt{x}$$
$$x=\left(\frac{a}{2}+b\right)^2$$

Auch hier muss man zweimal quadrieren.

2.12
$$\sqrt{3x-3}+\sqrt{4+3x}=\sqrt{6x+25}$$
$$\left(\sqrt{3x-3}+\sqrt{4+3x}\right)^2=\left(\sqrt{6x+25}\right)^2$$
$$3x-3+2\cdot\sqrt{3x-3}\cdot\sqrt{4+3x}+4+3x=6x+25$$
$$2\cdot\sqrt{3x-3}\cdot\sqrt{4+3x}=24$$
$$\left(\sqrt{3x-3}\cdot\sqrt{4+3x}\right)^2=\left(\frac{24}{2}\right)^2$$
$$12x+9x^2-12-9x=144$$
$$3x^2+x-52=0$$
$$x_1=4, x_2=-\frac{13}{3}$$

Nur $x_1 = 4$ ist Lösung der ursprünglichen Gleichung.

2.13
$$2\cdot\sqrt{x-2a}=\sqrt{2a+10}-7$$
$$x-2a=\left(\frac{\sqrt{2a+10}-7}{2}\right)^2$$
$$x=\frac{\left(\sqrt{2a+10}-7\right)^2}{4}+2a$$

x kommt nur an einer Stelle vor und kann isoliert werden.

2.14
$$\sqrt{x}+\sqrt{ax}=12$$
$$\sqrt{x}+\sqrt{a}\cdot\sqrt{x}=12$$
$$\sqrt{x}\cdot\left(1+\sqrt{a}\right)=12$$
$$\sqrt{x}=\frac{12}{1+\sqrt{a}}$$
$$x=\frac{144}{\left(1+\sqrt{a}\right)^2}$$

Der Ausdruck mit x kann ausgeklammert werden und kommt dann nur noch einmal vor.

2.15
$$\sqrt{2x^2-4x+2}+3=4x$$
$$\sqrt{2\cdot\left(x^2-2x+1\right)}=4x-3$$
$$\pm\sqrt{2}\cdot(x-1)=4x-3$$
$$x_1=\frac{3+\sqrt{2}}{4+\sqrt{2}}=0.8153$$
$$x_2=\frac{3-\sqrt{2}}{4-\sqrt{2}}=0.6133$$

Unter der Wurzel steht ein Binom *Gl. (1.6)*.

Beim Ziehen der Wurzel ist darauf zu achten, dass beide Vorzeichen berücksichtigt werden.

Durch Einsetzen der Lösungen ergibt sich, dass nur x = 0,8153 eine Lösung der ursprünglichen Gleichung ist.

2.16
$$2\cdot\sqrt{x^2+a\cdot(2x+a)}=\sqrt{2}-\sqrt{7a}$$
$$\sqrt{x^2+2xa+a^2}=\frac{\sqrt{2}-\sqrt{7a}}{2}$$
$$\sqrt{(x+a)^2}=\frac{\sqrt{2}-\sqrt{7a}}{2}$$
$$\pm(x+a)=\frac{\sqrt{2}-\sqrt{7a}}{2}$$
$$x+a=\pm\frac{\sqrt{2}-\sqrt{7a}}{2}$$
$$x=\pm\frac{\sqrt{2}-\sqrt{7a}}{2}-a$$

Unter der Wurzel steht ein Binom.

Beim Ziehen der Wurzel ist darauf zu achten, dass beide Vorzeichen berücksichtigt werden müssen.

Beide Lösungen sind Lösungen der ursprünglichen Gleichung.

2.17
$$\sqrt{64x^2}+\sqrt{4-a}-6=\sqrt{12a+1}$$
$$\pm 8x=\sqrt{12a+1}-\sqrt{4-a}+6$$
$$x=\pm\frac{\sqrt{12a+1}-\sqrt{4-a}+6}{8}$$

x kommt nur an einer Stelle vor. Die Wurzel kann sofort gezogen werden (unter Berücksichtigung beider Vorzeichen).

Beide Lösungen sind Lösungen der ursprünglichen Gleichung.

Anwendungsbeispiel: *3.6.3* Schallmessortung

2.8 Exponentialgleichungen

2.8.1 Lösungsmethodik

Kommt eine Unbekannte auch in einem Exponenten vor, spricht man von einer *Exponentialgleichung*. Schon einfache Exponentialgleichungen können nicht mehr geschlossen aufgelöst werden; zum Beispiel hat $5^x = 10x$ keine Lösung „$x = \ldots$“. Dieses Problem wird in *Beispiel 8.31* mithilfe der Differenzialrechnung numerisch (zahlenmäßig, nicht formelmäßig) gelöst.

Oft ist es aber so, dass die Unbekannte *nur* im Exponenten vorkommt. Wie wir in *Gl. (1.10)* gesehen haben, wird ein **Exponent** beim Logarithmieren (es kommt nicht auf die Wahl der Basis an) zu einem **multiplikativen Faktor**.

Achtung: *Summen* von Potenzen können natürlich nicht logarithmiert werden. Diese müssen erst durch Ausklammern in *Produkte* umgewandelt werden!

Beispiele:

2.18

$$\begin{aligned} 2^{5x-7} &= 8 \\ \log\left(2^{5x-7}\right) &= \log(8) \\ (5x-7)\cdot\log(2) &= \log(8) \\ 5x-7 &= \frac{\log(8)}{\log(2)} = 3 \\ x &= 2 \end{aligned}$$

2.19 Sind Potenzen mit gleicher Basis gleich, so sind auch ihre Exponenten gleich:

$$\begin{aligned} \sqrt{a^{x-3}} &= \sqrt[3]{a^{x+2}} \\ a^{\frac{x-3}{2}} &= a^{\frac{x+2}{3}} \\ \frac{x-3}{2} &= \frac{x+2}{3} \\ 3\cdot(x-3) &= 2\cdot(x+2) \\ x &= 13 \end{aligned}$$

2.20 $$\frac{0.826441871}{125}=\frac{1.4^{3x}\cdot 68^{x-3}}{5^{2x-1}}$$

$$\frac{0.826441871}{125}=\frac{1.4^{3x}\cdot\frac{68^x}{68^3}}{\frac{5^{2x}}{5}}=1.4^{3x}\cdot\frac{68^x}{68^3}\cdot\frac{5}{5^{2x}}=\left(\frac{1.4^3\cdot 68}{5^2}\right)^x\cdot\frac{5}{68^3}$$

$$\underbrace{\frac{0.826441871\cdot 68^3}{625}}_{415.7756328}=7.46368^x$$

$$x=\frac{\log(415.7756328)}{\log(7.46368)}=3$$

2.21 $$4^{2x+1}-3^{3x+1}=4^{2x+3}-3^{3x+2}$$

$$4^{2x}\cdot 4-3^{3x}\cdot 3=4^{2x}\cdot 4^3-3^{3x}\cdot 3^2$$

$$4^{2x}\cdot\left(4-4^3\right)=3^{3x}\cdot\left(-3^2+3\right)$$

$$4^{2x}\cdot(-60)=3^{3x}\cdot(-6)$$

$$\frac{4^{2x}}{3^{3x}}=\frac{-6}{-60}$$

$$\left(\frac{4^2}{3^3}\right)^x=\frac{1}{10}$$

$$\left(\frac{16}{27}\right)^x=\frac{1}{10}$$

$$x\cdot\log\left(\frac{16}{27}\right)=\log\left(\frac{1}{10}\right)$$

$$x=\frac{\log\left(\frac{1}{10}\right)}{\log\left(\frac{16}{27}\right)}=4.40056$$

2.22 $$x^{3-\lg(x)}=100$$

$$(3-\lg(x))\cdot\lg(x)=\lg(100)=2$$

$$-(\lg(x))^2+3\cdot\lg(x)-2=0$$

$$\lg(x)=\frac{-3\pm\sqrt{3^2-4\cdot(-1)\cdot(-2)}}{2\cdot(-1)}=\frac{-3\pm 1}{-2}=\begin{cases}2\\1\end{cases}$$

$$x_1=10^2=100,\ x_2=10^1=10$$

Beispiel:

2.23 $$3^x + 9^x = 27^x$$

$$3^x + (3\cdot 3)^x = (3\cdot 3\cdot 3)^x$$

$$1 + 3^x = 3^{2x} = \left(3^x\right)^2$$

Das ist eine quadratische Gleichung in der Unbekannten $u = 3^x$. Nur die positive Lösung kann eine Potenz sein:

$$u = \frac{1+\sqrt{5}}{2} = 1{,}618 = 3^x \to x = \frac{\log(1{,}618)}{\log(3)} = 0{,}438$$

2.9 Das numerische Lösen von Gleichungen mit dem TI-30X Pro

2.9.1 Algebraische Gleichungen höheren Grades

Eine algebraische Gleichung hat höchstens so viele Lösungen wie ihr Grad beträgt (Fundamentalsatz der Algebra von Gauß, *6.5*). *Bei ungeradzahligem Grad hat sie immer mindestens eine Lösung* (*6.5*). Zur Lösung von Gleichungen bis zum 4. Grad gibt es geschlossene Ausdrücke („Lösungsformeln"), bei Gleichungen höheren Grades muss man im allgemeinen Fall schrittweise arbeitende Näherungsverfahren (numerische Methoden) einsetzen.

Der TI-30X Pro löst Gleichungen 2. und 3. Grades mit **[poly-solv]** exakt, d. h. gibt alle 2 bzw. 3 Lösungen auf einmal an. Die Formeln zur Lösung algebraischer Gleichungen 3. Grades (kubischer Gleichungen) erfordern Berechnungen mit komplexen Zahlen und werden in *6.6* behandelt, die Ausdrücke für Gleichungen 4. Grades sind noch etwas aufwendiger und werden hier nicht erörtert. Ein numerisches Verfahren (Näherungsverfahren) zur Lösung beliebiger algebraischer Gleichungen mithilfe der Differentialrechnung wird in *8.7.7* besprochen. Anton Valdivia hat für die Lösung beliebiger Polynome mit reellen Koeffizienten ein hübsches Javascript-Programm geschrieben.[15]

2.9.2 „Unlösbare" Gleichungen

In vielen Fällen ist es nicht möglich, Gleichungen analytisch („formelmäßig") in die Form

$$x = \ldots$$

zu bringen, wo x rechts vom Gleichheitszeichen nicht mehr vorkommt. Ein einfaches Beispiel haben wir in der Einführung zu *2.8.1* angetroffen, $5^x = 10x$; generell trifft das zu für Gleichungen mit Potenzen und Exponentialen oder Logarithmen oder trigonometrischen

[15] *https://valdivia.staff.jade-hs.de/polynomnullstellen.html*

Funktionen und die meisten algebraischen Gleichungen mit Grad ab 5. Da die Lösungsmethode für Gleichungen 4. Grades zu aufwendig ist, um hier behandelt zu werden, wollen wir diese ebenfalls als „unlösbar" ansehen.

Für „unlösbare" Gleichungen können Lösungen (Zahlenwerte für x, die die Gleichung erfüllen) mit numerischen Verfahren gefunden werden, *wenn sie existieren* (siehe *8.1.3*, *8.7.7*, *8.7.8*). Dafür werden Programmierkenntnisse und entsprechende Hard- und Software benötigt; wir gehen hier nicht weiter darauf ein. Der TI-30X Pro verfügt dafür über den numerischen Solver **[num-solv]**. Die zu lösende Gleichung darf nicht mehr als 40 Eingaben lang sein. Es können alle 8 Variablen (Speicher) des Rechners verwendet werden, wobei eine die Größe bezeichnen muss, nach der aufgelöst wird (die Lösung). Die Verwendung von Speichern macht die Gleichung übersichtlicher und kürzer und beschleunigt den Berechnungsvorgang, weil konstant bleibende Größen nicht bei jedem Schritt neu berechnet werden.

Der Solver sucht, ausgehend von einem Näherungswert, ein Ergebnis; wenn die Gleichung mehrere Lösungen hat, hängt das Resultat vom Wert der Unbekannten beim Beginn des Berechnungsvorganges ab. Für die oben als Beispiel erwähnte Gleichung $5^x = 10x$ liefert der Solver die Lösung $x = 0{,}1216212998$, wenn x zu Beginn der Rechnung den Wert 0 hat, und die Lösung $x = 1{,}793716004$, wenn x bei 2 startet (siehe *Beispiel 8.37* in *8.7.7*).

Falls man keine Anhaltspunkte hat, wo die Lösungen liegen, kann man mit dem TI-30X Pro wie folgt vorgehen:

- Zuerst muss man sich eine Vorstellung über das Verhalten der Gleichung bei verschiedenen Werten der Unbekannten x verschaffen. Für eine Übersicht über Anzahl und ungefähre Lage der Lösungen bringt man die Gleichung in die Form „=0" und zeigt mit **[table] Edit function** eine Wertetabelle an. Falls die in der Gleichung vorkommenden Zahlen im „normalen" Bereich liegen, sind die Lösungen nicht zu weit vom Nullpunkt entfernt. Start=-10, Step=1 ist häufig eine vernünftige erste Wahl.
- Lösungen liegen dort, wo Vorzeichenwechsel stattfinden. Wo die Werte den Wert 0 annähern, kann es ebenfalls eine Lösung geben, muss aber nicht. Allenfalls müssen Bereiche der Wertetabelle mit kleinerer Schrittweite (feinerer Auflösung), z. B. Step=0.1, angeschaut werden.
- Die Näherungswerte der Lösungen sind als Startwerte für die Berechnung zu notieren.
- Ausgehend von den so erhaltenen Näherungswerten werden die Lösungen mit **[num-solv]** eine nach der anderen „exakt" bestimmt.

Beispiel:

2.24 Finde alle Lösungen der Gleichung $6^{x-1}+2=7x$

Wertetabelle mit $f(x)=6^{x-1}+2-7x$, Start=-10, Step=1:

x	*f*(*x*)
-10	72
-9	65,000...
-8	58,000...
-7	51,000...
-6	44,000...
-5	37,000...
-4	30,000...
-3	23,000...
-2	16,0046...
-1	9,0277...

x	*f*(*x*)
0	2,1666...
1	-4
2	-6
3	17
4	190
5	1263

Wir sehen einen Vorzeichenwechsel zwischen 0 und 1 und einen zwischen 2 und 3. Links von x = 0 und rechts von x = 3 geht es nur noch aufwärts. Es gibt also zwei Lösungen.

Untersuchung der Bereiche ab x = 0 und x = 2 mit Schrittweite Step=0,1:

x	*f*(*x*)
0,1	1,449...
0,2	0,838...
0,3	0,185...
0,4	-0,458...

x	*f*(*x*)
2,1	-5,522...
2,2	-4,814...
2,3	-3,829
2,4	-2,513...
2,5	-0,803...
2,6	1,389...

Jetzt haben wir recht gute Näherungswerte, x_1 = 0,3 und x_2 = 2,5, mit denen wir **[num-solv]** starten können. Leider muss dafür die Gleichung nochmals eingegeben werden, sie wird nicht von **[table]** übernommen.

Mit Start bei x = 0,3 erhalten wir die Lösung x = 0,3286148245. Der Ausdruck „L - R = 0“ in der Anzeige bedeutet, dass der Unterschied zwischen dem linken und dem rechten Teil der Gleichung (zwischen 6^{x-1} + 2 und 7x) für die gefundene Lösung innerhalb der Rechnergenauigkeit = 0 ist.

Mit **SOLVE AGAIN** lösen wir jetzt die Gleichung noch für den Startwert x = 2,5 und erhalten die zweite Lösung x = 2,539579957.

2.10 Zins- und Investitionsrechnung

2.10.1 Zinsrechnung

Ein Kapital K wird bei einem Zinssatz p jedes Jahr mit einem Faktor $(1 + p)$ multipliziert.

Beispiele:

2.25 Bei welchem Zinssatz verdoppelt sich ein Kapital in 5 Jahren?

$$K \cdot (1+p)^5 = 2 \cdot K$$
$$(1+p)^5 = 2$$
$$1+p = \sqrt[5]{2}$$
$$p = \sqrt[5]{2} - 1 = 0.148$$

Antwort: Bei einem Zinssatz von 14,8 %

2.26 In wie vielen Jahren wird zu 4 % aus 1000 Franken eine Million?

$$1000 \cdot 1.04^t = 1000000$$
$$1.04^t = \frac{1000000}{1000} = 1000$$
$$\log(1.04^t) = t \cdot \log(1.04) = \log(1000)$$
$$\Rightarrow t = \frac{\log(1000)}{\log(1.04)} = 176.125$$

Antwort: 176 Jahre und etwa 1½ Monate

2.10.2 Investitionsrechnung

Eine Investition bzw. ein Kredit wird normalerweise mit jährlichen fixen Zahlungen über eine bestimmte Zeit amortisiert bzw. getilgt. Von diesen Zahlungen dient ein Teil zur Verzinsung der Restschuld, was danach übrig bleibt zur Amortisation. Mit der Zeit wird die Schuld kleiner, der Zinsanteil der jährlichen Zahlung nimmt ab und der Amortisationsanteil nimmt zu.

Jahr	Schuld	Zins	Amortisation am Ende
1	K	$p \cdot K$	$Z - p \cdot K$
2	$K - (Z - p \cdot K)$ $= K \cdot (1 + p) - Z$	$p \cdot (K \cdot (1 + p) - Z)$	$Z - (p \cdot (K \cdot (1 + p) - Z))$ $= (Z - p \cdot K) \cdot (1 + p)$
3	$K \cdot (1 + p)^2 - Z \cdot (2 + p)$	$p \cdot (K \cdot (1 + p)^2 - Z \cdot (2 + p))$	$(Z - p \cdot K) \cdot (1 + p)^2$

etc.

Wie man vermuten kann, beträgt die Amortisation im Jahr n $(Z - p \cdot K) \cdot (1 + p)^{n-1}$. Die Ausdrücke für die Restschuld sind komplizierter.

In n Jahren beträgt die Amortisation total (wir nehmen bei der Bildung der Summe der Potenzen ein Ergebnis aus *7.3.2* vorweg)

$$(Z-p\cdot K)\cdot\left(1+(1+p)+(1+p)^2+\ldots+(1+p)^{n-1}\right)=(Z-p\cdot K)\cdot\frac{(1+p)^n-1}{p}$$

Die Investition ist amortisiert, sobald dieser Ausdruck gleich K ist:

$$(Z-p\cdot K)\cdot\frac{(1+p)^n-1}{p}=K$$

$$(Z-p\cdot K)\cdot\left((1+p)^n-1\right)=p\cdot K$$

$$(Z-p\cdot K)\cdot(1+p)^n=p\cdot K+(Z-p\cdot K)=Z$$

$$(1+p)^n=\frac{Z}{Z-p\cdot K}$$

Diesen Ausdruck kann man nach verschiedenen der vorkommenden Größen auflösen:

- *jährliche Zahlung,* wenn Investition, Amortisationsdauer und Zinssatz gegeben sind

$$Z=\frac{p\cdot K}{1-\left(\frac{1}{1+p}\right)^n}$$

- zulässige maximale *Investition,* wenn jährliche Zahlung, Amortisationsdauer und Zinssatz gegeben sind

$$K=\frac{Z}{p}\cdot\left(1-\left(\frac{1}{1+p}\right)^n\right)$$

- *Amortisationsdauer,* wenn Investition, jährliche Zahlung und Zinssatz gegeben sind

$$n=\frac{\log\left(\frac{Z}{Z-p\cdot K}\right)}{\log(1+p)}$$

Beispiele:

2.27 Eine Investition von 500 000 Franken, die zu 2,5 % verzinst und in 10 Jahren amortisiert werden muss, erfordert eine jährliche Zahlung von 57 129,40 Franken.

2.28 Eine Maschine, die im Jahr 50 000 Franken einspart und in 15 Jahren amortisiert werden muss, darf bei Kapitalkosten von 3 % 596 897 Franken kosten.

2.29 Eine Investition von 1 Million, die im Jahr Einsparungen von 90 000 Franken bringt und zu 3 % verzinst werden sollte, amortisiert sich in 13,717 Jahren.

Die Auflösung nach dem Zinssatz p ist nur numerisch (d. h. nicht als Formel) möglich (siehe Beispiel 2.30 unten).

Bei Rückzahlung in monatlichen Raten werden in die gleiche Berechnung anstelle von Jahren Monate eingesetzt, und das Resultat ist ein monatlicher Zinssatz. Der „effektive Jahreszins“ ergibt sich durch Verzinsung der voraus geleisteten monatlichen Zahlungen, d. h. die Ende Januar geleistete Zahlung wird 11-mal mit dem Monatszinssatz verzinst, die von Ende Februar 10-mal, etc.

Daraus folgt

$$1+p_{\text{eff/Jahr}}=\left(1+p_{\text{Monat}}\right)^{12}$$

d. h.

$$p_{\text{eff/Jahr}}=\left(1+p_{\text{Monat}}\right)^{12}-1$$

Beispiele:

2.30 Bestimme die jährliche Verzinsung (Sollzins) p für eine Schuld von K = 220.000 Fr, wenn n = 8 Jahre lang pro Jahr Z = 35 000 Fr abgezahlt werden müssen.

Es gilt $p=\frac{Z}{K}\cdot\left(1-\left(1+p\right)^{-n}\right)$.

Wir speichern ab:

$$\frac{Z}{K}=\frac{35000}{220000}=0{,}159090...\rightarrow a$$

$$n=8\rightarrow t$$

Die Gleichung geben wir jetzt in **[num-solv]** ein als $x=a\left(1-\left(1+x\right)^{-t}\right)$ und erhalten mit einem Startwert[16] von z. B. $x = a$ die Lösung x = 0,056939528, also p = 5,69 %.

2.31 Privatkredit 25 000.-, monatliche Rückzahlung[17]

72 Monate
max. CHF 457.15/Monat

60 Monate
max. CHF 525.35/Monat

48 Monate
max. CHF 628.35/Monat

••• Andere La

[16] Der Startwert für p darf nicht zu klein und nicht = 0 sein, denn p = 0 erfüllt die Gleichung ebenfalls, und diese Lösung wollen wir nicht haben! Eine gute Wahl für den Startwert ist $a = Z/K$.

[17] *https://www3.cembra.ch/de/kredit/anfragen/kreditbetrag*

Berechnung wie im vorhergehenden Beispiel:

Laufzeit 72 Monate, Monatsrate 457,15 Fr

$$\frac{457{,}15}{25.000} \mapsto a$$
$$72 \mapsto t$$
$$x = a\left(1-(1+x)^{-t}\right) \xrightarrow{x=a} x = 0{,}007935500$$

Laufzeit 60 Monate, Monatsrate 525,35 Fr

$$\frac{525{,}35}{25.000} \mapsto a$$
$$60 \mapsto t$$
$$x = a\left(1-(1+x)^{-t}\right) \xrightarrow{x=a} x = 0{,}007937362$$

Laufzeit 48 Monate, Monatsrate 628,35 Fr

$$\frac{628{,}35}{25.000} \mapsto a$$
$$48 \mapsto t$$
$$x = a\left(1-(1+x)^{-t}\right) \xrightarrow{x=a} x = 0{,}007935621$$

Der Monatszins beträgt für alle Laufzeiten 0,794 %, was einem effektiven Jahreszins von 9,95 % entspricht.

2.11 Ungleichungen

2.11.1 Definition

Ein mathematisches Gebilde, in dem zwei Ausdrücke durch eines der Relationszeichen

$>$ größer als

$\geq$ größer oder gleich

$\leq$ kleiner oder gleich

$<$ kleiner als

($\neq$ ungleich)

verbunden sind, heißt **Ungleichung**.

„kleiner als …" bedeutet dabei „auf der Zahlengeraden links von … liegend". Es gilt also

$2 < 3$, $1 < 6$, aber auch $-8 < -3$.

2.11.2 Das Lösen von Ungleichungen

Wie bei den Gleichungen geht es auch beim Lösen von Ungleichungen darum, mittels äquivalenter Umformungen schließlich zu einer so einfachen Ungleichung zu gelangen, dass ihre Lösungsmenge leicht ablesbar ist. Es ist meistens (bei unendlich vielen Lösungen!) nicht möglich, wie bei Gleichungen durch Einsetzen *aller* Lösungen anstelle der Variablen die Richtigkeit der Rechnung zu überprüfen, doch ist es zweckmäßig, für einzelne Elemente (besonders solche am Rand der Lösungsmenge) Stichproben zu machen.

Wir wollen die Umformungen *2.2.2* für Ungleichungen überprüfen:

- $a < b$ bedeutet, dass a auf der Zahlengeraden links von b liegt. Addition oder Subtraktion einer Zahl c verschiebt a und b um gleichviel nach rechts oder links, ändert also nichts daran, welcher Punkt links und welcher rechts liegt.
- Multiplikation mit einer positiven Zahl d streckt die Distanzen von 0 bis a bzw. 0 bis b um den gleichen Faktor, wobei immer noch $a \cdot d < b \cdot d$ gilt.
- Bei Multiplikation mit einer negativen Zahl $-e$ werden die Distanzen 0 bis a und 0 bis b zuerst um den Faktor e gestreckt und dann um den Punkt 0 um 180° gedreht. Dabei kommt $-ae$ *rechts* von $-be$ zu liegen, die Ungleichheitsrelation wird also *umgekehrt.*

Zusammenfassung:

- Addition und Subtraktion eines Ausdruckes lässt die Ungleichung unverändert.
- Multiplikation (Division) mit einem positiven Ausdruck lässt die Ungleichung unverändert. (Division ist dasselbe wie Multiplikation mit dem Kehrwert, und Zahl und Kehrwert haben immer das gleiche Vorzeichen.)
- Multiplikation (Division) mit einem negativen Ausdruck kehrt die Ungleichheitsrelation um.

Eine graphische Darstellung der Lösungsmenge auf der Zahlengeraden ist sehr nützlich. Dabei stellt man Endpunkte, die nicht zur Lösungsmenge gehören, als leere Kreise dar, dazugehörende als fette Punkte.

2.11.3 Lineare Ungleichungen

Bei linearen Ungleichungen ist die Lösungsmenge ein Teilbereich der reellen Zahlengeraden, ein sogenanntes *Intervall* (wenn sie nicht leer ist, z. B. bei $5x + 1 < 5x$).

Wir bringen die Ungleichung durch Umformungen in eine Form, bei der x isoliert auf einer Seite des Ungleichheitszeichens steht.

Beispiele:

2.32 $8x - 24 < 0$

$$8x < 24$$

$$x < \frac{24}{8}$$ Division durch 8 ohne weitere Änderungen, weil $8 > 0$.

$$x < 3$$

2.33 $4x+3\geq 11$

$$4x\geq 11-3=8$$

$$x\geq \frac{8}{4}$$

$$x\geq 2$$

2.34 $2x+2+3x\leq 3x-8+4$

$$5x+2\leq 3x-4$$

$$5x-3x\leq -4-2$$

$$2x\leq -6$$

$$x\leq -3$$

2.35 $-4x+16\leq 0$

$$-4x\leq -16$$

$$x\geq \frac{-16}{-4}$$

$$x\geq 4$$

Bei Division durch -4 muss die Richtung der Ungleichungsrelation umgekehrt werden, weil -4 < 0.

2.36 $3(x-3)<5-2(-x+1)$

$$3x-9<5+2x-2=3+2x$$

$$x-9<3$$

$$x<3+9$$

$$x<12$$

Zuerst werden die Klammern weggeschafft und dann die Ausdrücke vereinfacht.

2.11.4 Nichtlineare Ungleichungen

Dieser Abschnitt kann übersprungen werden.

Bei nichtlinearen Ungleichungen kann die Lösungsmenge aus *mehreren* Teilbereichen (Intervallen) der reellen Zahlengeraden bestehen.

Zur Lösung bringen wir die Ungleichung in eine Form, bei der auf einer Seite des Ungleichheitszeichens „0“ steht.

- Wenn keine Brüche mit x im Nenner vorkommen, bestimmen wir die Nullstellen des Ausdruckes. Nullstellen sind diejenigen Punkte, bei denen das Vorzeichen des Wertes eines Ausdruckes ändern kann, wir müssen also für jeden Bereich außerhalb oder zwischen Nullstellen das Vorzeichen bestimmen, z. B. durch Einsetzen eines Wertes.
- Falls Brüche mit x im Nenner vorkommen, machen wir diese gleichnamig und addieren, sodass wir am Schluss einen einzigen Bruch haben. Ein Bruch ist positiv (> 0), wenn Zähler und Nenner das *gleiche* Vorzeichen haben, sonst negativ. Wir bestimmen alle Nullstellen von Zähler und Nenner und ermitteln die Vorzeichen dazwischen.

Für jeden Faktor bzw. Zähler und Nenner zeichnen wir die positiven und negativen Bereiche untereinander auf einer Zahlengeraden auf und können die Lösungsmenge graphisch ablesen.

Beispiele:

2.37 $x^2+5x-12>3x-2$

$x^2+2x-10>0$

Nullstellen: $x_{1,2}=\dfrac{-2\pm\sqrt{4+40}}{2}=-1\pm\sqrt{11}=\begin{cases}-4.3166\\2.3166\end{cases}$

Der Ausdruck ist negativ zwischen den Nullstellen (setze z.B. x = 0) und positiv außerhalb (setze z.B. x = 10 und x = -10).

Lösungsmenge x < -4,3166 und x > 2,3166.

2.38 $\dfrac{x-3}{x+2}>0$

Wir zeichnen für Zähler und Nenner unabhängig untereinander die Bereiche auf, in denen sie positiv bzw. negativ sind, und erhalten

	„+“	„-“
Zähler	$x > 3$	$x < 3$
Nenner	$x > -2$	$x < -2$

Lösungsmenge: x > 3 und x < -2

2.39

$$\frac{x+1}{x-1}>0.5$$

$$\frac{x+1}{x-1}-0.5>0$$

$$\frac{x+1}{x-1}-0.5\cdot\frac{x-1}{x-1}>0$$

$$\frac{0.5x+1.5}{x-1}>0$$

	„+“	„-“
Zähler	$x > -3$	$x < -3$
Nenner	$x > 1$	$x < 1$

Lösungsmenge: x > 1 und x < -3

2.40

$$\frac{4}{x-1}<\frac{3}{x+1}$$

$$\frac{4}{x-1}-\frac{3}{x+1}<0$$

$$\frac{4\cdot(x+1)-3\cdot(x-1)}{(x-1)\cdot(x+1)}<0$$

$$\frac{4x+4-3x+3}{x^2-1}<0$$

$$\frac{x+7}{x^2-1}<0$$

	„+“	„-“
Zähler	$x > -7$	$x < -7$
Nenner	$\|x\| > 1$	$\|x\| < 1$

Lösungsmenge:

Zähler „+“ und Nenner „-“: x > -7 und $|x|$ < 1, also -1 < x < 1

Zähler „-“ und Nenner „+“: x < -7 und $|x|$ > 1, also x < -7

Vorsicht: Man könnte versucht sein, diese Aufgabe „auf den Kopf zu stellen“. Aber: $a < b \Rightarrow 1/a > 1/b$ gilt nur, wenn a und b das gleiche Vorzeichen haben!

2.41
$$\frac{2}{x+1} < \frac{6}{x+2}$$
$$\frac{2}{x+1} - \frac{6}{x+2} < 0$$
$$\frac{2\cdot(x+2) - 6\cdot(x+1)}{(x+1)\cdot(x+2)} < 0$$
$$\frac{2x+4-6x-6}{(x+1)\cdot(x+2)} < 0$$
$$\frac{-4x-2}{(x+1)\cdot(x+2)} < 0$$

Nenner	„+“	„-“
$x + 1$	$x > -1$	$x < -1$
$x + 2$	$x > -2$	$x < -2$

Der Nenner ist „+“, wenn beide Klammern das gleiche Vorzeichen haben, und sonst „-“:

Nenner „+“ für $x > -1$ und $x < -2$
Nenner „-“ für $x < -1$ und $x > -2$, d.h. $-2 < x < -1$

	„+“	„-“
Zähler	$x < -½$	$x > -½$
Nenner	$x < -2, x > -1$	$-2 < x < -1$

Lösungsmenge:

Zähler „+“ und Nenner „-“: $-2 < x < -1$

Zähler „-“ und Nenner „+“: $x > -½$

In komplizierteren Fällen ist eine graphische Darstellung der Kurvenverläufe der einzelnen Faktoren bzw. von Zähler/Nenner in einem Koordinatensystem hilfreich, wie wir sie im *Kapitel 4* über Funktionen ausführlicher behandeln werden.

Beispiel:

2.42
$$\frac{1}{x-2} > \frac{3x}{4x-6}$$
$$\frac{1}{x-2} - \frac{3x}{4x-6} > 0$$
$$\frac{(4x-6) - 3x\cdot(x-2)}{(x-2)\cdot(4x-6)} > 0$$
$$\frac{-3x^2+10x-6}{4x^2-14x+12} > 0$$

Der Quotient ist > 0, wenn Zähler und Nenner beide das gleiche Vorzeichen haben. Bei jeder Nullstelle kann sich das Vorzeichen ändern. Man muss also für Zähler und Nenner die Bereiche außerhalb/zwischen den Nullstellen untersuchen.

Der Zähler hat Nullstellen bei $\frac{5 \pm \sqrt{7}}{3}$ oder 0,785 und 2,549, der Nenner bei 1,75 ± 0,25 oder 1,5 und 2.

x	Zähler	Nenner
< 0,785	-	+
0,785 - 1,5	+	+
1,5 - 2	+	-
2 - 2,549	+	+
> 2,549	-	+

Die Ungleichung ist erfüllt, wenn

$0{,}785 < x < 1{,}5$

oder

$2 < x < 2{,}549$.

2.12 Übungsaufgaben

2.12.1 Zu Abschnitt 2.2

Löse die folgenden Ausdrücke nach jeder vorkommenden Größe auf!

2.1 $U = R \cdot I$

2.2 $\frac{1}{R} = \frac{1}{R_1} + \frac{1}{R_2}$

2.3 $\frac{1}{R} = \frac{1}{R_1} + \frac{1}{R_2} + \frac{1}{R_3}$

2.4 $A = \frac{\pi}{4} \cdot \left(D^2 - d^2\right)$

2.5 $\frac{1}{\frac{u}{a} - \frac{u}{e}} = a \cdot e$

2.6 $a^2 + b^3 = 2a^2 + 3x^2$

2.7 $(1+p)^n = \frac{Z}{Z - p \cdot K}$

(Auflösung nach p nicht möglich, vgl. *2.10.2*)

2.12.2 Zu Abschnitt 2.3

Bestimme in den folgenden Gleichungen den Wert von x:

2.8 $6x + 4 = 16$

2.9 $-3x - 4 - 2x = 0$

2.10 $12 + 8x = 2 - 2x$

2.11 $9 - 2x - 18 = x$

2.12 $20 = 8x - 20$

2.13 $2x + 5 = 7 - 3a$

2.14 $-5 + 12x - 19 = 24b - 6x$

2.15 $7a + 12b - 3x + 4 = 2a + 2b - 4$

2.16 $(3x + 2)(x - 2) = (x + 6)(3x - 8)$

2.17 $2(x - 3)^2 + 9 = x(2x - 4) + x$

2.18 $\frac{2x-1}{7}-\frac{2x-5}{14}=\frac{3x+5}{14}-\frac{4-3x}{21}$

2.19 $\frac{1}{1-\frac{1}{x}}-\frac{1}{1+\frac{1}{x}}=\frac{1}{1-x^2}$

2.20 $\frac{4x}{6x-2}=\frac{4}{7}-\frac{2}{3x-1}$

2.21 $x-\frac{x}{2}+\frac{x}{3}-\frac{x}{4}+\frac{x}{5}-\frac{x}{6}=\frac{111}{120}$

2.22 Für welchen Wert von a hat die Gleichung die Lösung $x = 7$?

$$\sqrt{\frac{3}{x-4}}=\sqrt{-\frac{4}{x+5}+a}$$

Angewandte Aufgaben:

2.23 Ein Vater ist 40 Jahre alt, sein Sohn 16 Jahre. In wie vielen Jahren wird der Vater doppelt so alt sein wie sein Sohn?

2.24 Eine 42-jährige Mutter hat eine 12-jährige Tochter. In wie vielen Jahren wird die Mutter dreimal so alt sein wie ihre Tochter?

2.25 Der Weg von A nach D über B und C ist 90 km lang. B liegt von C fünfmal so weit entfernt wie B von A, C liegt von D viermal so weit entfernt wie A von B. Wie weit ist A von C entfernt?

2.26 Ein Rechteck hat einen Umfang von 240 mm. Die Länge ist um 34 mm größer als die Breite. Wie groß ist die Fläche des Rechtecks?

2.27 In einem Rechteck hat die Seite a eine Länge von 7 cm. Verkürzt man a um 2 cm und verlängert gleichzeitig b um 2 cm, verkleinert sich die Fläche um 2 cm^2. Wie lang war Seite b im ursprünglichen Rechteck?

2.28 Ein Kunde erhält 5% Rabatt. Gäbe es nur 4% Rabatt, müssten 2,50 mehr bezahlt werden. Wie teuer war die Ware?

2.29 Ein Fisch von 54 kg wird in 3 Teile zerlegt. Der Kopf wiegt 10 kg, der Rumpf doppelt so viel wie Kopf und Schwanz zusammen. Wie schwer ist jeder Teil?

2.30 Eine Hausfrau kauft für 12 Franken 1 kg Kartoffeln, 1 kg Äpfel und 1 kg Bohnen. Die Äpfel kosten achtmal und die Bohnen dreieinhalbmal so viel wie die Kartoffeln. Wie viel kostet 1 kg jeder Sorte?

2.31 Peter kauft 15 kg Nägel und 1 kg Schrauben für total 87,50 Franken. 1 kg Schrauben kostet zweieinhalbmal so viel wie 1 kg Nägel. Wie viel kostet 1 kg jeder Sorte?

2.32 Paul und Erika fahren mit dem Fahrrad von den Orten P und Q, deren Entfernung 140 km beträgt, mit konstanter Geschwindigkeit einander entgegen. Paul legt in der Stunde 12,5 km zurück, Erika 15,5 km. Nach wie viel Stunden Fahrt treffen sie einander? Wie weit liegt dieser Punkt von P entfernt?

2.33 Zwei Autos fahren von München und dem 360 km entfernten Mannheim gleichzeitig ab und einander entgegen. Das Münchner Auto legt in der Stunde 120 km zurück, das Mannheimer Auto 105 km. Nach wie vielen Stunden Fahrt kreuzen sie einander? Wie weit liegt dieser Punkt von München entfernt?

2.34 Ein Schiff verlässt um 8 Uhr den Hafen mit einer Geschwindigkeit von 32 km/h. 4½ Stunden später fährt ein zweites Schiff mit 35 km/h dem ersten hinterher. Zu welcher Uhrzeit holt das zweite Schiff das erste ein, und wie weit ist dieser Punkt vom Hafen entfernt?

2.35 Ein Schiff verlässt einen Hafen in Japan mit einer Durchschnittsgeschwindigkeit von 40 km/h, um einen Hafen in Südamerika in 8900 km Entfernung anzulaufen. Von diesem Hafen fährt 1 Tag und 6 Stunden später ein Schiff mit 50 km/h auf der gleichen Route nach Japan. Wie viele Tage und Stunden nach Abfahrt des ersten Schiffes sind die Schiffe zum ersten Mal 500 km voneinander entfernt?

2.36 Ein Mann und eine Frau gehen jeden Tag zu Fuß von A nach dem 4 km entfernten B zur Arbeit. Die Frau legt pro Minute 66 m zurück, der Mann 80 m. Die Frau geht 10 Minuten früher fort. Kann der Mann die Frau einholen? Wenn ja, nach wie vielen Minuten?

2.37 Ein Behälter fasst 860 l und hat 3 Zuflüsse A, B und C. A liefert in 2 Minuten 17,2 l, B in 3 Minuten 12,9 l und C in 14 Minuten 43 l. Wie lange dauert es für alle Zuflüsse zusammen, bis der Behälter voll ist?

2.38 In einen Wasserbehälter münden drei Zuflussrohre. Das erste Rohr allein füllt den Behälter in 10 Minuten, das zweite allein in 18 Minuten, das dritte allein in 22 Minuten. In welcher Zeit wird der Behälter gefüllt, wenn alle drei Rohre gleichzeitig offen sind?

2.39 Ein Wasserbehälter hat zwei Zuflüsse A und B und einen Abfluss C. A allein füllt den Behälter in 80 Minuten, B in 90 Minuten. C entleert den vollen Behälter in 60 Minuten. Wie lange dauert der Füllvorgang bei geöffnetem Abfluss?

2.40 Ein Wasserbehälter fasst 30 l. Er ist 30 cm breit und 50 cm lang. Wie viel Wasser enthält er, wenn der Wasserspiegel vom Boden 10 cm weiter entfernt ist als von der Oberkante?

2.41 Ein Brückenpfeiler ist 24 m lang. Der Teil, der im Erdboden versenkt ist, ist doppelt so lang, der aus dem Wasser herausragende Teil fünfmal so lang wie der Teil, der sich im Wasser befindet. Wie tief ist der Fluss?

2.42 Wie viel 72 %-igen Alkohol muss man mit 435 cm^3 32 %-igem Alkohol mischen, um 42 %-igen Alkohol zu erhalten?

2.43 Ein Drogist hat 1,5 l Eierlikör mit 20 % Alkoholgehalt. Wie viele cm^3 96 %-igen Alkohol muss er zusetzen, damit der Eierlikör 35 %-ig wird?

2.44 Eine Apothekerin will aus 5 l 90 %-igem Alkohol und 10 l 45 %-igem Alkohol durch Hinzufügen von Wasser 42 %-igen Alkohol herstellen. Wie viel Wasser muss sie zusetzen?

2.45 Wie viel Wasser muss 200 g einer 30 %-igen Salzlösung zugesetzt werden, damit der Salzgehalt 17 % beträgt?

2.46 Mischt man 12 l Wasser mit 15 l Alkohol, so ist die Mischung 32 %-ig. Wie stark war der benutzte Alkohol?

2.47 Man mischt 150 g Kupfer (Dichte 8,85 g/cm^3) mit 45 g Zink (Dichte 7,1 g/cm^3). Welche Dichte hat die Legierung?

2.48 Wie viel Säure der Dichte 1,15 g/cm^3 und wie viel Säure mit 1,2 g/cm^3 ergeben zusammen 2,5 l mit 1,17 g/cm^3?

2.49 Der Kohlenvorrat für eine Anzahl Heizkessel reicht 5 Wochen. Werden drei Kessel außer Betrieb genommen, reicht der Vorrat für 7½ Wochen. Wie viele Kessel sind vorhanden? (Tipp: Wie lange reicht der Vorrat für 1 Kessel?)

2.50 Ein Bauer muss 38 Kühe verkaufen, weil der Futtervorrat sonst statt für 8 Wochen nur für 6 Wochen reichen würde. Wie viele Kühe besitzt er?

2.51 Um Meerestiefen zu messen, wird das Echolot benutzt. Der Schallerreger befindet sich auf der einen Bordseite, der Schallempfänger auf der anderen Bordseite; die Schiffsbreite beträgt 16 m. Der Schall pflanzt sich im Wasser mit 1510 m/s fort. Wie tief ist das Wasser für eine Laufzeit von 0,1 Sekunden?

2.52 Ein Mann braucht 21 Tage, um eine Korbflasche Apfelsaft auszutrinken. Wenn ihm seine Partnerin dabei hilft, ist die Flasche nach 14 Tagen leer. Wie lange hätte die Partnerin allein benötigt?

2.53 Ein Mann will seiner Partnerin Rosen schenken. Für 26 Rosen fehlen ihm 9 Franken, bei 16 Rosen bleiben ihm noch 6 Franken übrig. Wie viel kostet eine Rose? Wie viel Geld hat der Mann?

2.54 A braucht für eine bestimmte Arbeit allein 8 Tage, B 9 Tage, C 10 Tage und D 11 Tage. Wie lange dauert es, wenn alle vier gleichzeitig arbeiten?

2.55 Eine Arbeit wird von Arbeiter A allein in 7 Tagen 4 Stunden, von A und B zusammen in 3 Tagen ausgeführt. Wie lange bräuchte B allein? (1 Tag = 8 Stunden)

2.56 Hans braucht für eine Arbeit 9 Tage. Nachdem er schon 4 Tage allein gearbeitet hat, hilft ihm Susi, und nach 2 Tagen ist alles fertig. Wie lange würde Susi allein für die ganze Arbeit brauchen?

2.57 Zwei Röhren füllen zusammen einen Behälter in 2,5 Stunden. Die erste Röhre allein würde 4,5 Stunden brauchen. Wie lange dauert es für die zweite Röhre allein?

2.58 Frau Bauer besitzt Kaninchen und Hühner. Die Tiere haben zusammen 80 Füße und 28 Köpfe. Wie viele Kaninchen und wie viele Hühner hat sie?

2.59 Frau Huber kauft je 1 Paar Schuhe und Socken für zusammen 88 Franken. Schuhe kosten 76 Franken mehr als Socken. Wie viel kosten die Socken?

2.60 Setzt man im Musikunterricht 5 Schüler auf jede Bank, haben 2 Schüler keinen Platz. Setzt man aber 6 Schüler auf jede Bank, kommen auf die letzte Bank nur noch 2 Schüler zu sitzen. Wie viele Bänke gibt es, und wie groß ist die Klasse?

2.61 Zahlt jeder Schüler 8 Franken für die Fahrtkosten des Schulausfluges, so bleiben 14 Franken übrig. Zahlt jeder 7 Franken, so sind 14 Franken zuwenig in der Kasse. Wie groß ist die Klasse und wie viel kostet der Ausflug?

2.62 Herr Sparer zahlt 300 Franken in Zehner- und Zwanzigernoten auf sein Konto ein, zusammen 22 Banknoten. Wie viele Noten von jedem Typ sind es?

2.63 In einer Schulklasse war die Anzahl der Mädchen um ein Zehntel höher als die der Knaben. Nach dem Austritt von drei Mädchen und einem Knaben besteht die Klasse aus gleich vielen Mädchen und Knaben. Wie viele Mädchen und Knaben gab es am Anfang in der Klasse?

2.64 114 000 Franken aus einer Erbschaft sind so zu verteilen, dass A 1000 Franken weniger erhält als C, B 2000 Franken weniger als A und C zusammen, und D halb so viel wie A, B und C zusammen. Wie viel erhält jeder?

2.65 Berechne die Menge Zement, Sand und Kies für 60 m^3 Beton, wenn auf 2 Teile Zement 5 Teile Sand und auf 3 Teile Sand 7 Teile Kies kommen.

2.12.3 Zu Abschnitt 2.4

(a ist ein Parameter, nicht eine Unbekannte)

2.66 $\begin{bmatrix} 5x+3y=19 \\ x+3y=11 \end{bmatrix}$

2.67 $\begin{bmatrix} 5x-3y=11 \\ x+3y=11 \end{bmatrix}$

2.68 $\begin{bmatrix} 5y-4x=8 \\ 2x+6y=15 \end{bmatrix}$

2.69 $\begin{bmatrix} y-13=4x-9-y \\ 12x+3=15 \end{bmatrix}$

2.70 $\begin{bmatrix} 8+2y=10+4x-7+4y \\ 6x+3=15 \end{bmatrix}$

2.71 $\begin{bmatrix} 6+4y-2x=12+4x-9-4y \\ x-5y+32=0 \end{bmatrix}$

2.72 $\begin{bmatrix} 4x+3y=19 \\ 12x+9y=-5 \end{bmatrix}$

2.73 $\begin{bmatrix} 5x-3y=0 \\ x+3y=0 \end{bmatrix}$

2.74 $\begin{bmatrix} 4^3+6y=7x+2y \\ 18x-36=36y \end{bmatrix}$

2.75 $\begin{bmatrix} 7x+15=3y+14a \\ 2(a+y)-x=10 \end{bmatrix}$

2.76 $\begin{bmatrix} \frac{4x-12}{32}-\frac{3}{4}=\frac{12-3y}{6} \\ \frac{4x-y+18}{3}=y+6 \end{bmatrix}$

2.77 $\begin{bmatrix} \frac{2ax-5y+17}{2y}=28-\frac{7}{y} \\ -5+8x=y+20 \end{bmatrix}$

2.78 $\begin{bmatrix} \frac{16x}{5y-2}+3a=29 \\ 12x-y+24=8(x+3) \end{bmatrix}$

2.79 $\begin{bmatrix} \frac{1}{6}t-\frac{4}{9}s=\frac{1}{18}s \\ s+t=23-t \end{bmatrix}$

2.80 $\begin{bmatrix} 20x-50=29y \\ 2x+5y=8y \end{bmatrix}$

2.81 $\begin{bmatrix} 5u-6v=-25 \\ 4u+3v=19 \end{bmatrix}$

2.82 $\begin{bmatrix} 5\cdot 17^x-6\cdot 5^y=-25 \\ 4\cdot 17^x+3\cdot 5^y=19 \end{bmatrix}$

2.83 $\begin{bmatrix} \frac{7}{5}m-\frac{2}{3}n=\frac{1}{4}n \\ m+n=23-n \end{bmatrix}$

2.84 $\left[\begin{array}{l} 4y+\frac{8}{x}=14 \\ \frac{1}{x}-y=-2 \end{array}\right]$

2.85 $\left[\begin{array}{l} \frac{15x-5}{45-y}=8 \\ \frac{25-5y}{x-10}=25 \end{array}\right]$

2.86 $\left[\begin{array}{l} \frac{x}{a}-y=1 \\ x+ay=a^2 \end{array}\right]$

2.87 $\left[\begin{array}{l} x+\frac{1}{3}y-4=0 \\ \frac{3}{5}x-\frac{2}{3}y=5 \end{array}\right]$

2.88 $\left[\begin{array}{l} ax+6y=24a \\ -\frac{6}{x}+\frac{3a}{y}=0 \end{array}\right]$

2.89 $\left[\begin{array}{l} y-x=4 \\ \frac{7-2x}{5-3y}=\frac{3}{2} \end{array}\right]$

2.90 $\left[\begin{array}{l} \frac{2x}{y+0.5}=6 \\ \frac{7}{2}y=\frac{19}{4}-x \end{array}\right]$

2.91 $\left[\begin{array}{l} \frac{4}{x}+\frac{5}{y}=\frac{9}{y}-1 \\ \frac{5}{x}+\frac{4}{y}=\frac{7}{x}+\frac{3}{2} \end{array}\right]$

2.92 $\left[\begin{array}{l} \frac{2}{x-2}+3=\frac{3}{y-3} \\ \frac{2}{y-3}-\frac{7}{2-x}=\frac{29}{2} \end{array}\right]$

2.93 $\left[\begin{array}{l} \frac{2}{3x+3}+\frac{2}{y+3}=\frac{2}{3} \\ \frac{3}{x+1}+\frac{1}{y+3}=2 \end{array}\right]$

2.94 $\left[\begin{array}{l} 8x+7y+9z=6 \\ 4x+5y=-3 \\ 4y-3z=11 \end{array}\right]$

2.95 $\left[\begin{array}{l} 4x+7y=25 \\ 3x+8z=43 \\ 3y+5z=34 \end{array}\right]$

2.96 $\left[\begin{array}{l} z+s+t=-3 \\ 2s+3t=-19 \\ 3s+2t=24 \\ u-4s+3=0 \end{array}\right]$

2.97 $\left[\begin{array}{l} 3x+2y+2u=23 \\ 2y+6z+4u=70 \\ \frac{1}{3}x+\frac{2}{3}z+u=11 \\ \frac{2}{3}x+y+\frac{2}{3}z=7 \end{array}\right]$

2.98 $\left[\begin{array}{l} \frac{7}{x}+\frac{4}{3y}-\frac{6}{z}=-\frac{1}{3} \\ \frac{5}{x}-\frac{4}{y}+\frac{8}{3z}=2 \\ \frac{9}{4x}-\frac{4}{y}-\frac{3}{z}=-\frac{7}{4} \end{array}\right]$

2.99 $\left[\begin{array}{r} 9x+2y-z+3u-4v=15 \\ 2x+3y+4z-7u+6v=23 \\ \frac{1}{4}v=0.5 \\ -z+v=0 \\ 2u+5v=10 \end{array}\right]$

2.100 Die Differenz zweier Zahlen beträgt 27. Multipliziert man die die erste Zahl mit 2 und die zweite mit 3, so wird die Differenz gleich 41. Wie heißen die Zahlen?

2.101 Die Quersumme einer zweiziffrigen Zahl ist 12. Stellt man die beiden Ziffern um, so ist die neue Zahl 1,75x kleiner als die ursprüngliche. Wie hieß die ursprüngliche Zahl?

2.102 Der Wert eines Bruches beträgt 1/4. Vermindert man den Zähler um 1 und vergrößert den Nenner um 2, so erhält der Bruch den Wert 3/14. Wie heißt der veränderte Bruch?

2.103 Von drei Zahlen ist die erste Zahl um 8 kleiner als die dritte Zahl. Die zweite Zahl ist halb so groß wie die erste und dritte Zahl zusammen. Die dritte Zahl ist zudem um 1 kleiner als das Doppelte der zweiten Zahl. Wie lauten die drei Zahlen?

2.104 Ein Wasserbehälter hat zwei Zuflussrohre. Ist das erste 24 Minuten und das zweite 30 Minuten geöffnet, fließen 984 l ein, bei 18 Minuten für das erste und 20 Minuten für das zweite 688 l. Wie viel liefert jedes der Rohre?

2.105 Ein Arbeiter und eine Arbeiterin erhalten zusammen in 5 Tagen 540 Franken. Wie viel verdient jeder von ihnen, wenn die Frau in 10 Tagen 30 Franken mehr verdient als der Mann in 7 Tagen?

2.106 In einer Werkstatt zählen Meister, Geselle und Lehrtochter zusammen 103 Jahre, Meister und Lehrtochter zusammen 80 Jahre, Geselle und Lehrtochter zusammen 39 Jahre. Wie alt ist jeder von ihnen?

2.107 Ein Dampfer fährt gegen den Strom und legt eine Strecke von 120 km in 6 Stunden 20 Minuten zurück. Bei der Rückfahrt braucht er nur 5 Stunden 45 Minuten. Welche Geschwindigkeit haben Schiff und Wasser?

2.108 Eine Bronzelegierung besteht aus reinem Kupfer mit 8,88 g/cm^3 und reinem Zinn mit 7,29 g/cm^3. Sie wiegt an der Luft 1500 g, unter Wasser 1323 g. Wie viele Gramm von jedem Metall enthält die Legierung?

2.109 In einem Haus wohnen drei Familien, denen in einem Monat folgende Kosten verrechnet werden:

Familie Bader für 70 kWh Strom, 15 m^3 Gas, 12 m^3 Wasser 25 Franken,

Familie Huber für 50 kWh Strom, 20 m^3 Gas, 8 m^3 Wasser 21 Franken,

Familie Weber für 60 kWh Strom, 25 m^3 Gas, 10 m^3 Wasser 26 Franken.

Wie viel kosten 1 kWh Strom, 1 m^3 Gas, 1 m^3 Wasser?

2.110 An einer Tombola kostete ein blaues Los Fr. 3.–, ein rotes mit einer vierfachen Gewinnchance Fr. 10.–. Am Nachmittag wurden für die Lose Fr. 521.– eingenommen.

Um den Verkauf etwas anzukurbeln, senkte man am Abend die Lospreise um Fr. 1.– (blaue Lose), bzw. um Fr. 4.– (rote Lose). So verkaufte man 51 blaue und 73 rote Lose mehr als am Nachmittag. Damit ergaben sich an diesem Tag Einnahmen aus der Tombola in der Gesamthöhe von Fr. 1383.–.

Wie viele Lose wurden insgesamt verkauft?

2.111 An einer Schule wurden am Ende des Semesters Prüfungen in den Fächern Betriebswirtschaftliches Rechnungswesen (BWR), Mathematik und Mikroökonomie durchgeführt. Insgesamt 350 Studenten schrieben eine, zwei oder alle drei Prüfungen. Die Auswertungen ergaben:

- 210 Studenten bestanden die Prüfung in BWR, davon 60 nur die Prüfung in BWR.
- 120 Studenten bestanden die Prüfung in Mikroökonomie, davon 40 nur die Prüfung in Mikroökonomie.
- Je 50 Studenten bestanden die Prüfungen in BWR und Mikroökonomie bzw. in Mathematik und Mikroökonomie.
- 60 Studenten bestanden nur die Prüfung in Mathematik.

a) Wie viele Studenten bestanden alle drei Prüfungen?

b) Wie viele bestanden die Prüfung in Mathematik?

c) Wie viele bestanden keine der drei Prüfungen?

d) Wie viele bestanden nur die Prüfungen in BWR und Mathematik?

Tipp: Erstelle ein Mengendiagramm!

2.12.4 Zu Abschnitt 2.5

2.112 $x^2+x-6=0$

2.113 $x^2-x-6=0$

2.114 $-x^2+2x+3=0$

2.115 $3x^2-3x-1.5=0$

2.116 $4x^2-16x-48=0$

2.117 $x^2-ax-3x+3a=0$

2.118 $x-(x+5)\cdot(3x-8)=46$

2.119 $2^{2x}-12\cdot 2^x-64=0$

2.120 $2x^2+4mx-6m^2=0$

2.121 $5x^4-30x^2+25=0$

2.122 $x+4=12+\dfrac{64}{x+4}$

2.123 $\dfrac{1}{2}x^2+2ax-16a^2=0$

2.124 $\dfrac{x+a}{x-a}-\dfrac{x+2a}{x}=1$

2.125 $2\cdot(x+2)^2-\dfrac{1}{2}x=\dfrac{1}{3}\cdot(30x-8)+21\dfrac{1}{6}$

2.126 $\dfrac{180}{\left(3x\sqrt{2}-5\right)\cdot\left(3x\sqrt{2}+5\right)}=\dfrac{10}{x^2-x}$

2.127 $5.3x^2+\dfrac{63.6}{x^2}=42.4$

2.128 $(2x-5)\cdot(7-3x)=(x+2)\cdot(5-3x)+v$

Für welchen Wert von v hat die Gleichung genau eine Lösung?

2.129 Multipliziert man den 4. Teil einer Zahl mit dem 3. Teil derselben, so erhält man 4/3. Wie heißt die Zahl?

2.130 Wenn man den Radius eines Kreises um 50 cm verlängert, vergrößert sich die Fläche auf das 3-Fache. Wie groß war der ursprüngliche Durchmesser?

2.131 Ein quadratisches Stahlblech mit Seitenlänge 60 cm wird an der einen Seite um soviel verlängert, wie die andere Seite verkürzt wird. Die Fläche des neuen Bleches beträgt 3575 cm^2. Wie sind die Maße des geänderten Bleches?

2.132 Eine Schulklasse fährt mit einem Bus ins Skilager. Die Fahrtkosten von 300 Franken werden gleichmäßig unter den Teilnehmern aufgeteilt. Da ein Schüler krankheitshalber nicht mitfahren kann, ist der Kostenanteil für die übrigen Teilnehmer um 50 Rappen größer. Wie viele sind mitgefahren?

2.133 Ein Mann kauft für je 60 Fr. Schrauben von zwei verschiedenen Größen. Der Stückpreis bei der zweiten Größe ist um 10 Rappen tiefer als bei der ersten Größe, und er erhält davon 100 Stück mehr. Wie viele Schrauben der zweiten Größe kauft er?

2.134 Um einen Graben auszuheben, braucht Arbeiter A 15 Stunden mehr als Arbeiterin B. Zusammen brauchen sie 18 Stunden. Wie lange haben A und B, wenn jeder allein arbeitet?

2.135 Zwei Zuflussrohre A und B füllen einen Behälter zusammen in 12 Minuten. A braucht allein 10 Minuten länger als B allein. Wie lange brauchen A und B allein?

2.136 Ein Mann und eine Frau fahren gleichzeitig mit dem Auto von P und Q (30 km entfernt) ab und treffen sich nach 18 Minuten. Für den ganzen Weg braucht die Frau 15 Minuten mehr als der Mann. Wie lange braucht die Frau für die ganze Strecke?

2.137 Ein Flugzeug fliegt von Leipzig nach Wien (660 km) und kommt in Wien 6 Minuten früher als geplant an, da es Rückenwind von 60 km/h hatte. Wie hoch ist die Eigengeschwindigkeit des Flugzeuges?

2.138 Ein Stein wird in ein Loch geworfen. Nach 6 Sekunden hört man den Aufprall. Wie tief ist das Loch? Schallgeschwindigkeit 343 m/s, Erdbeschleunigung $g = 9{,}81$ m/s^2, Weg bei beschleunigter Bewegung $s = ½gt^2$ (t = Zeit in s).

2.139 Der Gesamtwiderstand von zwei parallel geschalteten Widerständen beträgt 10 W. Einer der Widerstände ist um 2,7 W größer als der andere. Wie groß sind die Einzelwiderstände?

2.140 Eine Packung Bier der Marke A enthält 3 Flaschen weniger als bei Marke B. Da der Preis pro Flasche bei A aber um 36 Rappen höher ist, kostet eine Packung gleich viel, nämlich 21,60. Wie viele Flaschen enthalten die Packungen von A und B, und wie hoch ist der Preis für eine Flasche?

2.141 Eine Arbeit muss in 10 Tagen erledigt werden. Die Firmen A und B schaffen das als Arbeitsgemeinschaft, wobei B allein 4,5 Tage länger brauchen würde als A allein. Wie lange würden A und B je allein für diese Arbeit brauchen?

2.12.5 Zu Abschnitt 2.6

Bestimme sämtliche Lösungen der nachstehenden Gleichungen!

2.142 $x^4 - 7x^3 + 9x^2 + 27x - 53 = 0$

2.143 $-3x^5 + 12x^4 + 14x^3 - 55x^2 - 18x + 2 = 0$

2.144 $x^4 - 4x^3 + 6x^2 - 4x + 0{,}5 = 0$

2.145 $x^7 - 6x^6 + 46x^4 - 45x^3 - 72x^2 + 124x - 40 = 0$

2.146 $4x^3 - 7x^2 - 12x + 5 = 0$

2.147 $-3x^5 + 5x^4 + 7x^3 - 12x^2 + 3x + 0{,}6 = 0$

2.148 $-3x^5 + 7x^4 + 5x^3 - 12x^2 + 6x - 3 = 0$

2.149 $12x^5 - 15x^4 - 17x^3 + 33x^2 - 9x + 5 = 0$

2.150 $12x^5 - 15x^4 - 17x^3 + 33x^2 - 9x - 20 = 0$

2.12.6 Zu Abschnitt 2.7

2.151 $\left[\begin{array}{c} \frac{x^2}{y^2} = \frac{21}{16} - \frac{x}{y} \\ y - x = 1 \end{array}\right]$

2.152 $\left[\begin{array}{c} 2x - y = 1 \\ x \cdot (y-1) = 24 \end{array}\right]$

2.153 $\left[\begin{array}{c} \frac{x^2}{2} + \frac{y^2}{2} = 149 \\ 2x + 2y = 40 \end{array}\right]$

2.154 $\left[\begin{array}{r} xy = 2y^2 \\ 7x - 2y = 42 \end{array}\right]$

2.155 $\left[\begin{array}{c} x^2 + y^2 = 13 \\ y^2 - x^2 = 5 \end{array}\right]$

2.156 $\left[\begin{array}{c} xy + 41y = 456 \\ 4y + 2x = 42 \end{array}\right]$

2.157 $\left[\begin{array}{c} 2x^2 - 6xy + 2y^2 = 88 \\ xy = 20 \end{array}\right]$

2.158 $\left[\begin{array}{r} 7xy = 2y^2 \\ 5x - 2y = 26 \end{array}\right]$

2.159 $\left[\begin{array}{l} \frac{y}{2} = \frac{3}{4}x \\ xy = 54 \end{array}\right]$

2.160 $\left[\begin{array}{c} x - 2y = 2 \\ x^2 + 6y = 174 \end{array}\right]$

2.161 $\left[\begin{array}{c} 2y \cdot (x - y) = -30 \\ y^2 + 4x = 1 \end{array}\right]$

2.162 $\left[\begin{array}{c} 3 \cdot A \cdot C = -30 \\ 0.75 \cdot \frac{B}{C} = -3 \\ A + B = 13 \end{array}\right]$

2.163 Herr Müller bringt von einer Geschäftsreise 50 Flaschen Rotwein nach Hause. Um Zoll zu sparen, übergibt er seiner Begleiterin eine Anzahl Flaschen für den Grenzübertritt (und hofft, dass er diese später wieder zurückbekommt). Beim Grenzübertritt muss er Fr. 70,40 für die selber mitgeführten Flaschen und Fr. 38,40 für jene seiner Begleiterin bezahlen. Dadurch spart er Fr. 25,60 ein.

Wie viele Flaschen dürfen zollfrei eingeführt werden? (Tipp: x = Anzahl Flaschen zollfrei, y = Zoll pro Flasche)

2.12.7 Zu Abschnitt 2.8

2.164 $\sqrt{x}\cdot\left(5+\sqrt{x}\right)=36$

2.165 $2\cdot\sqrt{x}-\sqrt{x-4}=\sqrt{2x-1}$

2.166 $\sqrt{x+a}=\sqrt{3a-x}$

2.167 $3\cdot\sqrt{9x-2}-\sqrt{6x-5}=\sqrt{35x+10}$

2.168 $\left[\begin{array}{c}\sqrt{x+5}+\sqrt{y-2}=6\\ x=y+1\end{array}\right]$

2.169 $\left[\begin{array}{c}\dfrac{8}{\sqrt{x+2}}-\dfrac{6}{\sqrt{2y+3}}=4\\ \dfrac{5}{\sqrt{x+2}}-\dfrac{2}{\sqrt{2y+3}}=7\end{array}\right]$

2.12.8 Zu Abschnitt 2.9

Tipp: Wandle Wurzeln immer zuerst in Potenzen um und vereinfache möglichst weitgehend mit den Regeln des Potenzrechnens! Versuche Glieder mit x zusammenzufassen und zu isolieren.

2.170 $\left(\frac{1}{2}\right)^{x}=20$

2.171 $256\cdot 0{,}5^{5x-34}=2x$

2.172 $\sqrt{16^{2x-2}}=2^{3x-2}$

2.173 $\sqrt{3^{4x-4}}=\dfrac{3^{x+1}}{3}$

2.174 $\left(2^{3x}\right)^{2x}=1$

2.175 $\sqrt[4]{b^{x-a}}=\sqrt[5]{b^{x+a}}$

2.176 $2^{x+a}=128$

2.177 $\left(\frac{5}{7}\right)^{11x+\frac{9}{x}}=\left(\frac{1}{3}\right)^{\frac{3}{x}}$

2.178 $81^{x+\frac{2}{x}+12}=\dfrac{1}{3}$

2.179 $\left[\begin{array}{c}4^{y}\cdot 3^{x}=3888\\ 2x+2y=14\end{array}\right]$

2.180 $c^{4+x}=c^{5}$

2.181 $6\cdot 3^{-3x+1}=9\cdot 3^{2x+4}$

2.182 $9^{x+1}=6^{x^2+1}$

2.183 $a^{x+1}-b^{2x+1}=b^{2x-1}+a^{x-1}$

2.184 $\left(b^{20x-7}\right)^{9-3x} = \left(b^{15x-3}\right)^{7-4x}$

2.185 $15^{3x-7} = \sqrt{225^{x-1}}$

2.186 $\sqrt[5]{\left(\frac{3}{4}\right)^{2x+1}} \div \sqrt[3]{\left(\frac{16}{15}\right)^{x+1}} = \sqrt{\left(\frac{4}{5}\right)^{x}}$

2.187 $2 \cdot 4^{-5x-12} = 3 \cdot 5^{2x+4}$

2.188 $a^{3x+2} - 7^{x+2} = 7^{x} + 2a^{3x}$

2.189 $25^{x} - a^{2x} = 5^{2x} - a^{x+1}$

2.190 $10^{3x} \cdot 100^{x} = 0.1^{-10}$

2.191 $\frac{3^{22}}{27^{m}} = 81^{2+m}$

2.192 $2 \cdot 3^{x+4} + 3 \cdot 3^{x+3} = 1$

2.193 $4 \cdot 5^{x} + 30 \cdot 5^{x-1} = 49.87$

2.194 $x^{0} \cdot 3^{3x} \cdot 9^{2x} \cdot 27^{x} = 3^{11x-4}$

2.195 $2^{4x} + 2^{4x+5} = 2112$

2.196 $\log_{x}(81) = -4$

2.197 $5 \cdot \log_{c}(x) = \log_{c}(4) + \log_{c}(8)$

2.198 $2.5^{2-3x} - 2.5^{1-3x} = 9.375$

2.12.9 Zu Abschnitt 2.10

Finde *alle* Lösungen der folgenden Gleichungen!

2.199 $3^{2x} + 0{,}5x^{2} = 12 - 6x$

2.200 $\ln(x) = x - 2$

2.201 $0{,}5 \ln(x) = x^{2} - 15$

2.202 $\frac{1}{x-2} = \ln(x+3)$

2.203 $\sqrt{x+3} = e^{x} + 1$

2.204 $e^{\frac{k}{2}} - 1 - \frac{k}{2} = \frac{k^{2}}{4}$

2.205 $2^{x+1} = \sqrt{3x-1} + 5$

3 Trigonometrie

3.1 Winkel

Das herkömmliche und im Alltag gebräuchliche Winkelmaß sind Grad (°), wobei der Vollkreis 360° hat und 1° in 60' = 3600" (Minuten und Sekunden) unterteilt ist (Einheit DEG beim TI-30). Dieses Winkelmaß ist vollkommen künstlich; $360 = 2^3 \cdot 3^2 \cdot 5$ ist eine Zahl mit sehr vielen häufig vorkommenden Teilern, d. h. wenn man den Kreis in 2, 3, 4, 5, 6, 8, 9, 10, 12, 15, 18, 20, etc. Teile unterteilt, erhält man ganze Zahlen. Das ist im Alltag praktisch.

Das Verhältnis zwischen Kreisbogenlänge b und Radius r hängt nur vom Winkel ab. Die Größe b/r bestimmt einen Winkel eindeutig und ist proportional zum Winkel. Sie kann deshalb als Winkelmaß verwendet werden.

Definition: Die Größe b/r heißt Bogenmaß und ist eine *dimensionslose* Einheit zur Winkelangabe (Abkürzung: rad). Für $r = 1$ (Einheitskreis) ist das Bogenmaß gleich der Bogenlänge.

Umrechnung:

$$\alpha[\text{rad}] = \alpha[°] \cdot \frac{2 \cdot \pi}{360} = \alpha[°] \cdot \frac{\pi}{180} = \frac{\alpha[°]}{57.3}$$

$$\alpha[°] = \alpha[\text{rad}] \cdot \frac{180}{\pi} = 57.3 \cdot \alpha[\text{rad}]$$

Wichtige Werte:

30°	45°	60°	90°	180°	360°
π/6	π/4	π/3	π/2	π	2π

Man bezeichnet Winkel normalerweise mit kleinen griechischen Buchstaben.

3.2 Die Winkelfunktionen

3.2.1 Definition am rechtwinkligen Dreieck

In einem rechtwinkligen Dreieck mit dem Winkel α sind die gegenseitigen Verhältnisse der Seitenlängen eindeutig bestimmt. Diese Verhältnisse bezeichnen wir als *Winkelfunktionen.*

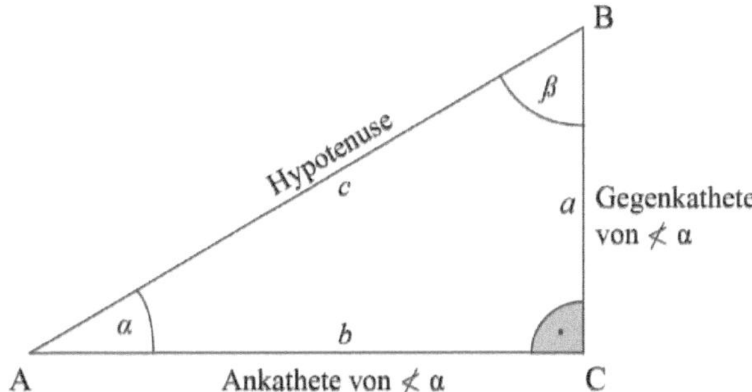

Bild 3.1 Zur Definition der Winkelfunktionen

Definitionen:

- Das Verhältnis von *Gegenkathete zu Hypotenuse* heißt *Sinus* des der Gegenkathete gegenüberliegenden Winkels α. Schreibweise: $\sin(\alpha)$
- Das Verhältnis von *Ankathete zu Hypotenuse* heißt *Kosinus* des der Ankathete benachbarten Winkels α. Schreibweise: $\cos(\alpha)$
- Das Verhältnis von *Gegenkathete zu Ankathete* heißt *Tangens* des der Ankathete benachbarten Winkels α. Schreibweise: $\tan(\alpha)$ oder auch $tg(\alpha)$.

Es ist $$\frac{\sin(\alpha)}{\cos(\alpha)} = \frac{\dfrac{\textit{Gegenkathete}}{\textit{Hypotenuse}}}{\dfrac{\textit{Ankathete}}{\textit{Hypotenuse}}} = \frac{\textit{Gegenkathete}}{\textit{Ankathete}} = \tan(\alpha)$$

Ab und zu trifft man noch den *Kotangens* an, $\cot(\alpha) = 1/\tan(\alpha)$, oder den *Secans*, $\sec(\alpha) = 1/\sin(\alpha)$, und den *Kosecans*, $\text{cosec}(\alpha) = 1/\cos(\alpha)$. Auf diese Größen kann man heute verzichten; sie stammen aus der Zeit vor etwa 1970, als man noch von Hand mithilfe von Tabellenbüchern rechnete und lieber multiplizierte als dividierte (bzw. in umfangreichen Berechnungen lieber alle Logarithmen addierte als einzelne subtrahierte).

Auf dem Rechner bezeichnen $\sin^{-1}$, $\cos^{-1}$ und $\tan^{-1}$ die Umkehrfunktionen, die angeben, welcher Winkel zu einem bestimmten Wert einer Winkelfunktion gehört. Wir schreiben dafür $\arcsin(x)$, $\arccos(x)$ und $\arctan(x)$.

Spezielle Werte und Zahlenspielereien:

α	$\sin(\alpha)$	$\cos(\alpha)$	$\tan(\alpha)$
0°	$\sqrt{\frac{0}{4}}=0$	$\sqrt{\frac{4}{4}}=1$	$\sqrt{\frac{0}{4}}=0$
30°	$\sqrt{\frac{1}{4}}=\frac{1}{2}=0.5$	$\sqrt{\frac{3}{4}}=\frac{\sqrt{3}}{2}=0.8660$	$\sqrt{\frac{1}{3}}=0.5774$
45°	$\sqrt{\frac{2}{4}}=\frac{\sqrt{2}}{2}=\frac{1}{\sqrt{2}}=0.7071$	$\sqrt{\frac{2}{4}}=\frac{\sqrt{2}}{2}=\frac{1}{\sqrt{2}}=0.7071$	$\sqrt{\frac{2}{2}}=1$
60°	$\sqrt{\frac{3}{4}}=\frac{\sqrt{3}}{2}=0.8660$	$\sqrt{\frac{1}{4}}=\frac{1}{2}=0.5$	$\sqrt{\frac{3}{1}}=\sqrt{3}=1.7321$
90°	$\sqrt{\frac{4}{4}}=1$	$\sqrt{\frac{0}{4}}=0$	$\sqrt{\frac{4}{0}}=\infty$
36°	$\sqrt{\frac{5-\sqrt{5}}{8}}=0.5878$	$\sqrt{\frac{3+\sqrt{5}}{8}}=0.8090$	$\sqrt{\frac{5-\sqrt{5}}{3+\sqrt{5}}}=0.7265$

Aber es kommt noch besser:

Gauß hat 1796 im Alter von 19 Jahren gezeigt, dass das regelmäßige 17-Eck mit Zirkel und Lineal konstruiert werden kann. Von da kommt der folgende Ausdruck:

$$\cos\left(\frac{360°}{17}\right)=\frac{1}{16}\left(-1+\sqrt{17}+\sqrt{34-2\sqrt{17}}+2\sqrt{17+3\sqrt{17}-\sqrt{34-2\sqrt{17}}-2\sqrt{34+2\sqrt{17}}}\right)$$

3.2.2 Umrechnungen, Darstellung am Einheitskreis

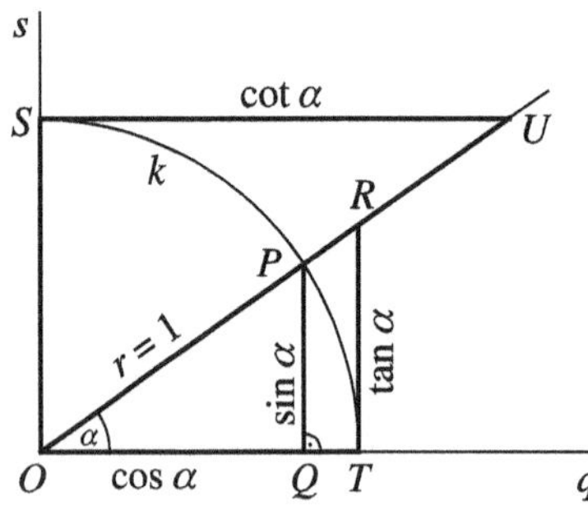

Bild 3.2 Darstellung der Winkelfunktionen am Einheitskreis
Quelle: Ref. 18, Bild 4.3

Mit dem Satz von Pythagoras ergibt sich mit Bild 3.1 die wichtige Beziehung

$$\text{Gegenkathete}^2 + \text{Ankathete}^2 = \text{Hypotenuse}^2$$

$$\sin^2(\alpha) + \cos^2(\alpha) = 1$$

Die Werte von sin, cos und tan können deshalb in einem Dreieck am *Einheitskreis* (Kreis mit Radius 1) als *Strecken* gezeichnet werden (Bild 3.2). Im Bereich $0° \leq \alpha \leq 90°$ gelten damit folgende Umrechnungen:

	Gesucht		
Gegeben	$\sin(\alpha)$	$\cos(\alpha)$	$\tan(\alpha)$
$\sin(\alpha)$	-	$\sqrt{1-\sin^2(\alpha)}$	$\frac{\sin(\alpha)}{\sqrt{1-\sin^2(\alpha)}}$
$\cos(\alpha)$	$\sqrt{1-\cos^2(\alpha)}$	-	$\frac{\sqrt{1-\cos^2(\alpha)}}{\cos(\alpha)}$
$\tan(\alpha)$	$\frac{\tan(\alpha)}{\sqrt{1+\tan^2(\alpha)}}$	$\frac{1}{\sqrt{1+\tan^2(\alpha)}}$	-

Werte im Bereich 0° - 360°

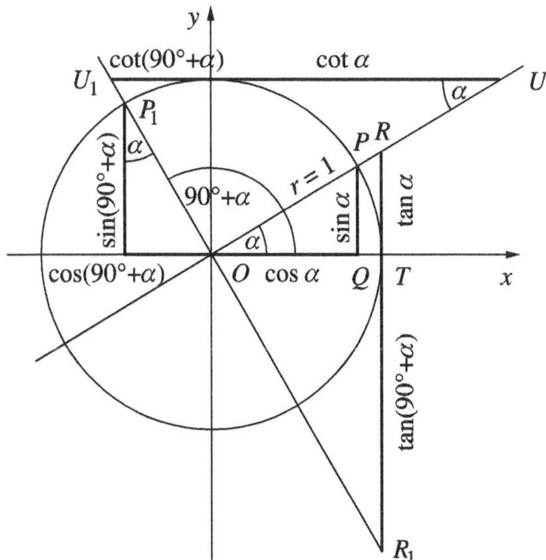

Bild 3.3 Darstellung der Winkelfunktionen am Einheitskreis für Winkel >90°
Quelle: Ref. 18, Bild 4.12

Die Winkelfunktionen sind auch für Winkel > 90° definiert und können am Einheitskreis graphisch dargestellt werden *(Bild 3.3)*. In allen Quadranten ist der Sinus die vertikale, der Kosinus die horizontale Strecke von der Achse aus. Von der Achse *nach links* und *nach unten* sind die Werte negativ. *Vorsicht beim Einzeichnen des Tangens*: Zwischen 90° und 180° ist der Tangens negativ, zwischen 180° und 270° positiv - er bekommt also in der

Zeichnung ein falsches Vorzeichen! Sinus und Kosinus nehmen Werte zwischen -1 und +1 an, der Tangens ist eine Zahl zwischen $-\infty$ und $+\infty$.

Es genügt, die Werte der Winkelfunktionen für einen Achtelkreis zu kennen, beispielsweise den Bereich 0° - 45°, daraus kann man die Werte für alle anderen Winkel ableiten. Im Bereich 0° - 360° nehmen sin und cos jeden Wert außer +1 und -1 zweimal an. Nach 360° wiederholt sich das Ganze. Der Tangens wiederholt sich alle 180°.

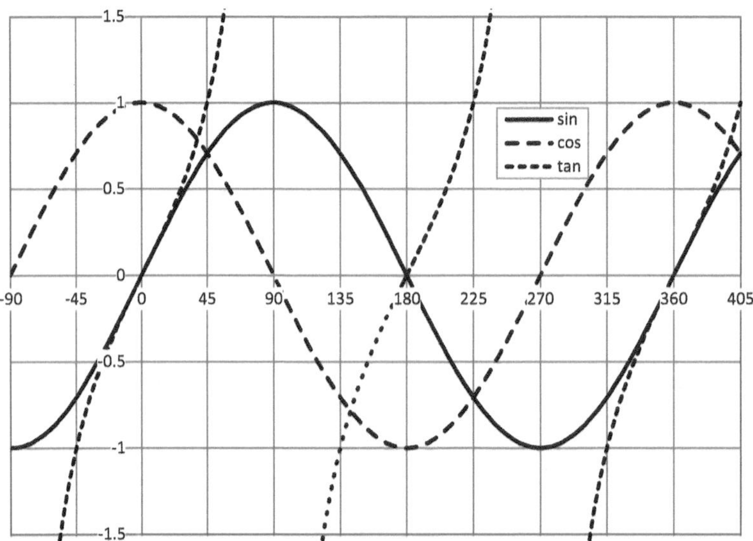

Bild 3.4 Graphen der Winkelfunktionen

Anhand der Kurven in *Bild 3.4* sieht man sofort:

$\sin(-\alpha) = -\sin(\alpha)$	$\cos(-\alpha) = \cos(\alpha)$	
$\sin(90° - \alpha) = \cos(\alpha)$	$\cos(90° - \alpha) = \sin(\alpha)$	$\Rightarrow \tan(90° - \alpha) = 1/\tan(\alpha)$
$\sin(90° + \alpha) = \cos(\alpha)$	$\cos(90° + \alpha) = -\sin(\alpha)$	
$\sin(180° - \alpha) = \sin(\alpha)$	$\cos(180° - \alpha) = -\cos(\alpha)$	
$\sin(180° + \alpha) = -\sin(\alpha)$	$\cos(180° + \alpha) = -\cos(\alpha)$	
$\sin(270° + \alpha) = -\cos(\alpha)$	$\cos(270° + \alpha) = \sin(\alpha)$	

etc.

3.2.3 TI-30X Pro

Das Winkelformat erscheint oben rechts in der Anzeige. Umstellung unter **[mode]**.

Winkel in °,',“ gibt man am einfachsten und schnellsten wie folgt ein:

37°32'12“ → 37 + 32/60 + 12/3600

Umrechnung in °,',“ mit dem Befehl **[math] DMS ▶ DMS**.

3.3 Berechnungen am Dreieck

3.3.1 Beziehungen im rechtwinkligen Dreieck

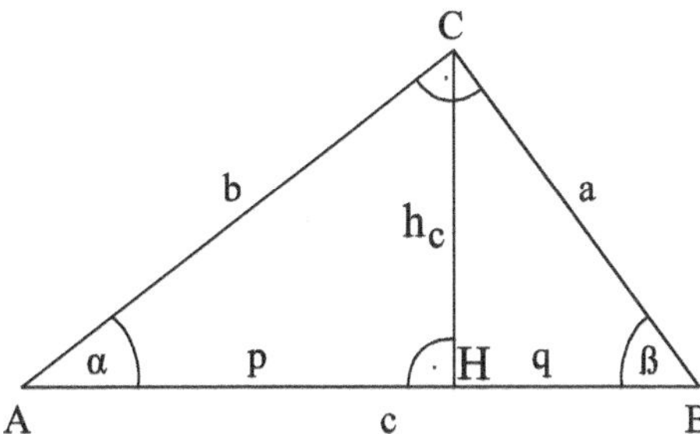

Bild 3.5 Rechtwinkliges Dreieck

Im rechtwinkligen Dreieck *ABC* mit der durch die Höhe h_c in die Abschnitte p und q unterteilten Hypotenuse (*Bild 3.5*) gelten folgende Beziehungen:

$c^2 = a^2 + b^2$ (Satz von Pythagoras[8]) (3.1)

$a/q = c/a \quad \Rightarrow a^2 = c \cdot q$ (Kathetensatz)

$b/p = c/b \quad \Rightarrow b^2 = c \cdot p$

$h_c/p = q/h_c \quad \Rightarrow h_c^2 = p \cdot q$ (Höhensatz)

Berechnung von h_c:

Die Fläche ist gegeben durch $F = \frac{1}{2} \cdot c \cdot h_c$.

Andererseits gilt, wenn wir das Dreieck herumdrehen:

$$F = \frac{1}{2} \cdot a \cdot b$$

Daraus folgt:

$$h_c = \frac{a \cdot b}{c}$$

Die Dreiecke AHC und CHB sind ähnlich (haben gleiche Winkel), $\angle HCA = \beta$ und $\angle BCH = \alpha$.

Deshalb sind auch ihre Seitenverhältnisse gleich, also z. B. $\frac{h_c}{b} = \frac{q}{a} = \frac{a}{c}$.

3.3.2 Dreiecksfläche

Die Fläche eines beliebigen Dreiecks ist bekanntlich durch den Ausdruck

$$F = ½ \cdot \text{Grundlinie} \cdot \text{Höhe} = ½ \cdot c \cdot h_c$$

gegeben. Weil aber $h_c = b \cdot \sin(\alpha)$, ist

[18] Pythagoras, geboren -582 auf Samos, gestorben -497, lebte in Griechenland und Italien. Dieser Satz war den Babyloniern schon im 2. vorchristlichen Jahrtausend bekannt!

$$F = \tfrac{1}{2} \cdot b \cdot c \cdot \sin(\alpha) \tag{3.2}$$

und entsprechend für alle übrigen Seitenpaare und den von ihnen eingeschlossenen Winkel. Eine weitere Flächenformel (aus den Dreiecksseiten) stammt von Heron[19],

$$F = \sqrt{s \cdot (s-a) \cdot (s-b) \cdot (s-c)}$$

wobei $s = \tfrac{1}{2} \cdot (a + b + c)$ den halben Umfang bezeichnet.

Eine andere Methode zur Flächenberechnung ist in *3.7* gegeben.

3.3.3 Der Sinussatz

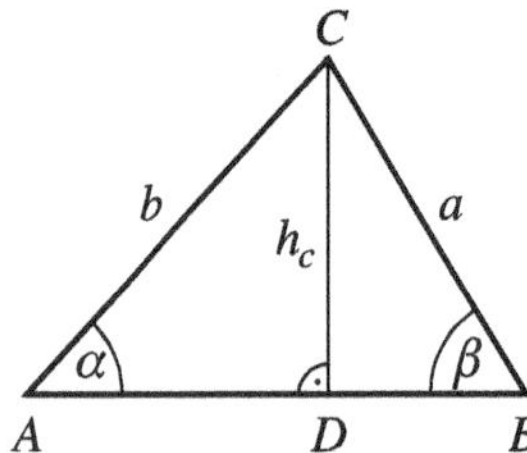

Bild 3.6 Zum Sinussatz
Quelle: Ref. 18, Bild 4.20

Sei *ABC* ein beliebiges (nicht notwendigerweise rechtwinkliges) Dreieck und *D* der Höhenfußpunkt von h_c. h_c unterteilt das Dreieck *ABC* in zwei rechtwinklige Dreiecke *ADC* und *DBC*. Nun gilt

$$\left.\begin{aligned} \sin(\alpha) = \frac{h_c}{b} \Rightarrow h_c = b \cdot \sin(\alpha) \\ \sin(\beta) = \frac{h_c}{a} \Rightarrow h_c = a \cdot \sin(\beta) \end{aligned}\right\} \Rightarrow \frac{a}{\sin(\alpha)} = \frac{b}{\sin(\beta)}$$

Weil man das Dreieck herumdrehen kann, gilt das auch für andere Paarungen von Seiten und gegenüberliegenden Winkeln, woraus folgt

Sinussatz:

$$a : b : c = \sin(\alpha) : \sin(\beta) : \sin(\gamma) \tag{3.3}$$

Die Seiten eines Dreiecks stehen im gleichen Verhältnis zueinander wie die Sinus ihrer Gegenwinkel.

Das Verhältnis $\frac{a}{\sin(\alpha)} = \frac{b}{\sin(\beta)} = \frac{c}{\sin(\gamma)}$ ist der Durchmesser des Umkreises (Kreis durch die drei Eckpunkte).

[19] Heron von Alexandria, griechischer Mathematiker, lebte im 1. Jahrhundert unserer Zeitrechnung

Die Summe der Innenwinkel in einem Dreieck beträgt immer 180°.
Wie groß ist die Summe der Innenwinkel im Viereck, Fünfeck? Tipp: Zerlege ein Viereck, Fünfeck von einer Ecke ausgehend in Dreiecke.

Mithilfe dieser Beziehung und dem Sinussatz kann man aus zwei Seiten und einem gegenüberliegenden Winkel oder zwei Winkeln und einer Seite die fehlenden Größen in einem Dreieck berechnen.

3.3.4 Der Kosinussatz

Anwendung des Satzes von Pythagoras auf die beiden durch h_c gebildeten rechtwinkligen Teildreiecke in *Bild 3.5* liefert sofort

$$\begin{aligned}
b^2 &= h_c^2 + p^2 \Rightarrow h_c^2 = b^2 - p^2 \\
a^2 &= h_c^2 + q^2 = h_c^2 + (c-p)^2 = h_c^2 + c^2 - 2 \cdot p \cdot c + p^2 = c^2 + b^2 - 2 \cdot p \cdot c \\
&= c^2 + b^2 - 2 \cdot \left(b \cdot \cos(\alpha)\right) \cdot c \\
&= c^2 + b^2 - 2 \cdot b \cdot c \cdot \cos(\alpha)
\end{aligned}$$

Das ist der **Kosinussatz**, die Verallgemeinerung des Satzes von Pythagoras für beliebige (nicht rechtwinklige) Dreiecke. Er verknüpft zwei Seiten und den von ihnen eingeschlossenen Winkel mit der dritten Seite.

Durch Herumdrehen des Dreiecks erhält man die drei Formen des Kosinussatzes:

$$\begin{aligned}
a^2 &= b^2 + c^2 - 2 \cdot b \cdot c \cdot \cos(\alpha) \\
b^2 &= a^2 + c^2 - 2 \cdot a \cdot c \cdot \cos(\beta) \qquad (3.4) \\
c^2 &= a^2 + b^2 - 2 \cdot a \cdot b \cdot \cos(\gamma)
\end{aligned}$$

3.4 Weitere Formeln

3.4.1 Additionstheoreme

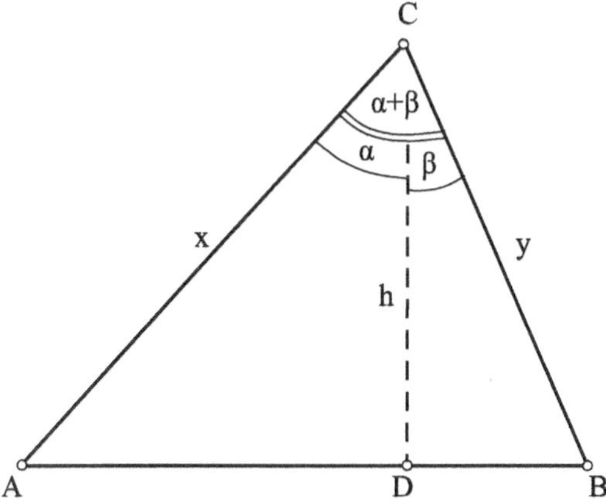

Bild 3.7

Nach Gl. (3.2) gilt für die Fläche *F* des Dreiecks in *Bild 3.7:*

$$F = \tfrac{1}{2} \cdot x \cdot y \cdot \sin(\alpha + \beta) = \tfrac{1}{2} \cdot x \cdot h \cdot \sin(\alpha) + \tfrac{1}{2} \cdot y \cdot h \cdot \sin(\beta)$$

Division durch $\tfrac{1}{2} \cdot x \cdot y$ liefert daraus:

$$\begin{aligned} \sin(\alpha + \beta) &= \frac{h}{y} \cdot \sin(\alpha) + \frac{h}{x} \cdot \sin(\beta) \\ &= \cos(\beta) \cdot \sin(\alpha) + \cos(\alpha) \cdot \sin(\beta) \end{aligned}$$

Durch Ersetzen von β durch $-\beta$ in dieser Formel folgt der Ausdruck für $\sin(\alpha - \beta)$.

Die Ausdrücke für $\cos(\alpha \pm \beta)$ ergeben sich daraus mithilfe der Beziehung $\cos(\alpha) = \sin(90° - \alpha)$:

$$\cos(\alpha + \beta) = \sin(90° - (\alpha + \beta)) = \sin((90° - \alpha) - \beta) \text{ etc.}$$

Zusammenfassung der Ergebnisse:

Für Summe und Differenz zweier Winkel gelten die folgenden *Additionstheoreme* für Winkelfunktionen (diese gelten für *alle* Winkel, also auch solche größer als 90°):

$$\sin(\alpha \pm \beta) = \sin(\alpha) \cdot \cos(\beta) \pm \cos(\alpha) \cdot \sin(\beta) \tag{3.5}$$

$$\cos(\alpha \pm \beta) = \cos(\alpha) \cdot \cos(\beta) \mp \sin(\alpha) \cdot \sin(\beta) \tag{3.6}$$

$$\tan(\alpha \pm \beta) = \frac{\tan(\alpha) \pm \tan(\beta)}{1 \mp \tan(\alpha) \cdot \tan(\beta)} \tag{3.7}$$

Die Ausdrücke der Winkelfunktionen für Winkel > 90° in 3.2.2 können natürlich auch durch die Additionstheoreme abgeleitet werden, beispielsweise ist

$$\sin(120°) = \sin(90° + 30°) = \sin(90°) \cdot \cos(30°) + \cos(90°) \cdot \sin(30°) = \cos(30°).$$

Aus $\sin(\alpha + \beta) + \sin(\alpha - \beta)$ folgt

$$\sin(\alpha) \cdot \cos(\beta) = \tfrac{1}{2} \cdot (\sin(\alpha + \beta) + \sin(\alpha - \beta))$$

und entsprechend aus $\cos(\alpha + \beta) \pm \cos(\alpha - \beta)$

$$\begin{aligned} \cos(\alpha) \cdot \cos(\beta) &= \tfrac{1}{2} \cdot (\cos(\alpha + \beta) + \cos(\alpha - \beta)) \\ \sin(\alpha) \cdot \sin(\beta) &= \tfrac{1}{2} \cdot (\cos(\alpha - \beta) - \cos(\alpha + \beta)) \end{aligned} \tag{3.8}$$

Weitere Beziehungen finden sich in Formelsammlungen und Lehrbüchern.

3.4.2 Winkelfunktionen für doppelte und halbe Winkel

Aus den Additionstheoremen ergeben sich die Formeln für doppelte Winkel

$$\begin{aligned} \sin(2\alpha) &= 2 \cdot \sin(\alpha) \cdot \cos(\alpha) \\ \cos(2\alpha) &= \cos^2(\alpha) - \sin^2(\alpha) = 1 - 2 \cdot \sin^2(\alpha) = 2 \cdot \cos^2(\alpha) - 1 \\ \tan(2\alpha) &= \frac{2 \cdot \tan(\alpha)}{1 - \tan^2(\alpha)} \end{aligned} \tag{3.9}$$

und ihre Umkehrungen

$$\sin(\alpha) \cdot \cos(\alpha) = ½ \cdot \sin(2\alpha)$$

$$\sin^2(\alpha) = ½ \cdot (1 - \cos(2\alpha)) \quad (3.10)$$

$$\cos^2(\alpha) = ½ \cdot (1 + \cos(2\alpha))$$

Das Quadrat einer Winkelfunktion ist also wiederum eine Winkelfunktion, aber mit dem doppelten Winkel und höhenverschoben! Wir werden diese Beziehungen z. B. bei der Berechnung des Kreuzkopfes in *8.7.6* oder der Leistung des Wechselstromes in *9.7.8* anwenden, die mit der doppelten Frequenz der Spannung oszilliert.

Wenn wir in den letzten Formeln überall α durch $\alpha/2$ ersetzen, erhalten wir daraus die Winkelfunktionen für halbe Winkel:

$$\left.\begin{aligned}\sin\left(\frac{\alpha}{2}\right) &= \sqrt{\frac{1}{2}\cdot\left(1-\cos(\alpha)\right)}\\ \cos\left(\frac{\alpha}{2}\right) &= \sqrt{\frac{1}{2}\cdot\left(1+\cos(\alpha)\right)}\end{aligned}\right\} \Rightarrow \tan\left(\frac{\alpha}{2}\right) = \sqrt{\frac{1-\cos(\alpha)}{1+\cos(\alpha)}} \quad (3.11)$$

3.4.3 Halbwinkelformeln aus den Dreiecksseiten

Aus dem Kosinussatz *Gl. (3.4)* und $\cos(2\alpha) = 1 - 2 \cdot \sin^2(\alpha)$ *(Gl. (3.9))* ergibt sich

$$\cos(\gamma) = \frac{a^2+b^2-c^2}{2\cdot a\cdot b}$$

$$\underbrace{1-\cos(\gamma)}_{2\cdot\sin^2\left(\frac{\gamma}{2}\right)} = 1-\frac{a^2+b^2-c^2}{2\cdot a\cdot b} = \frac{2\cdot a\cdot b-a^2-b^2+c^2}{2\cdot a\cdot b} = \frac{c^2-(a-b)^2}{2\cdot a\cdot b}$$

$$\sin^2\left(\frac{\gamma}{2}\right) = \frac{\left(c+(a-b)\right)\cdot\left(c-(a-b)\right)}{4\cdot a\cdot b} = \frac{(c+a-b)\cdot(c-a+b)}{4\cdot a\cdot b}$$

Entsprechend resultiert für die Form $\cos(2\alpha) = 2 \cdot \cos^2(\alpha) - 1$

$$\cos^2\left(\frac{\gamma}{2}\right) = \frac{(a+b+c)\cdot(a+b-c)}{4\cdot a\cdot b}.$$

Mit der gebräuchlichen Abkürzung $s = ½ \cdot (a + b + c)$ für den halben Umfang folgt

$$\sin^2\left(\frac{\alpha}{2}\right) = \frac{(s-b)\cdot(s-c)}{b\cdot c}$$

$$\sin^2\left(\frac{\beta}{2}\right) = \frac{(s-a)\cdot(s-c)}{a\cdot c} \quad (3.12)$$

$$\sin^2\left(\frac{\gamma}{2}\right) = \frac{(s-a)\cdot(s-b)}{a\cdot b}$$

und

$$\cos^2\left(\frac{\alpha}{2}\right)=\frac{s\cdot(s-a)}{b\cdot c}$$
$$\cos^2\left(\frac{\beta}{2}\right)=\frac{s\cdot(s-b)}{a\cdot c} \quad (3.13)$$
$$\cos^2\left(\frac{\gamma}{2}\right)=\frac{s\cdot(s-c)}{a\cdot b}$$

3.4.4 Kosinusfunktion aus den Dreieckseiten

Aus *3.4.2* und *3.4.3* ergibt sich eine Formel zur Berechnung des Kosinus aus den Dreiecksseiten mit der Hilfsgröße $s=\frac{1}{2}\cdot(a+b+c)$:

$$\cos^2\left(\frac{\alpha}{2}\right)=\frac{s\cdot(s-a)}{b\cdot c}=\frac{1}{2}\cdot\left(1+\cos(\alpha)\right)\Rightarrow\cos(\alpha)=2\cdot\frac{s\cdot(s-a)}{b\cdot c}-1 \text{ etc.}$$

3.5 Das Lösen goniometrischer Gleichungen

Bestimme für die nachstehenden Beispiele alle Lösungen für α im Bereich 0° - 360°! Wir zeigen einige der Lösungsmethoden, die verwendet werden können.

Die Umkehrfunktionen des Rechners liefern jeweils nur eine Lösung:

- für $\sin^{-1}$ und $\tan^{-1}$ immer im Bereich -90° bis +90°. Bei negativem Resultat beim Sinus 360° addieren, beim Tangens 180°.
- für $\cos^{-1}$ immer im Bereich 0° bis 180°.

Zur Bestimmung der zweiten Lösung gibt es eine einfache Regel[20] (siehe auch *Bild 3.4*):

- beim Tangens α + 180° rechnen,
- beim Sinus 180° - α rechnen, wenn negativ noch +360°,
- beim Kosinus 360° - α rechnen.

Versuche, Wurzelgleichungen zu vermeiden (vgl. *Beispiel 3.10*)!

Die Lösungen liegen bei den Nulldurchgängen der dargestellten Kurven.

[20] *http://www.sos-mathe.ch/pdfg/g44_1.pdf*

Beispiele:

3.1 $\sin^2(\alpha) = \frac{3}{4}$

$$\sin(\alpha) = \pm\sqrt{\frac{3}{4}} \Rightarrow \alpha = 60°/120°/240°/300°$$

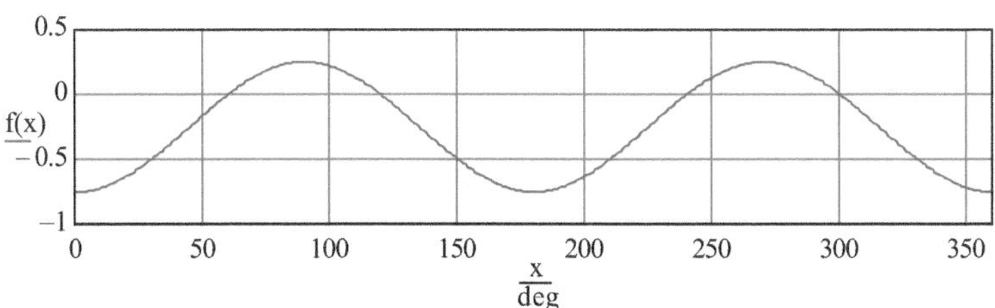

3.2 $$\sin^2(\alpha) + 2\cdot\sin(\alpha) = -1$$

$$\sin^2(\alpha) + 2\cdot\sin(\alpha) + 1 = 0$$

$$(\sin(\alpha)+1)^2 = 0 \Rightarrow \sin(\alpha) = -1 \Rightarrow \alpha = 270° \quad \text{Binom!}$$

Diese Aufgabe kann auch als quadratische Gleichung in $\sin(\alpha)$ gelöst werden:

$x = \sin(\alpha)$

$x^2 + 2x + 1 = 0$, $x = -1$, $\alpha = 270°$

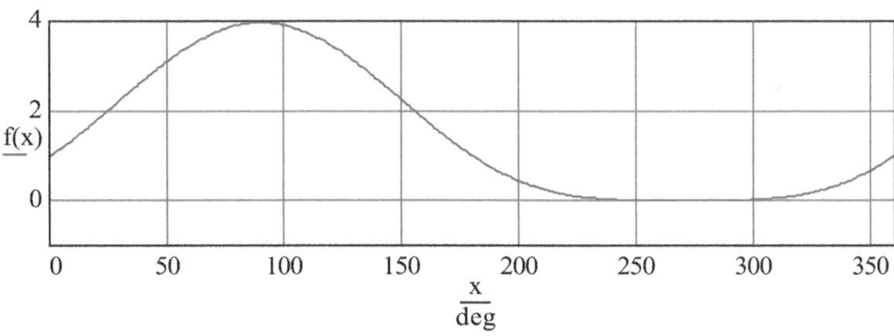

3.3 Bei dieser Aufgabe verwenden wir ein Additionstheorem und *faktorisieren* den erhaltenen Ausdruck. Ein Produkt ist überall dort = 0, wo einer seiner Faktoren = 0 ist.

$$\sin(2\alpha) - \sqrt{2}\cdot\sin(\alpha) = 0$$

$$\sin(\alpha+\alpha) - \sqrt{2}\cdot\sin(\alpha) = 0$$

$$2\cdot\sin(\alpha)\cdot\cos(\alpha) - \sqrt{2}\cdot\sin(\alpha) = 0$$

$$\sin(\alpha)\cdot\left(2\cdot\cos(\alpha) - \sqrt{2}\right) = 0$$

$\sin(\alpha)$ ist = 0 für $\alpha = 0°$ und $\alpha = 180°$. Für die Nullstellen des Klammerausdruckes erhalten wir

$$2 \cdot \cos(\alpha) - \sqrt{2} = 0$$

$$2 \cdot \cos(\alpha) = \sqrt{2}$$

$$\cos(\alpha) = \frac{\sqrt{2}}{2} \Rightarrow \alpha = 45° / 315°$$

Die Gleichung hat also die vier Lösungen α = 0°/45°/180°/315°.

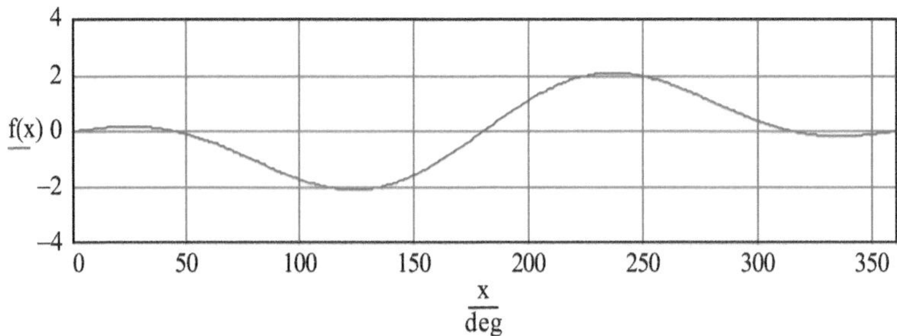

3.4 $\sin(\alpha) + 0{,}6 \cdot \tan(\alpha) = 0$

Diesen Ausdruck können wir wieder faktorisieren. Ein Produkt ist überall dort = 0, wo einer seiner Faktoren = 0 ist.

$$\sin(\alpha) + 0{,}6 \cdot \frac{\sin(\alpha)}{\cos(\alpha)} = 0$$

$$\sin(\alpha) \cdot \left(1 + \frac{0{,}6}{\cos(\alpha)}\right) = 0$$

sin(α) ist = 0 für α = 0° und α = 180°. Für die Nullstellen des Klammerausdruckes erhalten wir

$$\frac{0{,}6}{\cos(\alpha)} = -1$$

$$\cos(\alpha) = \frac{0{,}6}{-1} = -0{,}6 \Rightarrow \alpha = 126{,}87° / 233{,}13°$$

Die Gleichung hat also die vier Lösungen α = 0°/126,87°/180°/233,13°.

3.5 $\tan(\alpha)\cdot\tan(2\alpha)=1$

Mithilfe eines Additionstheorems wandeln wir tan(2*α*) in tan(*α*) um:

$$1=\tan(\alpha)\cdot\tan(2\alpha)$$

$$1=\tan(\alpha)\cdot\tan(\alpha+\alpha)=\tan(\alpha)\cdot\frac{\tan(\alpha)+\tan(\alpha)}{1-\tan(\alpha)\cdot\tan(\alpha)}=\tan(\alpha)\cdot\frac{2\cdot\tan(\alpha)}{1-\tan^2(\alpha)}$$

$$1=\frac{2\cdot\tan^2(\alpha)}{1-\tan^2(\alpha)}$$

$$1-\tan^2(\alpha)=2\cdot\tan^2(\alpha)$$

$$1=3\cdot\tan^2(\alpha)$$

$$\frac{1}{3}=\tan^2(\alpha)$$

$$\tan(\alpha)=\pm\sqrt{\frac{1}{3}}=\pm0.577\Rightarrow\alpha=30^\circ/150^\circ/210^\circ/330^\circ$$

3.6 $\sin(\alpha)+\cos(\alpha)=0 \qquad | \qquad \div\cos(\alpha)$

$$\frac{\sin(\alpha)}{\cos(\alpha)}+1=0$$

$$\tan(\alpha)=-1$$

$$\alpha_1=-45^\circ+180^\circ=135^\circ$$

$$\alpha_2=135^\circ+180^\circ=315^\circ$$

3.7 $\sin(\alpha)-1{,}5\cdot\cos(\alpha)=0 \qquad | \qquad \div\cos(\alpha)$

$$\frac{\sin(\alpha)}{\cos(\alpha)}-1{,}5=0$$

$$\tan(\alpha)=1{,}5\Rightarrow\alpha=56{,}3^\circ/236{,}3^\circ$$

3.8 $\sin(\alpha)-1{,}5\cdot\cos(\alpha)=0{,}2$

Eine *Summe von Vielfachen von Sinus und Kosinus* kann durch Umkehrung eines Additionstheorems in einen *Sinus mit einem Phasenwinkel* umgewandelt werden:

$$A\cdot\sin(\alpha)+B\cdot\cos(\alpha)=\sqrt{A^2+B^2}\cdot\left(\frac{A}{\sqrt{A^2+B^2}}\cdot\sin(\alpha)+\frac{B}{\sqrt{A^2+B^2}}\cdot\cos(\alpha)\right)$$

Die Ausdrücke $\frac{A}{\sqrt{A^2+B^2}}$ und $\frac{B}{\sqrt{A^2+B^2}}$ sind beide zwischen -1 und +1 und die Summe ihrer Quadrate ist = 1. Es gibt also einen Winkel β so, dass $\cos(\beta)=\frac{A}{\sqrt{A^2+B^2}}$ und $\sin(\beta)=\frac{B}{\sqrt{A^2+B^2}}$ und damit

$$\begin{aligned}A\cdot\sin(\alpha)+B\cdot\cos(\alpha)&=\sqrt{A^2+B^2}\cdot(\sin(\alpha)\cdot\cos(\beta)+\cos(\alpha)\cdot\sin(\beta))\\&=\sqrt{A^2+B^2}\cdot\sin(\alpha+\beta)\end{aligned}$$

Am Beispiel:

$$\sin(\alpha)-1{,}5\cdot\cos(\alpha)=0{,}2$$

$$\sqrt{1^2+1{,}5^2}\cdot\left(\frac{1}{\sqrt{1^2+1{,}5^2}}\cdot\sin(\alpha)-\frac{1{,}5}{\sqrt{1^2+1{,}5^2}}\cdot\cos(\alpha)\right)=0{,}2$$

$$\underbrace{0{,}5547}_{\substack{\cos(\beta)\\ \beta=56{,}310^\circ}}\cdot\sin(\alpha)-\underbrace{0{,}8321}_{\sin(\beta)}\cdot\cos(\alpha)=\frac{0{,}2}{\sqrt{1^2+1{,}5^2}}=0{,}1109$$

$$\sin(\alpha-56{,}310^\circ)=0{,}1109$$

$$\alpha-56{,}310^\circ=6{,}370^\circ/173{,}630^\circ$$

$$\alpha=62{,}679^\circ/229{,}940^\circ$$

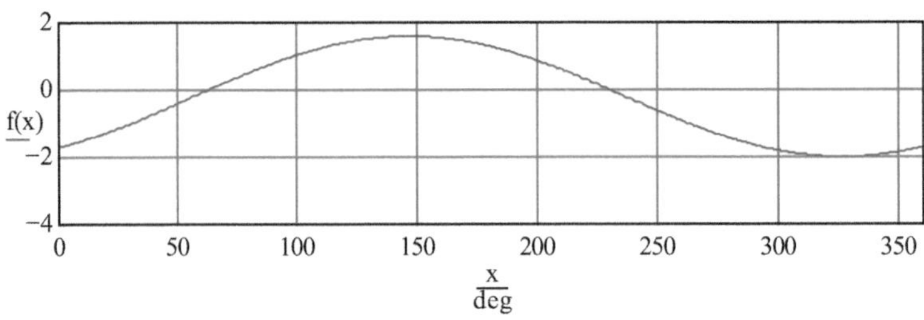

3.9 Lösung von *Beispiel 3.6* mit dieser Methode (auch auf *Beispiel 3.7* anwendbar):

$$\sin(\alpha)+\cos(\alpha)=0$$

$$\sqrt{2}\cdot\left(\sin(\alpha)\cdot\frac{1}{\sqrt{2}}+\cos(\alpha)\cdot\frac{1}{\sqrt{2}}\right)=0$$

$$\sqrt{2}\cdot\sin(\alpha+45^\circ)=0$$

$$\alpha_1+45^\circ=0^\circ\Rightarrow\alpha_1=-45^\circ+360^\circ=315^\circ$$

$$\alpha_2+45^\circ=180^\circ-0^\circ\Rightarrow\alpha_2=180^\circ-45^\circ=135^\circ$$

3.10 Alternativer Lösungsweg für *Beispiel 3.8*: Mithilfe der Beziehung $\sin^2 + \cos^2 = 1$ können wir sin durch cos ersetzen und erhalten eine Wurzelgleichung in der Unbekannten cos(*α*).

$$\sqrt{1-\cos^2(\alpha)} - 1{,}5\cdot\cos(\alpha) = 0{,}2$$

$$\sqrt{1-\cos^2(\alpha)} = 1{,}5\cdot\cos(\alpha) + 0{,}2$$

$$1-\cos^2(\alpha) = 2{,}25\cdot\cos^2(\alpha) + 0{,}6\cdot\cos(\alpha) + 0{,}04$$

$$0 = 3{,}25\cdot\cos^2(\alpha) + 0{,}6\cdot\cos(\alpha) - 0{,}96$$

$$\cos(\alpha) = \frac{-0{,}6 \pm \sqrt{0{,}6^2 - 4\cdot 3{,}25\cdot(-0{,}96)}}{2\cdot 3{,}25}$$

$$= -0{,}092 \pm 0{,}551 = \begin{cases} 0{,}459 \Rightarrow \alpha = 62{,}679^\circ / 297{,}321^\circ \\ -0{,}644 \Rightarrow \alpha = 130{,}60^\circ / 229{,}940^\circ \end{cases}$$

Hier wurde quadriert, die erhaltenen Lösungen müssen also überprüft werden:

sin(62,679°) - 1,5·cos(62,679°) = 0,2

sin(130,060°) - 1,5·cos(130,060°) = 1,731

sin(229,940°) - 1,5·cos(229,940°) = 0,2

sin(297,321°) - 1,5·cos(297,321°) = -1,577

Beim Quadrieren sind zwei ungültige Lösungen dazugekommen, die erkannt und ausgeschieden werden müssen. Bei der Lösungsmethode in *Beispiel 3.8* trat diese Komplikation nicht auf.

Falls das Argument in einer Winkelfunktionen mit einem Faktor mit Betrag >1 multipliziert wird, muss auf einen weiteren Punkt geachtet werden.

Beispiele:

3.11 $\sin(5\cdot\alpha) = 0{,}5$

$$5\cdot\alpha = 30^\circ / 150^\circ$$

$$\alpha = 6^\circ / 30^\circ$$

Wegen der Periodizität der Winkelfunktionen gibt es hier noch weitere Lösungen *α* im Bereich 0° bis 360°.

Denn auch für:

$5\cdot\alpha = 30^\circ + 360^\circ = 390^\circ \qquad \Rightarrow \alpha = 78^\circ$

$5\cdot\alpha = 30^\circ + 2\cdot 360^\circ = 750^\circ \qquad \Rightarrow \alpha = 150^\circ$

$5\cdot\alpha = 30^\circ + 3\cdot 360^\circ = 1110^\circ \qquad \Rightarrow \alpha = 222^\circ$

$5\cdot\alpha = 30^\circ + 4\cdot 360^\circ = 1470^\circ \qquad \Rightarrow \alpha = 294^\circ$

und

$$5\cdot\alpha = 150^\circ + 360^\circ = 510^\circ \qquad \Rightarrow \alpha = 102^\circ$$
$$5\cdot\alpha = 150^\circ + 2\cdot 360^\circ = 870^\circ \qquad \Rightarrow \alpha = 174^\circ$$
$$5\cdot\alpha = 150^\circ + 3\cdot 360^\circ = 1230^\circ \qquad \Rightarrow \alpha = 246^\circ$$
$$5\cdot\alpha = 150^\circ + 4\cdot 360^\circ = 1590^\circ \qquad \Rightarrow \alpha = 318^\circ$$

ist die Gleichung erfüllt!

Diese hat also im Bereich 0° bis 360° total 10 Lösungen.

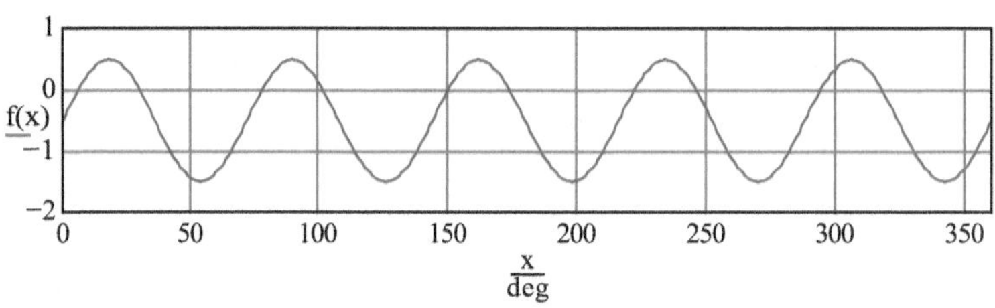

3.12 $$\cos(2\alpha) + \cos^2(\alpha) = \sin^2(\alpha) - 0{,}5$$

$$\cos(2\alpha) + \underbrace{\cos^2(\alpha) - \sin^2(\alpha)}_{\cos(2\alpha)} = -0{,}5$$

$$2\cdot\cos(2\alpha) = -0{,}5$$

$$\cos(2\alpha) = -0{,}25$$

$$\Rightarrow 2\alpha_1 = 104{,}478^\circ \Rightarrow \alpha_1 = 52{,}239^\circ$$
$$\Rightarrow 2\alpha_2 = 360^\circ - 104{,}478^\circ = 255{,}522^\circ \Rightarrow \alpha_2 = 127{,}761^\circ$$
$$\Rightarrow 2\alpha_3 = 104{,}478^\circ + 360^\circ \Rightarrow \alpha_3 = 232{,}239^\circ$$
$$\Rightarrow 2\alpha_4 = 255{,}522^\circ + 360^\circ \Rightarrow \alpha_4 = 307{,}761^\circ$$

(auch andere Lösungswege sind möglich)

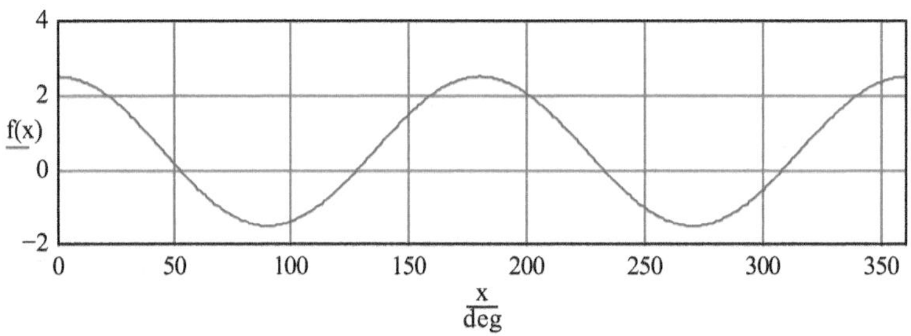

3.6 Anwendungen

3.6.1 Klassische Vermessungsaufgaben

Entfernung zwischen zwei unzugänglichen Punkten

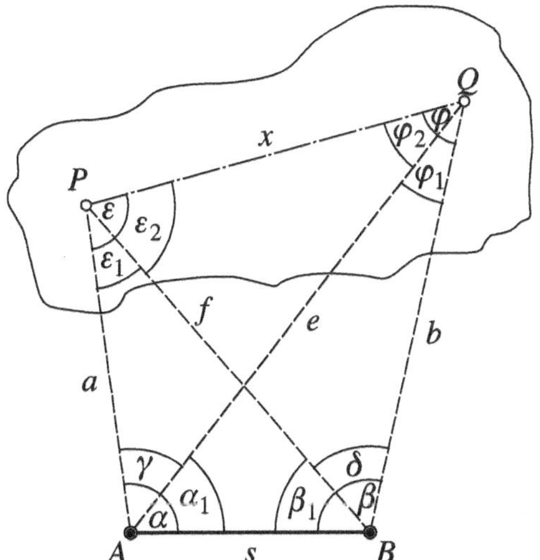

Bild 3.8 Entfernung zwischen zwei unzugänglichen Punkten

P und *Q* sind zwei sichtbare aber unzugängliche Punkte, z. B. zwei Schiffe auf dem Meer, die von den bekannten Punkten *A* und *B* an der Küste angepeilt werden.

Wie groß ist ihre Entfernung *x*?

Anleitung: Mit dem Sinussatz werden *a* und *e* berechnet (oder *b* und *f*) und dann mit dem Kosinussatz die Strecke *x*.

Beispiel:

3.13 $s = 865$ m

$\alpha = 76°20'$, $\alpha_1 = 51°10'$, $\beta = 83°30'$, $\beta_1 = 47°40'$

Lösung: $x = 606{,}6$ m

Entfernung zwischen zwei unbekannten Punkten

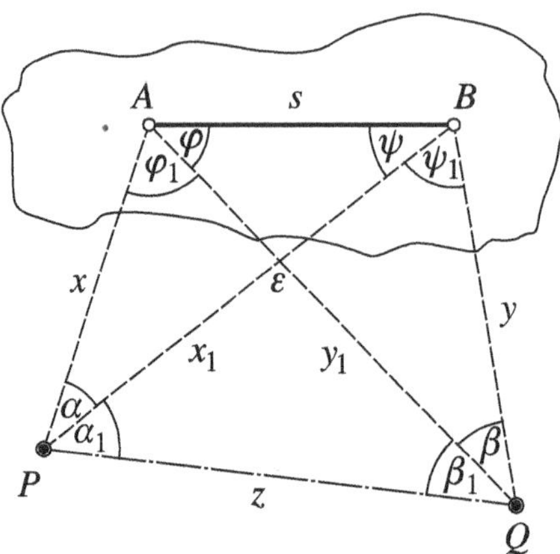

Bild 3.9 Entfernung zwischen zwei unbekannten Punkten

Gesucht ist die Distanz z zwischen P und Q, die zugänglich aber unbekannt sind. Von P und Q aus werden die bekannten, aber unzugänglichen Punkte A und B (z. B. Berggipfel) angepeilt.

Anleitung: $\varepsilon = 180° - \alpha_1 - \beta_1$, $\varphi_1 = \varepsilon - \alpha$, $\psi_1 = \varepsilon - \beta$. Mit dem Sinussatz im Dreieck APB erhalten wir einen Ausdruck für $x(y)$, in Dreieck APQ einen solchen für z und alles entsprechend für die andere Seite. Die Ausdrücke für z werden gleichgesetzt und $\psi = 180° - \varepsilon - \varphi$ eingesetzt: es resultiert φ und dann mit y das gesuchte z.

Beispiel:

3.14 $s = 920$ m

$\alpha = 38°50'$, $\alpha_1 = 27°10'$, $\beta = 12°10'$, $\beta_1 = 48°48'$

Lösung: $z = 1620$ m

Vorwärtseinschneiden: Bestimmung eines unzugänglichen Punktes

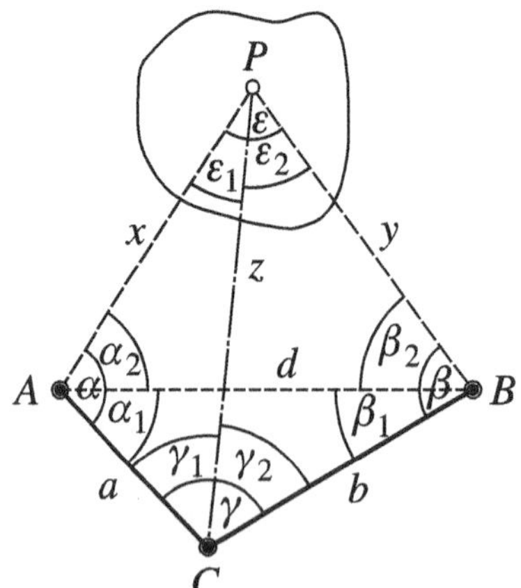

Bild 3.10 Vorwärtseinschneiden

P ist ein unzugänglicher, aber sichtbarer Punkt, der von *A* und *B* angepeilt wird. *A* und *B* sowie *C* und *P* haben keine direkte Sichtverbindung.

Berechne *x* und *y*!

Anleitung: Weil die Winkelsumme im Viereck 360° beträgt, ist $\varepsilon_2 = 360° - \alpha - \beta - \gamma - \varepsilon_1$. Mit dem Sinussatz und dem Additionstheorem können wir die Größe *z* in beiden Dreiecken *PAC* und *PCB* als Funktion von ε_1 ausdrücken und gleichsetzen. Daraus erhalten wir den Wert von $\tan(\varepsilon_1)$. Damit werden γ_1 und γ_2 berechnet und dann mit dem Sinussatz *x* und *y*.

Beispiel:

3.15 $a = 873$ m, $b = 984$ m

$\alpha = 74°40'$, $\beta = 68°30'$, $\gamma = 147°20'$

Lösung: $x = 1523$ m, $y = 1602$ m

Siehe *2.7.2* für den Fall, wo auch noch die Koordinaten bestimmt werden sollen.

Rückwärtseinschneiden: Bestimmung des eigenen Standortes

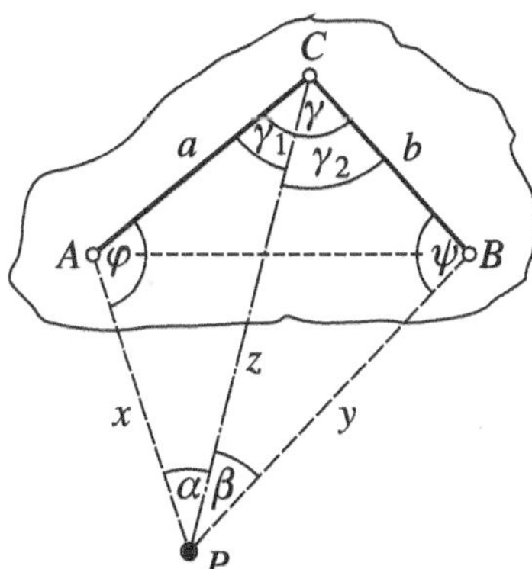

Bild 3.11 Rückwärtseinschneiden

A, *B* und *C* sind drei bekannte und sichtbare, aber unzugängliche Punkte, z. B. Berggipfel. Vom unbekannten Standort *P* aus werden die Winkel α und β gemessen, γ wird aus der Karte bestimmt/berechnet. Gesucht sind die Distanzen *x* und *y*.

Anleitung: Weil die Winkelsumme im Viereck 360° beträgt, ist $\psi = 360° - \alpha - \beta - \gamma - \varphi$. Mit dem Sinussatz können wir die Größe *z* in beiden Dreiecken *CAP* und *CPB* als Funktion von φ ausdrücken und gleichsetzen, das liefert den Wert von $\tan(\varphi)$. Damit werden γ_1 und γ_2 berechnet und dann mit dem Sinussatz *x* und *y*.

Beispiel:

3.16 $a = 740$ m, $b = 920$ m, $\gamma = 158°10'$

$\alpha = 27°10'$, $\beta = 38°50'$

Lösung: $x = 1620$ m, $y = 1343$ m

Siehe *2.6.3* für den Fall, wo auch noch die Koordinaten bestimmt werden sollen und *4.2.3*.

3.6.2 Vermessung beim Tunnelbau

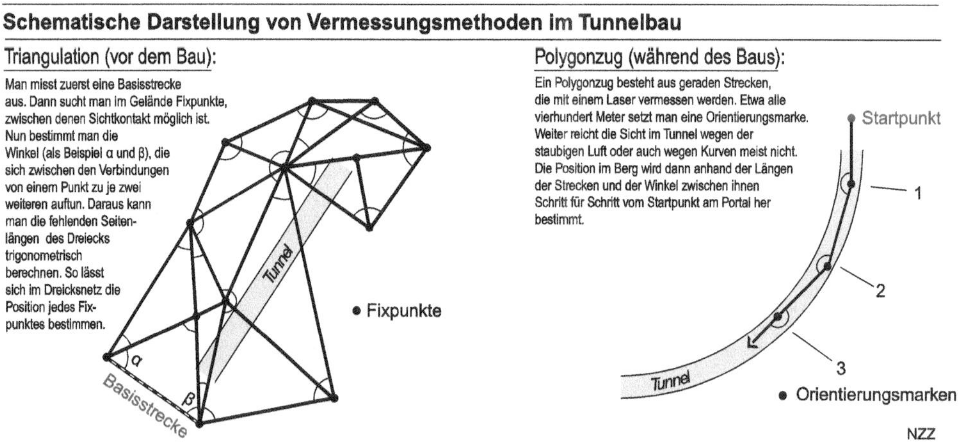

Schematische Darstellung von Vermessungsmethoden im Tunnelbau

Triangulation (vor dem Bau):

Man misst zuerst eine Basisstrecke aus. Dann sucht man im Gelände Fixpunkte, zwischen denen Sichtkontakt möglich ist. Nun bestimmt man die Winkel (als Beispiel α und β), die sich zwischen den Verbindungen von einem Punkt zu je zwei weiteren auftun. Daraus kann man die fehlenden Seitenlängen des Dreiecks trigonometrisch berechnen. So lässt sich im Dreiecksnetz die Position jedes Fixpunktes bestimmen.

Tunnel

• Fixpunkte

α

β

Basisstrecke

Polygonzug (während des Baus):

Ein Polygonzug besteht aus geraden Strecken, die mit einem Laser vermessen werden. Etwa alle vierhundert Meter setzt man eine Orientierungsmarke. Weiter reicht die Sicht im Tunnel wegen der staubigen Luft oder auch wegen Kurven meist nicht. Die Position im Berg wird dann anhand der Längen der Strecken und der Winkel zwischen ihnen Schritt für Schritt vom Startpunkt am Portal her bestimmt.

Startpunkt

1

2

3

Tunnel

• Orientierungsmarken

NZZ

Bild 3.12 Tunnelbau
Quelle: Erschienen in der „Neuen Zürcher Zeitung" am 05.12.2007

Bei einem Tunnel der Größe des Gotthard-Scheiteltunnels ist heute mit Triangulation eine horizontale Genauigkeit von 2 bis 4 cm möglich (ein Winkel von 1" entspricht auf eine Distanz von 1 km einem Versatz von 4,8 mm); auch eine Bestimmung „von links" und „von rechts" her bringt eine Verbesserung. Mit GPS wird die Vermessung zwar deutlich schneller, aber kaum noch genauer. Im Innern des Tunnels erschweren schmutzige Luft und Temperaturunterschiede den Einsatz optischer Methoden; hier helfen Vermessungskreisel weiter, die sich - infolge der Erddrehung - parallel zur Erdachse ausrichten.

Die schweizerische Landesvermessung wurde im 19. Jahrhundert mit vorwiegend militärischer Motivation durch Henri Dufour[21] auf einem Netz genau vermessener und weitherum sichtbarer Triangulationspunkte begründet.

Vermessung des Gotthardtunnels im Sommer 1869

Im Jahre 1869 erhielt der 29-jährige „eidgenössische Ingenieur" Otto Gelpke den Auftrag, die Richtung der Tunnelachsen bei den Portalen in Göschenen und Airolo zu bestimmen. Die praktische Vermessungsarbeit bewältigte er mit einigen Gehilfen zwischen dem 5. August und dem 17. September 1869, obschon das Wetter im Gotthardgebiet manchmal schnell ändert und er alle Orte zu Fuß erreichen und nachts beim Licht einer Petroleumlampe von Hand Berechnungen und Vorbereitungen anstellen musste; der Bericht (mit den wichtigsten Daten) ist stimmungsvoll und hat durchaus literarische Qualität. Die Arbeit war gut; beim Durchbruch des Tunnels am 29.02.1880 betrug der Versatz 33 cm seitlich und 5 cm in der Höhe (*Ref. 23*).

[21] Guillaume-Henri Dufour, 1787 - 1875, wohnhaft in Genf, Ingenieur und Festungsbauer, 1832 - 1864 Leiter des Eidg. Topographischen Bureaus, 1847 General im Sonderbundskrieg, sehr vielseitige und interessante Persönlichkeit!

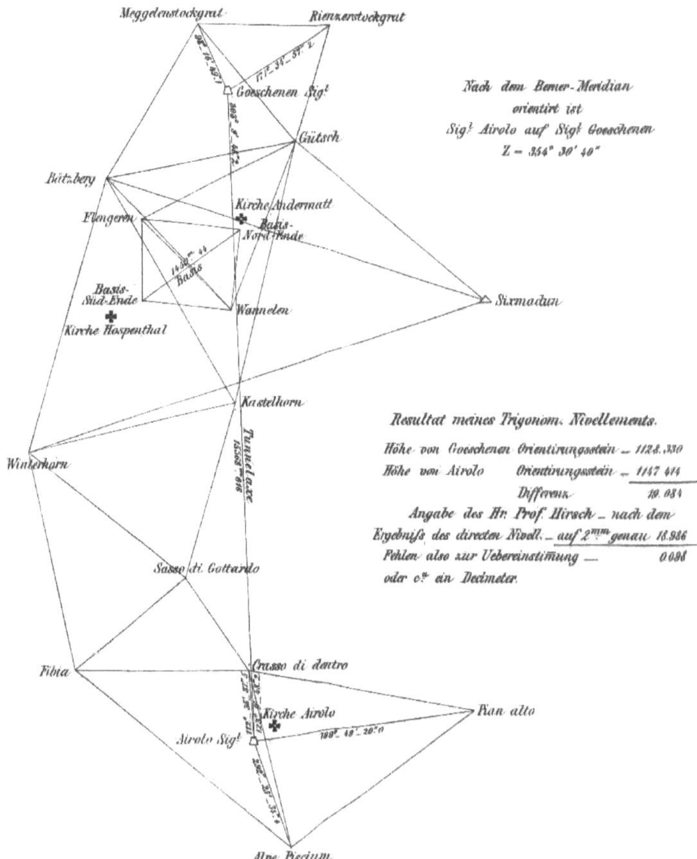

3.6.3 Schallmessortung

Bei der Artillerie wurde früher zur Lokalisierung feindlicher Geschütze oder auch zur Unterstützung des Einschießens ohne visuelle Beobachtung der Einschläge das Schallmessverfahren verwendet. Dabei wird an mindestens drei Messstellen ein Knall detektiert und durch Funk an eine zentrale Auswertestelle übermitttelt, wo die Laufzeitunterschiede ermittelt werden.

In der Praxis wurde das Problem normalerweise mit einem graphischen Verfahren gelöst, es geht aber auch rechnerisch. Auf diese Weise (mit den Signalen von 3 Mikrophonen und der Methode von *3.6.3*) wird in Schießständen bei den automatischen Trefferanzeigeanlagen die Lage des Einschusses ermittelt. Mit der gleichen Methode können beispielsweise auch Erdbeben lokalisiert werden.

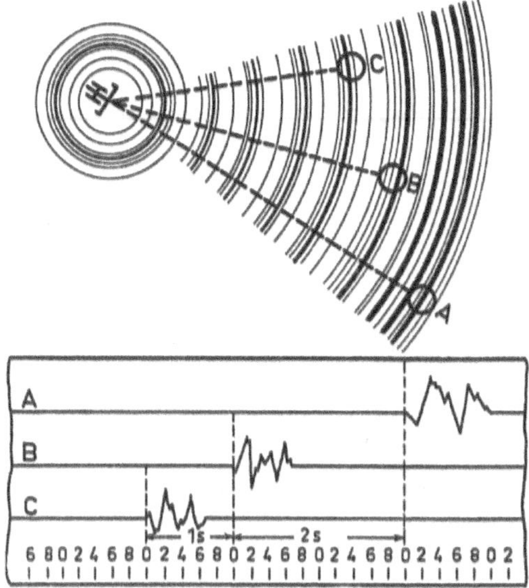

Bild 3.13 Schallmessortung

In *Bild 3.14* bezeichnen P die Schallquelle und E, F und G die Messstellen. Die Laufzeitunterschiede sind in der Figur mit der als bekannt vorausgesetzten Schallgeschwindigkeit (diese hängt von der Luftdichte ab, d. h. von Temperatur[22], Luftdruck und Feuchtigkeit) bereits umgerechnet in Laufwegunterschiede p und q. Gesucht ist die Entfernung x.

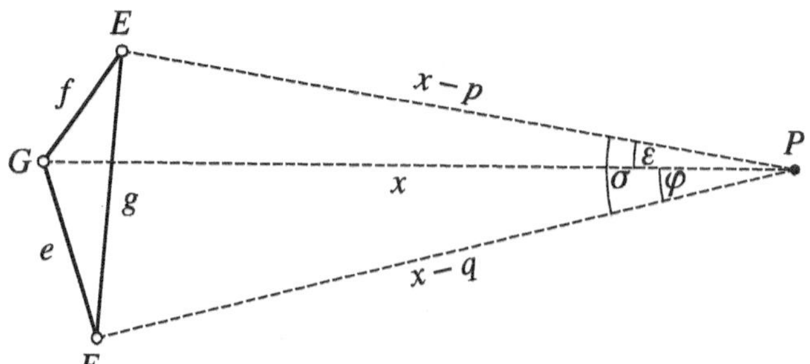

Bild 3.14 Schallmessortung/ Berechnung

Mithilfe des Additionstheorems *Gl. (3.5)* und der Halbwinkelformeln *Gl. (3.12)/Gl. (3.13)* können wir mit den 3 Dreiecken *EFP*, *EGP* und *GFP* eine Gleichung aufstellen, die nur x als Unbekannte enthält:

Es ist $\sigma = \varepsilon + \varphi$, also

$$\sin\left(\frac{\sigma}{2}\right) = \sin\left(\frac{\varepsilon+\varphi}{2}\right) = \sin\left(\frac{\varepsilon}{2}\right)\cdot\cos\left(\frac{\varphi}{2}\right) + \cos\left(\frac{\varepsilon}{2}\right)\cdot\sin\left(\frac{\varphi}{2}\right).$$

[22] Näherungsformel im Bereich -20 bis +40 °C: $c(T) = (331{,}5 + 0{,}6 \cdot T)$ m/s

Daraus ergibt sich nach Einsetzen der Dreiecksseiten in die Halbwinkelformeln die Wurzelgleichung

$$\sqrt{\frac{(g-(p-q))}{2}\cdot\frac{(g+(p-q))}{2}\cdot x^2}-\sqrt{\frac{f-p}{2}\cdot\frac{f+p}{2}\cdot\left(x+\frac{e-q}{2}\right)\cdot\left(x-\frac{e+q}{2}\right)}$$
$$-\sqrt{\frac{e-q}{2}\cdot\frac{e+q}{2}\cdot\left(x+\frac{f-p}{2}\right)\cdot\left(x-\frac{f+p}{2}\right)}=0$$

Die Lösung kann durch zweimaliges Quadrieren gefunden werden oder (bequemer) numerisch mit dem Rechner (Startwert groß wählen); siehe auch Beispiel 8.33 und *8.7.7.*

Das Problem lässt sich grundsätzlich auch mit dem Kosinussatz lösen, doch entsteht dabei eine deutlich kompliziertere Gleichung, weil dann $\sin(\varepsilon)$ durch $\cos(\varepsilon)$ und $\sin(\varphi)$ durch $\cos(\varphi)$ ausgedrückt werden müssen.

Lösung mit dem numerischen Gleichungslöser **num-solv** *des TI-30X Pro*

Beispiel:

3.17 Gegebene Größen: e = 5 km, f = 4 km, g = 8 km, p = 2 km, q = 1 km.

Gesuchte Größe: x

Problematik:
- Die Länge einer Gleichung ist im TI-30X Pro auf 40 Zeichen beschränkt.
- Lange Gleichungen sind wegen der kleinen Anzeige sehr unübersichtlich.

Strategie:
- Hilfsgrößen, in denen die Unbekannte nicht vorkommt, im Voraus berechnen und in Speichern ablegen. Dadurch verkürzt sich auch die Rechenzeit, weil diese Größen nicht bei jedem Näherungsschritt neu berechnet werden.

Wir speichern folgende Hilfsgrößen ab:

$$\left.\begin{matrix} g=8\,\textbf{\textit{sto}}\rightarrow x \\ p-q=1\,\textbf{\textit{sto}}\rightarrow y \end{matrix}\right\}\text{ damit }\frac{\sqrt{(x-y)(x+y)}}{2}=3.9686\ldots\textbf{\textit{sto}}\rightarrow t$$

$$\frac{e-q}{2}=2\,\textbf{\textit{sto}}\rightarrow a$$

$$\frac{e+q}{2}=3\,\textbf{\textit{sto}}\rightarrow b$$

$$\frac{f-p}{2}=1\,\textbf{\textit{sto}}\rightarrow c$$

$$\frac{f+p}{2}=3\,\textbf{\textit{sto}}\rightarrow d$$

und geben die Gleichung in den Rechner ein als

$$tx-\sqrt{cd(x+a)(x-b)}-\sqrt{ab(x+c)(x-d)}=0$$

Gleichung mit Startwert[23] $x = 100$ nach x aufgelöst liefert $x = 18{,}3362$ (km)

3.7 Anhang: Flächenberechnung bei Polygonen (Vielecken)

Zur Berechnung der Fläche eines Polygons (Vielecks) gibt es eine einfache Methode, die wie so vieles nach Gauß benannt ist (obschon sie diesmal nicht von ihm stammt, sie war schon vorher bekannt). Einzige Bedingung an das Polygon ist, dass sich keine Verbindungslinien der Eckpunkte kreuzen dürfen (also eine Kreuzung als zusätzlichen Eckpunkt definieren!).

Wir tragen die Eckpunkte in ein rechtwinkliges Koordinatensystem ein:

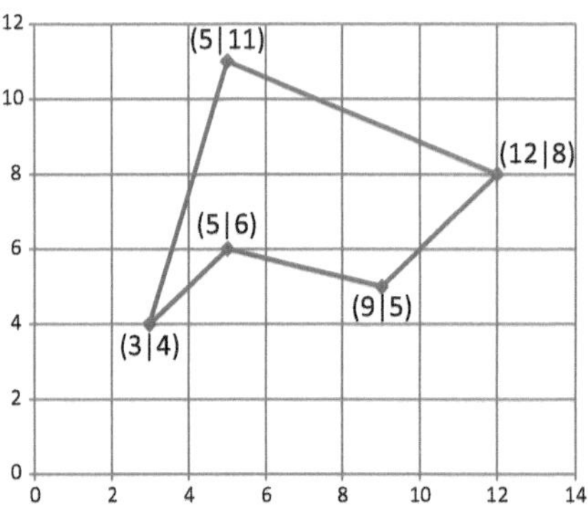

Wir schreiben die Koordinaten der Eckpunkte im *Gegenuhrzeigersinn* untereinander und fügen am Ende nochmals den ersten Punkt an:

	x	y
P1	3	4
P5	5	6
P4	9	5
P3	12	8
P2	5	11
P1	3	4

Jetzt bilden wir zwischen aufeinanderfolgenden Zeilen in der Tabelle die Summe der Produkte „übers Kreuz“, wobei Produkte von links oben nach rechts unten positiv und solche von rechts oben nach links unten negativ zählen, also

$$3\cdot 6+5\cdot 5+9\cdot 8+12\cdot 11+5\cdot 4-4\cdot 5-6\cdot 9-5\cdot 12-8\cdot 5-11\cdot 3=60$$

[23] Der Startwert darf nicht zu klein gewählt werden, damit alle Wurzeln existieren!

Die Fläche des Vielecks ist die Hälfte dieser Zahl, also 30.

Die Methode beruht darauf, dass für je zwei benachbarte Punkte die Fläche des Trapezes zwischen ihrer Verbindungslinie und der x-Achse berechnet wird und diese Flächen addiert werden, wobei Flächen unterhalb der oberen und unteren Begrenzungen der Figur automatisch unterschiedliche Vorzeichen erhalten (obere +, untere -).

Die Fläche des Trapezes zwischen P2 und P3 oben beträgt $(x_3 - x_2)\cdot\frac{1}{2}\cdot(y_3 + y_2)$. Beim Addieren aller Trapeze heben sich die Glieder mit $x_1{\cdot}y_1$, $x_2{\cdot}y_2$, $x_3{\cdot}y_3$ etc. weg und es bleibt nur die oben gegebene Produktsumme übrig.

3.8 Übungsaufgaben

3.8.1 Zu Abschnitt 3.2

3.1 Eine 18,2 m hohe Tanne wirft einen 34,6 m langen Schatten. Unter welchem Winkel treffen die Sonnenstrahlen den Erdboden?

3.2 Wie hoch ist ein Baum, wenn sein Schatten 53 m lang ist und die Sonnenstrahlen unter 19°50' auf den Erdboden fallen?

3.3 Die Äquidistanz der Höhenkurven beträgt bei einer Landkarte 1:25000 10 m. Wie steil ist das Gelände, wenn an einer bestimmten Stelle die Höhenkurven 3 mm voneinander entfernt sind?

3.4 Ein Ballon schwebt 3100 m über der Erde. Er wird vom Boden aus unter einem Winkel von 14°20' gesehen. Wie weit (Luftlinie) ist er vom Beobachter entfernt?

3.5 Vom Fenster eines Hauses, das 28 m vom Ufer eines Flusses entfernt ist, erscheinen beide Ufer unter den Senkungswinkeln 8°30' und 28°25'. Wie breit ist der Fluss?

3.6 Ein rechteckiges Papier mit den Abmessungen 21 x 30 cm wird so gefaltet, dass die gegenüberliegenden Ecken aufeinanderliegen. Wie lang ist die Faltkante?

3.7 Mit welcher Geschwindigkeit dreht sich Zofingen (φ = 47°17'10") um die Erdachse?

3.8 Ein Mann steht in 50 m Entfernung von einem Baum. Zwischen Fußpunkt und Spitze des Baumes misst er einen Winkel von 23°40'. Seine Augen (bzw. sein Messgerät) befinden sich auf 1,5 m Höhe über dem Boden. Wie hoch ist der Baum? Wie groß ist der Fehler bei Vernachlässigung der Augenhöhe?

3.9 Wie hoch ist das Haus, wenn der Abstand zwischen A und B 28 m beträgt und $\alpha = 56°$, $\beta = 43°$?

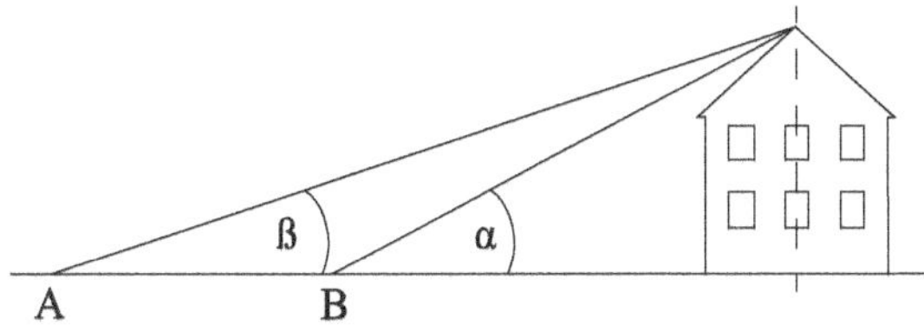

3.10 Wird ein Aquarium mit 30 cm Höhe und 45 cm Breite wie in der Abbildung um 40° gekippt, steht das Wasser wie eingezeichnet bis zur unteren Ecke. Wie tief ist das Wasser, wenn das Aquarium horizontal steht?

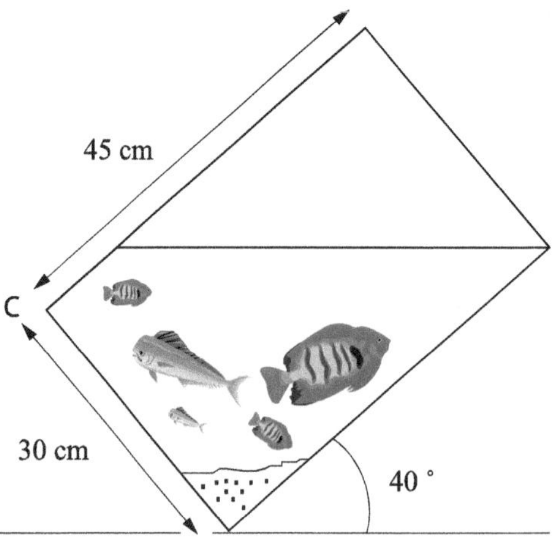

3.11 Berechne die Länge des Riemens!

R = 600 mm

r = 340 mm

a = 3600 mm

Berechne ebenfalls die Länge für den Fall, dass der Riemen gekreuzt aufgelegt wird.

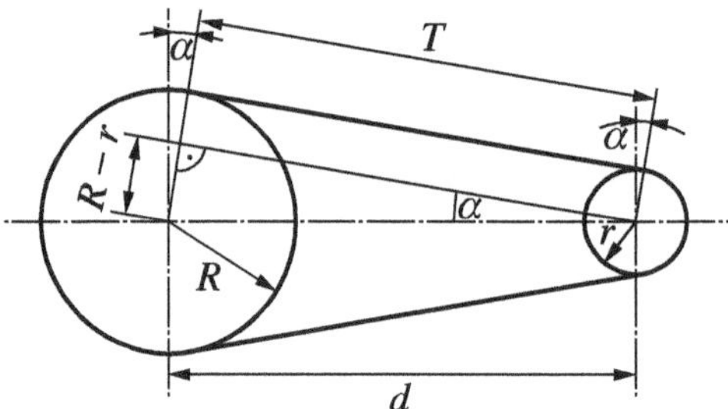

3.8.2 Zu Abschnitt 3.3

Berechne bei den folgenden Dreiecken die fehlenden Seiten und Winkel sowie die Fläche! Die Resultate lassen sich gut mit Matheass (http://www.matheass.de) überprüfen.

	a	b	c	α	β	γ	Fläche
3.12	23 mm			11°20'	71°40'		
3.13			3,25 cm	40°40'	20°20'		
3.14	48 mm	2,3 cm		71°10'			

	a	b	c	α	β	γ	Fläche
3.15	29,1 dm	114 cm			13°25'		
3.16	16 cm	17 cm			28°5'		
3.17		56 cm	95 cm	80°10'			
3.18	34,2 m		41,7 m		44°30'		
3.19	17,4 cm	15,8 cm				110°50'	
3.20	45,0 cm	381 mm	0,63 m				

3.21 Von einem Schiff, das genau nach Norden fährt, sieht man einen Leuchtturm in 4,8 sm Entfernung in Richtung N 22°40' W. Nach 35 min geradliniger Fahrt wird der Leuchtturm erneut angepeilt und erscheint in Richtung S 16°20' W. Mit wie viel Knoten (sm/h, 1 sm = Bogenlänge für 1' auf einem Großkreis der Erde = 1852 m) ist das Schiff durchschnittlich gefahren?

3.22 Bestimme beim dargestellten Schaltrad die Frästiefe x für z = 36 Zähne, r = 18 mm und α = 65°.

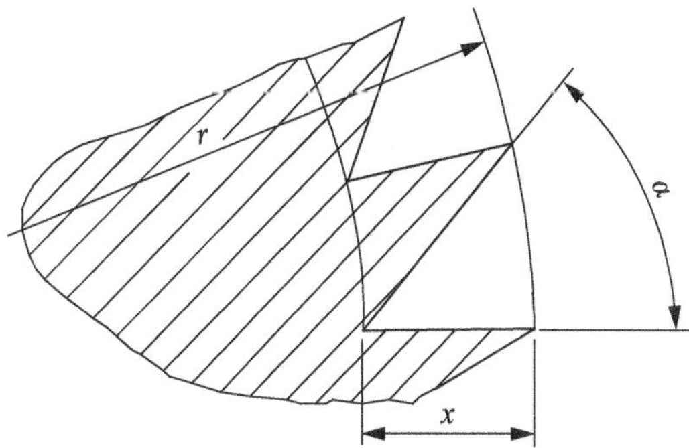

3.23 In Stockholm (φ = 58°50'24" N) wird der Mond unter einem Zenitwinkel von δ = 59°39'34" gesehen, in Kapstadt (φ = 34°2'31" S, gleiche östliche Länge 18°) gleichzeitig unter δ = 34°34'51". Wie weit ist er von der Erde entfernt, Erdradius 6373 km?

3.24 Von zwei Punkten A und B am Ufer eines Flusses, die 50 m auseinander liegen, wird ein Punkt C am anderen Ufer anvisiert. $\angle BAC$ = 50°, $\angle ABC$ = 40°. Wie breit ist der Fluss?

3.8.3 Zu Abschnitt 3.4.1

3.25 Drücke $\sin(3\alpha)$ durch $\sin(\alpha)$ und $\cos(3\alpha)$ durch $\cos(\alpha)$ aus!

3.8.4 Zu Abschnitt 3.5

http://sos-mathe.ch/g/g4/g44/aufg_g44.html

4 Funktionen

4.1 Der Funktionsbegriff

Funktionen beschreiben, wie eine Größe von einer anderen Größe abhängt. Unter einer Funktion verstehen wir in der Mathematik eine Vorschrift zur Zuordnung von Werten zu anderen Werten, normalerweise durch eine „Formel".

Warum Funktionen? Zur Untersuchung funktionaler Zusammenhänge stehen uns zahlreiche mathematische Werkzeuge zur Verfügung.

Wir unterscheiden *algebraische Funktionen*, in denen nur Potenzen (auch Wurzeln sind bekanntlich Potenzen) vorkommen, und *transzendente Funktionen* wie z. B. trigonometrische, Exponential- und Logarithmusfunktionen.

Die Zuordnung kann so erfolgen, dass jedem Ausgangswert, *Argument* genannt, ein anderer Zielwert, *Funktionswert* genannt, zugeordnet ist. Es gibt aber auch Fälle, wo mehrere Argumentwerte auf denselben Funktionswert „abgebildet" werden.

Es kann vorkommen, dass eine Funktion für einzelne Bereiche oder Werte in den Argumenten nicht definiert ist, beispielsweise wenn durch Null dividiert wird oder ein Ausdruck für negative Werte nicht existiert.

Beispiele:

4.1

- Die Funktion $f: x \rightarrow 3x$ ist für alle Werte von x definiert und hat für jeden Wert von x einen anderen Funktionswert.
- Die Funktion $f: x \rightarrow x^2$ ist für alle Werte von x definiert und hat für positive und betragsmäßig gleich große negative Werte von x den gleichen Funktionswert.
- Die Funktion $f: x \rightarrow \sqrt{x}$ ist für alle $x \geq 0$ definiert und hat für jeden Wert $x > 0$ zwei verschiedene Funktionswerte (mit verschiedenen Vorzeichen).
- Die Funktion $f: x \rightarrow \log(x)$ ist für alle $x > 0$ definiert und hat für jeden Wert von x einen anderen Funktionswert.
- Die Funktion $f: x \rightarrow 1/(x - 2)$ ist für alle $x \neq 2$ definiert und hat für jeden Wert von x einen anderen Funktionswert.

4.2 Lineare Funktionen

4.2.1 Ganzrationale Funktionen: Begriff und allgemeine Eigenschaften

Eine ganzrationale Funktion ist eine Funktion der Art

$$f\colon x \rightarrow f(x) = a_n \cdot x^n + a_{n-1} \cdot x^{n-1} + \ldots + a_2 \cdot x^2 + a_1 \cdot x + a_0, \text{ wobei } a_i \in \mathbb{R} \text{ und } a_n \neq 0.$$

n, die höchste vorkommende Potenz von x, heißt *Grad* der ganzrationalen Funktion. Einen derartigen Ausdruck nennt man auch *Polynom n-ten Grades in x*. (Was waren schon wieder Monome und Binome?)

Die Werte von Polynomen sind für alle Werte von x eindeutig definiert.

Summe, Differenz und *Produkt* ganzrationaler Funktionen sind wiederum ganzrationale Funktionen.

Polynome sind in der Mathematik sehr beliebt, weil sie einfach auszuwerten sind und man mit ihnen zahlreiche komplizierte Funktionen beliebig gut annähern kann (siehe in diesem Zusammenhang auch *5.7.2* und *7.4*).

4.2.2 Eigenschaften linearer Funktionen

Die lineare Funktion ist nach der (nicht sehr interessanten) konstanten Funktion die einfachste ganzrationale Funktion; ihre allgemeine Form lautet:

$$f\colon x \rightarrow f(x) = m \cdot x + b, \text{ wobei } m, b \in \mathbb{R} \text{ und } m \neq 0$$

Graphische Darstellung

Durch eine Funktion wird jedem beliebigen x-Wert aus dem Definitionsbereich (*unabhängige* Variable) ein Wert $f(x)$ (*abhängige* Variable) zugeordnet. Jede Zahl x ergibt mit dieser Zuordnung eine andere Zahl $f(x)$. Solche Paare von Zahlen können wir in einer Ebene mit senkrecht aufeinanderstehenden x- und y-Achsen, einem sogenannten *kartesischen*[24] *Koordinatensystem*, graphisch als *Punkte* darstellen. Die x-Achse (genannt *Abszisse*) wird horizontal von links nach rechts aufgetragen, die y-Achse (genannt *Ordinate*) vertikal von unten nach oben.

Der TI-30X Pro liefert mit **[table]** eine Wertetabelle wie die nachstehende.

---

[24] benannt nach dem französischen Mathematiker und Philosophen René Descartes, 1596 - 1650, der bedeutende Beiträge zur Geometrie und ihrer „Wiederentdeckung" geleistet hat

Beispiel:

4.2 $f(x) = ½ \cdot x + 1$

x	y
-2	0
-1	0,5
0	1
0,8	1,4
2,2	2,1
2,8	2,4
4	3

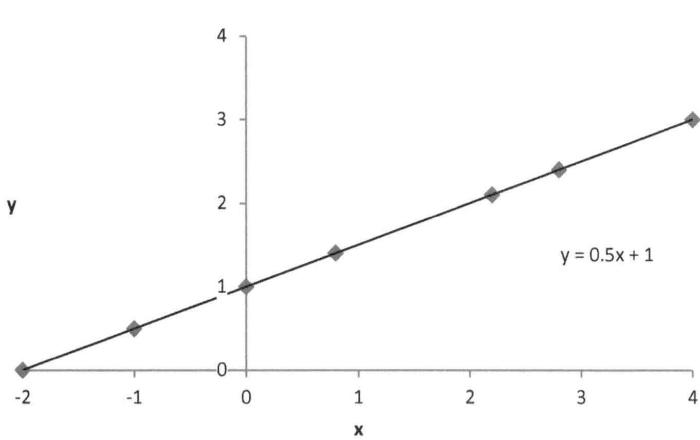

Bild 4.1 Lineare Funktion

Die Verbindung aller Punkte einer linearen Funktion ergibt eine gerade Linie (den *Graphen* der Funktion); es reichen also 2 Punkte, um den Graphen zu zeichnen.

Aus dem Graphen ersehen wir die Bedeutung der beiden Parameter m und b:

- b bezeichnet den Wert, bei dem der Graph (bei $x = 0$) die y-Achse schneidet.
- Der Wert von m gibt an, um wie viel sich y bei einer Änderung von x ändert. Vergrößern/verkleinern wir x um 1, vergrößert/verkleinert sich y um m. m heißt *Steigung* der Geraden und ist gleich dem *Tangens des Winkels zur Horizontalen*. Die Steigung ist also eine Art *Übersetzungsverhältnis*, mit dem die lineare Funktion x in y umwandelt.

Bestimmung der Funktionsgleichung

Wenn zwei Punkte P_1 (x_1, y_1), P_2 (x_2, y_2) der Funktion mit ihren Koordinaten gegeben sind, können wir daraus die Steigung m berechnen. Es ist:

$$m = \frac{y - Unterschied}{x - Unterschied} = \frac{y_2 - y_1}{x_2 - x_1} = \frac{y_1 - y_2}{x_1 - x_2} = \tan(\alpha) \qquad (4.1)$$

mit dem Steigungswinkel a zur Horizontalen. Wenn die Steigung m bekannt ist und wir (irgend-) einen Punkt (x_P, y_P) der Funktion haben, erhalten wir durch Einsetzen der x- und y-Koordinaten dieses Punktes in die Funktionsgleichung $y = m \cdot x + b$ sofort

$$b = y_P - m \cdot x_P \qquad (4.2)$$

Alternativ: Wir setzen x und y beider Punkte in $m \cdot x + b = y$ ein, das liefert zwei lineare Gleichungen mit den Unbekannten m und b, und lösen das Gleichungssystem

$$\begin{bmatrix} m \cdot x_1 + b = y_1 \\ m \cdot x_2 + b = y_2 \end{bmatrix} \rightarrow m,b$$

Senkrechte

Welche Steigung hat eine lineare Funktion, die senkrecht auf der Funktion $y = m \cdot x + b$ steht? Ihr Steigungswinkel ist $\alpha + 90°$, die Steigung also

$$\tan(\alpha + 90°) = \frac{\sin(\alpha + 90°)}{\cos(\alpha + 90°)} = \frac{\cos(\alpha)}{-\sin(\alpha)} = -\frac{1}{\tan(\alpha)} = -\frac{1}{m}$$

Nullstelle

Definition:

> x_0 heißt Nullstelle von f, wenn gilt: $f(x_0) = 0$. ■

Wie wir schon in *2.3.1* gesehen haben, ist die Bestimmung der Nullstelle dasselbe Problem wie das Lösen der zugehörigen linearen Gleichung, und wir kennen schon das Resultat:

$$x_0 = -\frac{b}{m}$$

$f(x) = m \cdot x + b$ kann gleichwertig geschrieben werden als $f(x) = m \cdot (x - x_0)$.

Schnittpunkt von zwei linearen Funktionen

Beim Schnittpunkt von zwei linearen Funktionen $y_1 = m_1 \cdot x + b_1$ und $y_2 = m_2 \cdot x + b_2$ haben x und y beider Funktionen gleiche Werte. Wir können also setzen

$$\begin{aligned} y_1 &= y_2 \\ m_1 \cdot x_S + b_1 &= m_2 \cdot x_S + b_2 \\ x_S &= \frac{b_2 - b_1}{m_1 - m_2} \\ y_S &= m_1 \cdot x_S + b_1 = m_2 \cdot x_S + b_2 = \frac{m_1 \cdot b_2 - m_2 \cdot b_1}{m_1 - m_2} \end{aligned} \tag{4.3}$$

Alternativ können wir ein lineares Gleichungssystem lösen und beide Koordinaten auf einmal erhalten:

$$\begin{bmatrix} -m_1 \cdot x_S + y_S = b_1 \\ -m_1 \cdot x_S + y_S = b_1 \end{bmatrix} \rightarrow x_S, y_S$$

4.2.3 Anwendungsbeispiel: Schnittpunkt

Hans hat ein Sitometer (das ist ein Gerät mit einem Kompass, mit dem man Azimute messen kann - ein Azimut ist ein Winkel im Uhrzeigersinn von der Nordrichtung aus).

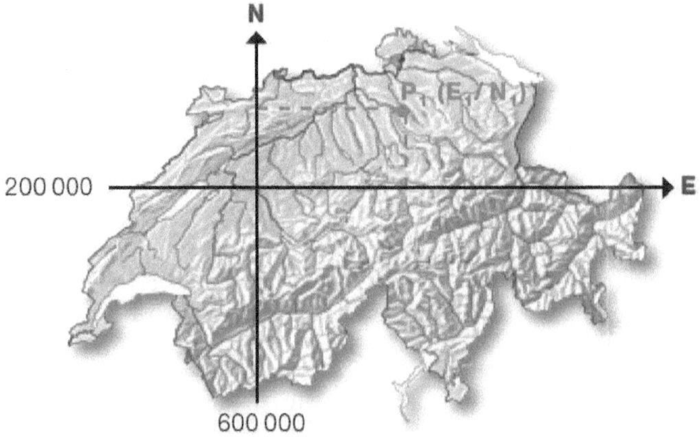

Bild 4.2 Koordinatensystem der schweizerischen Landeskarten. Der Punkt 600000/200000 geht durch die alte Sternwarte in Bern. Die Zahlenwerte sind so gewählt, dass es keinen Punkt innerhalb der Schweiz gibt, dessen *x*-Koordinate der *y*-Koordinate eines anderen Punktes entspricht, und umgekehrt. © swisstopo

Von seinem Standort im Bildungszentrum Zofingen aus sieht Hans den Heiternplatz mit den Koordinaten 639065/237155 unter einem Azimut von 79°15'56", den Chilchberg mit den Koordinaten 636665/235290 unter einem Azimut von 218°55'53".

Berechne die Standortkoordinaten!

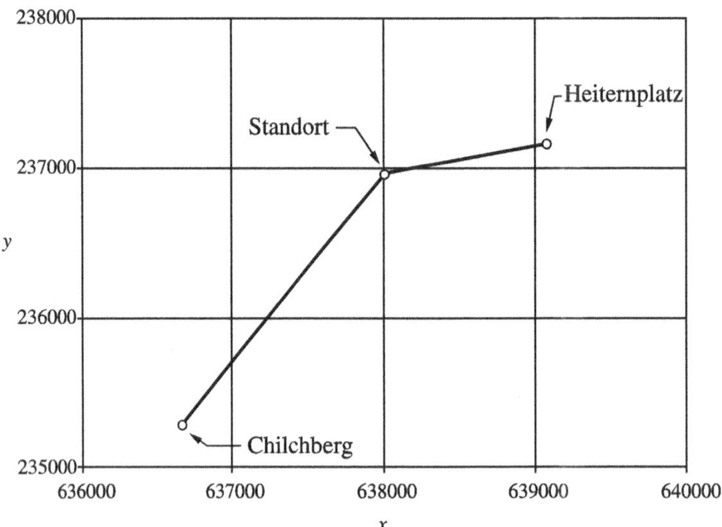

Bild 4.3 Standortbestimmung aus Azimutmessungen auf bekannte Punkte

Der Steigungswinkel α wird von der x-Achse aus im Gegenuhrzeigersinn angegeben, es ist also $\alpha = 90° - \text{Azimut}$.

Die Parameter der beiden Geradengleichungen sind mit *Gl. (4.1)* und *Gl. (4.2)*

$$m_{HP} = \tan(90° - 79°15'56'') = 0.190 \qquad m_{CB} = \tan(90° - 218°55'53'') = 1.238$$
$$b_{HP} = y_{HP} - m_{HP} \cdot x_{HP} = 116004.467 \qquad b_{CB} = y_{CB} - m_{CB} \cdot x_{CB} = -552853.687$$

und ihr Schnittpunkt *(Gl. (4.3))*:

$$x_S = \frac{b_{CB} - b_{HP}}{m_{HP} - m_{CB}} = 638010$$
$$y_S = m_{HP} \cdot x_S + b_{HP} = 236955$$

In *8.6.11* schätzen wir für dieses Problem die Genauigkeit der Schnittpunktkoordinaten in Abhängigkeit der Genauigkeit der beiden Azimutbestimmungen ab.

4.2.4 Graphische Darstellung linearer Gleichungssysteme

Wir wandeln die lineare Gleichung $a \cdot x + b \cdot y = c$ um in die zugehörige lineare Funktion

$$y = \frac{c}{b} - \frac{a}{b} \cdot x$$

Ein System aus zwei linearen Gleichungen mit zwei Unbekannten liefert zwei lineare Funktionen. Der Schnittpunkt ihrer Graphen liegt auf beiden Funktionen, erfüllt also beide Gleichungen: *die Lösung des Gleichungssystems liegt beim Schnittpunkt der beiden Graphen.*

Beispiel:

4.3 $\begin{bmatrix} -x + 2y = 2 \\ 3x + 4y = 24 \end{bmatrix} \rightarrow \begin{matrix} y = 0.5x + 1 \\ y = -0.75x + 6 \end{matrix}$ Lösung: $x = 4$, $y = 3$, siehe *Bild 4.4*

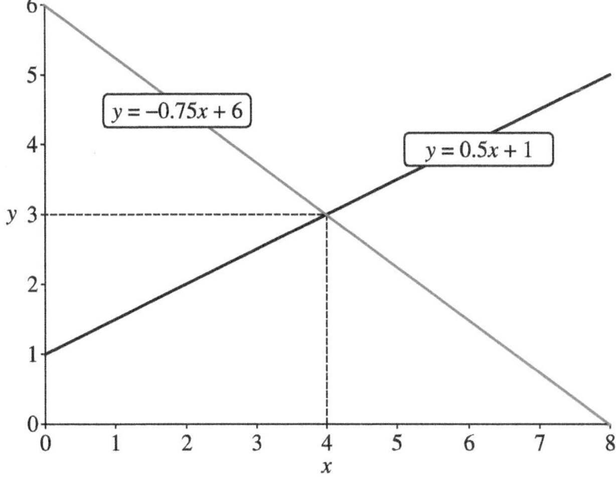

Bild 4.4 Graphische Lösung linearer Gleichungssysteme

Hat das Gleichungssystem keine Lösung weil die Gleichungen sich widersprechen, z. B. $3x + 4y = 5$ und $3x + 4y = 6$, verlaufen die Graphen parallel.

Drei Geraden haben normalerweise keinen gemeinsamen Schnittpunkt, drei Gleichungen mit zwei Unbekannten haben keine Lösung (überbestimmtes System, siehe *2.4.1*).

4.2.5 Lineare Ungleichungen in 2 Variablen

Bei einer Ungleichung in 2 Variablen, zum Beispiel:

4.4 $3x + 4y \geq 12$, besteht die Lösungsmenge aus allen (x, y)-Paaren, die die Ungleichung erfüllen.

Durch Auflösung nach y erhalten wir

$$\begin{aligned} 3x + 4y &\geq 12 \\ 4y &\geq 12 - 3x \\ y &\geq 3 - \frac{3}{4}x \end{aligned}$$

und damit eine einfache Beziehung zwischen x- und y-Werten. Zu jedem beliebigen x-Wert kann man sofort die zulässigen y-Werte berechnen.

Die Lösungsmenge besteht aus den Punkten der $(x\,|\,y)$-Ebene, für die

$y \geq 3 - 0{,}75x$

gilt (Bild 4.5). Das sind die Punkte, die auf oder oberhalb (nach oben wird y größer) der Geraden mit der *Gleichung*

$y = 3 - 0{,}75x$

liegen. Man nennt dies eine *Halbebene*.

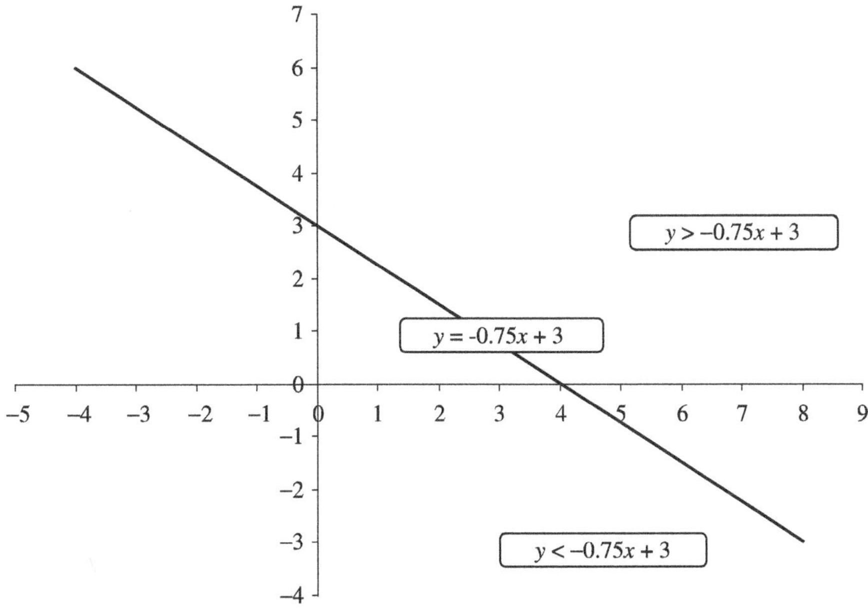

Bild 4.5 Aufteilung der $(x\,|\,y)$-Ebene in drei Bereiche durch eine lineare Funktion

4.2.6 Systeme linearer Ungleichungen in 2 Variablen

Beispiel:

4.5 In einer Fabrik werden zwei Ersatzteile A und B auf drei Automaten 1, 2 und 3 bearbeitet. Teil A braucht 6 Minuten auf Automat 1, 3 Minuten auf Automat 2 und 5 Minuten auf Automat 3, Teil B braucht 4 Minuten auf Automat 1 und 6 Minuten auf Automat 2. Automaten 1 und 2 stehen täglich höchstens 480 Minuten zur Verfügung, Automat 3 höchstens 300 Minuten. Erstelle eine Übersicht über die möglichen täglichen Produktionsmengen.

x = Anzahl Teile A, y = Anzahl Teile B.

Auslastung Automat 1: $6x + 4y \leq 480$

$y \leq 120 - 1{,}5x$

Auslastung Automat 2: $3x + 6y \leq 480$

$y \leq 80 - 0{,}5x$

Auslastung Automat 3: $5x \leq 300$

$x \leq 60$

Außerdem muss natürlich $x \geq 0$ und $y \geq 0$ sein.

Zum Einzeichnen der linearen Funktionen bestimmt man am besten ihre Schnittpunkte mit den Koordinatenachsen durch Nullsetzen von einmal x und dann y.

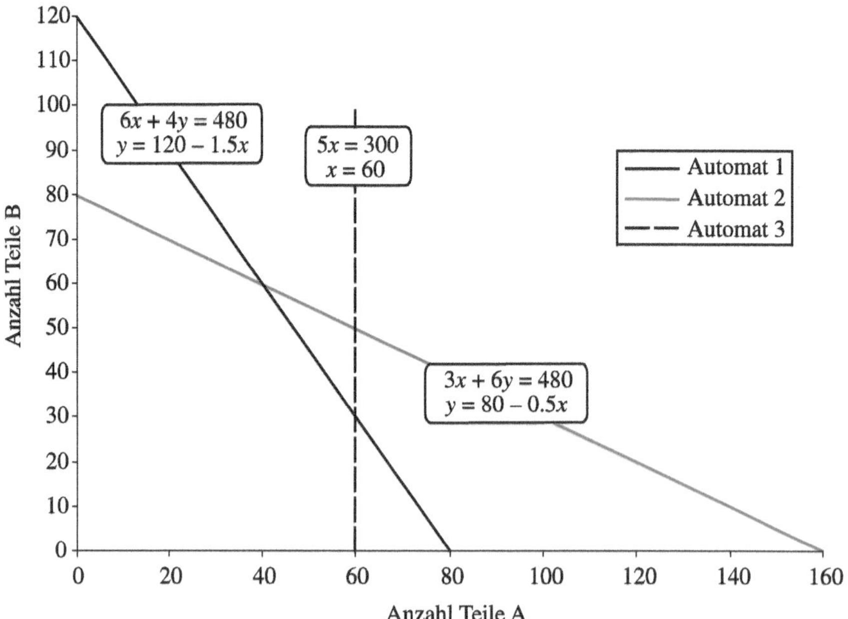

Bild 4.6 Lösungsmenge von Systemen linearer Ungleichungen

Die gemeinsame Lösungsmenge ist das durch x- und y-Achse und die drei Geraden begrenzte Fünfeck *(Bild 4.6)*. Die möglichen Produktionsmengen werden durch die Punkte im Innern und am Rand der Lösungsmenge mit ganzzahligen x- und y-Koordinaten dargestellt.

4.2.7 Lineare Optimierung

Problemstellung

Es sind *mehrere lineare Ungleichungen* gegeben, dazu eine sogenannte *Zielfunktion*. Die Ungleichungen müssen erfüllt sein, und die Zielfunktion soll unter diesen Nebenbedingungen extremal (= maximal oder minimal) werden.

Die Methode, die dabei angewendet wird, heißt *lineare Optimierung*.

Jede Ungleichung hat als Lösungsmenge eine Halbebene, wie in *4.2.5* beschrieben. Die gemeinsame Lösungsmenge aller Ungleichungen bildet ein konvexes Polygon (Vieleck), sofern sie nicht leer ist (*4.2.6*).

(Konvex bedeutet, dass jede Verbindungslinie zwischen zwei Punkten des Vielecks im Innern des Vielecks verläuft. Das Vieleck hat also keine Einschnürungen.)

Die lineare Zielfunktion ist konstant auf parallelen Geraden. Ihr Wert ist proportional zum Abstand von der Linie, auf der die Zielfunktion den Wert 0 hat (Parallelverschiebung). *Die Lösung liegt deshalb auf einem Eckpunkt oder einer Begrenzungslinie* (falls diese dieselbe Steigung hat wie die Zielfunktion).

Für die Lösung ergibt sich damit ein einfaches Verfahren:

1. Bestimme das Lösungspolygon und die Zielfunktion für den Wert (Gewinn) 0,
2. Bestimme den Eckpunkt der Lösungsmenge mit maximalem Abstand von der Zielfunktion mit Wert 0. Wenn man die „echten" Begrenzungen nach Steigungen ordnet, ist das der Schnittpunkt derjenigen Begrenzungen, zwischen deren Steigungen die Steigung der Zielfunktion liegt. Auch die Koordinatenachsen sind Begrenzungen.

Beispiel:

4.6 Ein Bauer hat 100 ha Land, auf dem er Weizen oder Kartoffeln (oder nichts) anpflanzen kann.

- Pro ha Weizen verdient er 120 Franken, pro ha Kartoffeln 40 Franken.
- Der Arbeitsaufwand beträgt pro ha Weizen 4 Tage, pro ha Kartoffeln 1 Tag.
- Das Saatgut kostet pro ha Weizen 20 Franken, pro ha Kartoffeln 10 Franken.
- Dem Bauern stehen maximal 160 Arbeitstage und 1100 Franken für Saatgut zur Verfügung.

Wie viele Hektar Weizen und wie viele Hektar Kartoffeln muss er anpflanzen, um möglichst viel zu verdienen?

Wir wählen als Unbekannte:

x Anzahl ha Weizen

y Anzahl ha Kartoffeln

Es müssen also folgende Ungleichungen erfüllt sein:

$x + y \leq 100$	(Land)	$\Rightarrow$	$y \leq 100 - x$	Steigung -1
$4x + y \leq 160$	(Arbeitszeit)	$\Rightarrow$	$y \leq 160 - 4x$	Steigung -4
$20x + 10y \leq 1100$	(Kapital)	$\Rightarrow$	$y \leq 110 - 2x$	Steigung -2
und außerdem natürlich			$x \geq 0$	
			$y \geq 0$	

Zielfunktion:

$120x + 40y = \text{Gewinn} \quad \Rightarrow \quad y = \text{Gewinn}/40 - 3x$

Der Gewinn ist konstant auf Geraden mit Steigung -3.

Zielfunktion für Gewinn 0: $y = -3x$

Gesucht ist der Punkt der Lösungsmenge mit maximalem Abstand von der Geraden $y = -3x$. Das ist der Schnittpunkt der Begrenzungen mit den Steigungen -2 ($y = 110 - 2x$) und -4 ($y = 160 - 4x$), also $x = 25$ und $y = 60$, mit Gewinn 5400 (siehe *Bild 4.7*).

Den Schnittpunkt erhalten wir aus dem Gleichungssystem

$$\left[\begin{array}{r} 4x + y = 160 \\ 20x + 10y = 1100 \end{array}\right] \rightarrow x = 25, y = 60, \text{ Gewinn } 120x + 40y = 5400$$

Wenn das Maximum an zwei Punkten angenommen wird, sind auch alle Punkte auf ihrer Verbindungslinie Lösungen.

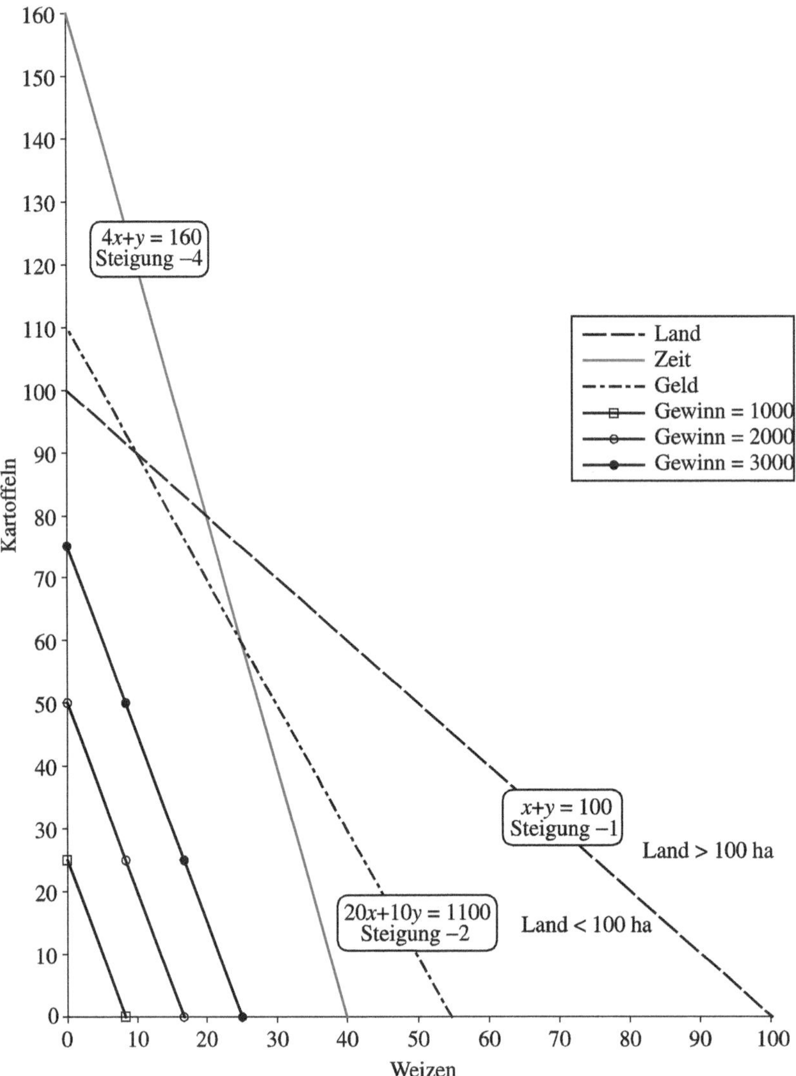

Bild 4.7 Lineare Optimierung

Unser Bauer fährt also am besten, wenn er 25 ha Weizen und 60 ha Kartoffeln anpflanzt und 15 ha brach liegen lässt (oder, noch besser, verpachtet). Arbeitszeit und Investition sind bei dieser Lösung am „Anschlag".

Zur Lösung von Optimierungsproblemen mit beliebig vielen Variablen gibt es ein mathematisches Verfahren, den *Simplex-Algorithmus*. Seine Behandlung würde aber den Rahmen dieses Kurses sprengen (hier eine einfache Darstellung *https://www.youtube.com/watch?v=kEzR47ND__U*).

4.3 Quadratische Funktionen

4.3.1 Funktionsgleichung

Die allgemeine Form einer quadratischen Funktion lautet

$$f\colon x \rightarrow f(x) = a \cdot x^2 + b \cdot x + c, \text{ wo } a, b, c \in \mathbb{R}, a \neq 0 \tag{4.4}$$

Da die Funktionsgleichung 3 Parameter a, b und c hat, ist uns nach dem Vorangegangenen klar, dass eine quadratische Funktion durch drei Punkte $(x\,|\,y)$ vollständig bestimmt ist. Drei Punkte $(x\,|\,y)$ liefern, in $f(x) = y$ eingesetzt, drei lineare Gleichungen in den Unbekannten a, b und c. Die Punkte dürfen nicht auf einer geraden Linie liegen und müssen alle verschiedene x-Koordinaten haben.

4.3.2 Graphische Darstellung quadratischer Funktionen

Durch dasselbe Vorgehen wie in *4.2.2* erhalten wir eine schön geschwungene symmetrische Kurve, eine *quadratische Parabel* (siehe *Bild 4.8*).

Diese ist für $a > 0$ nach oben geöffnet und für $a < 0$ nach unten. Je größer (absolut) a, desto steiler die Parabel. Wiederum gibt c den Wert an, bei dem der Graph (bei $x = 0$) die y-Achse schneidet.

Der Wert von b ist die Steigung beim Schnittpunkt mit der y-Achse; sind die Vorzeichen von a und b gleich, liegt der Scheitel links von der y-Achse, sonst rechts (siehe *4.3.4*).

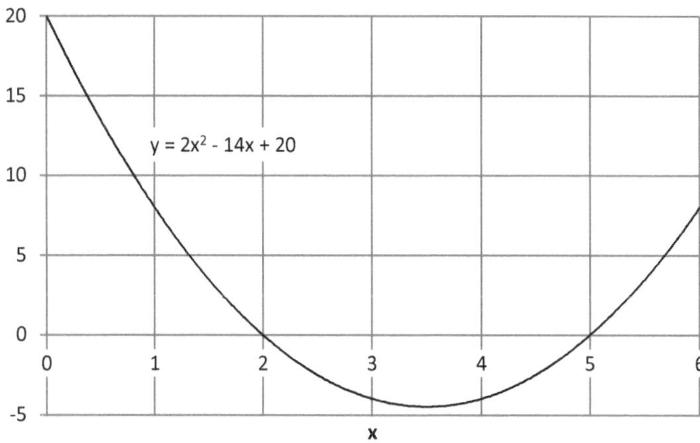

Bild 4.8 Quadratische Funktion

4.3.3 Nullstellen: Darstellung mit Linearfaktoren

Die Nullstellen einer quadratischen Funktion befinden sich dort, wo $y = 0$ ist, also wo der Graph die x-Achse schneidet.

Die Bestimmung der Nullstellen einer quadratischen Funktion läuft auf das Lösen einer quadratischen Gleichung hinaus, und wir kennen das Resultat:

$$x_1 = \frac{-b + \sqrt{b^2 - 4 \cdot a \cdot c}}{2 \cdot a} \quad \text{und} \quad x_2 = \frac{-b - \sqrt{b^2 - 4 \cdot a \cdot c}}{2 \cdot a}$$

Ist die Diskriminante $D = b^2 - 4 \cdot a \cdot c > 0$ (vgl. *2.5.1*), so haben wir zwei Schnittpunkte, entsprechend den beiden voneinander verschiedenen Lösungen, für $D = 0$ *berührt* die Parabel die x-Achse mit ihrem Scheitelpunkt, und bei $D < 0$ verläuft die ganze Parabel auf einer Seite der x-Achse, ohne diese je zu schneiden.

In *Bild 4.8*:

$$x_{1,2} = \frac{+7 \pm \sqrt{(-7)^2 - 4 \cdot 1 \cdot 10}}{2 \cdot 1} = \begin{cases} 5 \\ 2 \end{cases}$$

Die quadratische Funktion kann mit dem Satz von Vieta (*2.5.2*) auch als Produkt von Linearfaktoren dargestellt werden:

$$\begin{aligned} a \cdot (x - x_1) \cdot (x - x_2) &= a \cdot \left(x^2 - x \cdot x_2 - x_1 \cdot x + x_1 \cdot x_2\right) \\ &= a \cdot x^2 - a \cdot \underbrace{(x_1 + x_2)}_{-\frac{b}{a}} \cdot x + a \cdot \underbrace{x_1 \cdot x_2}_{\frac{c}{a}} = a \cdot x^2 + b \cdot x + c \end{aligned}$$

Anhand der Darstellung mit Linearfaktoren sieht man sofort, dass $f(x) = 0$ für $x = x_1$ und $x = x_2$, weil dabei jeweils eine der Klammern = 0 wird.

Beispiel:

4.7 Vereinfache $\dfrac{\dfrac{z^2 + z - 6}{z - 2}}{z^2 + 3z} \cdot \dfrac{z}{\dfrac{1}{z}}$!

$$\frac{\frac{z^2 + z - 6}{z - 2}}{z^2 + 3z} \cdot \frac{z}{\frac{1}{z}} = \frac{\frac{(z + 3) \cdot (z - 2)}{z - 2}}{z \cdot (z + 3)} \cdot z^2 = z$$

4.3.4 Scheitelpunkt

Der Scheitelpunkt liegt wegen der Achsensymmetrie der Parabel in der Mitte zwischen den beiden Nullstellen, ergibt sich also durch Weglassen des ±-Terms in der Nullstellenformel zu

$$x_S = \frac{-b}{2 \cdot a} \tag{4.5}$$

und daraus

$$y_S = c - \frac{b^2}{4 \cdot a} \tag{4.6}$$

Diese Ausdrücke gelten auch, wenn die quadratische Funktion keine Nullstellen hat, also wenn die Diskriminante $D < 0$ ist.

Eine weitere gleichwertige Darstellung einer quadratischen Funktion ist die *Scheitelpunktdarstellung* (Beweis: Setze die obigen Ausdrücke ein und multipliziere aus!)

$$f(x) = a \cdot (x - x_S)^2 + y_S \tag{4.7}$$

Anhand dieser Darstellung sieht man, dass die Funktion für $x = x_S + d$ und $x = x_S - d$ den gleichen Wert $a \cdot d^2 + y_S$ annimmt, also bezüglich x_S symmetrisch ist, und deshalb bei $x = x_S$ den höchsten (maximalen) bzw. tiefsten (minimalen) Wert annimmt.

Beispiel:

4.8 Funktion $y(x) = 2x^2 - 14x + 20$

$$D = b^2 - 4ac = 36$$

Nullstellen

$$x_1 = \frac{-b + \sqrt{D}}{2a} = \frac{+14 + 6}{4} = 5$$

$$x_2 = \frac{-b - \sqrt{D}}{2a} = \frac{+14 - 6}{4} = 2$$

Scheitelpunkt

$$x_S = -\frac{b}{2a} = -\frac{-14}{4} = 3.5$$

$$y_S = c - \frac{b^2}{4a} = 20 - \frac{(-14)^2}{8} = -4.5$$

4.3.5 Zusammenfassung

	In *Bild 4.8*:
▪ $f(x) = a \cdot x^2 + b \cdot x + c$	$2x^2 - 14x + 20$
▪ $f(x) = a \cdot (x - x_1) \cdot (x - x_2)$	$2 \cdot (x - 5) \cdot (x - 2)$
▪ $f(x) = a \cdot (x - x_S)^2 + y_S$	$2 \cdot (3 - 3.5)^2 - 4.5$

mit den Nullstellen x_1 und x_2 und den Scheitelpunktkoordinaten x_S und y_S sind alles *gleichwertige Darstellungen derselben quadratischen Funktion.*

4.3.6 Geometrische Eigenschaften

Die Parabel ist der geometrische Ort derjenigen Punkte, die von einem Punkt (dem Brennpunkt F) und einer Geraden (der Leitgeraden) den gleichen Abstand haben.

Wir bestimmen die Gleichung der Funktion, die das erfüllt, und legen dazu ein Koordinatensystem mit dem Nullpunkt in den Punkt A in der Mitte zwischen dem Punkt F und der Leitgeraden. F hat dann die Koordinaten $(0 \mid f)$, die Leitgerade hat die Gleichung $y = -f$.

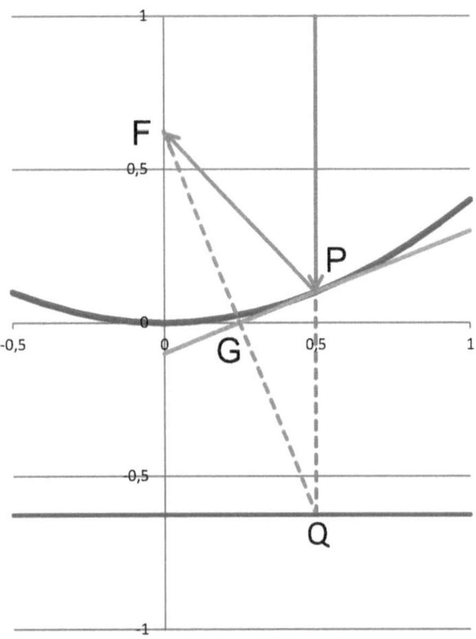

Für jeden Punkt P auf der Kurve müssen die Abstände PF und PQ gleich sein.

Es ist

- $P = (x \mid y)$
- $F = (0 \mid f)$
- $Q = (x \mid -f)$

Mit dem Satz von Pythagoras ist jetzt

$$\overline{PQ} = y + f$$

$$\overline{PF} = \sqrt{x^2 + (y - f)^2}$$

$$\Downarrow$$

$$(y + f)^2 = x^2 + (y - f)^2$$

$$y^2 + 2fy + f^2 = x^2 + y^2 - 2fy + f^2$$

$$4fy = x^2$$

$$y = \frac{1}{4f} \cdot x^2$$

Die Lösung ist also eine quadratische Funktion in x, dem horizontalen Abstand vom Scheitelpunkt A. Die Größe f heißt *Brennweite*.

Ein parabolischer Spiegel hat die Eigenschaft, dass er alle Lichtstrahlen, die parallel zur Symmetrieachse der Parabel einfallen, mit dem Reflexionsgesetz „Ausfallwinkel = Einfallwinkel" (*8.7.4*) in den Brennpunkt umlenkt:

Die Steigung einer linearen Funktion wird gemäß *4.2.4* mit zwei Punkten $(x_1 | y_1)$ und $(x_2 | y_2)$ ausgedrückt durch $m = \frac{y_2 - y_1}{x_2 - x_1}$. Wenn wir diesen Ausdruck für die quadratische Funktion $y = ax^2$ bilden, erhalten wir (Binom!) $m = \frac{ax_2^2 - ax_1^2}{x_2 - x_1} = \frac{a \cdot (x_2 + x_1) \cdot (x_2 - x_1)}{x_2 - x_1} = a \cdot (x_2 + x_1)$.

Für die Steigung der „krummen" Parabel im Punkt x_1 verschieben wir x_2 nach x_1 und erhalten $m = 2ax_1$. Für die Steigung der Tangente im Punkt $P(x | y)$ an die Parabel gilt damit, wenn $G(x_G | 0)$ ihr Schnittpunkt mit der x-Achse ist,

$$2ax = \frac{ax^2 - 0}{x - x_G}$$

$$x - x_G = \frac{ax^2}{2ax} = \frac{x}{2}$$

$$x_G = x - \frac{x}{2} = \frac{x}{2}$$

Weil $\overline{PF} = \overline{PQ}$, ist das Dreieck *PFQ* gleichschenklig. Der Punkt *G* liegt in der Mitte zwischen *F* und *Q*. Der Winkel *QPG* ist als Gegenwinkel gleich wie der Einfallwinkel, und wegen der Symmetrie des gleichschenkligen Dreiecks *QPF* ist auch der Ausfallwinkel *GPF* gleich.

4.4 Ganzrationale Funktionen höheren Grades

4.4.1 Allgemeine Eigenschaften

Zur Abkürzung der Schreibweise

$$f(x) = a_n \cdot x^n + a_n - 1 \cdot x^{n-1} + \ldots + a_2 \cdot x^2 + a_1 \cdot x + a_0 \tag{4.8}$$

führen wir das Summenzeichen $\sum$ ein, das wir von jetzt an als bekannt voraussetzen:

$$f(x) = \sum_{i=0}^{i=n} a_i \cdot x^i = \sum_{i=0}^{n} a_i \cdot x^i$$

Das Symbol Σ ist ein großes griechisches „S"; es steht für „Summe". Unterhalb des Summenzeichens steht eine „Laufvariable", hier *i*, mit ihrem ersten Wert, oberhalb des Summenzeichens steht der letzte Wert der Laufvariablen *i*. Die Summenschreibweise ist so zu lesen:

- Setze den ersten Wert der Laufvariablen in den Ausdruck hinter dem Summenzeichen ein.
- Schreibe „+".
- Erhöhe den Wert der Laufvariablen um 1 und setze diesen Wert in den Ausdruck hinter dem Summenzeichen ein.
- Schreibe „+".

- Erhöhe den Wert der Laufvariablen um 1 und setze diesen Wert in den Ausdruck hinter dem Summenzeichen ein.
- Und so weiter, bis zum letzten Wert der Laufvariablen.

Bei einer quadratischen Funktion (*4.2.4*) würde das also lauten:

$$\sum_{i=0}^{2} a_i \cdot x^i = a_0 \cdot x^0 + a_1 \cdot x^1 + a_2 \cdot x^2 = a_2 \cdot x^2 + a_1 \cdot x + a_0$$

Den Graphen einer ganzrationalen Funktion n-ten Grades nennt man *Parabel n-ten Grades.*

Die ganzrationale Funktion n-ten Grades hat $n+1$ Parameter a_i. Wenn wir $n + 1$ x- und y-Werte vorgeben und diese Zahlen in die Funktionsgleichung einsetzen, ergibt das $n + 1$ lineare Gleichungen, in denen die a_i die Unbekannten sind. $n + 1$ Gleichungen mit $n + 1$ Unbekannten haben normalerweise eine eindeutige Lösung *(2.4.1)*. Daraus folgt, dass eine ganzrationale Funktion n-ten Grades durch $n + 1$ $(x\,|\,y)$-Wertepaare eindeutig bestimmt ist, weil ihre a_i eindeutig bestimmt sind.

4.4.2 Symmetrien

Einen Spezialfall der ganzrationalen Funktionen stellen die Potenzfunktionen mit ganzzahligen Exponenten dar,

$$f(x) = a \cdot x^n \tag{4.9}$$

Die Graphen von Potenzfunktionen gehen alle durch den Nullpunkt.

Für geradzahlige n gilt: $f(-x) = f(x)$ *gerade Funktion*

Für ungeradzahlige n gilt: $f(-x) = -f(x)$ *ungerade Funktion*

Gerade Funktionen sind achsensymmetrisch bezüglich der y-Achse, ungerade Funktionen sind punktsymmetrisch bezüglich des Koordinatennullpunktes.

Eine ganzrationale Funktion, in der nur geradzahlige Potenzen (inkl. null!) vorkommen, ist deshalb ebenfalls gerade bzw. achsensymmetrisch, eine ganzrationale Funktion mit ausschließlich ungeraden Potenzen ist ungerade bzw. punktsymmetrisch bezüglich des Nullpunktes.

4.4.3 Nullstellen

Eine ganzrationale Funktion mit ungeradzahligem Grad hat *immer mindestens eine Nullstelle.* Das ist leicht einzusehen, denn ihr Wert nimmt für sehr große positive und negative x unterschiedliche Vorzeichen an, muss also dazwischen mindestens einmal (genauer: eine ungerade Anzahl von Malen) die x-Achse schneiden.

Nach dem *Fundamentalsatz der Algebra* von Gauß (er wird in *6.5* kurz besprochen) hat jede ganzrationale Funktion n-ten Grades maximal n Nullstellen. Aus jeder Nullstelle kann ein Linearfaktor gebildet werden:

$$f(x) = a_n \cdot (x - x_1) \cdot (x - x_2) \cdot \ldots \cdot (x - x_n) \tag{4.10}$$

Zur Bestimmung der Nullstellen verweisen wir auf die in *2.6* gemachten Bemerkungen und das Verfahren von *8.6.8*. Ein einfaches Programm dafür ist in *Ref. 6* gegeben.

Wie wir schon bei quadratischen Funktionen gesehen haben, können Nullstellen *mehrfach* vorkommen. Während der Graph die x-Achse bei einfachen Nullstellen immer *schräg schneidet*, *berührt* er sie bei einer geradzahligen Vielfachheit der Nullstelle, und bei einer ungeradzahligen (≥ 3) Vielfachheit *schneidet er sie unter einem Winkel von* $0°$ (man nennt das einen Sattelpunkt).

Beispiel:

4.9 $f(x) = (x + 2)^2 \cdot (x - 1)^3 \cdot (x - 3) \cdot (x - 4) = x^7 - 6x^6 + 46x^4 - 45x^3 - 72x^2 + 124x - 48$ hat einfache Nullstellen bei $x = 3$ und $x = 4$, eine doppelte Nullstelle bei $x = -2$ und eine dreifache Nullstelle bei $x = 1$.

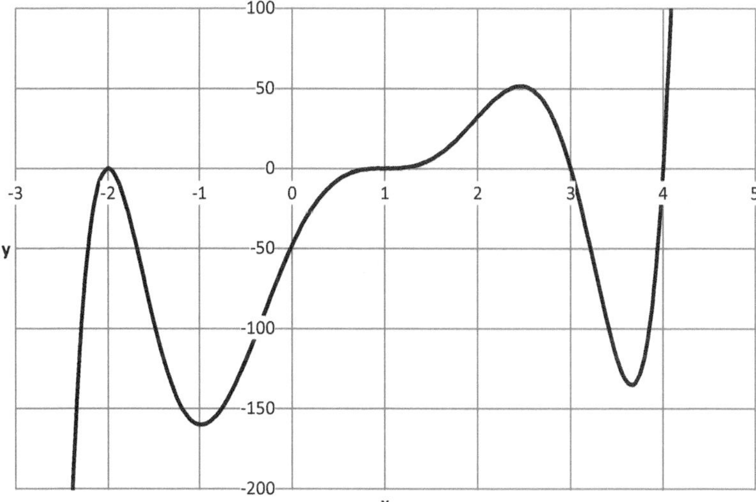

Bild 4.9 Polynom 7. Grades

Als Verallgemeinerung des Satzes von Vieta (*2.5.2*) folgt aus der Darstellung mit Linearfaktoren sofort

$$(-x_1) \cdot (-x_2) \cdot \ldots \cdot (-x_n) = a_0/a_n$$

und

$$x_1 + x_2 + \ldots + x_n = -a_{n-1}/a_n.$$

4.5 Anwendung ganzrationaler Funktionen

4.5.1 Bewegungen

Zur Untersuchung von Bewegungen wird häufig ein (v, t)-Diagramm verwendet (v = Geschwindigkeit, t = Zeit).

Bei konstanter Geschwindigkeit v ist der bis zur Zeit t zurückgelegte Weg s gegeben durch $s = v \cdot t$. Das entspricht der Fläche zwischen der x-Achse und der Kurve. In *Bild 4.10* legt ein Fußgänger mit einer konstanten Geschwindigkeit von 5 km/h in 2 Stunden einen Weg von 10 km zurück.

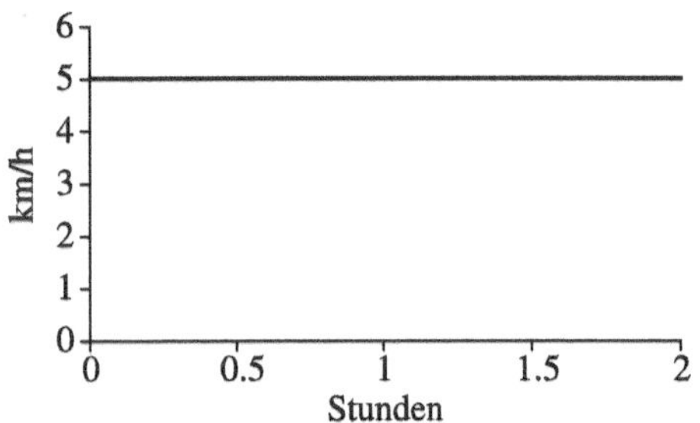

Bild 4.10 Bewegung bei konstanter Geschwindigkeit

Bei einer *gleichmäßig beschleunigten* Bewegung nimmt die *Geschwindigkeit* in jeder Sekunde um den gleichen Betrag zu und ist deshalb eine *lineare* Funktion der Zeit mit der *Beschleunigung als Steigung*. Ein Motorradfahrer beschleunigt aus dem Stand mit $a = 2\ \text{m/s}^2$ und erreicht nach 10 Sekunden eine Geschwindigkeit von 20 m/s (*Bild 4.11*).

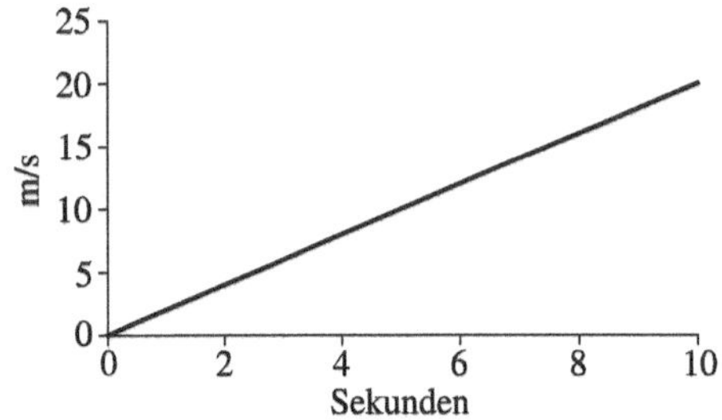

Bild 4.11 Bewegung bei konstanter Beschleunigung

Der zurückgelegte Weg ist wiederum dargestellt durch die (diesmal dreieckige) Fläche unter der Kurve.

Ein leicht anderer Fall ist in *Bild 4.12* dargestellt: Hier wird von einem Turm aus ein Stein senkrecht in die Höhe geworfen (positive Anfangsgeschwindigkeit 10 m/s). Infolge der Erdanziehung wird die Geschwindigkeit in jeder Sekunde um 10 m/s kleiner; nach einer Sekunde ist der höchste Punkt erreicht, die Geschwindkeit wird = 0 und wird nachher negativ (Umkehrung der Bewegungsrichtung). Nach 2 Sekunden ist der Stein auf der gleichen Höhe wie beim Abschuss (die Fläche unter der Kurve ist = 0, weil Flächen oberhalb der x-Achse positiv und solche unterhalb negativ gezählt werden). Die Geschwindigkeit ist an diesem Punkt gleich der negativen Anfangsgeschwindigkeit.

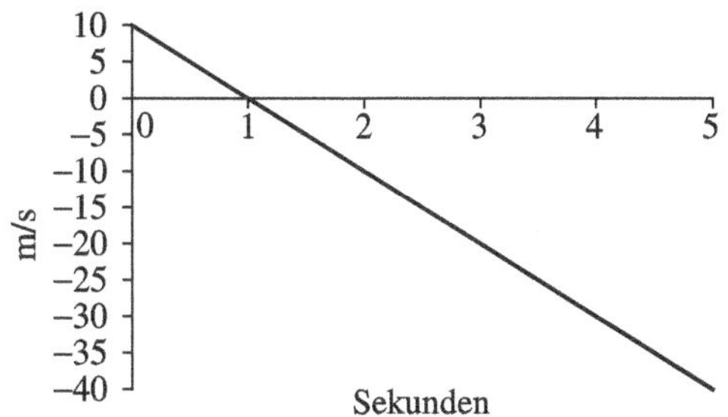

Bild 4.12 Bewegung mit Umkehrung der Bewegungsrichtung

Beim Motorradfahrer in *Bild 4.11* ist nach der Zeit t die Geschwindigkeit auf den Wert $a \cdot t$ angewachsen, und die mittlere Geschwindigkeit während dieser Zeit ist der Mittelwert zwischen Anfangs- und Endgeschwindigkeit, beträgt also $½ \cdot a \cdot t$. Mit dieser mittleren Geschwindigkeit wird in der Zeit t ein Weg $½ \cdot a \cdot t \cdot t = ½ \cdot a \cdot t^2$ zurückgelegt. Bei einer gleichmäßig beschleunigten Bewegung ist also der Weg (eigentlich der *Ort*) eine *quadratische Funktion* der Zeit.

4.5.2 Behältervolumen

Aus einem rechteckigen Blech soll durch Umklappen der Ränder ein oben offener Behälter gefertigt werden. Wie verhält sich das Volumen in Abhängigkeit der Höhe h?

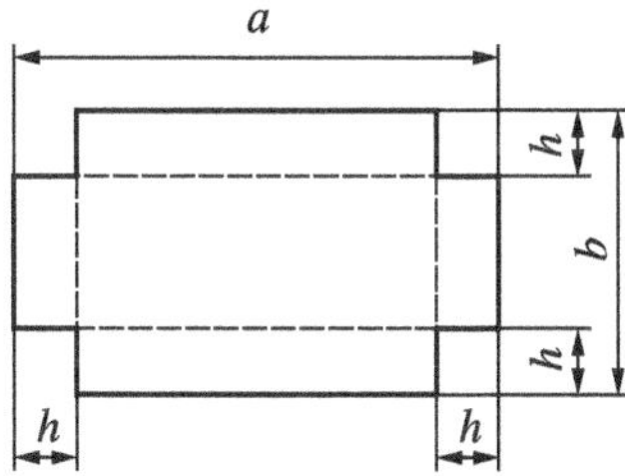

Bild 4.13 Abwicklung eines oben offenen Behälters

Die Länge des Behälters beträgt $a - 2 \cdot h$, die Breite beträgt $b - 2 \cdot h$.

$$V = (a - 2 \cdot h) \cdot (b - 2 \cdot h) \cdot h = a \cdot b \cdot h - 2 \cdot (a + b) \cdot h^2 + 4 \cdot h^3$$

Das Volumen ist also eine *Funktion 3. Grades* in h. Es ist klar, dass bei $h = 0$ und bei $h = b/2$ (Breite = 0) gilt $V = 0$ und dass h nicht größer sein kann als $b/2$.

Für $a = 100$ cm und $b = 60$ cm erhalten wir

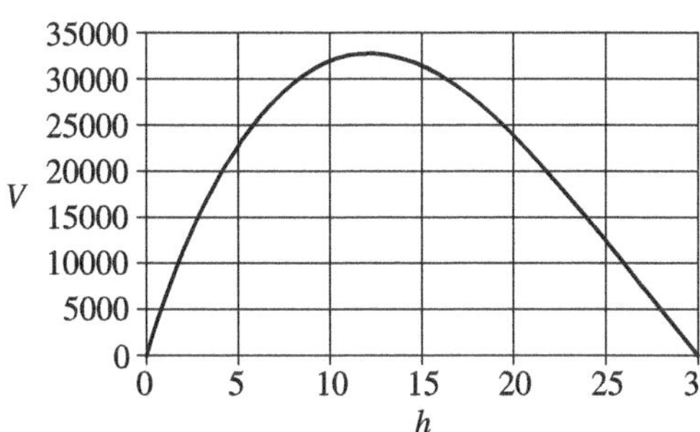

Bild 4.14 Volumen des Behälters in Funktion seiner Höhe

Wir sehen, dass jedes Volumen zwischen 0 und etwa 33 l zweimal vorkommt und dass das Volumen in der Nähe von h = 12 cm ein Maximum annimmt.

Bei der Behandlung der Differenzialrechnung werden wir solche Maxima bestimmen.

4.5.3 Parabolspiegel, Parabolantenne

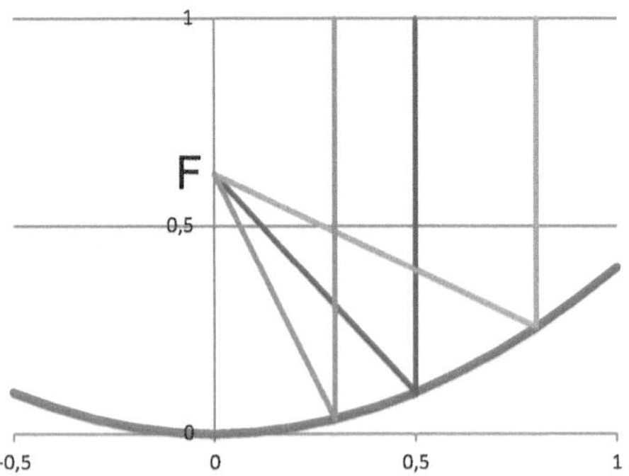

Ein Lichtstrahl, der auf einen Spiegel trifft, wird so reflektiert und umgelenkt, dass Ausfallwinkel = Einfallwinkel (siehe *8.7.4*). Eine quadratische Parabel ist so gekrümmt, dass alle parallel zur Symmetrieachse einfallenden Strahlen so umgelenkt werden, dass sie sich in *einem Punkt* schneiden, dem sogenannten *Brennpunkt* F (*4.3.6*). Sein Abstand vom Scheitelpunkt ist die *Brennweite f*; bei der Parabel $y = a \cdot x^2$ beträgt die Brennweite $f = \frac{1}{4 \cdot a}$.

Lichtstrahlen, die von einer weit entfernten Quelle auf eine kleine Fläche fallen, sind annähernd parallel. Wenn diese Fläche ein parabolischer Spiegel ist, wird das gesamte auf den Spiegel fallende Licht im Brennpunkt konzentriert. Wenn man jetzt dort einen Sensor anbringt oder das Signal von dort zu einem Sensor leitet, hat man ein viel stärkeres (helleres) Signal zur Verfügung. In einer kleinen Umgebung des Brennpunktes entsteht eine Abbildung eines kleinen Ausschnittes rund um die Parabelachse. Isaac Newton[25] hat das in der Astronomie weit verbreitete Spiegelteleskop erfunden, das auf dieser Basis arbeitet.

Das Gesagte gilt nicht nur für sichtbares Licht, sondern für alle elektromagnetische Strahlung, von der das sichtbare Licht einen kleinen Ausschnitt aus dem Spektrum darstellt (beachte in der folgenden Abbildung die logarithmische Skala!). Bei einer Satellitenschüssel wird das auf der ganzen Fläche der Schüssel (Größenordnung 1 m^2) eintreffende sehr schwache Signal vom weit entfernten Satelliten auf wenige mm^2 konzentriert und damit um einen Faktor 100 000 bis 1 000 000 verstärkt.

[25] Sir Isaac Newton, englischer Physiker, 1643 - 1727

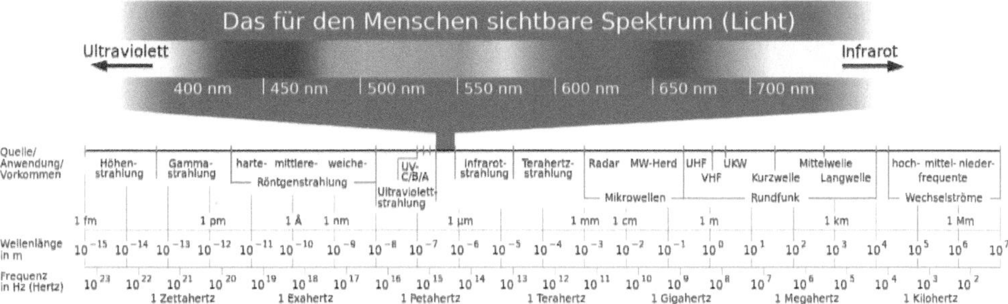

Man kann die Richtung des Signals auch umkehren und den Parabolspiegel als Sender verwenden. Sehr verbreitet sind *parabolische Reflektoren* bei Scheinwerfern oder Heizstrahlern. In der militärischen Übermittlung finden Richtstrahlverbindungen Anwendung – sie sind ziemlich abhörsicher, weil das Signal nicht als Kugelwelle nach allen Seiten abgestrahlt wird, sondern nur in Richtung zum Empfänger hin. Eine derartige Verbindung erfordert natürlich Sichtverbindung zwischen Sender und Empfänger.

4.5.4 Wurfparabel (schiefer Wurf ohne Luftwiderstand)

Ein auf der Erde mit der Geschwindigkeit v_0 unter einem Winkel α abgeschossener Gegenstand führt eine Bewegung auf einer gekrümmten Bahn aus. Diese Bewegung kann man (ohne Luftwiderstand) betrachten als eine *horizontale Bewegung* mit konstanter Geschwindigkeit $v_0 \cdot \cos(\alpha)$ und eine *vertikale Bewegung* mit Anfangsgeschwindigkeit $v_0 \cdot \sin(\alpha)$ und Beschleunigung $-g$ (Erdbeschleunigung $g = 9.81$ m/sec^2; negativ, weil sie in der Richtung wirkt, wo y abnimmt – siehe *Beispiel 9.22*), die sich ohne gegenseitige Beeinflussung überlagern.

Horizontale Bewegung:

$$x(t) = v_0 \cdot \cos(\alpha) \cdot t$$

Vertikale Bewegung (vgl. *Aufgabe 2.138*):

$$y(t) = v_0 \cdot \sin(\alpha) \cdot t - \tfrac{1}{2} \cdot g \cdot t^2$$

Zur Ermittlung der Kurvenform $y(x)$ lösen wir $x(t)$ nach $t = \dfrac{x}{v_0 \cdot \cos(\alpha)}$ auf und setzen diesen Ausdruck in $y(t)$ ein:

$$y = v_0 \cdot \sin(\alpha) \cdot t - \tfrac{1}{2} \cdot g \cdot t^2 = v_0 \cdot \sin(\alpha) \cdot \left(\frac{x}{v_0 \cdot \cos(\alpha)} \right) - \tfrac{1}{2} \cdot g \cdot \left(\frac{x}{v_0 \cdot \cos(\alpha)} \right)^2$$

$$= \tan(\alpha) \cdot x - \left(\frac{g}{2 \cdot v_0^2 \cdot \cos^2(\alpha)} \right) \cdot x^2$$

Das ist eine nach unten offene quadratische Parabel in x durch den Nullpunkt (Ort des Abschusses), daher der oft gehörte Ausdruck *Wurfparabel*.

Wir wollen jetzt noch das *ballistische Problem* lösen, die Bestimmung des Abgangswinkels α, um mit der Anfangsgeschwindigkeit v_0 ein Ziel mit der horizontalen Entfernung x_Z und der Überhöhung y_Z zu treffen. Aus

$$y_Z = \tan(\alpha) \cdot x_Z - \frac{g \cdot x_Z^2}{2 \cdot v_0^2} \cdot \frac{1}{\cos^2(\alpha)}$$

wird mit der trigonometrischen Identität $1 = \cos^2(\alpha) + \sin^2(\alpha) \Rightarrow \frac{1}{\cos^2(\alpha)} = 1 + \tan^2(\alpha)$ eine quadratische Gleichung in $\tan(\alpha)$,

$$\tan(\alpha) \cdot x_Z - \frac{g \cdot x_Z^2}{2 \cdot v_0^2} \cdot \left(1 + \tan^2(\alpha)\right) = y_Z$$

$$\left(-\frac{g \cdot x_Z^2}{2 \cdot v_0^2}\right) \cdot \tan^2(\alpha) + x_Z \cdot \tan(\alpha) + \left(-\frac{g \cdot x_Z^2}{2 \cdot v_0^2} - y_Z\right) = 0$$

mit den Lösungen

$$\tan(\alpha) = \frac{v_0^2}{g \cdot x_Z} \pm \sqrt{\frac{v_0^4}{g^2 \cdot x_Z^2} - 1 - 2 \cdot \frac{v_0^2 \cdot y_Z}{g \cdot x_Z^2}} = k \pm \sqrt{k^2 - 1 - 2 \cdot k \cdot \frac{y_Z}{x_Z}}$$

wenn wir $k = \frac{v_0^2}{g \cdot x_Z}$ setzen.

Falls die quadratische Gleichung keine Lösung hat, ist das Ziel schusstot (kann nicht erreicht werden), andernfalls hat die Gleichung zwei Lösungen für α. Jedes beschießbare Ziel kann mit einer steileren Flugbahn (mit größerer Flugzeit und Scheitelhöhe) und einer flacheren Flugbahn getroffen werden. Die Flugzeit ergibt sich aus $t = \frac{x_Z}{v_0 \cdot \cos(\alpha)}$ (siehe oben).

4.5.5 Marktdiagramm

(Aus *Ref. 7*)

Das Marktdiagramm ist das wichtigste graphische Analyseinstrument der Mikroökonomie und veranschaulicht das Zustandekommen eines Marktpreises und einer Marktmenge im Marktgleichgewicht.

In einem kartesischen Koordinatensystem werden auf der Ordinate (y-Achse) der Preis (Preisachse) und auf der Abszisse (x-Achse) die Menge (Mengenachse) aufgetragen. Im Diagramm selbst finden sich eine Angebotsfunktion (Angebotskurve) und eine Nachfragefunktion (Nachfragekurve), die der angebotenen bzw. nachgefragten Menge entsprechen.

In dem Punkt, in dem sich die Angebotsfunktion und die Nachfragefunktion schneiden, befindet sich das *Marktgleichgewicht*, hier lässt sich der durch Angebot und Nachfrage ohne staatliche Regulierung entstandene *Marktpreis* und analog dazu die *Marktmenge* ablesen.

Im Marktdiagramm werden, wie in der Volkswirtschaftslehre üblich, die erklärende und die erklärte Achse vertauscht, *der Preis bestimmt somit die Menge* und nicht etwa umgekehrt (die Menge x ist eine Funktion des Preises y, d. h. $x(y)$).

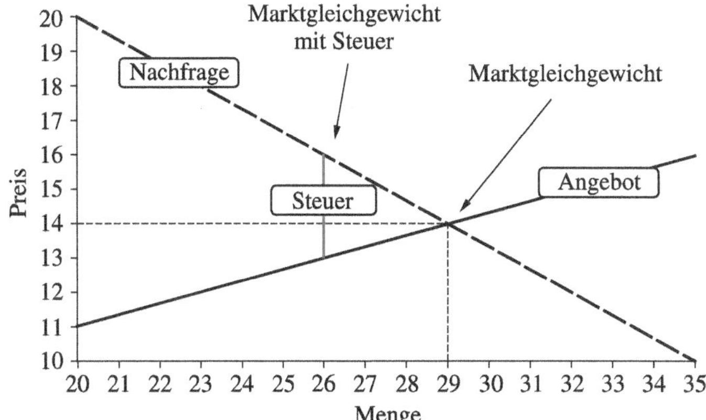

Bild 4.15 Marktdiagramm

Bei einer Erhöhung des Preises sinkt die Nachfrage und steigt das Angebot. (Wenn der Milchpreis hoch ist, produzieren (bzw. melken) die Bauern viel Milch. Wenn ihr Preis bei einer Aktion tiefer ist, wird von einer Ware mehr gekauft.)

Die Angebotsfunktion ist deshalb immer eine mit zunehmendem Preis *zunehmende*, die Nachfragefunktion eine *abnehmende* Funktion, die natürlich beide nicht linear sein müssen. Wenn man nur einen kleinen Ausschnitt anschaut („herauszoomt"), ist aber jede Funktion näherungsweise linear.

Im obigen Beispiel haben wir bei einem Gleichgewichtspreis von 14 Geldeinheiten eine umgesetzte Gleichgewichtsmenge von 29 Mengeneinheiten.

Wenn der Preis über dem Marktpreis liegt, besteht ein *Überangebot*, wenn er darunter liegt, eine *unerfüllte Nachfrage*. Der Staat hat die Möglichkeit, den Marktpreis durch Besteuerung oder Subventionierung von Gütern und Dienstleistungen zu beeinflussen. Besteuerung verschiebt das Marktgleichgewicht dorthin, wo Nachfrage = Angebot + Steuer, also *zu einer kleineren Menge*. (Die Nachfrage richtet sich nach dem Verkaufspreis, das Angebot nach dem Preis, den der Lieferant bekommt.) Bekannte Beispiele sind Alkohol und Tabakwaren. Subventionierung geht umgekehrt.

Umsatzfunktion

Beispiel:

4.10 Bei einem Stückpreis von 14,40 Fr. werden wöchentlich 11392 Stück eines Artikels verkauft, bei einem Preis von 18,20 Fr. sind es noch 9226 Stück. Die Nachfrage ist in diesem Bereich eine lineare Funktion des Verkaufspreises.

Gib die Bestimmungsformeln für Nachfrage N und Umsatz U. Mit welcher Preisfestlegung könnte der größte Umsatz erzielt werden (Absatz der Ware vorausgesetzt)?

Nachfragefunktion
(umgekehrte graphische Darstellung als vorhin!)

Es sind zwei Punkte einer linearen Funktion gegeben, also machen wir den Ansatz *Nachfrage* = *m* · *Stückpreis* + *b* und berechnen *m* und *b*,

$$m = \frac{11392 - 9226}{14.40 - 18.20} = -570$$

$$b = 9226 - (-570) \cdot 18.20 = 19600$$

Wir erhalten $N(x) = 19600 - 570 \cdot x$, wo x für den Stückpreis steht.

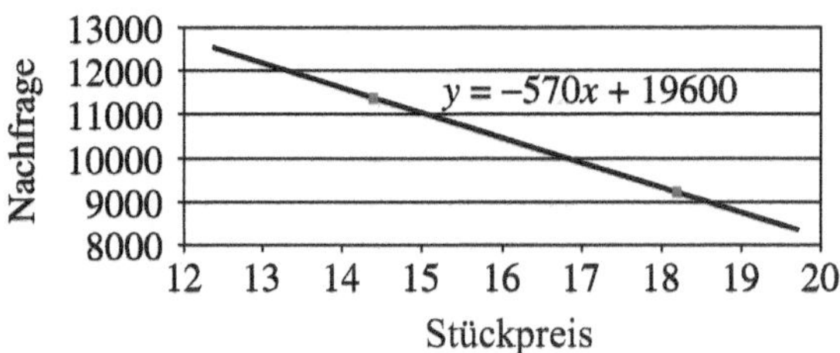

Bild 4.16 Nachfragefunktion

Umsatz = Nachfrage · Stückpreis (bei garantiertem Absatz!)

$U(x) = (19600 - 570 \cdot x) \cdot x$

$\quad = 19600 \cdot x - 570 \cdot x^2$

Der Umsatz wird hier also zu einer quadratischen Funktion des Stückpreises.

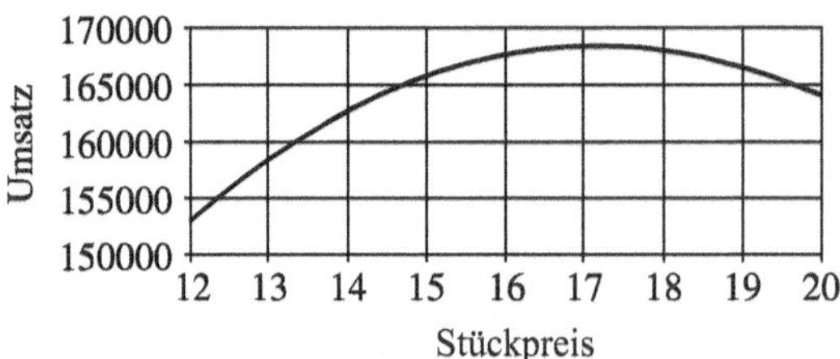

Bild 4.17 Umsatzfunktion

Das Umsatzmaximum liegt beim Scheitelpunkt der quadratischen Funktion $ax^2 + bx + c$, also bei $\frac{-b}{2a} = \frac{-19600}{2 \cdot (-570)} = 17.19.$

4.6 Gebrochenrationale Funktionen

4.6.1 Begriff und allgemeine Eigenschaften

Eine Funktion

$$f\colon x \to \frac{g(x)}{h(x)} \tag{4.11}$$

wo $g(x)$ und $h(x)$ ganzrationale Funktionen sind, heißt gebrochenrationale Funktion.

Beispiel:

4.11 $f_1(x) = \frac{1}{x}$

$$f_2(x) = \frac{2x}{x+1}$$

$$f_3(x) = \frac{2x^2 - 5x + 7}{x - 8}$$

$$f_4(x) = \frac{3x - 1}{5x^3 - 8x + 1}$$

An den Stellen, an denen die Nennerfunktion Nullstellen hat, geht die gebrochenrationale Funktion häufig gegen $+\infty$ oder $-\infty$. Man nennt solche Stellen *Pole*.

Beispiel:

4.12

- $f(x) = 1/x$ hat bei $x = 0$ einen Pol. Wenn man sich von den negativen Zahlen her an $x = 0$ annähert, geht $1/x$ gegen $-\infty$, bei den positiven Zahlen gegen $+\infty$. $+\infty$ und $-\infty$, also die am weitesten voneinander entfernt liegenden Orte, die man sich überhaupt vorstellen kann, scheinen einander „irgendwo da draußen" zu berühren ...
- $f(x) = 1/x^2$ hat ebenfalls bei $x = 0$ einen Pol. Von beiden Seiten her geht $1/x^2$ gegen $+\infty$.

4.6.2 Asymptoten

Definition:

Eine Funktion g, die für $x \to \infty$ oder $x \to -\infty$ eine andere Funktion f annähert, heißt *Asymptote* der Funktion f. ■

(Die Asymptote einer ganzrationalen Funktion ist das Glied mit der höchsten Potenz. Warum?)

Beispiel:

4.13 Wie man durch Einsetzen großer und immer größerer Werte leicht sieht,

- $g(x) = 0$ ist Asymptote der Funktion $f(x) = 1/x$.
- $g(x) = 1$ ist Asymptote der Funktion $f(x)=\dfrac{x+1}{x-1}$
- $g(x) = 2$ ist Asymptote der Funktion $f(x)=\dfrac{2x^2}{x^2+1}$

Man sieht, dass $f(x)\to 0$ für $x\to\infty$, wenn der Grad der Nennerfunktion größer ist als der Grad der Zählerfunktion, und $f(x)\to$const., wenn beide gleich sind.

Ist der Grad der Zählerfunktion größer als der der Nennerfunktion, geht die Funktion gegen Unendlich. Das ist aber noch nicht das Ende der Weisheit!

Bestimmung der Asymptoten

Jede gebrochenrationale Funktion $f(x)=\dfrac{g(x)}{h(x)}$, wo Grad(g) = m und Grad(h) = n und $m > n$,

kann dargestellt werden als $f(x)=f^*(x)+\dfrac{g^*(x)}{h(x)}$, wo Grad($f^*$) = $m - n$. Dabei ist f^* die

ganzrationale Asymptote von f für $x\to\pm\infty$, und $\dfrac{g^*(x)}{h(x)}\to 0$ für $x\to\pm\infty$.

Die Funktion f^* findet man als „ganzzahligen Teil“ der *Division von g durch h*, g^* ist der „Rest“ dieser Division.

Beispiel:

4.14 $f(x)=\dfrac{8x^5-4x^4-26x^3+2x^2+10x-12}{2x^3-3x^2-x+3}$

Die Division von Polynomen vollzieht sich ähnlich wie bei Zahlen. Man dividiert das Glied des Dividenden mit dem höchsten Grad durch das Glied des Divisors mit dem höchsten Grad: Dieses Resultat ist das erste Glied des Quotienten. Anschließend multipliziert man dieses Ergebnis mit dem Divisor *und zieht das entstandene Produkt vom Dividenden ab*: Diese Differenz ergibt den neuen Dividenden. Dieser Vorgang wird nun wiederholt, sodass sich die weiteren Glieder des Quotienten ergeben. Beendet ist die Division, wenn man einen Dividenden erhält, dessen Grad kleiner ist als der des Divisors, und der somit als Rest bleibt.

$$
\begin{array}{llllll}
(8x^5 & -4x^4 & -26x^3 & +2x^2 & +10x & -12) \div (2x^3-3x^2-x+3) = 4x^2+4x-5 \\
-8x^5 & +12x^4 & +4x^3 & -12x^2 & & \\
\hline
 & +8x^4 & -22x^3 & -10x^2 & +10x & \\
 & -8x^4 & +12x^3 & +4x^2 & -12x & \\
\hline
 & & -10x^3 & -6x^2 & -2x & -12 \\
 & & +10x^3 & -15x^2 & -5x & +15 \\
\hline
 & & & -21x^2 & -7x & +3 \quad \text{Rest zweiten Grades}
\end{array}
$$

Das Ergebnis der Zerlegung lautet also: $f(x)=4x^2+4x-5+\dfrac{-21x^2-7x+3}{2x^3-3x^2-x+3}$

Dabei ist $f^*(x) = A(x) = 4x^2 + 4x - 5$ die Asymptote der ursprünglichen Funktion.

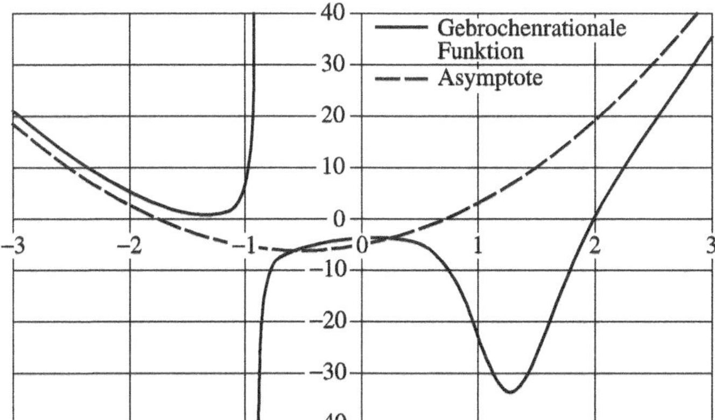

Bild 4.18 Gebrochenrationale Funktion mit ihrer ganzrationalen Asymptoten

4.6.3 Beispiele aus der Physik

Isothermen eines idealen Gases

Eine bestimmte Gasmasse (z. B. 5 kg Luft oder 12 kg Helium) wird vereinfacht als „ideales Gas" beschrieben durch drei Zustandsgrößen und eine Zustandsgleichung, die diese Zustandsgrößen miteinander verknüpft. Bei einem idealen Gas wird angenommen, dass die Gasteilchen (Moleküle) Massenpunkte ohne Eigenvolumen sind, zwischen denen keine Anziehungskräfte wirken. Beide Annahmen sind unter „normalen" Bedingungen gut erfüllt, d. h., wenn der Druck nicht zu groß und die Temperatur nicht zu klein ist.

Die Zustandsgrößen sind *Druck* p (in bar), *Volumen* V (in m^3) und absolute *Temperatur* T (in Kelvin, abgekürzt K). Die Zustandsgleichung wird normalerweise geschrieben als

$$p\cdot V=m\cdot R_i\cdot T$$

Darin bezeichnen m die Masse (in kg) und R_i die Gaskonstante (beispielsweise für Luft ist R_i = 287 J/(kg · K)). Der Zustand der Gasmasse wird häufig in einem pV-Diagramm graphisch dargestellt, d. h., der Druck für eine bestimmte Temperatur als Funktion des Volumens. Wenn wir die Zustandsgleichung nach p auflösen, erhalten wir

$$p=\frac{m\cdot R_i\cdot T}{V}$$

Im Diagramm unten ist der Druck für drei verschiedene Temperaturen als Funktion des Volumens dargestellt. Solche Kurven heißen *Isothermen.*

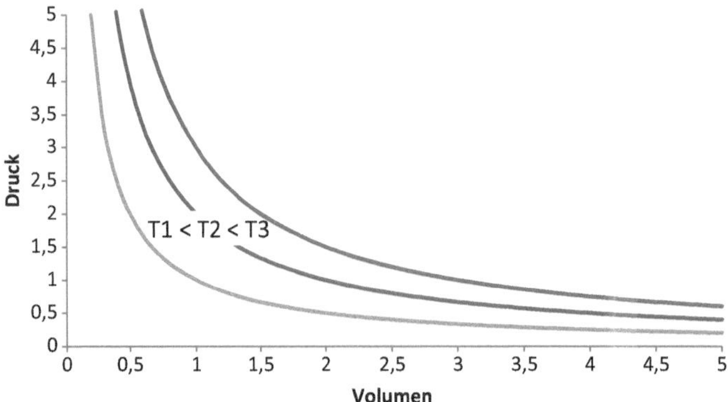

Kraftgesetze

Sowohl die *Gravitationskraft* zwischen zwei Massen wie auch die elektrostatische Kraft zwischen zwei Ladungen *(Coulombkraft)* nehmen mit dem Quadrat des Abstandes ab. Die entsprechenden Kraftgesetze lauten

$$F_{\mathrm{Grav}}(r) = G \cdot \frac{m_1 \cdot m_2}{r^2}$$

Darin bezeichnen r den Schwerpunktabstand der beiden Massen m_1 und m_2 und G die Gravitationskonstante; ihr Wert beträgt $G = 6{,}67 \cdot 10^{-11}\,\mathrm{N} \cdot \mathrm{m}^2/\mathrm{kg}^2$. Daraus ergibt sich mit m_1 = Erdmasse und m_2 = 1 kg die bekannte Erdbeschleunigung g.

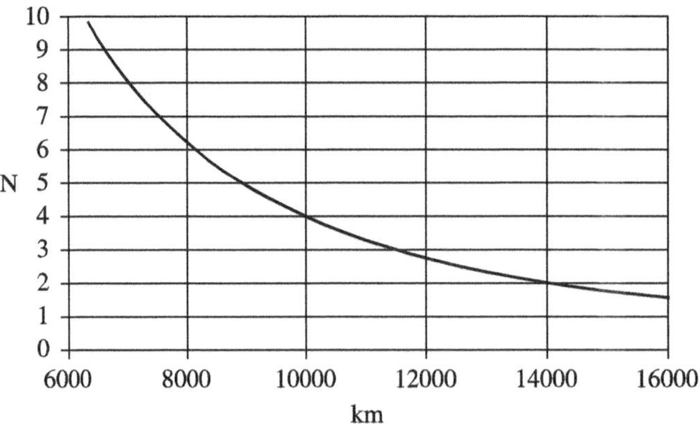

Bild 4.19 Gewichtskraft von 1 kg in Abhängigkeit von der Entfernung vom Erdmittelpunkt. An der Erdoberfläche (Erdradius 6375 km) beträgt der Wert 9,81 Newton.

Die elektrostatische Kraft wird normalerweise in der Form

$$F_{\mathrm{Coul}}(r) = \frac{1}{4 \cdot \pi \cdot \varepsilon_0} \cdot \frac{q_1 \cdot q_2}{r^2}$$

geschrieben mit der Vakuum-Dielektrizitätskonstanten $\varepsilon_0 = 8{,}854 \cdot 10^{-12} \cdot C^2 / \left(\mathrm{N} \cdot \mathrm{m}^2\right)$. Die Coulombkraft wirkt anziehend, wenn die Ladungen verschiedene Vorzeichen haben, und ist abstoßend für Ladungen gleichen Vorzeichens.

4.7 Potenz- und Wurzelfunktionen

4.7.1 Potenzfunktionen

Einfache Potenzfunktionen sind Spezialfälle ganzrationaler Funktionen, siehe *4.4*. Ihre Graphen sind *Parabeln n-ten Grades*.

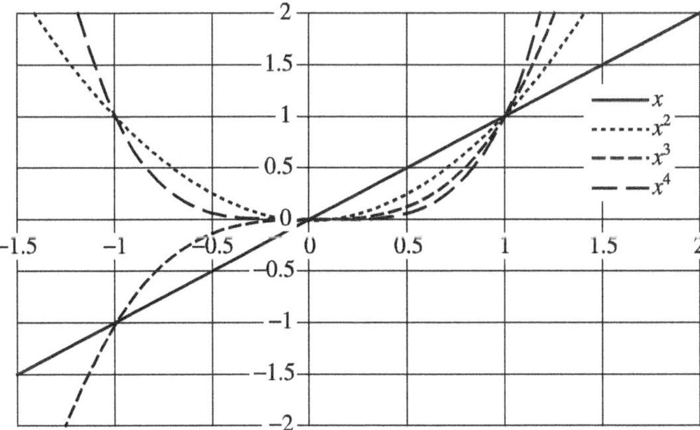

Bild 4.20 Einfache Potenzfunktionen

Potenzen negativer Werte existieren nur für ganzzahlige Exponenten!

4.7.2 Wurzelfunktionen

Eine Wurzelfunktion ist eine Funktion, in der das Argument unter einer Wurzel vorkommt.

Weil Wurzeln Spezialfälle von Potenzen mit Exponenten < 1 sind, sind Wurzelfunktionen verwandt mit Potenzfunktionen.

Wurzelfunktionen sind zum Beispiel

$$f_1(x) = \sqrt{x}$$
$$f_2(x) = 2 \cdot \sqrt[3]{x+1}$$

Graphen von Wurzelfunktionen: $y = \sqrt{x}$ ist eigentlich dasselbe wie $x = y^2$, d. h. wenn wir x und y vertauschen, erhalten wir aus der Wurzelfunktion eine quadratische Funktion.

Die Vertauschung von x und y entspricht einer Spiegelung aller Punkte an der Geraden $y = x$, der Diagonalen zwischen den Koordinatenachsen.

Der Graph der Wurzelfunktion $y=\sqrt{x}$ ist deshalb eine *liegende Parabel*. Weil $y=\sqrt{x}$ für negative x nicht definiert ist, existiert die Funktion nur für $x > 0$ (Ausnahme: ungeradganzzahlige Wurzeln).

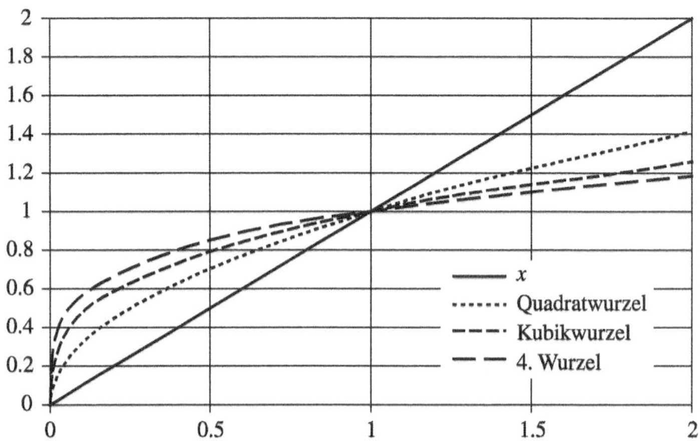

Bild 4.21 Wurzelfunktionen

Wurzelfunktionen höherer Ordnung haben für $x < 1$ größere, für $x > 1$ kleinere Werte als $y=\sqrt{x}$. Alle Wurzelfunktionen gehen durch die Punkte (0,0) und (1,1).

Eine Wurzelfunktion ist beispielsweise die *zufällige Bewegung* (random walk). Wenn ein Betrunkener immer gleich lange Schritte der Länge L macht und die Richtung bei jedem Schritt zufällig und vom vorherigen Schritt unabhängig ist, entfernt er sich in n Schritten im Mittel um $L\cdot\sqrt{n}$ vom Ausgangspunkt.

n Musiker sind $\sqrt{n}$ mal so laut wie einer.

4.7.3 Beispiele

Normatmosphäre

Die Norm DIN 5450 legt den Luftzustand der Atmosphäre nach Druck, Temperatur und Dichte für Höhen bis 20 km fest. Für den Druck in mbar zwischen Meereshöhe und Höhe 11 km (Stratosphärengrenze) gilt dabei die Formel

$$p(H)=1013.25\cdot\left(\frac{288-6.5\cdot H}{288}\right)^{5.255}$$

mit den Annahmen, dass auf Meereshöhe ($H = 0$ km) der Druck 1013,25 mbar und die Temperatur 288 K (15 °C) betragen und dass die Temperatur pro km um 6,5 °C abnehme.

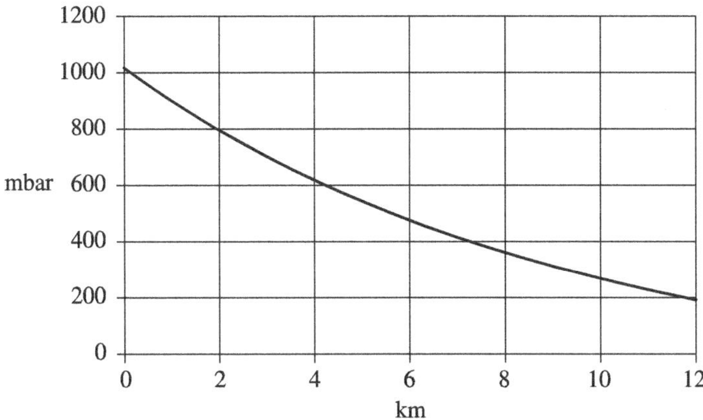

Bild 4.22 Normatmosphäre nach DIN 5450

Die Formel basiert auf der Annahme einer polytropischen Zustandsänderung mit

$\frac{p}{T^{5.255}} = const.$ Vergleiche auch *9.7.12.*

Explosionsmotoren (Verbrennungsmotoren)

In Explosionsmotoren wird ein explosives Gemisch von Luft und einem brennbaren Gas in einem Zylinder entzündet und der entstehende Druck zur Arbeitsleistung ausgenützt (Lenoir[26] 1860, Otto[27] 1867). Man unterscheidet *Viertaktmotoren* und *Zweitaktmotoren.*

Der Arbeitszyklus beim Viertakt-Ottomotor gliedert sich in folgende Phasen (Takte):

1. Ansaugtakt: Bei geöffnetem Einlassventil saugt der hinausgehende Kolben das explosive Gemisch an. Das Auslassventil ist geschlossen.
2. Verdichtungstakt: Der hineingehende Kolben verdichtet das Gemisch, das sich dabei erhitzt. Beide Ventile sind geschlossen. Die Temperatur darf den Wert nicht erreichen, bei dem sich das Gemisch von selber entzünden würde.
3. Arbeitstakt: Das komprimierte Gemisch wird durch einen Funken gezündet, der Druck der heißen Explosionsgase stößt den Kolben hinaus.
4. Auspufftakt: Der hineingehende Kolben drückt die Verbrennungsgase durch das geöffnete Auslassventil nach außen.

Während der vier Takte macht die Kurbelwelle also zwei Umdrehungen; nur in einem Takt wird Arbeit geleistet, über die drei anderen Takte müssen eine Schwungmasse oder weitere Zylinder hinweghelfen. Zündung und Ventile werden durch eine Steuerwelle mit Nocken betätigt, die kraftschlüssig mit der Kurbelwelle verbunden ist und pro zwei Umdrehungen der Kurbelwelle eine Umdrehung ausführt. Unter *Ref. 8* kann eine Animation abgerufen werden.

---

[26] Jean-Joseph Etienne Lenoir, Luxemburg/Paris, 1822 - 1900

[27] Nicolaus August Otto, Köln, 1832 - 1891

Für rasch ablaufende Zustandsänderungen idealer Gase, sogenannte *adiabatische Zustandsänderungen*, bei denen kein Wärmeaustausch mit der Umgebung stattfindet, gilt (p Druck, T absolute Temperatur, V Volumen):

$$p \cdot V^{\kappa} = \text{const.}$$

$$T \cdot V^{\kappa-1} = \text{const.}$$

$$T \cdot p^{\kappa/(\kappa-1)} = \text{const.}$$

κ ist eine Materialkonstante, die für Luft einen Wert von etwa 1,4 hat.

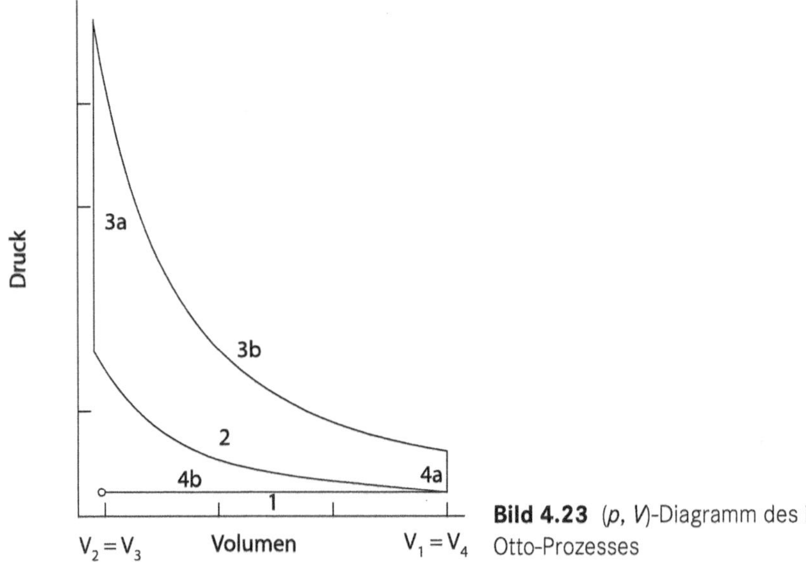

Bild 4.23 (p, V)-Diagramm des idealen Otto-Prozesses

Der *ideale Otto-Prozess* besteht aus zwei isochoren (bei konstantem Volumen ablaufenden) Zustandsänderungen, die durch adiabatische Zustandsänderungen miteinander verbunden sind:

Takt 2 Adiabatische Verdichtung eines brennbaren Gasgemisches von V_1 auf V_2. Die Temperatur steigt dabei von T_1 auf T_2. Das Verdichtungsverhältnis $\varepsilon = V_1/V_2$ beträgt bei einem Benzinmotor bis etwa 9, da bei höheren Temperaturen das Gemisch von selbst zünden würde.

Takt 3 Zündung durch einen elektrischen Funken. Die Verbrennung läuft so rasch ab, dass die Kolbenbewegung über diesen Zeitraum vernachlässigt werden kann, es findet also eine isochore Erwärmung statt, wobei Druck und Temperatur massiv ansteigen.

Adiabatische Expansion der Verbrennungsgase von V_3 auf V_4, wobei Temperatur und Druck abnehmen.

Takt 4 Takt 1 Entweichen der Verbrennungsgase durch das geöffnete Auspuffventil (Takt 4) und anschließend Ansaugen der gleichen Menge (Volumen) kalter Luft (Takt 1), was zusammen als isochore Wärmeabfuhr betrachtet werden kann; bei jedem Zyklus wird dieselbe Menge Gas angesaugt und wieder ausgestoßen, die Zunahme der Gase durch die Verbrennung des Treibstoffs wird vernachlässigt: vom Treibstoff wird nur die Wärme (nicht die zusätzlich entstandenen Verbrennungsgase) berücksichtigt.

Wirkungsgrad: Die geleistete mechanische Nutzarbeit entspricht der Differenz der zu- und abgeführten Wärmemengen und ist wiederum eine Potenzfunktion,

$$\eta_{\text{Otto}} = 1 - \varepsilon^{1-\kappa}.$$

4.8 Exponentialfunktionen

4.8.1 Allgemeine Eigenschaften

Definition:

Eine Funktion

$$f: x \rightarrow a \cdot b^{c \cdot x} \text{ mit } a, b, c \in \mathbb{R}, \text{ wobei } a, c \neq 0 \text{ und } b > 0 \tag{4.12}$$

heißt *Exponentialfunktion*. Ihre Werte haben überall das gleiche Vorzeichen wie a.

Jede Exponentialfunktion kann durch einen einfachen konstanten Faktor im Exponenten in einer beliebigen positiven Basis, z. B. 10 oder e = 2,7182818 … (Euler'sche Zahl), geschrieben werden,

$$f(x) = a^x = 10^{\log(a) \cdot x} = e^{\ln(a) \cdot x}.$$

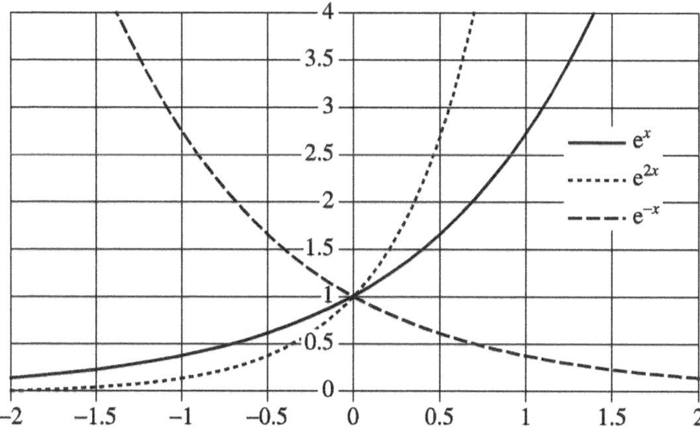

Bild 4.24 Exponentialfunktionen

Wir können deshalb sagen, dass es eigentlich *nur eine einzige Exponentialfunktion* gibt. Die Basis 10 hat den Vorteil der Anknüpfung an unser gewohntes Dezimalsystem, *die Basis* e *ist diejenige Basis, zu der numerische Verfahren zur Bestimmung der* (meist irrationalen) *Werte von Exponentialausdrücken und Logarithmen existieren*, in der also in Rechnern zahlenmäßige Resultate durch Näherungsverfahren bestimmt werden (*7.4*).

Charakteristisch für Exponentialfunktionen ist, *dass sich ihr Wert in festen Abständen mit dem immer gleichen Faktor multipliziert*: $a^{x+1} - a^x = a^x \cdot (a-1)$. Exponentialfunktionen beschreiben deshalb *Vorgänge, bei denen die Änderung* (Zunahme oder Abnahme) *proportional zum aktuellen Wert* ist.

Ist der Exponent nicht positiv, sondern negativ, so gilt nach *1.5.1*

$$f(x) = a^{-x} = \frac{1}{a^x} = \left(\frac{1}{a}\right)^x,$$

und aus einem exponentiellen Wachstum wird ein exponentielles Abklingen gegen null (und umgekehrt). Man ersieht daraus auch, dass die Basis mit dem richtigen Vorzeichen im Exponenten immer >1 gewählt werden kann.

Bei einer Potenzfunktion x^n ist $(x+k)^n = x^n \cdot \left(\frac{x+k}{x}\right)^n$, d.h. $\frac{(x+k)^n}{x^n} = \left(\frac{x+k}{x}\right)^n$: der Faktor für $f(x) \to f(x+k)$ nähert sich mit zunehmendem x immer mehr an 1 an. Jede Exponentialfunktion mit Basis > 1 und positivem/negativem Exponenten wächst/fällt deshalb von einem gewissen Moment an schneller als jede Potenzfunktion mit positivem/negativem Exponenten. Nicht alle Leute wissen, was eine Exponentialfunktion ist. Im Alltag, auch in den Medien, ist schnell von „exponentiellem Wachstum" die Rede, wenn eine Größe stark zunimmt - auch wenn das Wachstum vielleicht nur linear ist!

4.8.2 Beispiele

Wachstum eines zu einem festen Zinssatz angelegten Kapitals

Ein Kapital von 1000 Fr. ist zu einem festen Zinssatz von 3 % angelegt. Der Zins wird jedes Jahr zum Kapital geschlagen.

Jahr	Kapital
0	1000
1	$1000 \cdot 1{,}03 = 1030$
2	$1030 \cdot 1{,}03 = 1000 \cdot 1{,}03^2 = 1060{,}90$
...	
n	$1000 \cdot 1{,}03 = 1{,}03^n$

Das Kapital beträgt nach jedem Jahr das 1,03-Fache des vorher vorhandenen Kapitals. Vergleiche dazu auch *2.10*.

Wachstum von Bakterienkolonien

Bakterien vermehren sich ungeschlechtlich durch Teilung, bei gleichbleibenden Bedingungen durchschnittlich in gleichen Zeitabständen. Nehmen wir an, dieser Zeitabstand sei 8 Stunden. Das heißt, dass sich die Zahl der Bakterien alle 8 Stunden verdoppelt. Für die Anzahl Bakterien zur Zeit *t* heißt das:

$$N(t) = N(0) \cdot 2^{\frac{t}{8h}}$$

Diese Beziehung gilt, solange genügend Nahrung vorhanden ist, die Temperatur gleich bleibt und keine Bakteriengifte (Antibiotika) wirken.

Radioaktiver Zerfall

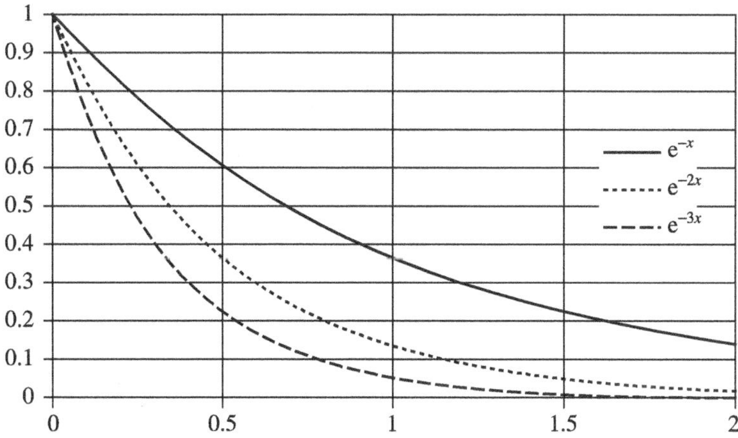

Bild 4.25 Abfallende Exponentialfunktionen

Radioaktive Materialien bestehen aus Atomen, deren Kerne nicht stabil sind und „zufällig" zerfallen. Dabei werden Teilchen abgegeben, die mit einem geeigneten Detektor, beispielsweise einem Geigerzähler, als Strahlung registriert werden können.

Die Anzahl Atomkerne, die pro Sekunde zerfallen, ist proportional zur Anzahl vorhandener Kerne – in 2 kg Uran zerfallen pro Sekunde doppelt so viele Kerne wie in 1 kg Uran. Wegen des Zerfalls nimmt die Anzahl der vorhandenen Kerne laufend ab, und die Strahlung wird schwächer.

Die Zerfallsgeschwindigkeit ist charakteristisch für das Material. Die *Halbwertszeit* θ gibt an, in welcher Zeit durchschnittlich die Hälfte der Kerne zerfällt; dieser Wert kann je nach Stoff zwischen Millionstel Sekunden und Tausenden von Jahren betragen.

Für die Anzahl der zur Zeit *t* vorhandenen Kerne ergibt sich damit eine Funktion

$$N(t) = N(0) \cdot \left(\frac{1}{2}\right)^{\frac{t}{\theta}} = N(0) \cdot 2^{-\frac{t}{\theta}} .$$

Praktischer für die Rechnung ist folgende Schreibweise:

$$N(t)=N(0)\cdot e^{-\frac{\ln(2)}{\theta}\cdot t}=N(0)\cdot e^{-\lambda\cdot t}.$$

Altersbestimmung: Etwa ein Billionstel, also ein Anteil von 10^{-12}, des natürlich vorkommenden Kohlenstoffs ist Kohlenstoff 14 (^{14}C), der sich mit einer Halbwertszeit von θ = 5730 Jahren durch β-Zerfall (Umwandlung eines Neutrons in ein Proton unter Ausstrahlung eines Elektrons) in gewöhnlichen Stickstoff ^{14}N umwandelt. ^{14}C wird in der oberen Atmosphäre durch kosmische Strahlung gebildet. Alle lebenden Organismen nehmen mit der Nahrung (Pflanzen auch aus der Luft in Form von CO_2) Kohlenstoff auf. Wenn der Organismus stirbt, hört diese Kohlenstoffzufuhr auf. Mit der Zeit zerfällt immer mehr ^{14}C und sein Anteil am gesamten vorhandenen Kohlenstoff nimmt langsam ab.

Daraus ergibt sich ein Verfahren zur Altersbestimmung organischer Fundstücke, z. B. von Holz, tierischen oder menschlichen Überresten. Man bestimmt mit einer geeigneten Technik den Anteil an ^{14}C im Fundstück und vergleicht ihn mit dem natürlichen ^{14}C-Anteil (dabei wird angenommen, dass dieser früher gleich war wie heute). Bei einem gemessenen Verhältnis p ergibt sich das Alter zu

$$\begin{aligned}
p&=\frac{N(t)}{N(0)}=e^{-\frac{\ln(2)}{\theta}\cdot t}=e^{-\frac{0{,}6931}{5730}\cdot t}=e^{-\frac{1}{8267}\cdot t}\\
\ln(p)&=-\frac{1}{8267}\cdot t\\
&\Rightarrow t=-8267\cdot\ln(p)
\end{aligned}$$

(das Vorzeichen ist schon in Ordnung, weil $\ln(p) < 0$ für $p < 1$).

Falls die Probe noch 80 % des ursprünglich vorhandenen ^{14}C enthält, ist sie 1845 Jahre alt. (Bei einem Stück Holz ist das natürlich die Zeit, seit der Baum gefällt wurde, nicht das Alter des Möbelstückes oder des Hauses!)

Chemische Reaktionen

Bei einer einfachen chemischen Reaktion, wo beispielsweise ein Stoff in einen anderen Stoff umgewandelt wird, ist die in einem Zeitintervall umgewandelte Anzahl Moleküle proportional zur Anzahl der noch vorhandenen Moleküle.

Die Konzentration des Ausgangsstoffes nimmt deshalb mit der Zeit wie beim radioaktiven Zerfall exponentiell ab.

Für die *Temperaturabhängigkeit* zahlreicher chemischer Reaktionen findet man, dass die Reaktionsgeschwindigkeit proportional ist zu

$$e^{-\frac{A}{T}},$$

wo T die absolute Temperatur (Grad Kelvin) ist und A eine für die Reaktion charakteristische Konstante (Gesetz von Arrhenius). Bei vielen Reaktionen in Flüssigkeiten sind die Verhältnisse so, dass sich die Reaktionsgeschwindigkeit bei einer Temperaturerhöhung von 10 °C etwas mehr als verdoppelt (Beispiel: Auflösen von Zucker oder Salz in Wasser).

Abkühlgeschwindigkeit

Die Temperaturen von Gegenständen, die miteinander wärmeleitend in Kontakt sind, gleichen sich an. Dabei ist der Wärmefluss pro Zeiteinheit immer proportional zur aktuellen Temperaturdifferenz.

Daraus ergibt sich für den zeitlichen Verlauf der Temperatur des Körpers

$$T(t) = T_U + (T_K - T_U) \cdot \mathrm{e}^{-k \cdot t},$$

wo T_U die Umgebungstemperatur, T_K die Anfangstemperatur des Körpers und k eine geeignete Konstante (die bestimmt werden muss) sind. Der Temperatur*unterschied* klingt also exponentiell ab (siehe dazu auch *9.7.11*).

Lichtabsorption

Wenn Licht durch ein Medium geht, z. B. eine trübe oder farbige Glasplatte, wird ein Teil davon absorbiert (und im Glas in Wärme umgewandelt). Der absorbierte Teil ist ein fester Prozentsatz des eintretenden Lichtes, beispielsweise werden bei einer bestimmten Glasplatte 20 % absorbiert und 80 % gehen hindurch. (Von Reflexionen an Oberflächen sehen wir einmal ab.)

Sind zwei derartige Glasplatten hintereinander geschaltet, oder eine Glasplatte doppelter Dicke, so gehen noch 80 % von 80 % hindurch. Man sieht, dass die Intensität des durchgelassenen Lichtes eine Exponentialfunktion der Dicke der Glasplatte ist.

Anwendung: Konzentrationsbestimmung einer Lösung. Wir haben einen Lichtstrahl, der auf eine Photozelle fällt. Dazwischen kann eine Küvette angebracht werden, das ist ein Probenbehälter aus Quarz oder Glas mit planparallelen Seitenwänden. In der Küvette befindet sich eine Flüssigkeit, in der die lichtabsorbierende Substanz gelöst ist. Beträgt die Intensität des Lichtstrahls I_0, wenn die Küvette reines Lösungsmittel enthält, besteht für den abgeschwächten Lichstrahl der Intensität I bei der Messung eine Gesetzmäßigkeit

$$I = I_0 \cdot \mathrm{e}^{-\varepsilon \cdot c \cdot d},$$

wo c die Konzentration und d die Dicke der Küvette bezeichnen (häufig 1 cm) und ε eine Materialkonstante ist, der sogenannte *Extinktionskoeffizient.*

Dieses Gesetz wird häufig in der Form

$$E = \ln\left(\frac{I}{I_0}\right) = -\varepsilon \cdot c \cdot d$$

geschrieben und als *Lambert*[28]*-Beer*[29]*-Gesetz* bezeichnet. E steht für die Extinktion.

---

[28] Johann Heinrich Lambert, schweizerisch-elsässischer Mathematiker und Physiker hugenottischer Abstammung, * 1728 in Mülhausen (gehörte damals zur Schweiz!), † 1777 in Berlin

[29] August Beer, deutscher Physiker, * 1825 in Trier, † 1863 in Bonn

(In dieser Form beschreibt das Gesetz eine lineare Funktion in *c*, und es kann zur Bestimmung von ε mit den Methoden der Ausgleichsrechnung (siehe *5.7.2*) verwendet werden, wenn man die Messung bei verschiedenen bekannten Konzentrationen vornimmt, also eine sog. *Eichung* durchführt.)

Das RC-Glied

Kombinationen von Widerständen und Kapazitäten spielen in der Elektrotechnik eine große Rolle. Im einfachsten Fall, wo ein Widerstand *R* und ein Kondensator *C* hintereinandergeschaltet sind, ergibt sich sowohl für den Fall der Aufladung mit einer Spannungsquelle U_0 wie auch bei Entladung des auf U_0 aufgeladenen Kondensators ein zeitabhängiger Strom

$$I(t) = \frac{U_0}{R} \cdot e^{-\frac{t}{R \cdot C}}.$$

Eine etwas tiefere Analyse des RC-Gliedes wird in *9.7.7* möglich sein, wenn wir über die Hilfsmittel der Integralrechnung verfügen.

4.9 Logarithmusfunktionen

Logarithmusfunktionen sind für negative Argumente nicht definiert. Da alle Potenzen mit Exponent 0 den Wert 1 ergeben, schneiden die Logarithmusfunktionen zu allen Basen die *x*-Achse bei $x = 1$.

Wie schon in 1.6 erwähnt wurde, unterscheiden sich die Logarithmen zu verschiedenen Basen nur durch einen konstanten Faktor. Wir können also wie bei den Exponentialfunktionen sagen, dass es eigentlich *nur eine einzige* Logarithmusfunktion gibt.

Logarithmusfunktionen wachsen mit zunehmendem *x* *sehr* langsam, sind aber dennoch nach oben unbeschränkt.

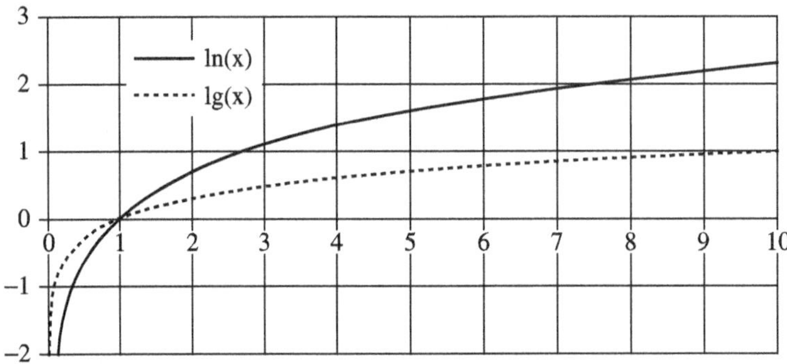

Bild 4.26 Logarithmusfunktionen

Beispiele:

4.15 *Erdbeben, Richter-Skala*

Die Stärke von Erdbeben, als Magnitude bezeichnet, wird auf der „nach oben offenen" Richter-Skala[30] angegeben durch

$$M = \log_{10}\left(\frac{A_{max}}{A_0}\right)$$

A_{max} bezeichnet den auf eine Entfernung von 100 km vom Epizentrum umgerechneten maximalen Ausschlag im Seismogramm. A_0 = 1 µm Ausschlag entspricht einem gerade noch wahrnehmbaren Beben. Zur Lokalisierung des Epizentrums siehe *3.6.3*.

Eine um 1 größere Magnitude entspricht also einem 10-Mal so großen Ausschlag.

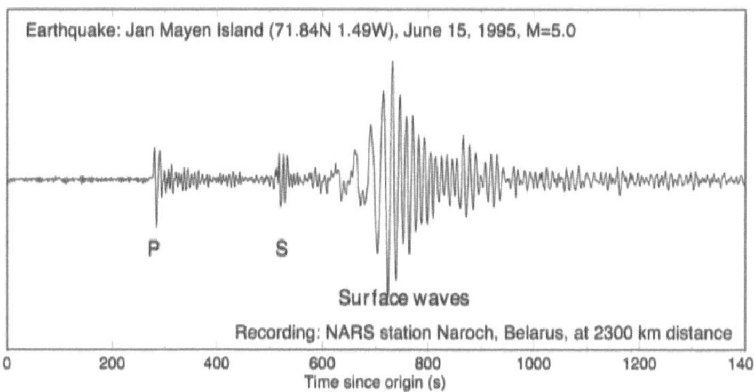

4.16 *Lautstärkenangabe, Dezibel-Skala*

Ein Bel bezeichnet den Zehnerlogarithmus des Verhältnisses von zwei Leistungsgrößen, ein Dezibel ist ein Zehntel davon. Die Schallleistung (Energie/Zeit) ist das Quadrat des Schalldrucks. 1 Bel = 10 dB mehr entsprechen also dem 20-fachen Schalldruck. Bezugsgröße (für 0 dB) ist der Schalldruck der Hörschwelle.

4.10 Trigonometrische Funktionen

4.10.1 Periodizität

Wie aus der Darstellung am Einheitskreis hervorgeht, gilt (x in rad):

$$\sin(x + n \cdot 2\pi) \equiv \sin(x) \text{ für alle } n \in \mathbb{Z}$$

$$\cos(x + n \cdot 2\pi) \equiv \cos(x) \text{ für alle } n \in \mathbb{Z}$$

Man sagt, Sinus und Kosinus haben eine *Periode von* 2π.

Die Werte von sin und cos liegen alle zwischen −1 und +1.

[30] Charles Francis Richter, 1900 – 1985, Professor am California Institute of Technology

Sinus und Kosinus haben folgende Vorzeichen:

2. Quadrant (90° - 180°) sin + cos -	1. Quadrant (0° - 90°) sin + cos +
3. Quadrant (180° - 270°) sin - cos -	4. Quadrant (270° - 360°) sin - cos +

Nach Bild 3.4 ist klar, dass der Tangens im 1. und 3. sowie im 2. und 4. Quadranten dieselben Werte annimmt. Der Tangens hat also eine Periode von π.

Der Wertebereich umfasst den gesamten reellen Bereich zwischen ∞ und $-\infty$. Bei $x=(2n+1)\cdot\frac{\pi}{2}$ $(n \in \mathbb{Z})$ hat die Tangensfunktion *Pole* mit Vorzeichenwechsel.

4.10.2 Funktionen mit Parametern

Darunter wollen wir Funktionen der Art

$$f(x) = A \cdot \sin(a \cdot x + b)$$

bzw.

$$g(x) = A \cdot \cos(a \cdot x + b)$$

verstehen.

Bedeutung der Parameter:

- A bewirkt eine Streckung in y-Richtung um den Faktor A
- a multipliziert x, für $a > 1$ wird also $a \cdot x > x$, d. h. die Funktion oszilliert schneller.
- b bewirkt eine Verschiebung des Graphen um b nach links auf der x-Achse: an der Stelle x hat die Funktion schon den Wert von $x + b$.

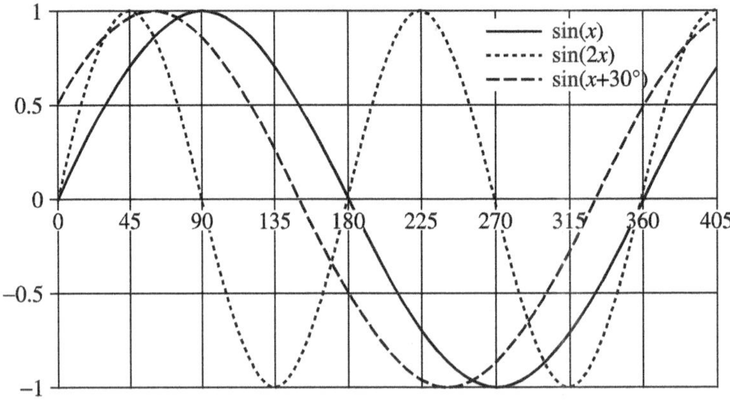

Bild 4.27 Winkelfunktionen mit Parametern

4.10.3 Schwingungen in der Technik

In einem rechtwinkligen Koordinatensystem erhält man die Projektionen eines Punktes mit dem Abstand r vom Nullpunkt und dem Argumentwinkel α auf die Koordinatenachsen mit den bekannten Formeln

$$x = r \cdot \cos(\alpha)$$

$$y = r \cdot \sin(\alpha)$$

Daraus sieht man, dass eine kreisförmige Bewegung aus der Überlagerung von zwei sinusförmigen Bewegungen in x- und y-Richtung besteht. Solche Bewegungen heißen *harmonisch.* Bei einer gleichförmigen Kreisbewegung ist der Winkel gegeben durch Zeit t und Winkelgeschwindigkeit ω (in rad/s) nach

$$\alpha(t) = \omega \cdot t,$$

wo $\omega = \frac{2 \cdot \pi}{T}$ mit der *Periodenlänge* T in Sekunden. T ist deshalb auch gegeben durch $T = \frac{2 \cdot \pi}{\omega}$. Die Größe $\frac{1}{T} = \frac{\omega}{2 \cdot \pi}$ hat die Einheit s^{-1} = Hz und heißt *Frequenz.* In der Technik ebenfalls gebräuchlich ist die *Anzahl Umdrehungen pro Minute,*

$$n = \frac{60}{T} = \frac{30}{\pi} \cdot \omega = 9.549 \cdot \omega .$$

Falls die Bewegung bei $t = 0$ nicht im Mittelpunkt (bei $\alpha = 0$) beginnt, ist sie um einen *Phasenwinkel* δ verschoben und ist von der Form

$$y(t) = A \cdot \sin(w \cdot t + \delta).$$

A heißt *Amplitude.* Mit dem Additionstheorem *Gl. (3.5)* lässt sich dieser Ausdruck umformen zu

$$\begin{aligned} y(t) &= A \cdot \left(\sin(\omega \cdot t) \cdot \cos(\delta) + \cos(\omega \cdot t) \cdot \sin(\delta)\right) \\ &= \left(A \cdot \cos(\delta)\right) \cdot \sin(\omega \cdot t) + \left(A \cdot \sin(\delta)\right) \cdot \cos(\omega \cdot t), \\ &= P \cdot \sin(\omega \cdot t) + Q \cdot \cos(\omega \cdot t), \end{aligned}$$

also die Überlagerung einer „reinen" Sinus- und Kosinus-Bewegung gleicher Frequenz, aber unterschiedlicher Amplituden.

Umgekehrt ist jede zusammengesetzte Schwingung der Form

$$y(t) = P \cdot \sin(\omega \cdot t) + Q \cdot \cos(\omega \cdot t)$$

äquivalent zu

$$\begin{aligned} y(t) &= \sqrt{P^2 + Q^2} \cdot \left(\frac{P}{\sqrt{P^2 + Q^2}} \cdot \sin(\omega \cdot t) + \frac{Q}{\sqrt{P^2 + Q^2}} \cdot \cos(\omega \cdot t) \right) \\ &= \sqrt{P^2 + Q^2} \cdot \sin(\omega \cdot t + \delta), \end{aligned}$$

denn zu zwei Zahlen zwischen +1 und −1 mit der Quadratsumme 1 kann man immer einen Winkel δ finden, der diese Zahlen als Sinus und Kosinus hat. Siehe dazu auch *Beispiel 3.5.*

Beispiele

4.17 Spannung eines Wechselstromes mit A = 230 V, f = 50 Hz, δ = 30°:

$$\begin{aligned} U(t) &= 230\text{V}\cdot\sin(\omega\cdot t+30°) \\ &= [230\text{V}\cdot\cos(30°)]\cdot\sin(\omega\cdot t)+[230\text{V}\cdot\sin(30°)]\cdot\cos(\omega\cdot t) \\ &= 199{,}2\text{V}\cdot\sin(\omega\cdot t)+115\text{V}\cdot\cos(\omega\cdot t) \end{aligned}$$

4.18 Leistung des Wechselstroms

Nach dem Ohm'schen Gesetz hängt bei einem Gleichstrom die Spannung U (Volt) mit dem Strom I (Ampère) und dem Widerstand R (Ohm) zusammen nach

$$U = I\cdot R$$

Die Leistung wird durch $P = U\cdot I = I^2\cdot R$ (Watt) ausgedrückt, also beispielsweise die Heizleistung (Energie/Zeit) eines stromdurchflossenen Widerstandes.

Beim Wechselstrom hängt die Spannung von der Zeit t ab nach

$$U(t) = U_0\cdot\sin(\omega\cdot t) = U_0\cdot\sin\left(\frac{2\cdot\pi}{T}\cdot t\right)$$

wo T für die Periodendauer steht, bei 50 Hz ist damit T = 20 ms. Nach dem Ohm'schen Gesetz ist also ebenso

$$I(t) = \frac{U(t)}{R} = \frac{U_0}{R}\cdot\sin\left(\frac{2\cdot\pi}{T}\cdot t\right) = I_0\cdot\sin\left(\frac{2\cdot\pi}{T}\cdot t\right)$$

und damit die Leistung

$$P(t) = U_0\cdot I_0\cdot\sin^2\left(\frac{2\cdot\pi}{T}\cdot t\right)$$

Nach einem trigonometrischen Additionstheorem (siehe *3.4.2*) ist

$$\sin^2(\alpha) = \frac{1}{2}\cdot(1-\cos(2\alpha))$$

also

$$P(t) = \frac{U_0\cdot I_0}{2}\cdot\left(1-\cos\left(\frac{4\cdot\pi}{T}\cdot t\right)\right)$$

Die Spannung oszilliert über eine ganze Periode zwischen $+U_0$ und $-U_0$, die Leistung zwischen dem Maximum $U_0\cdot I_0$ und 0.

Die Leistung oszilliert mit der doppelten Frequenz des Stroms.

Die Sinusfunktion nimmt Werte zwischen +1 und −1 an, ihr Quadrat zwischen +1 und 0.

Grüne Kurve: $\sin(\alpha)$

Blaue Kurve: $\sin^2(\alpha)$

α in rad

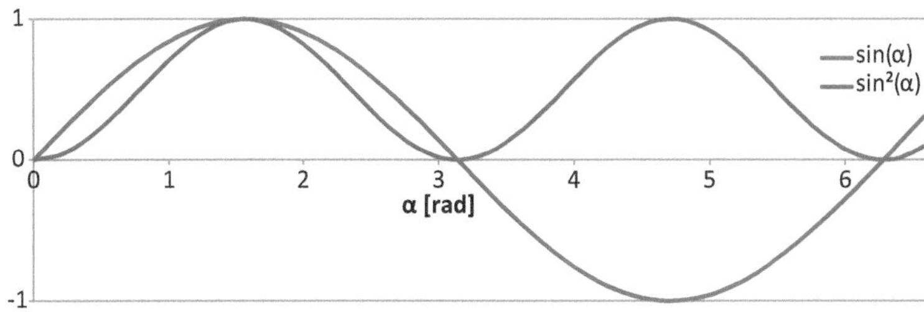

4.11 Umkehrfunktionen

4.11.1 Begriff

Wie wir in *4.1* gesehen haben, verstehen wir Funktionen als Zuordnungen von *Argumenten* zu *Funktionswerten.*

Falls jedem Argument genau ein Funktionswert entspricht und umgekehrt, kann die Zuordnung umgekehrt werden. Man spricht dann von der Umkehrfunktion f^{-1} von f (Vorsicht: das ist keine Potenz!).

4.11.2 Bestimmung der Umkehrfunktion

Gegeben: $y = f(x)$

Gesucht: $y = g(x)$ so, dass $g(f(x)) = x$

Vorgehen:

- $y = f(x)$ nach x auflösen
- x und y vertauschen

Beispiel:

4.19 $y = f(x) = 2x + 2$

$x = ½y - 1 \rightarrow y = ½x - 1$

$f^{-1}(x) = ½x - 1$

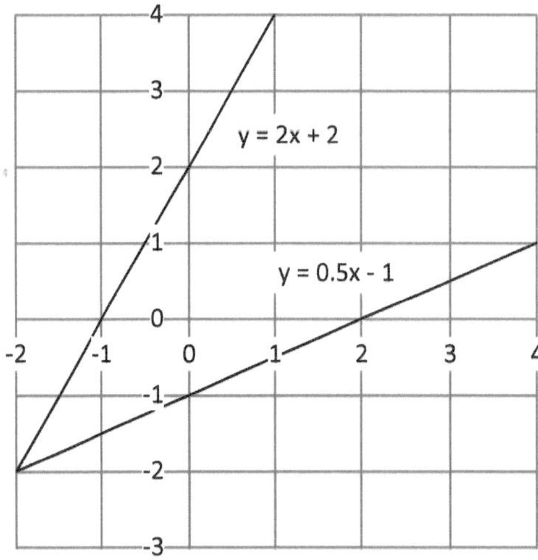

Bild 4.28 Funktion und Umkehrfunktion

Wegen der zur Umkehrung unbedingt erforderlichen Eineindeutigkeit ist es manchmal notwendig, den Bereich einer Funktion bei der Umkehrung einzuschränken.

Beispiel:

4.20
- Die Funktion $f(x) = x^2$ ist nur im Bereich $x \geq 0$ umkehrbar.
- Die Sinusfunktion ist nur in einem Bereich der Länge 2π umkehrbar, also z.B. 0 - 2π oder $-\pi$ - $+\pi$.

Der Graph der Umkehrfunktion ist der an der Geraden $y = x$ gespiegelte Graph der Ausgangsfunktion.

Die Umkehrfunktion der Umkehrfunktion ist also wieder die ursprüngliche Funktion.

4.11.3 Einige Funktionen und ihre Umkehrungen

Beispiele:

	Funktion	Umkehrfunktion	Bereich
4.21	$f(x) = a \cdot x^{\frac{m}{n}}$	$f^{-1}(x) = \left(\frac{x}{a}\right)^{\frac{n}{m}}$	
4.22	$f(x) = a^x$	$f^{-1}(x) = \log_a(x) = \frac{\log(x)}{\log(a)}$	
4.23	$f(x) = \sin(x)$	$f^{-1}(x) = \arcsin(x)$	nur 1 Periodenlänge
4.24	$f(x) = \cos(x)$	$f^{-1}(x) = \arccos(x)$	nur 1 Periodenlänge
4.25	$f(x) = \tan(x)$	$f^{-1}(x) = \arctan(x)$	nur 1 Periodenlänge

Die Umkehrfunktionen der trigonometrischen Funktionen heißen auch *zyklometrische Funktionen*.

4.11.4 Temperaturskala

Die Amerikaner geben heute noch Temperaturen nicht in Grad Celsius an, sondern in Grad Fahrenheit[31]. Bei der Celsiusskala[32] bezeichnen null Grad den Punkt, an dem Wasser gefriert (bzw. Eis schmilzt) und 100 Grad den Punkt, an dem Wasser auf Meereshöhe siedet. Die Fahrenheitskala ist ein paar Jahre älter; null Grad bezeichnet die tiefste damals bekannte Temperatur, die einer Mischung aus Eis und Salmiaksalz, während 100 Grad der Temperatur des Blutes eines lebenden Menschen entspricht. Es stellte sich durch Vergleiche heraus (bzw. wurde zwecks einfacher Umrechnung definiert), dass

$$0\,°\mathrm{C} = 32\,°\mathrm{F},$$

$$100\,°\mathrm{C} = 212\,°\mathrm{F}.$$

Bestimme die Funktion zur Umrechnung von Fahrenheit aus Celsius, $F = F(C)$, und die Umkehrung $C = C(F)$!

Die gesuchte Funktion ist natürlich linear. Es sind zwei Punkte gegeben, wir können also nach *Gl. (4.1)* und *Gl. (4.2)* in *4.2.4* vorgehen:

$$\left.\begin{array}{l} \mathit{Steigung} = \dfrac{212-32}{100-0} = \dfrac{180}{100} = \dfrac{9}{5} = 1.8 \\ \mathit{Achsenabschnitt} = 32 - 1.8 \cdot 0 = 32 \end{array}\right\} \Rightarrow F(C) = 1.8 \cdot C + 32$$

Zur Bestimmung der Umkehrfunktion lösen wir diesen Ausdruck nach C auf und erhalten

$$C(F) = \frac{F-32}{1.8} = (F-32) \cdot \frac{5}{9}$$

Auch bei uns kommt die Fahrenheit-Skala noch im Alltag vor, wenn auch in versteckter Form. Haushalt-Tiefkühlgeräte wurden zuerst in den USA hergestellt. Die normale Temperatur von Tiefkühlern wurde auf 0°F standardisiert - das sind -18 °C.

[31] Diese Temperaturskala wurde 1716 durch den Glasbläser und Thermometerhersteller Gabriel Daniel Fahrenheit (1686 - 1736) aus Danzig eingeführt, der in Den Haag lebte.

[32] Die Celsiusskala wurde 1742 durch Anders Celsius (1701 - 1744) in Uppsala begründet.

4.12 Übungsaufgaben

4.12.1 Zu Abschnitt 4.2

4.1 Bestimme die lineare Funktion durch die Punkte (-2 | -1) und (3 | 4).

4.2 Bestimme die lineare Funktion durch den Punkt (3 | 2) mit Steigung ½.

4.3 Bestimme m in der Geradengleichung $y = mx + 0{,}5$ so, dass der Graph durch den Punkt (4 | 6) verläuft.

4.4 Bestimme die Gerade, die parallel zu $y = ½x - 1$ durch Punkt (3 | 4) verläuft. Bestimme auch die dazu senkrechte Gerade durch den Punkt (2 | 7).

4.5 Berechne den Abstand des Punktes (-5 | -4) von der Geraden $y = 2x - 6$.

4.6 Zwei Geraden g und h schneiden sich im Punkt S. Von h kennt man die Funktionsgleichung $\frac{11y+x}{10} = 1+y$. Gerade g geht durch den Koordinatenursprung (0 | 0) und hat die Steigung $m = 1$.

Bestimme die Koordinaten des Schnittpunktes. Unter welchem Winkel schneiden sich g und h?

4.7 Berechne die Eckpunkte des Dreiecks, dessen Seiten durch die Geraden

$x + 6y = -6$

$2x + y = 4{,}5$

$5x - 3y = -13{,}5$

gegeben sind. Berechne auch Seitenlängen, Winkel und Fläche.

4.8 Simona und Stefan tragen in ihrer freien Zeit Prospekte aus. Sie arbeiten für zwei verschiedene Firmen und vergleichen ihre Verdienste:

Simona: Das letzte Mal erhielt ich für das Austragen von 800 Prospekten Fr. 50.– und vor einer Woche für das Austragen von 1200 Prospekten Fr. 70.–.

Stefan: Ich erhalte pro ausgetragenen Prospekt 6 Rappen.

Beantworte folgende Fragen, wenn bekannt ist, dass beide Verdienste lineare Funktionen sind:

a) Wie lauten die Funktionen der Verdienste von Simona und Stefan?

b) Stelle die Funktionen graphisch dar.

c) Bestimme rechnerisch die Anzahl Prospekte, bei der beide gleich viel verdienen.

d) Simona möchte ein Computerspiel für Fr. 98.– kaufen. Wie viele Prospekte muss sie dafür austragen?

4.9 Taxifirma A verrechnet Fr. 8.- Grundgebühr plus Fr. 1.- für jeden Kilometer.

Konkurrenzfirma B offeriert ihren Service zu Fr. 12.- für Fahrten bis 10 km Länge. Für jeden weiteren Kilometer werden Fr. 1,50 in Rechnung gestellt

a) Skizziere die beiden Tarife in einem gemeinsamen Diagramm.

b) Bestimme die (abschnittsweisen) Funktionsgleichungen.

c) Für welche Fahrstrecken soll man welche Firma bevorzugen?

4.10 Gemeinde A verrechnet für Trinkwasser Fr. 60.- Grundgebühr und Fr. 1,20 pro m^3, in Gemeinde B beträgt die Grundgebühr 40.- und der m^3-Preis Fr. 1,40.

a) Ermittle für beide Gemeinden die Kosten in Abhängigkeit der bezogenen Wassermenge.

b) Bei welchem jährlichen Wasserverbrauch bezahlt man in beiden Gemeinden gleich viel?

c) In Gemeinde C muss die Grundgebühr 40mal so groß sein wie der m^3-Preis. Bei welchem m^3-Preis kosten in Gemeinde C 200 m^3 Trinkwasser pro Jahr gleich viel wie in Gemeinde A?

Lineare Optimierung

4.11 Eine Schuhfabrik kann zwei Modelle von Schuhen herstellen, einen Damenschuh und einen Herrenschuh. Dabei gelten folgende Randbedingungen:

	Damenschuh	Herrenschuh	verfügbar
Herstellungszeit (h)	20	10	8000
Maschinenzeit (h)	4	5	2000
Lederbedarf (dm2)	6	15	4500
Reingewinn (Fr)	16	32	max.

Wie viele Damen- und Herrenschuhe müssen für einen maximalen Reingewinn hergestellt werden?

4.12 Ein Hersteller von Anhängern bietet ein Modell A zu 5000 Fr. und ein Modell B für 3000 Fr. an. Pro Arbeitstag können entweder 10 Anhänger A oder 20 Anhänger B hergestellt werden. Wie viele Anhänger von jedem Typ müssen in 100 Arbeitstagen produziert werden, wenn in dieser Zeit mit einem Absatz von höchstens 1400 Anhängern gerechnet wird und der Umsatz möglichst hoch sein soll?

4.13 In einer Maschinenfabrik werden zwei Zubehörteile A und B auf drei Automaten I, II und III gefertigt. Teil A durchläuft alle drei Automaten, Teil B nur die Automaten I und II. In der Tabelle stehen die Bearbeitungszeiten in Minuten:

	Teil A	Teil B	verfügbar
Automat I	5	4	400
Automat II	3	6	420
Automat III	6	0	360

Der Gewinn beträgt pro Teil A Fr. 1,50, pro Teil B Fr. 2,00. Welche Produktion soll gefahren werden, damit der Gewinn möglichst groß wird?

4.14 Ein Velohändler möchte von zwei Modellen je mindestens fünf Exemplare einkaufen. Modell A kostet Fr. 1125, Modell B Fr. 900. Es stehen ihm höchstens Fr. 18000 zur Verfügung. Der Händler entscheidet sich, von Modell A mindestens 80% der Anzahl von Modell B zu kaufen, höchstens aber doppelt so viele. An Modell A verdient er Fr. 250, an Modell B Fr. 400.

Wie viele Exemplare von beiden Modellen muss er kaufen, um seinen Gewinn zu optimieren, wenn er davon ausgeht, dass er alles verkaufen kann?

4.15 Ein Kaffeehändler besitzt Vorräte von drei Kaffeesorten. Er will zwei Mischungen in Paketen von je 1 kg verkaufen:

	Mischung A	Mischung B	Vorrat
1. Sorte	300 g	400 g	360 kg
2. Sorte	200 g	400 g	320 kg
3. Sorte	500 g	200 g	340 kg
Verkaufspreis	5,50	22,00	

Wie viele Pakete von welcher Sorte muss er abfüllen, um einen möglichst hohen Umsatz zu erzielen?

4.12.2 Zu Abschnitt 4.3

Bestimme in den folgenden Aufgaben jeweils die Funktionsgleichung:

4.16 Eine Parabel geht durch die Punkte (-1 | 1), (1 | 2) und (4 | -2).

4.17 Eine Parabel schneidet die x-Achse bei $x = 3$ und geht durch die Punkte (1 | -2) und (-1 | -1).

4.18 Eine Parabel mit dem Scheitel (-1 | 2) geht durch den Punkt P (0,5 | 3).

4.19 Eine Parabel hat den Scheitel bei (-3 | 2,5) und schneidet die x-Achse bei (1 | 10).

4.20 Eine Parabel mit Scheitelpunkt (-1,5 | 4) ist nach unten geöffnet und schneidet die y-Achse bei $y = 3,5$.

4.21 Eine Parabel hat den Scheitelpunkt (3,5 | -8) und geht durch den Punkt (2 | -6).

4.22 Freier Fall: Im freien Fall legt ein Körper aus dem Ruhezustand unter dem Einfluss der Schwerkraft in der Zeit t die Distanz $\frac{1}{2} \cdot g \cdot t^2$ zurück (Erdbeschleunigung $g = 9{,}81\ \text{m/s}^2$). Wie lange dauert es, um 1000 m tief zu fallen? Welche Endgeschwindigkeit $v = g \cdot t$ wird dabei erreicht?

4.23 Wurfparabel: Unter dem Einfluss der Schwerkraft, aber ohne Berücksichtigung des Luftwiderstandes, beschreibt ein mit der Geschwindigkeit v unter dem Winkel α zur Horizontalen im Punkt (0 | 0) abgeschossener Körper eine Flugbahn der Form

$y = \tan(\alpha) \cdot x - \frac{g}{2 \cdot v^2 \cdot \cos^2(\alpha)} \cdot x^2$ mit der Erdbeschleunigung $g = 9{,}81\ \text{m/s}^2$.

Wie weit fliegt ein Stein, der in einer Ebene mit 20 m/s unter 35°, 36°, 37°, 44°, 54°, 55° geworfen wird?

4.24 Die Oberfläche einer rotierenden Flüssigkeit nimmt in einer Zentrifuge durch Überlagerung von Schwerkraft und Fliehkraft die Form eines Rotationsparaboloids an. Bei einer bestimmten Flüssigkeit (Viskosität) hat die Schnittparabel die Gleichung

$y - y_0 = \frac{\omega^2 x^2}{2g}$ mit der Winkelgeschwindigkeit ω in rad/s, $g = 9{,}81\ \text{m/s}^2$. Bestimme y_0, wenn die Flüssigkeit bei 750 U/min gerade den oberen Gefäßrand erreicht.

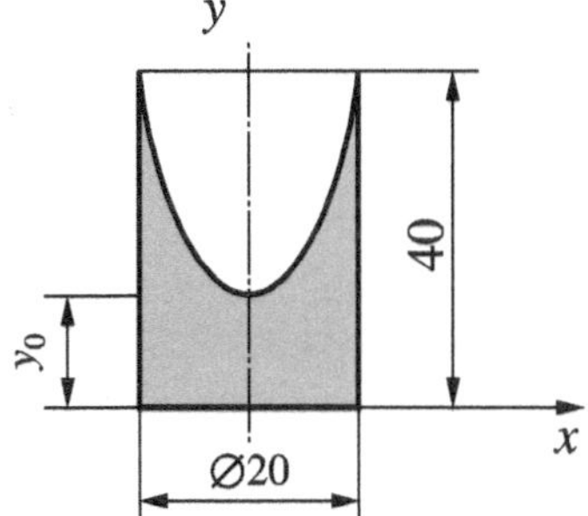

4.25 Eine Brücke ist an einem parabolischen Träger aufgehängt. Es sind $l = 36$ m, $h = 6$ m, $a = 3$ m. Die vertikalen Tragstäbe sind 5 m und 10 m von der Brückenmitte entfernt angebracht. Bestimme die Fahrbahnlänge CD und die Längen der Tragstäbe.

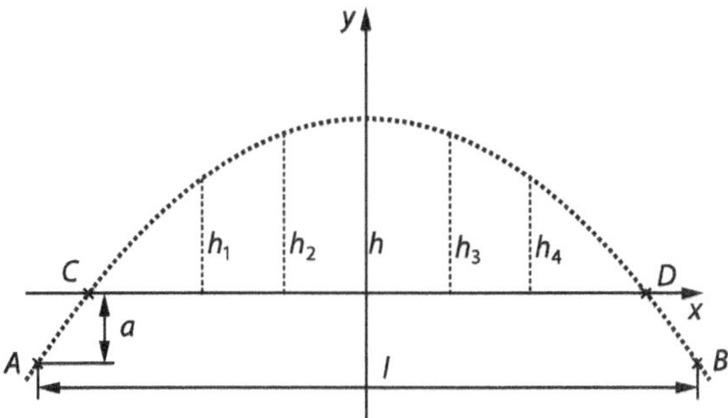

4.26 Der Draht einer Freileitung hat annähernd die Form einer quadratischen Parabel. Es sind $s = 284{,}6$ m, $h = 21{,}2$ m und $f = 7{,}8$ m (in der Mitte zwischen A und B). Bestimme die Funktionsgleichung und den Scheitelpunkt der Parabel.

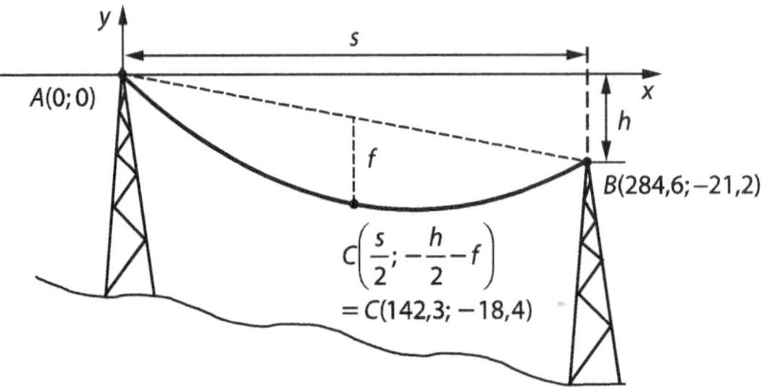

4.12.3 Zu Abschnitt 4.11.4

4.27 Gibt es eine Temperatur, bei der der Zahlenwert in °C und °F gleich ist? Wo liegt sie?

5 Wahrscheinlichkeitsrechnung und Statistik

5.1 Einführung

Die mathematische Disziplin der Wahrscheinlichkeitsrechnung und Statistik geht auf das Glücksspiel zurück, wo schon vor hunderten von Jahren versucht wurde, mit Berechnungen dem Zufall auf die Schliche zu kommen.

Ebenfalls sehr alt ist die Anwendung im Versicherungswesen.

Wir unterscheiden zwei Arten von Statistik:

- die *beschreibende Statistik*: (deskriptive Statistik) — Aus den Daten einer Gesamtheit werden statistische Kenngrößen ermittelt (z. B. bei der Volkszählung). **Die beschreibende Statistik macht aus Daten Informationen.**
- die *schließende Statistik*: (induktive Statistik) — Aus den Feststellungen an einer (kleinen) Stichprobe stellt man Rückschlüsse an die Eigenschaften einer (großen) Gesamtheit (z. B. bei der Qualitätskontrolle).

Heute werden statistische Methoden in zahlreichen Gebieten des täglichen Lebens angewendet:

- Marktforschung: Umfragen, Einkaufsgewohnheiten aufgrund von Datenerfassung bei Kreditkarten oder Cumuluskarten, …
- Qualitätssicherung
- Versicherungswesen
- Wirtschaftskennzahlen, Finanzkennzahlen
- Medizin: Klinische Studien mit neuen Medikamenten oder Behandlungen
- Umfragen
- und so weiter …

Als Techniker wird man die Statistik möglicherweise in folgenden Gebieten antreffen bzw. anwenden können:

- bei der Auswertung von Versuchen, wenn es darum geht, bestimmte Größen zu bestimmen,
- bei der Charakterisierung von Ergebnissen, die streuen,

- bei der Beurteilung, ob bestimmte Fertigungstoleranzen eingehalten werden können oder nicht,
- bei der Beurteilung, ob ein bestimmter industrieller Prozess beherrscht wird oder nicht,
- bei der Qualitätssicherung durch Prüfungen an Stichproben.

5.2 Zufall und Wahrscheinlichkeit

„Warum fällt das Butterbrot meistens auf die Seite der Butter?“

Wo gibt es schon absolute Sicherheit? Der Zufall ist eines der großen Geheimnisse des Lebens. Im Alltag reden wir schnell von „Zufall“, „Glück“ und „Pech“, wenn wir die Ursachen von etwas nicht kennen. Bei genauer Betrachtung ist es manchmal möglich, für scheinbar „zufällige“ Vorgänge Ursachen zu finden.

Trotzdem ist das Konzept des „Zufalls“ sehr nützlich, weil *das Zusammenwirken vieler unabhängiger Ursachen dem Zufall wieder sehr nahe kommt.* Beispiel: Beim Würfeln spielt die Gleichmäßigkeit des Würfels eine Rolle - kein Würfel ist gleichmäßig, weil er unterschiedlich viele Augen auf jeder Seite hat, die Materialdichte ist nicht genau homogen, die Handbewegung beim Würfeln jedesmal anders, der Luftzug, die Tischoberfläche an der Stelle des Aufpralls, und so weiter. Trotzdem erhalten wir bei einer großen Anzahl Würfe normalerweise recht ausgewogene Resultate.

Beispiel:

5.1 5 Münzen werden 1000-mal zusammen geworfen und jedesmal die Anzahl Köpfe gezählt.

Ergebnis:

Köpfe	Würfe
0	38
1	144
2	342
3	287
4	164
5	25
Total	1000

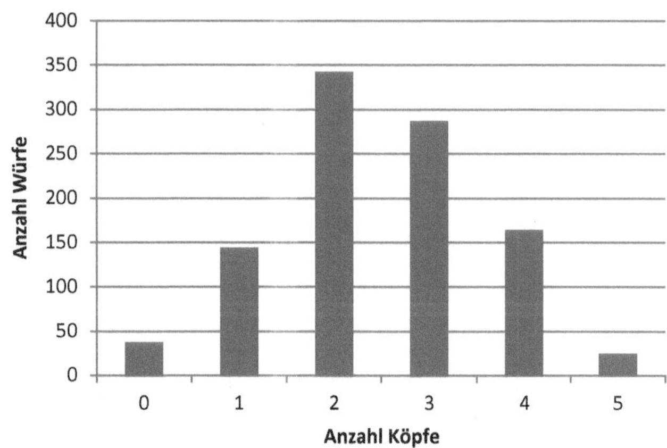

Bild 5.1 Balkendiagramm

Allgemein definiert man als Wahrscheinlichkeit (Bezeichnung: normalerweise Buchstabe *p* für „probability")

$$p = \frac{\textit{Anzahl günstiger Ereignisse}}{\textit{Anzahl Ereignisse total}}$$

In *Beispiel 5.1* wäre also die *gemessene* Wahrscheinlichkeit dafür, beim Wurf von 5 Münzen 3 Köpfe zu erhalten, 287/1000 = 0,287 = 28,7 %. Wenn wir den Versuch wiederholen, erhalten wir ein leicht anderes Resultat. Die 28,7 % sind deshalb eine *Schätzung* der „wahren" Wahrscheinlichkeit. Die Theorie zu diesem Beispiel folgt in *5.4.1*.

Eine Wahrscheinlichkeit ist eine Zahl zwischen 0 und 1, die ein Maß für das Eintreten eines bestimmten Ereignisses darstellt.

Bei Wahrscheinlichkeit 0 tritt ein Ereignis nie ein, bei 1 immer.

Ein wichtiger Begriff ist der der **Unabhängigkeit aufeinanderfolgender Ereignisse**. Bei unabhängigen Ereignissen hängt das Resultat nicht davon ab, was vorher passiert ist. *Wenn wir zweimal würfeln, hängt das Resultat beim zweiten Mal nicht davon ab, was beim ersten Mal herausgekommen ist.* Die Wahrscheinlichkeit, eine 6 zu würfeln, hängt nicht davon ab, ob vorher schon eine 6 gekommen ist.

Illustration der Begriffe anhand einiger Beispiele:

5.2 Wie groß ist die Wahrscheinlichkeit, eine 3 zu würfeln?

Ein Würfel hat 6 Möglichkeiten, die alle gleich wahrscheinlich sind - also 1/6.

5.3 Wie groß ist die Wahrscheinlichkeit, eine Zahl unter 3 zu würfeln?

Eine Zahl unter 3 ist entweder eine 1 oder 2. Beide haben Wahrscheinlichkeit 1/6, also 1/6 + 1/6 = 1/3.

5.4 Wie groß ist die Wahrscheinlichkeit, eine ungerade Zahl zu würfeln?

Eine ungerade Zahl ist entweder eine 1, 3 oder 5. Alle haben Wahrscheinlichkeit 1/6, also 1/6 + 1/6 + 1/6 = 1/2.

5.5 Wie groß ist die Wahrscheinlichkeit, bei *zweimaligem* Würfeln zuerst eine 2 und dann eine 4 zu würfeln? Eine 2 und eine 4 bei einmaligem Würfeln mit 2 Würfeln?

Beim ersten Würfeln gibt es 6 gleich wahrscheinliche Möglichkeiten, beim zweiten ebenfalls - es sind also 36 verschiedene Resultate möglich. Zuerst 2 und dann 4 ist eine dieser 36 Möglichkeiten, die Wahrscheinlichkeit beträgt also 1/36.

Wenn zwei unabhängige Ereignisse zusammen (nacheinander oder miteinander) stattfinden sollen, multiplizieren sich ihre Einzelwahrscheinlichkeiten.

Beim Würfeln mit 2 Würfeln müssen wir die Würfel unterscheiden. Für eine 2 und eine 4 kann der erste Würfel 2 und der zweite 4 haben, oder umgekehrt. Die Wahrscheinlichkeit beträgt deshalb für diesen Fall 1/36 + 1/36 = 1/18.

5.6 Wie groß ist die Wahrscheinlichkeit, in 9 von 36 Jasskarten den Herzkönig zu erhalten?

Wenn die Karten gut gemischt sind, ist jede der 9 Karten mit Wahrscheinlichkeit 1/36 der Herzkönig, und die gesuchte Wahrscheinlichkeit wird 9/36 = 1/4.

5.7 Wie groß ist die Wahrscheinlichkeit, Herzkönig *und* Herzdame zu erhalten?

Die Wahrscheinlichkeit, dass eine der 9 Karten der Herzkönig ist, beträgt wie oben 9/36. Eine der übrigen 8 Karten muss im betrachteten Fall die Herzdame sein. Für diese 8 Karten stehen noch 35 Möglichkeiten zur Verfügung. Die gesuchte Wahrscheinlichkeit beträgt deshalb $\frac{9}{36}\cdot\frac{8}{35}=\frac{2}{35}=5.7\%$.

5.8 Etwa 8 von 1000 50-jährigen Frauen haben Brustkrebs. Das Mammographie-Screening (ein Krebstest) ist in 90 % der Fälle positiv, wenn Krebs vorhanden ist, und in 7 % der Fälle, wo kein Krebs vorliegt.[33]

Eine 50-jährige Frau unterzieht sich einer Mammographie und das Resultat ist positiv. Wie groß ist die Wahrscheinlichkeit, dass sie Brustkrebs hat?

Wie hoch ist die „gefühlsmäßige" Schätzung?

Der Test ist positiv bei 90 % der 0,8 % Frauen mit Krebs, aber auch bei 7 % der 99,2 % gesunden:

	Krebs vorhanden		
	Ja (0,8 %)	Nein (99,2 %)	Alle (100 %)
Test positiv	0,8 % · 90 % = 0,72 %	99,2 % · 7 % = 6,944 %	7,664 %
Test negativ	0,8 % · 10 % = 0,08 %	99,2 % · 93 % = 92,256 %	92,336 %

Von den 7,664 % Frauen mit positivem Test haben nur 0,72 % tatsächlich Krebs. Die Wahrscheinlichkeit, dass eine zufällig gewählte Frau mit positivem Mammographie-Screening Krebs hat, beträgt also

$$\frac{0{,}72\%}{7{,}664\%}=9{,}395\%$$

Unter anderem aus diesem Grund wird von häufigen großflächigen Mammographie-Kampagnen (ohne Verdacht auf Krebs) abgeraten. Nur eine von zehn Frauen mit einem positiven Krebstest hat dann tatsächlich Krebs, aber alle von ihnen werden in Todesangst versetzt und es werden weitere Untersuchungen und Behandlungen ausgelöst - dazu kommt, dass gar nicht jede entdeckte Veränderung je bösartig wird.

33 Beispiel aus: Chr. Hesse, Warum Mathematik glücklich macht, Verlag C. H. Beck

5.9 Wie groß ist die Wahrscheinlichkeit, dass mindestens zwei Studenten in der Klasse am selben Tag Geburtstag haben? (Ohne Schaltjahre!) Wir nehmen dabei an, dass die Geburten gleichmäßig über das ganze Jahr verteilt seien.

Dieses ungeheuer kompliziert scheinende Problem wird mit einem Schlag sehr viel einfacher, wenn man es umdreht:

Gesuchte Wahrscheinlichkeit = 1 - Wahrscheinlichkeit, dass alle Studenten *verschiedene* Geburtstage haben.

Dieser (Um-)Weg über die **Gegenwahrscheinlichkeit** ist oft enorm hilfreich.

Wahrscheinlichkeit für **verschiedene** Geburtstage:

- Die erste Person hat an irgend einem von 365 Tagen Geburtstag.
- Die zweite Person hat mit der Wahrscheinlichkeit 364/365 an einem anderen Tag Geburtstag als die erste.
- Die dritte Person hat mit der Wahrscheinlichkeit 363/365 an einem anderen Tag Geburtstag als die erste und die zweite.
- etc.

Die gesuchte Wahrscheinlichkeit ist also gegeben durch

$$p(n) = 1 - \frac{364}{365} \cdot \frac{363}{365} \cdot \frac{362}{365} \cdot \frac{361}{365} \cdot \ldots$$

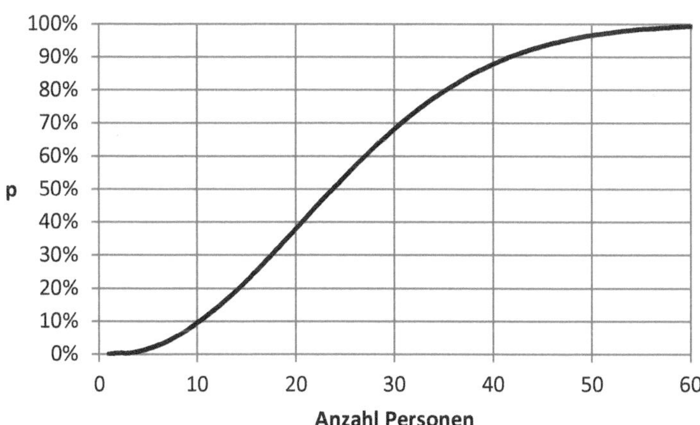

Wie man sieht, nimmt die Wahrscheinlichkeit mit zunehmender Klassengröße rasch zu. Bei 23 Personen beträgt sie bereits über 50 %, bei 50 Personen sind 97 % erreicht und bei 60 sind wir bei 99,4 % angelangt!

Der TI-30X Pro berechnet derartige Produkte mit der Funktion **math 6:prod(**. Für 23 Personen bestimmt man diese Wahrscheinlichkeit mit

$$1 - \prod_{x=1}^{22} \left(\frac{365 - x}{365} \right) = 0.507297234$$

5.10 Man darf nicht immer alles für bare Münze nehmen, was veröffentlicht wird...

In einer 1994 in den USA publizierten Studie zum Sexualverhalten wurden 3432 Amerikaner zwischen 18 und 59 Jahren zur Anzahl ihrer Partner des anderen Geschlechts befragt. Das Ergebnis war, dass Männer im Mittel 74 % mehr verschiedene gegengeschlechtliche Partner hatten als Frauen.[34]

Die Autoren der Studie waren sicher davon überzeugt, mit ihrer aufwendigen Feldforschung eine gesellschaftlich wichtige Frage beantwortet zu haben.

Kann das Ergebnis stimmen, bzw. was kann aus diesem Resultat gefolgert werden, wenn man weiß, dass es zu dieser Zeit in der Bevölkerung 3,5 % mehr Frauen als Männer gab?

In der Bevölkerung gibt es M Männer $m_1, m_2, \ldots, m_M$ und F Frauen $f_1, f_2, \ldots, f_F$. Dabei ist F um 3,5 % größer als M, also $F/M = 1{,}035$. Wir stellen die Männer und Frauen als Punkte und ihre Beziehungen durch Verbindungslinien zwischen den Punkten dar:

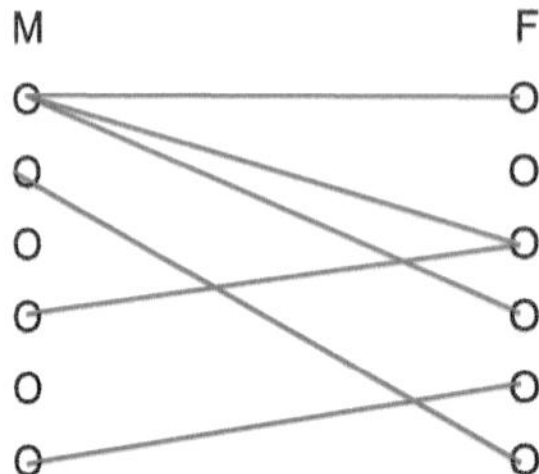

Die Anzahl Linien, die von einem Punkt ausgehen, also die Anzahl Partner des anderen Geschlechts für jeden Mann/jede Frau, bezeichnen wir mit $P(m_i)$ bzw. $P(f_j)$. Jetzt gilt für die Anzahl Linien, da jede Linie zwei Endpunkte hat,

$$P(m_1)+P(m_2)+\ldots+P(m_M)=P(f_1)+P(f_2)+\ldots+P(f_F)$$

$$\left(P(m_1)+P(m_2)+\ldots+P(m_M)\right)\cdot\frac{M}{M}=\left(P(f_1)+P(f_2)+\ldots+P(f_F)\right)\cdot\frac{F}{F}$$

$$\underbrace{\frac{P(m_1)+P(m_2)+\ldots+P(m_M)}{M}}_{\text{durchschnittl. Anzahl Partnerinnen pro Mann}}=\underbrace{\frac{P(f_1)+P(f_2)+\ldots+P(f_F)}{F}}_{\text{durchschnittl. Anzahl Partner pro Frau}}\cdot\underbrace{\frac{F}{M}}_{1{,}035}$$

Damit ist klar, dass die Anzahl gegengeschlechtlicher Partner für Männer im Durchschnitt der Gesamtbevölkerung um 3,5 % größer ist als für Frauen. Es braucht dafür keine Befragung!

74 % liegen weit entfernt von 3,5 %. Es kann natürlich nicht ausgeschlossen werten, dass die 3432 Studienteilnehmer für die Gesamtbevölkerung nicht repräsentativ waren. Bei der großen Teilnehmer-Zahl und der großen Abweichung kann aber dieses Resultat mit Statistik nicht plausibel erklärt werden; siehe dazu auch *5.8.1* über Statistisches Testen.

[34] Beispiel aus: Chr. Hesse, Warum Mathematik glücklich macht, Verlag C.H. Beck

Die plausible Erklärung tangiert psychologische und gesellschaftliche Aspekte und Rollenbilder: Männer neigen dazu, die Anzahl ihrer Partnerinnen zu übertreiben, während bei Frauen eine Tendenz zum Untertreiben besteht.

5.11 Der ELISA-Test (Enzyme-Linked Immunosorbent Assay) ist ein gängiges Nachweisverfahren unter anderem für die HIV-Infektion. Die Sensitivität (Wahrscheinlichkeit für ein positives Ergebnis, wenn eine Infektion vorliegt) beträgt 99,5 %, die Spezifizität (Wahrscheinlichkeit, dass das Resultat ohne Infektion negativ ist) ebenfalls 99,5 %.

In der Schweiz leben rund 17 000 Personen mit HIV, das sind etwa 0,2 % der Erwachsenen.

Ein Erwachsener unterzieht sich einem ELISA-Test. Das Resultat ist positiv. Wie groß ist die Wahrscheinlichkeit, dass er mit HIV infiziert ist?[35]

Der Test ist positiv bei 99,5 % der 0,2 % Personen mit HIV, aber auch bei 0,5 % der 99,8 % Gesunden. Das sind $0{,}199\% + 0{,}499\% = 0{,}698\%$. Von diesen sind $\frac{0{,}199\%}{0{,}698\%} = 28{,}51\%$ infiziert, während $\frac{0{,}499\%}{0{,}698\%} = 71{,}49\%$ - also die Mehrzahl - trotz positivem Testergebnis gesund sind!

Auf der anderen Seite haben 0,5 % der 0,2 % Infizierten und 99,5 % der 99,8 % Gesunden ein negatives Ergebnis. Bei negativem Ergebnis liegt also die Wahrscheinlichkeit, infiziert zu sein, bei nur 0,001 % - wenn der AIDS-Test negativ ausfällt, kann man fast sicher sein, kein HIV mit sich herumzutragen.

5.12 Ein Ball mit 5 cm Durchmesser wird, ohne dass gezielt wird, gegen ein Drahtgitter mit quadratischen Maschen mit 8 cm Seitenlänge geworfen. Wie groß ist die Wahrscheinlichkeit, dass der Ball, ohne den Draht zu berühren, durch das Gitter hindurchfliegt? Der Draht wird als unendlich dünn angenommen.

Der Ball fliegt ohne Berührung durch, wenn sein Zentrum mindestens 2,5 cm vom Draht entfernt im Innern der Masche auftrifft. Das heißt, dass es in einem Quadrat mit Seitenlänge $8\text{cm} - 2 \cdot 2{,}5\text{cm} = 3\text{cm}$ im Innern der Masche liegen muss. Die Wahrscheinlichkeit ist gleich dem Verhältnis der Flächen der beiden Quadrate, $p = 9\text{cm}^2 / 64\text{cm}^2 = 14{,}0625\%$.

[35] Beispiel aus: Chr. Hesse, Warum Mathematik glücklich macht, Verlag C. H. Beck

5.3 Einfache Kombinatorik

Bei der Kombinatorik geht es darum, die Anzahl Zustände (Resultate) zu berechnen, die in bestimmten Fällen möglich sind. Damit lassen sich die Wahrscheinlichkeiten des Eintretens der einzelnen Ereignisse oder Resultate berechnen.

Wie viele 3-stellige Zahlen können mit 3 verschiedenen Ziffern, z. B. 1, 2, 3 gebildet werden?

Bei der ersten Ziffer haben wir die Auswahl aus 3, bei der 2. noch aus 2 Ziffern, und für die letzte gibt es nur noch eine Möglichkeit. Es gibt also $3 \cdot 2 \cdot 1 = 6$ Möglichkeiten: 123, 132, 213, 231, 312, 321. Man nennt diese Vertauschungen *Permutationen* der 3 Ziffern.

Definition:

$n! = 1 \cdot 2 \cdot 3 \cdot \ldots \cdot (n-1) \cdot n$ heißt „n Fakultät", und es gilt $0! = 1$.

Auf dem TI-30 wird die Fakultät mit der Taste **x!** berechnet, wobei $x \leq 69$ sein muss, da der TI-30 nur Zahlen bis $9{,}999999999 \cdot 10^{99}$ darstellen kann. Für größere Zahlen kann der TI-30X Pro den Wert über die Summe der Logarithmen ermitteln.

Falls eine Ziffer mehrfach vorkommt, sind natürlich einige der Möglichkeiten gleich bzw. ununterscheidbar. Falls eine Ziffer k-fach vorkommt, sind das $k!$ Möglichkeiten. Mit n Ziffern, unter denen k gleiche sind, kann man noch $n!/k!$ *verschiedene* n-stellige Zahlen bilden. Mit den Ziffern 1, 1, 1, 2, 2, 3, 3, 3, 3, 4, 5, 6 können $\frac{12!}{3!\cdot 2!\cdot 4!\cdot 1!\cdot 1!\cdot 1!} = 1663200$ verschiedene 12-stellige Zahlen gebildet werden.

Ein wichtiger Spezialfall ist der, wo wir *zwei* Ziffern haben, die je mehrfach vorkommen, oder, sagen wir, p Zeichen „a" und q Zeichen „b", die nebeneinander angeordnet werden. Wie viele verschiedene Anordnungen gibt es? Mit den oben angestellten Überlegungen folgt mit $n = p + q$

$$Anzahl = \frac{n!}{p!\cdot q!} = \frac{n!}{p!\cdot(n-p)!} = \frac{n!}{(n-q)!\cdot q!}$$

Diese *Anzahl Kombinationen* ist dieselbe Größe wie der *Binomialkoeffizient* in *1.5.3*, denn es ist zum Beispiel

$$\begin{aligned}(a+b)^3 &= (a+b)\cdot(a+b)\cdot(a+b)\\ &= aaa + aab + aba + abb + baa + bab + bba + bbb\\ &= aaa + \underbrace{aab + aba + baa}_{3a^2b} + \underbrace{abb + bab + bba}_{3ab^2} + bbb\end{aligned}$$

Beim Ausmultiplizieren entstehen alle $2^3 = 8$ möglichen Anordnungen von je einem Element aus jeder Klammer. „*aab*", „*aba*" und „*baa*" sind alle $\frac{3!}{2!\cdot 1!} = 3$ möglichen Anordnungen von 2 „a" und 1 „b". Weil es beim Multiplizieren nicht auf die Reihenfolge der Faktoren ankommt (*1.3.1*), können wir die Terme mit dem gleichen Wert zusammenfassen. Die Binomialkoeffizienten geben an, wie viele das sind.

Wir bezeichnen Binomialkoeffizienten mit dem Symbol „*n* über *k*“,

$$\binom{n}{k} = \frac{n!}{k!\cdot(n-k)!} = \binom{n}{n-k} \tag{5.1}$$

denn $\binom{n}{n-k} = \frac{n!}{(n-k)!\cdot(n-(n-k))!} = \frac{n!}{(n-k)!\cdot k!}$. Es ist immer $k \leq n$. Der TI-30 berechnet diesen Binomialkoeffizienten durch *n* **nCr** *k* =.

Das Pascal’sche Dreieck können wir mit Binomialkoeffizienten wie folgt darstellen:

$$\binom{0}{0}=1$$

$$\binom{1}{1}=1 \quad \binom{1}{0}=1$$

$$\binom{2}{2}=1 \quad \binom{2}{1}=2 \quad \binom{2}{0}=1$$

$$\binom{3}{3}=1 \quad \binom{3}{2}=3 \quad \binom{3}{1}=3 \quad \binom{3}{0}=1$$

$$\binom{4}{4}=1 \quad \binom{4}{3}=4 \quad \binom{4}{2}=6 \quad \binom{4}{1}=4 \quad \binom{4}{0}=1$$

etc.

Beispiele:

5.13 Wie viele 3-stellige Zahlen kann man aus 7 verschiedenen Ziffern bilden? Mit der gleichen Überlegung wie weiter oben erhalten wir: Bei der ersten Ziffer haben wir die Auswahl aus 7, bei der zweiten aus 6, bei der dritten aus 5, also 7 · 6 · 5 = 210 Möglichkeiten. Diese Größe, die Anzahl Permutationen von 3 Elementen aus 7, wird beim TI-30 mit der Taste **nPr** berechnet, 7 **nPr** 3 = 210.

5.14 Um beim Zahlenlotto 6 Zahlen aus 45 zu ziehen, gibt es 45 **nPr** 6 = 5 864 443 200 Möglichkeiten. Davon unterscheiden sich jeweils 6! = 720 nur durch die Reihenfolge, es bleiben also noch 8 145 060 Möglichkeiten, wenn wir die Reihenfolge außer acht lassen. Diese Größe ist wieder dieselbe wie der Binomialkoeffizient, denn

$$\frac{45\cdot 44\cdot 43\cdot 42\cdot 41\cdot 40}{1\cdot 2\cdot 3\cdot 4\cdot 5\cdot 6} = \frac{45!}{39!\cdot 6!} = \binom{45}{39} = \binom{45}{6} = 8145060.$$

Ein Reiskorn wiegt etwa 20 mg. Die 8 145 060 verschiedenen Möglichkeiten entsprechen also der Anzahl Körner bei etwas über 160 kg Reis.

5.4 Binomialverteilung

5.4.1 Grundlagen

Eine Wahrscheinlichkeit ist eine Zahl zwischen 0 und 1, die ein Maß für das Eintreten eines bestimmten Ereignisses ist, beispielsweise ob eine geworfene Münze mit der Kopf- oder Zahlseite nach oben zu liegen kommt oder ob ein Kind ein Knabe oder Mädchen ist. Bei Wahrscheinlichkeit 0 tritt ein Ereignis nie ein, bei 1 immer. Bei einer idealen Münze ist die Wahrscheinlichkeit für Kopf und für Zahl beide Male 0,5 oder 50 %. Die Wahrscheinlichkeit für entweder Kopf oder Zahl ist 0,5 + 0,5 = 1, denn es kommt immer entweder Kopf oder Zahl heraus (die entfernte Möglichkeit „Kante" vernachlässigen wir hier bewusst).

Den Geburtenregistern entnimmt man, dass ein Kind mit der Wahrscheinlichkeit $p_K = 0{,}52$ ein Knabe und mit $p_M = 0{,}48$ ein Mädchen ist. (Die Natur hat das vermutlich so eingestellt, weil die Kindersterblichkeit bei Knaben leicht höher ist.) Eine Familie mit drei Kindern kann also wie folgt zusammengesetzt sein:

Familie	Reihenfolge	Wahrscheinlichkeit	Möglichkeiten
3 Knaben	KKK	$p_K \cdot p_K \cdot p_K = p_K^3$	1
2 Knaben, 1 Mädchen	KKM	$p_K \cdot p_K \cdot p_M = p_K^2 \cdot p_M$	3
	KMK	$p_K \cdot p_M \cdot p_K = p_K^2 \cdot p_M$	
	MKK	$p_M \cdot p_K \cdot p_K = p_K^2 \cdot p_M$	
1 Knabe, 2 Mädchen	KMM	$p_K \cdot p_M \cdot p_M = p_K \cdot p_M^2$	3
	MKM	$p_M \cdot p_K \cdot p_M = p_K \cdot p_M^2$	
	MMK	$p_M \cdot p_M \cdot p_K = p_K \cdot p_M^2$	
3 Mädchen	MMM	$p_M \cdot p_M \cdot p_M = p_M^3$	1
Total			8

Die Wahrscheinlichkeit für 3 Knaben beträgt also $p_K^3 = 0{,}14$, die für 2 Knaben und 1 Mädchen beträgt $3 \cdot p_K^2 \cdot p_M = 0{,}39$, die für 1 Knaben und 2 Mädchen beträgt $3 \cdot p_K \cdot p_M^2 = 0{,}36$, die für 3 Mädchen beträgt $p_M^3 = 0{,}11$. Zusammen gibt das wieder 1.

Wenn wir den Ausdruck $(p_K + p_M) \cdot (p_K + p_M) \cdot (p_K + p_M)$ ausmultiplizieren, wo die erste Klammer das erste Kind bedeutet, die zweite das zweite usw., erhalten wir (vgl. 1.5.3 und 5.3)

$$\begin{aligned}(p_K + p_M)^3 &= p_K^3 + 3 \cdot p_K^2 \cdot p_M + 3 \cdot p_K \cdot p_M^2 + p_M^3 \\ &= \underbrace{\binom{3}{3} \cdot p_K^3 \cdot p_M^0}_{\substack{\text{Wsk für}\\ \text{3 Knaben und}\\ \text{0 Mädchen}}} + \underbrace{\binom{3}{2} \cdot p_K^2 \cdot p_M^1}_{\substack{\text{Wsk für 2 Knaben}\\ \text{und 1 Mädchen}}} + \underbrace{\binom{3}{1} \cdot p_K^1 \cdot p_M^2}_{\substack{\text{Wsk für 1 Knaben}\\ \text{und 2 Mädchen}}} + \underbrace{\binom{3}{0} \cdot p_K^0 \cdot p_M^3}_{\substack{\text{Wsk für}\\ \text{0 Knaben und}\\ \text{3 Mädchen}}} \\ &= 1\end{aligned}$$

also gerade sämtliche in der Tabelle enthaltenen Möglichkeiten. Die Anzahlen der verschiedenen Möglichkeiten sind die bekannten Binomialkoeffizienten. Der Ausdruck hat offensichtlich den Wert 1, weil $p_K + p_M = 1$. Das entspricht der Tatsache, dass die Wahrscheinlichkeit 1 ist, bei 3 Kindern irgend eines der Resultate (3K, 2K+1M, 1K+2M, 3M) zu erhalten.

Wir können jetzt verallgemeinern und zusammenfassen:

Wenn wir n unabhängige Ereignisse haben, von denen jedes entweder mit der Einzelwahrscheinlichkeit p_A das Resultat A oder mit der Einzelwahrscheinlichkeit p_B das Resultat B erzeugt, wobei $p_A + p_B = 1$, so ist die Wahrscheinlichkeit für k Ereignisse A

$$p(k) = \binom{n}{k} \cdot p_A^k \cdot p_B^{n-k} = \binom{n}{k} \cdot p_A^k \cdot (1 - p_A)^{n-k} \tag{5.2}$$

Dieser Ausdruck entspricht natürlich, was gleichbedeutend ist, auch der Wahrscheinlichkeit für $n - k$ Ereignisse B. Man nennt diese Verteilung eine *Binomialverteilung* oder *Bernoulliverteilung*[36]. Sie ist überall anwendbar, wo Ereignisse *zwei mögliche Resultate* haben.

Auf unser Beispiel 5.1 übertragen, heißt das:

Ereignis	entspricht	Münzenwurf
Resultat A	entspricht	Kopf
Resultat B	entspricht	Zahl
p_A	entspricht	0,5
p_B	entspricht	0,5

Die im Beispiel gefundenen Werte müssten „theoretisch" also wie folgt erwartet werden:

Köpfe	Anzahl	theor. Wahrscheinlichkeit	theoretisch erwartet
0	38	$1 \cdot 0{,}5^0 \cdot 0{,}5^5 = 0{,}03125$	$1000 \cdot 0{,}03125 = 31{,}25$
1	144	$5 \cdot 0{,}5^1 \cdot 0{,}5^4 = 0{,}15625$	$1000 \cdot 0{,}15625 = 156{,}25$
2	342	$10 \cdot 0{,}5^2 \cdot 0{,}5^3 = 0{,}31250$	$1000 \cdot 0{,}3125 = 312{,}50$
3	287	$10 \cdot 0{,}5^3 \cdot 0{,}5^2 = 0{,}31250$	$1000 \cdot 0{,}3125 = 312{,}50$
4	164	$5 \cdot 0{,}5^4 \cdot 0{,}5^1 = 0{,}15625$	$1000 \cdot 0{,}15625 = 156{,}25$
5	25	$1 \cdot 0{,}5^5 \cdot 0{,}5^0 = 0{,}03125$	$1000 \cdot 0{,}03125 = 31{,}25$
Total	1000	1,00000	1000,00

[36] Jakob Bernoulli, Basler Mathematiker, 1654 – 1705: Ars Coniectandi (1713 posthum erschienen)

Woher kommen in der Realität Abweichungen von der Theorie? Zufällige Abweichungen treten als Folge der sog. *Streuung* immer auf, die sind aber bei jeder Wiederholung des Versuchs anders. Bei systematischen Abweichungen muss geargwöhnt werden, dass nicht alle Münzen perfekt sind, d. h. die Wahrscheinlichkeit für Kopf und Zahl nicht bei allen Münzen genau 0,5 ist. (Außerdem gibt es neben „Kopf" und „Zahl" auch eine ganz kleine Wahrscheinlichkeit für „Rand"!)

Bei großen Zahlen ist es einfacher, mit der *Poisson-Verteilung*[37] zu rechnen, die eine Annäherung an die Binomialverteilung darstellt und nur einen Parameter hat. Sie ist im TI-30X Pro ebenfalls verfügbar. Wir gehen hier nicht auf Details ein.

In *5.8.1* gehen wir der Frage nach, ob in der Realität beobachtete Abweichungen plausibel als Werk des „Zufalls" erklärt werden können oder nicht.

Beim TI-30X Pro ist $p(k)$ als Funktion **[distr] Binomialpdf** implementiert. Dabei sind folgende Eingaben möglich:

SINGLE	berechnet eine Einzelwahrscheinlichkeit
LIST	ermöglicht mehrere Berechnungen in einem Schritt (in der Datentabelle)
ALL	bestimmt in einem Schritt die Wahrscheinlichkeiten für alle k mit $0 \le k \le n \le 41$ (die Datentabelle hat maximal 42 Zeilen).
TRIALS	Anzahl Durchführungen n (im Beispiel: Anzahl Kinder, $n = 3$)
p(SUCCESS)	Erfolgs-Einzelwahrscheinlichkeit (im Beispiel für Knaben: $p = 0{,}52$)
x	Nur bei SINGLE: Anzahl Erfolge (im Beispiel: Anzahl Knaben)
SAVE TO	Nur bei ALL: Spalte der Datentabelle, in der die Resultate abgelegt werden

5.4.2 Anwendungsbeispiel: Qualitätskontrolle

Ein Händler kauft eine Ladung Äpfel. Der Preis basiert darauf, dass nicht mehr als 4 % der Äpfel fleckig sind. Wie kann man diese Anforderung „vernünftig" prüfen, ohne jeden Apfel einzeln zu begutachten?

Lösung: Man prüft eine *Stichprobe.*

Jeder Apfel kann entweder fleckig sein oder nicht. Die angenommene Wahrscheinlichkeit für „fleckig" ist 4 % oder 0,04, die für „gut" damit 0,96. Wir wollen berechnen, wie viele Äpfel unter dieser Annahme in einer zufällig gewählten Stichprobe von 30 in 95 % der Fälle höchstens fleckig sein dürfen.

Die Wahrscheinlichkeit, dass von den 30 Äpfeln k fleckig sind, beträgt

[37] Siméon Denis Poisson, französischer Physiker in Paris, 1781 – 1840

k	*p(k)*	Summe
0	$p(0)=\binom{30}{0}\cdot 0.04^0\cdot 0.96^{30}=0.294$	0,294
1	$p(1)=\binom{30}{1}\cdot 0.04^1\cdot 0.96^{29}=0.367$	0,661
2	$p(2)=\binom{30}{2}\cdot 0.04^2\cdot 0.96^{28}=0.222$	0,883
3	$p(3)=\binom{30}{3}\cdot 0.04^3\cdot 0.96^{27}=0.086$	0,969
4	$p(4)=\binom{30}{4}\cdot 0.04^4\cdot 0.96^{26}=0.024$	0,994

Im Beispiel sind mit 96,9 % Wahrscheinlichkeit höchstens 3 (entweder 0 oder 1 oder 2 oder 3) der 30 Äpfel fleckig. Die Wahrscheinlichkeit für 4 oder mehr fleckige Äpfel beträgt damit 3,1 %, und für 5 oder mehr sogar nur noch 0,6 %.

Die Stichprobe wird geprüft und das Resultat mit einem Schwellenwert verglichen. Damit wird entschieden, ob die Sendung akzeptiert wird oder nicht. Den Schwellenwert wählt man häufig in der Nähe einer kumulierten Wahrscheinlichkeit von 95 %, siehe dazu auch die Diskussion auf der folgenden Seite.

95 % liegt im Beispiel sehr nahe bei der Wahrscheinlichkeit für höchstens 3 fleckige Äpfel: wir wählen diesen Wert als Akzeptanzgrenze für „gut". Wenn wir in der Stichprobe 4 oder mehr fleckige Äpfel finden, sind wir außerhalb des Bereiches, in dem 95 % der Stichproben liegen, und haben entweder ganz großes Pech bei der Ziehung der Muster gehabt *oder es hat mehr als 4 % fleckige Früchte in der Sendung*. Praktisches Vorgehen: Man zieht eine neue Stichprobe. Die Chance, zweimal nacheinander großes Pech bei der Ziehung zu haben, wollen wir vernachlässigen (3,1 % von 3,1 %, sind 0,09 %, wenn die 4 % stimmen).

Um das obige Beispiel auf dem TI-30X Pro durchzurechnen:

- **[distr] Binomialpdf**, ALL, TRIALS=30, p(SUCCESS)=0,04, SAVE TO L1
- **[distr] Binomialcdf**, ALL, TRIALS=30, p(SUCCESS)=0,04, SAVE TO L2

Das liefert in Spalte L1 der Datentabelle **[data]** die Einzelwahrscheinlichkeiten, in Spalte L2 die Summen wie in der obenstehenden Tabelle. Der Berechnungsvorgang dauert mehrere Sekunden, da jedes Mal 31 Wahrscheinlichkeiten berechnet werden!

Beachte: Die Berechnung der Summe der Wahrscheinlichkeiten beim TI-30X Pro mit **[distr] Binomialcdf** fängt immer bei 0 an zu summieren!

Diskussion der Akzeptanzschwelle

Jede Stichprobe kann/wird wegen der *Stichprobenstreuung* (*5.7.1*) anders ausfallen.

Die Akzeptanzschwelle werde wie im Beispiel bei 3 gewählt, d. h. bis und mit 3 fleckige Äpfel in 30 werden akzeptiert, ab 4 wird die Sendung zurückgewiesen. Wir betrachten 2 Fälle:

- *Fall 1:* Die Sendung enthält genau 4 % fleckige Früchte (erste Kurve in der untenstehenden Graphik). Wie wir gesehen haben, wird sie in 96,9 % der Fälle akzeptiert. In 3,1 % der Fälle wird es in der Stichprobe 4 und mehr fleckige Äpfel haben, so dass *gute Ware zurückgewiesen* wird. Sind in der Sendung in Wirklichkeit weniger als 4 % fleckig, ist die Akzeptanzquote noch höher als 96,9 %.
- *Fall 2:* Die Sendung ist schlecht, es hat in Wirklichkeit 20 % fleckige Äpfel (zweite Kurve in der unten stehenden Graphik). Die Stichprobe enthält in 87,7 % der Fälle mehr als 3 fleckige Äpfel und wird zurückgewiesen. Aber es gibt auch eine Wahrscheinlichkeit von 12,3 %, dass die Stichprobe höchstens 3 fleckige Äpfel umfasst und die Sendung *akzeptiert* wird.

Man spricht von „falsch negativen“ und „falsch positiven“ Entscheiden.

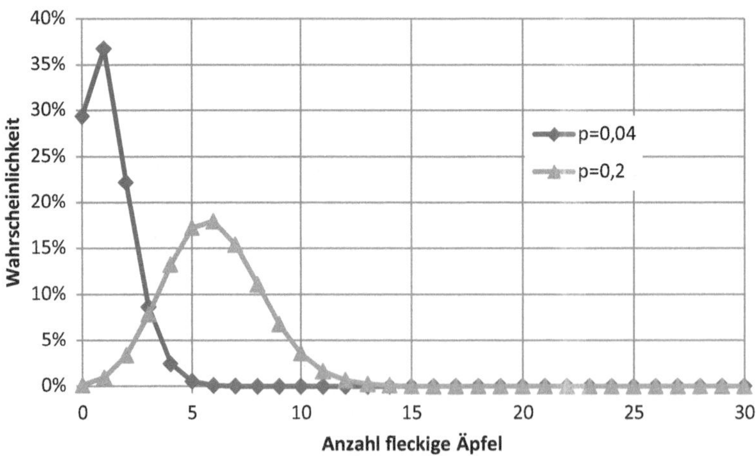

Wir sehen:

- Wenn wir den Schwellenwert groß wählen, lassen wir viel durch: es steigt die Sicherheit, dass wir keine gute Ware wegwerfen, aber es steigt auch die Wahrscheinlichkeit, dass wir schlechte Ware durchlassen.
- Wenn wir den Schwellenwert klein wählen, lassen wir wenig durch: es steigt die Sicherheit, dass wir keine schlechte Ware durchlassen, aber es steigt auch die Wahrscheinlichkeit, dass wir gute Ware wegwerfen.

Die Schwelle zwischen „akzeptieren“ und „wegwerfen“ wählt man so, dass das Risiko für falsche Entscheidungen akzeptabel ist, normalerweise in der Gegend von 5 % (d. h. richtige Entscheidung in 95 % der Fälle). Was „akzeptabel“ ist, hängt von der Situation ab – etwa vom möglichen Schaden durch einen Fehler.

Größe der Stichprobe

Bei größerer Stichprobe ist die Abstufung feiner und die relative Stichprobenstreuung kleiner (und der Prüfaufwand größer). 100 % Sicherheit gibt es nur bei 100 % Prüfung. Wenn man eine 100 %-Prüfung nicht durchführen kann (weil die Ware zur Prüfung zerstört werden muss) oder will (weil der Aufwand zu groß ist), führt an der Statistik kein Weg vorbei und man muss in jedem Fall mit Unsicherheit leben.

5.4.3 Verallgemeinerung: Multinomiale Verteilung

Falls die Ereignisse $E_1, E_2, \ldots, E_n$ mit Wahrscheinlichkeiten $p_1, p_2, \ldots, p_n$ eintreten, wobei $p1 + p_2 + \ldots + p_n = 1$, so ist die Wahrscheinlichkeit für k_1 Ereignisse E_1, k_2 Ereignisse E_2 etc. in N Versuchen gegeben durch

$$\frac{N!}{k_1! \cdot k_2! \cdot \ldots \cdot k_n!} \cdot p_1^{k_1} \cdot p_2^{k_2} \cdot \ldots \cdot p_n^{k_n} \tag{5.3}$$

Das ist das allgemeine Glied der Entwicklung von $(p_1 + p_2 + \ldots + p_n)^N$.

Illustration am Apfel-Beispiel *5.4.2*: Die Wahrscheinlichkeit für „fleckig" sei 4 %, die für „faul" 2 %, dann ist die Wahrscheinlichkeit für „gut" noch 94 %. Die Wahrscheinlichkeit für 3 fleckige und 1 faulen Apfel in 30 ist dann gegeben durch

$$\frac{30!}{3! \cdot 1! \cdot 26!} \cdot 0.04^3 \cdot 0.02^1 \cdot 0.94^{26} = 2.808\%$$

5.5 Beschreibung einer statistischen Gesamtheit

5.5.1 Streuung

Der *Wertebereich* einer Größe ist die Menge der Werte, die sie annehmen kann. Dieser kann beschränkt (z. B. nur bestimmte Werte oder Wertebereiche) oder unbeschränkt (alle Zahlen) sein.

Bei Mess- oder Beobachtungsgrößen unterscheiden wir zwei Arten von Variablen:

diskrete Variablen	können nur bestimmte Werte annehmen, z. B. die Anzahl Augen beim Würfeln oder die Anzahl Kinder von Müttern
kontinuierliche Variablen	können (in einem Bereich) beliebige Werte annehmen, z. B. eine Zeit oder eine Länge

Beispiel:

5.15 Wir bestimmen mit einer Präzisionswaage das Gewicht von einzelnen Schrauben. Dabei stellen wir fest, dass zwischen den Schrauben Unterschiede vorkommen.

Zahlreiche Größen aus dem Alltag *streuen* aufgrund irgendwelcher (meist einer Vielzahl verschiedener) Ursachen. Ohne alle diese Ursachen im Detail kennen zu müssen, beobachten wir, dass bei der Verteilung solcher Größen meistens mehr oder weniger deutliche Muster erkennbar sind - beispielsweise gibt es oft einen Häufungspunkt, und größere Abweichungen von diesem Häufungspunkt kommen seltener vor als kleinere. Die Verteilung derartiger Größen kann näherungsweise mithilfe mathematischer Funktionen durch sogenannte *Kennzahlen* beschrieben werden. Man hat damit die Situation, dass das Verhalten einer großen Zahl von Objekten mit wenigen Kennzahlen und einer Funktion („Formel") näherungsweise richtig und mathematisch relativ einfach beschrieben werden kann.

Streuung entsteht durch das Zusammenwirken mehrerer (vieler) voneinander unabhängiger Einflussgrößen.

Ein einfaches Beispiel für das Zusammenwirken mehrerer unabhängiger Einflussgrößen sehen wir bei der Summe der Punkte beim Würfeln mit mehreren Würfeln. Bei jedem Würfel ist die Wahrscheinlichkeit für jede Seite bei jedem Wurf gleich (vergleiche Beispiel oben).

1 Würfel: Es sind Werte zwischen 1 und 6 möglich. Total gibt es 6 Möglichkeiten, die alle gleich wahrscheinlich sind, nämlich 1/6.

2 Würfel: Hier sind Werte zwischen 2 und 12 möglich. Total gibt es $6 \cdot 6 = 36$ verschiedene Möglichkeiten, die alle gleich wahrscheinlich sind, also 1/36.

Wert	W1	W2	Anzahl Möglichkeiten
2	1	1	1
3	1	2	2
	2	1	
4	1	3	3
	2	2	
	3	1	
5	1	4	4
	2	3	

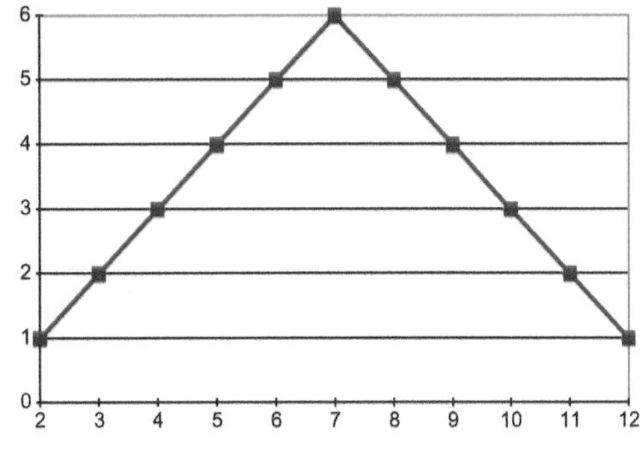

etc.

3 Würfel: Es sind Werte zwischen 3 und 18 möglich. Total gibt es $6 \cdot 6 \cdot 6 = 216$ verschiedene Möglichkeiten, die alle gleich wahrscheinlich sind, also 1/216.

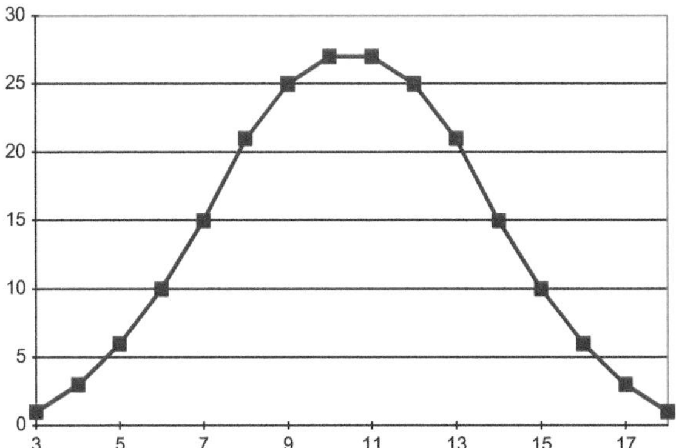

Nachfolgend die entsprechende Graphik für 10 Würfel. Die durchgezogene Kurve ist der Graph einer mathematischen Funktion mit nur *zwei Kennzahlen*, der Normalverteilung (*5.6*). Mit 10 Würfeln gibt es 6^{10} Möglichkeiten, das sind mehr als 60 Millionen!

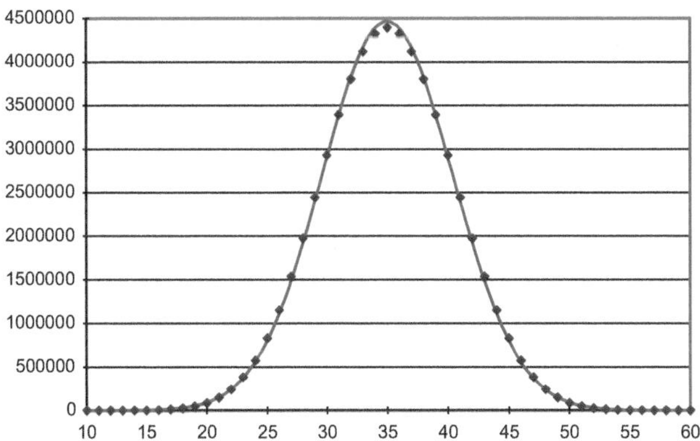

Noch einmal: wir haben hier ganz gewöhnliche Würfel, von denen jeder immer mit Wahrscheinlichkeit 1/6 auf jede Seite zu liegen kommt.

Der Zufall hat ein Gesetz! Die Grafik zeigt die Körpergröße von 1094 erwachsenen Männern in einem Patientenregister. Die durchgezogene Linie ist wieder die der Normalverteilung (*5.6*). Mit Würfeln hat das gar nichts zu tun, und trotzdem erhalten wir *in beiden Fällen sehr ähnliche Verteilungskurven*!

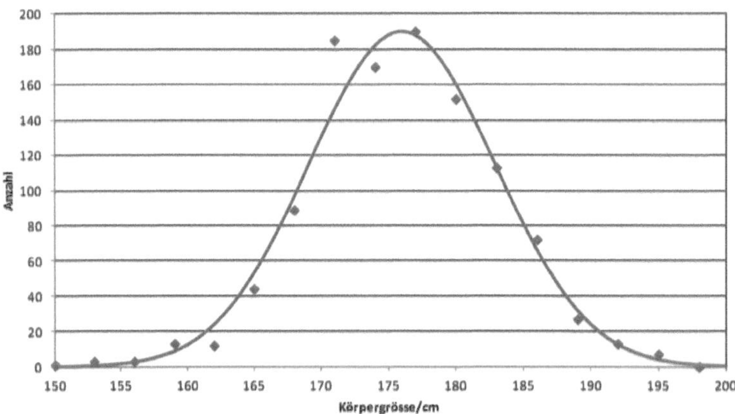

Nach dem zentralen Grenzwertsatz der Statistik ist die gemeinsame Wirkung einer Vielzahl voneinander unabhängiger Einflüsse näherungsweise zufällig. Deshalb gibt es für die Größe der Patienten und die Resultate beim Würfeln angenähert die gleiche Verteilungskurve. ■

5.5.2 Wahrscheinlichkeitsverteilungen

Der *Wertebereich* einer Größe ist die Menge der Werte, die sie annehmen kann. Dieser kann beschränkt (z.B. nur bestimmte Werte oder nur positive Werte) oder unbeschränkt (alle Zahlen) sein.

Bei Mess- oder Beobachtungsgrößen unterscheiden wir zwei Arten von Variablen:

- diskrete Variablen — können nur bestimmte Werte annehmen, z.B. die Anzahl Augen beim Würfeln oder die Anzahl Kinder von Müttern
- kontinuierliche Variablen — können (in einem Bereich) beliebige Werte annehmen, z.B. eine Zeit oder eine Länge

Bei einer großen Zahl von Beobachtungen finden wir oft, dass bei kontinuierlichen Größen nicht alle Werte aus dem Wertebereich gleich häufig vorkommen.

Beispiel:

5.16 Die Körpertemperatur einer Anzahl von Kälbern wurde auf 0,1 °C genau gemessen. Der Wertebereich liegt zwischen 38,3 °C und 40,5 °C, die einzelnen Häufigkeiten zwischen 0 und 53.

In Bild 5.2 ist bei jedem Temperaturwert die Anzahl Messungen mit dieser Temperatur aufgetragen. Man sieht, dass der Wert 38,8 °C am häufigsten vorkommt und die Anzahl Messungen auf beiden Seiten davon abnimmt.

Tabellen zur Erstellung von Balkendiagrammen aus Zahlentabellen können in Excel beispielsweise mithilfe der Funktion COUNTIF (deutsch: ZÄHLENWENN) hergestellt werden. Siehe Ref. 10 für Beispiele.

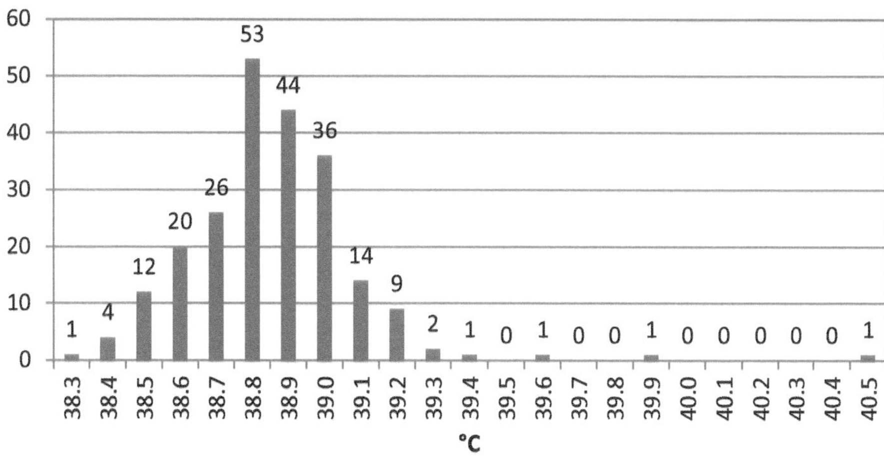

Bild 5.2 Absolute Häufigkeiten

Der Wert 39,5 °C gilt bei Kälbern als Fiebergrenze. Kälber werden in Mastbetrieben oft krank, weil sie von verschiedenen Orten herkommen und sich auf engem Raum gegenseitig anstecken, da ihr Immunsystem noch nicht entwickelt ist.

(Die Temperatur ist eigentlich eine kontinuierliche Variable. Weil wir aber nur auf 0,1 °C genau messen, ist sie hier eine diskrete Variable. Das gilt streng genommen für alle unserer Daten.)

Wenn wir jetzt jeden Balken durch die gesamte Anzahl Messungen dividieren (in diesem Fall 225), erhalten wir aus den Häufigkeiten die Wahrscheinlichkeiten für die betreffenden Temperaturintervalle (in % dargestellt):

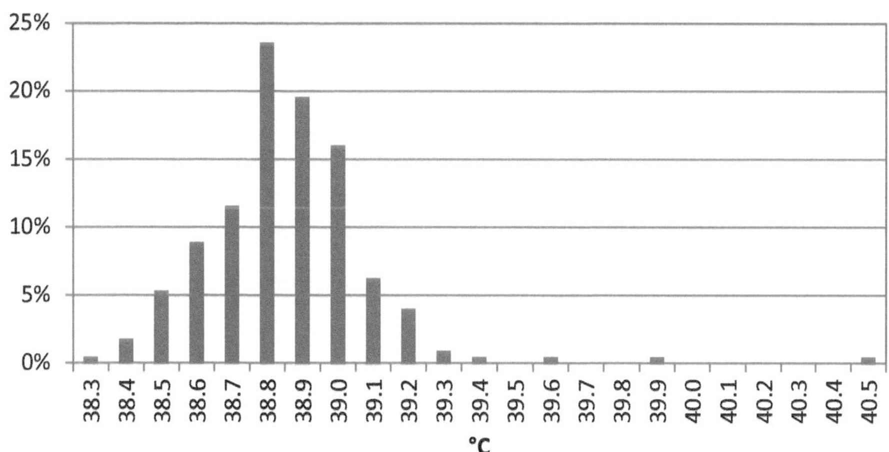

Bild 5.3 Relative Häufigkeiten

Indem wir die Spitzen der Balken miteinander verbinden und durch die Intervallbreite (hier 0,1 °C) dividieren, machen wir den Übergang zur *Wahrscheinlichkeitsverteilung*:

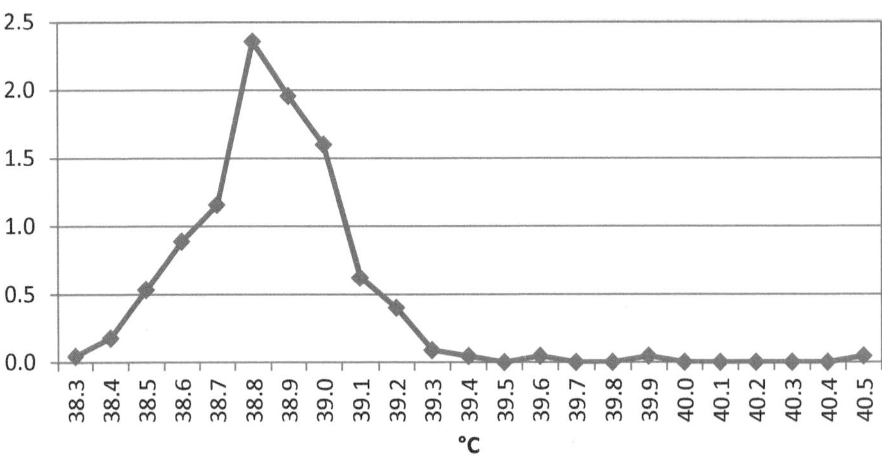

Bild 5.4 Häufigkeitsverteilung

Diese hat folgende Eigenschaften:

- Ihr Wert ist überall ≥ 0.
- Die gesamte Fläche unter der Kurve ist = 1. Dies entspricht der Wahrscheinlichkeit dafür, dass das Resultat *irgendwo* liegt.
- Das Flächenstück unter der Kurve zwischen zwei Temperaturwerten entspricht der Wahrscheinlichkeit dafür, dass die Temperatur *zwischen diesen beiden Werten* liegt.

5.5.3 Mittelwert und Standardabweichung

Man kann aufgrund der Beispiele schon vermuten, dass man zur groben Charakterisierung einer Wahrscheinlichkeitsverteilung mindestens zwei Größen braucht:

- einen Wert für die Lage der Verteilung auf der x-Achse, und
- ein Maß für die *Breite* der Verteilung, also die Streuung der einzelnen Werte.

Zur Schätzung der ersten Größe nimmt man meistens den arithmetischen Mittelwert der Werte, den man mit dem griechischen Buchstaben μ bezeichnet,

$$\mu = \frac{x_1 + x_2 + \ldots + x_n}{n} \tag{5.4}$$

Der Mittelwert der Abweichungen vom Mittelwert ist definitionsgemäß = 0. Zur Charakterisierung der Breite der Verteilung verwendet man folgende Größe:

$$\begin{aligned}\sigma^2 &= \frac{(x_1-\mu)^2+(x_2-\mu)^2+\ldots+(x_n-\mu)^2}{n-1} \\ &= \frac{\left(x_1^2+\ldots+x_n^2\right)-2\cdot\mu\cdot(x_1+\ldots+x_n)+n\cdot\mu^2}{n-1} \\ &= \frac{\left(x_1^2+\ldots+x_n^2\right)-\frac{(x_1+\ldots+x_n)^2}{n}}{n-1}\end{aligned} \tag{5.5}$$

Diese Größe heißt *Varianz*, ihre Quadratwurzel σ *Standardabweichung*. Da sie aus einer Summe von Quadratzahlen besteht, ist sie immer positiv. Der Divisor $n - 1$ ist die Anzahl der mathematischen *Freiheitsgrade*. Mit diesem Divisor erhält man den *korrekten Schätzwert* der „wahren" Standardabweichung aus der begrenzten Stichprobe; er berücksichtigt, dass μ durch den Mittelwert *geschätzt* wird und ebenfalls eine Streuung aufweist.

Beim TI-30X Pro werden die Daten (max. 42 Datensätze) mit **data** in eine Tabelle eingegeben und mit **stat-reg/distr STAT-REG 1-Var-Stats** ausgewertet. Häufigkeiten **FRQ** können ebenfalls in einer Kolonne erfasst werden.

5.5.4 Beschreibung einer Gesamtheit von Daten mit Kenngrößen

Welche Größen beschreiben eine Anzahl Messungen oder Beobachtungen?

Normalerweise verwendet man mindestens folgende Größen:

- Anzahl
- Wertebereich (Minimum und Maximum)
- Mittelwert
- Standardabweichung

Der Mittelwert hat einen großen Nachteil: Sogenannte *Ausreißer*, also Werte, die „im Schilf" liegen, haben einen großen Einfluss auf ihn.

Beispiele:

5.17 $X = \{2,4,5,8\}$ Mittelwert = 4,75
5.18 $Y = \{2,4,5,21\}$ Mittelwert = 8

Hier ist der *Median* nützlich. Man sortiert die Werte der Größe nach und numeriert sie. Der Median ist der *Wert mit der mittleren Nummer* (bzw. der Mittelwert der beiden mittleren Größen). Man kann auch sagen, dass 50 % der Werte kleiner/gleich und 50 % größer/gleich sind als der Median.

Beispiele:

5.19 $X = \{2,4,5,8\}$ Median = 4,5

5.20 $Y = \{2,4,5,21\}$ Median = 4,5

5.21 $Z = \{2,4,5,18,21\}$ Median = 5

Das Konzept des Medians kann erweitert werden zu den sogenannten *Quantilen* bzw. *Perzentilen*. Bezeichnungen:

P10 = 10. Perzentil: 10 % der Werte sind kleiner, 90 % sind größer

P25 = Q1 = 1. Quartil: 25 % der Werte sind kleiner, 75 % sind größer

P50 = Q2 = Median: 50 % der Werte sind kleiner, 50 % sind größer

P75 = Q3 = 3. Quartil: 75 % der Werte sind kleiner, 25 % sind größer

P90 = 90. Perzentil: 90 % der Werte sind kleiner, 10 % sind größer

Häufig gibt man deshalb neben dem Mittelwert auch den Median und allenfalls noch Q1 und Q3 an. Wenn Mittelwert und Median nahe beieinander liegen, ist das meistens ein Zeichen dafür, dass die gemessene Verteilung einigermaßen symmetrisch ist.

(Natürlich kann man Ausreißer auch einfach weglassen, das geht aber in Richtung Datenmanipulation, und man muss dafür schon eine gute Begründung haben.)

Beispiele für Statistiken, in denen Median, Quartile und Perzentile aussagekräftiger sind als Mittelwerte, sind die aus den Medien bekannten Erhebungen zu Vermögen und Einkommen einer Gesamtbevölkerung, oder auch die Tabellen, mit denen Kinderärzte altersabhängig Gewicht und Größe von Säuglingen beurteilen.

Bei schiefen (d. h. asymmetrischen) Verteilungen ist auch die Angabe des Modalwertes sinnvoll. Der Modalwert ist der am häufigsten vorkommende Wert.

Bei modernen TI-Rechnern wie dem TI-30X Pro werden die Daten (max. 42) mit **[data]** in die Datentabelle eingegeben und mit **[stat-reg/distr] STAT-REG 1-Var-Stats** ausgewertet. Häufigkeiten für die einzelnen Werte (FRQ) können in einer weiteren Kolonne der Datentabelle erfasst werden.

Der TI-30X Pro gibt bei der 1-Variablen-Statistik auch *Minimum, Maximum, Q1, Median* und *Q3* aus.

Wird eine Kenngröße für eine weitere Berechnung gebraucht, kann sie durch **[Enter]** in die Anzeige (Berechnung) übernommen werden. **StatVars** ruft die berechneten Größen wieder auf, ohne dass sie nochmals berechnet werden müssen.

Achtung:

Häufigkeiten: Die Standardabweichung wird bei den modernen TI-Rechnern mit **Sx** bezeichnet; die ebenfalls vorhandene Größe **σx** verwendet den Divisor n statt n − 1! ■

5.6 Die Normalverteilung

Von C. F. Gauß[38], dem wohl bedeutendsten Mathematiker aller Zeiten, stammt die *Normalverteilung*, auch Gauß-Verteilung genannt. Es handelt sich dabei um eine theoretische Wahrscheinlichkeitsverteilung für kontinuierliche Variablen.

Die Normalverteilung wird durch folgende mathematische Funktion beschrieben:

$$f(x)=\frac{1}{\sigma\cdot\sqrt{2\pi}}\cdot e^{-\frac{1}{2}\cdot\left(\frac{x-\mu}{\sigma}\right)^2} \tag{5.6}$$

Sie enthält neben x noch die beiden Größen μ und σ. Da x nur im Ausdruck $(x - \mu)^2$ vorkommt, ist die Kurve bezüglich μ spiegelsymmetrisch.

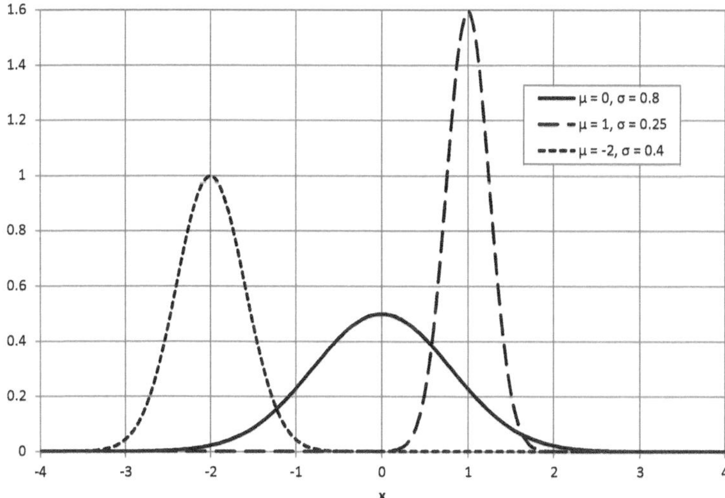

Bild 5.5 Normalverteilung

Für größeres σ wird die Verteilungskurve weniger hoch und dafür breiter. Die Fläche unter der Kurve bleibt gleich, nämlich 1. Mit zunehmender Entfernung vom Zentrum nähert sie sich rasch an 0 an, ohne den Wert 0 je zu erreichen.

[38] Carl Friedrich Gauss, * 1777 in Braunschweig, † 1855 in Göttingen

Für die Fläche unter der Kurve gilt bei der Normalverteilung:

Tabelle 5.1

Zwischen	$\mu - 0{,}677\sigma$	und	$\mu + 0{,}677\sigma$	liegen	50 %	der Fläche,
zwischen	$\mu - \sigma$	und	$\mu + \sigma$	liegen	68,27 %	der Fläche,
zwischen	$\mu - 1{,}645\sigma$	und	$\mu + 1{,}645\sigma$	liegen	90 %	der Fläche,
zwischen	$\mu - 1{,}96\sigma$	und	$\mu + 1{,}96\sigma$	liegen	95 %	der Fläche,
zwischen	$\mu - 2\sigma$	und	$\mu + 2\sigma$	liegen	95,45 %	der Fläche,
zwischen	$\mu - 2{,}576\sigma$	und	$\mu + 2{,}576\sigma$	liegen	99 %	der Fläche,
zwischen	$\mu - 3\sigma$	und	$\mu + 3\sigma$	liegen	99,73 %	der Fläche,
zwischen	$\mu - 4\sigma$	und	$\mu + 4\sigma$	liegen	99,994 %	der Fläche.

Tabelle 5.2 liefert die Fläche unter der Kurve der standardisierten Normalverteilung ($\mu = 0$ und $\sigma = 1$) zwischen 0 und z. z ist die Entfernung von μ in Anzahl Standardabweichungen.

Zwischenwerte können linear interpoliert werden (siehe dazu *Beispiel 5.30*).

Beispiel, siehe markierte Felder: Zwischen 0 und $1{,}96\sigma$ liegen 0,47500 ≅ 47,5 % der Fläche. Das entspricht wegen der Symmetrie der Kurve den 95 % im Bereich zwischen $-1{,}96\sigma$ und $+1{,}96\sigma$.

Tabelle 5.2

z	0	1	2	3	4	5	6	7	8	9
0,0	0,00000	0,00399	0,00798	0,01197	0,01595	0,01994	0,02392	0,02790	0,03188	0,03586
0,1	0,03983	0,04380	0,04776	0,05172	0,05567	0,05962	0,06356	0,06749	0,07142	0,07535
0,2	0,07926	0,08317	0,08706	0,09095	0,09483	0,09871	0,10257	0,10642	0,11026	0,11409
0,3	0,11791	0,12172	0,12552	0,12930	0,13307	0,13683	0,14058	0,14431	0,14803	0,15173
0,4	0,15542	0,15910	0,16276	0,16640	0,17003	0,17364	0,17724	0,18082	0,18439	0,18793
0,5	0,19146	0,19497	0,19847	0,20194	0,20540	0,20884	0,21226	0,21566	0,21904	0,22240
0,6	0,22575	0,22907	0,23237	0,23565	0,23891	0,24215	0,24537	0,24857	0,25175	0,25490
0,7	0,25804	0,26115	0,26424	0,26730	0,27035	0,27337	0,27637	0,27935	0,28230	0,28524
0,8	0,28814	0,29103	0,29389	0,29673	0,29955	0,30234	0,30511	0,30785	0,31057	0,31327
0,9	0,31594	0,31859	0,32121	0,32381	0,32639	0,32894	0,33147	0,33398	0,33646	0,33891
1,0	0,34134	0,34375	0,34614	0,34849	0,35083	0,35314	0,35543	0,35769	0,35993	0,36214
1,1	0,36433	0,36650	0,36864	0,37076	0,37286	0,37493	0,37698	0,37900	0,38100	0,38298
1,2	0,38493	0,38686	0,38877	0,39065	0,39251	0,39435	0,39617	0,39796	0,39973	0,40147
1,3	0,40320	0,40490	0,40658	0,40824	0,40988	0,41149	0,41308	0,41466	0,41621	0,41774

z	0	1	2	3	4	5	6	7	8	9
1,4	0,41924	0,42073	0,42220	0,42364	0,42507	0,42647	0,42785	0,42922	0,43056	0,43189
1,5	0,43319	0,43448	0,43574	0,43699	0,43822	0,43943	0,44062	0,44179	0,44295	0,44408
1,6	0,44520	0,44630	0,44738	0,44845	0,44950	0,45053	0,45154	0,45254	0,45352	0,45449
1,7	0,45543	0,45637	0,45728	0,45818	0,45907	0,45994	0,46080	0,46164	0,46246	0,46327
1,8	0,46407	0,46485	0,46562	0,46638	0,46712	0,46784	0,46856	0,46926	0,46995	0,47062
1,9	0,47128	0,47193	0,47257	0,47320	0,47381	0,47441	0,47500	0,47558	0,47615	0,47670
2,0	0,47725	0,47778	0,47831	0,47882	0,47932	0,47982	0,48030	0,48077	0,48124	0,48169
2,1	0,48214	0,48257	0,48300	0,48341	0,48382	0,48422	0,48461	0,48500	0,48537	0,48574
2,2	0,48610	0,48645	0,48679	0,48713	0,48745	0,48778	0,48809	0,48840	0,48870	0,48899
2,3	0,48928	0,48956	0,48983	0,49010	0,49036	0,49061	0,49086	0,49111	0,49134	0,49158
2,4	0,49180	0,49202	0,49224	0,49245	0,49266	0,49286	0,49305	0,49324	0,49343	0,49361
2,5	0,49379	0,49396	0,49413	0,49430	0,49446	0,49461	0,49477	0,49492	0,49506	0,49520
2,6	0,49534	0,49547	0,49560	0,49573	0,49585	0,49598	0,49609	0,49621	0,49632	0,49643
2,7	0,49653	0,49664	0,49674	0,49683	0,49693	0,49702	0,49711	0,49720	0,49728	0,49736
2,8	0,49744	0,49752	0,49760	0,49767	0,49774	0,49781	0,49788	0,49795	0,49801	0,49807
2,9	0,49813	0,49819	0,49825	0,49831	0,49836	0,49841	0,49846	0,49851	0,49856	0,49861
3,0	0,49865	0,49869	0,49874	0,49878	0,49882	0,49886	0,49889	0,49893	0,49896	0,49900
3,1	0,49903	0,49906	0,49910	0,49913	0,49916	0,49918	0,49921	0,49924	0,49926	0,49929
3,2	0,49931	0,49934	0,49936	0,49938	0,49940	0,49942	0,49944	0,49946	0,49948	0,49950
3,3	0,49952	0,49953	0,49955	0,49957	0,49958	0,49960	0,49961	0,49962	0,49964	0,49965
3,4	0,49966	0,49968	0,49969	0,49970	0,49971	0,49972	0,49973	0,49974	0,49975	0,49976
3,5	0,49977	0,49978	0,49978	0,49979	0,49980	0,49981	0,49981	0,49982	0,49983	0,49983
3,6	0,49984	0,49985	0,49985	0,49986	0,49986	0,49987	0,49987	0,49988	0,49988	0,49989
3,7	0,49989	0,49990	0,49990	0,49990	0,49991	0,49991	0,49992	0,49992	0,49992	0,49992
3,8	0,49993	0,49993	0,49993	0,49994	0,49994	0,49994	0,49994	0,49995	0,49995	0,49995
3,9	0,49995	0,49995	0,49996	0,49996	0,49996	0,49996	0,49996	0,49996	0,49997	0,49997
4,0	0,49997	0,49997	0,49997	0,49997	0,49997	0,49997	0,49998	0,49998	0,49998	0,49998
4,1	0,49998	0,49998	0,49998	0,49998	0,49998	0,49998	0,49998	0,49998	0,49999	0,49999
4,2	0,49999	0,49999	0,49999	0,49999	0,49999	0,49999	0,49999	0,49999	0,49999	0,49999
4,3	0,49999	0,49999	0,49999	0,49999	0,49999	0,49999	0,49999	0,49999	0,49999	0,49999
4,4	0,49999	0,49999	0,50000	0,50000	0,50000	0,50000	0,50000	0,50000	0,50000	0,50000

Ein Verfahren zur näherungsweisen Berechnung der Fläche unter der Normalverteilungskurve ist in *Beispiel 9.10* gegeben.

Die Normalverteilung beschreibt *zufällige Schwankungen*. Obschon die meisten Schwankungen oder Fehler streng genommen nicht zufällig sind, sondern bei genauer Betrachtung eine Ursache haben, kann die Normalverteilung als gute Näherung verwendet werden, denn es gilt der

Zentrale Grenzwertsatz der Statistik:

Eine Verteilung, die durch das Zusammenwirken zahlreicher voneinander unabhängiger Einflüsse zustande kommt, ist näherungsweise normal. ■

Mit der Normalverteilung kann eine Vielzahl von Beobachtungen mit Streuung *quantitativ richtig* und *mathematisch relativ einfach* beschrieben werden, ohne dass man die Ursache der Streuung kennen muss (vergleiche *5.5.1*).

Viele Wahrscheinlichkeitsverteilungen gehen bei zunehmenden Zahlen rasch in die Normalverteilung über. Für die Binomialverteilung gilt: $\mu = n \cdot p$, $\sigma^2 = n \cdot p \cdot (1 - p)$.

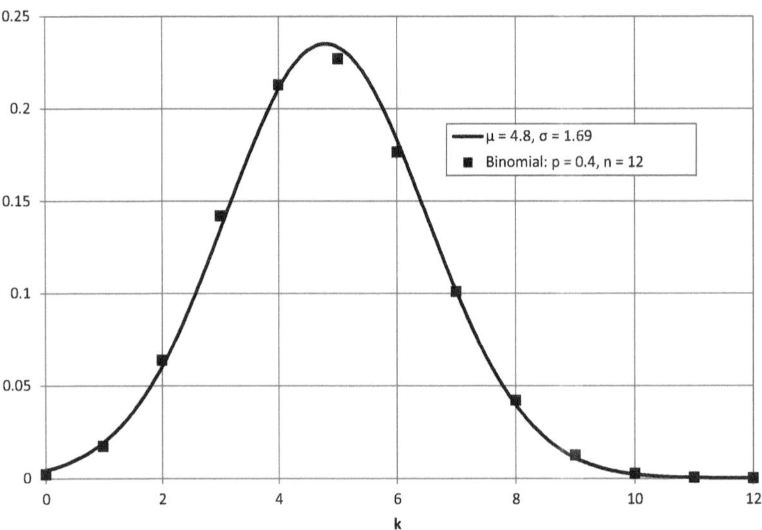

Bild 5.6 Binomial- und zugehörige Normalverteilung

Auch in *Beispiel 5.11* ist eine gewisse Übereinstimmung mit der Normalverteilung erkennbar, wenn man sie über die Rohdaten zeichnet (hier sind μ = 38,85 und σ = 0,24):

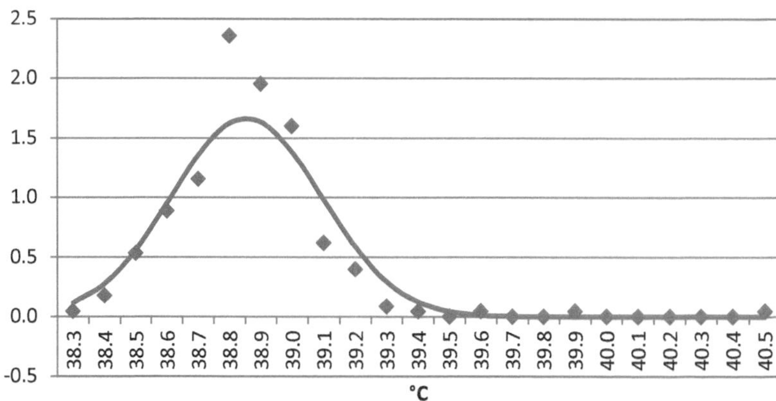

Bild 5.7 Messpunkte und zugehörige Normalverteilung

TI-30X Pro:

[distr][Normalpdf]	liefert den Wert $f(x)$.
[distr][Normalcdf]	liefert die Fläche unter der Kurve zwischen LOWERBnd und UPPERBnd. 1E99 steht für ∞.
[distr][invNormal]	liefert x für eine gegebene Wahrscheinlichkeit („area") zwischen $-\infty$ und x.

■

Beispiel:

5.22 Die Hühner eines Geflügelhalters legen Eier, die durchschnittlich 57 g wiegen mit einer Standardabweichung von 5 g.

Die Tagesproduktion von 600 Stück wird an einen Großverteiler verkauft:

- Ein Ei der Klasse I wiegt mehr als 60 g und wird für 40 Rappen verkauft.
- Ein Ei der Klasse II wiegt 55 bis 60 g und wird für 35 Rappen verkauft.
- Ein Ei der Klasse III wiegt weniger als 55 g und wird für 30 Rappen verkauft.

Welche Tageseinnahmen erzielt der Geflügelhalter?[39]

60 g bilden die Grenze zwischen den Klassen I und II, 55 g zwischen Klassen II und III. Wir suchen also die folgenden drei Flächen (Wahrscheinlichkeiten):

[39] aus Erhard Rhyn, Aufgabensammlung Stochastik, ISBN 2251179839788

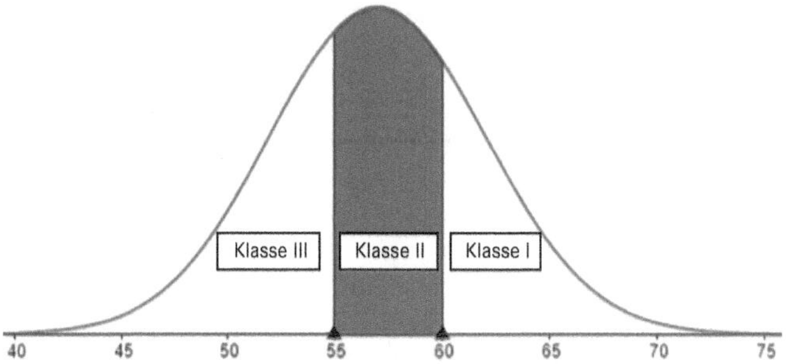

In Tabelle 5.2 gibt die Größe z an, um wie viele Standardabweichungen ein Wert vom Mittelwert entfernt liegt. Die Tabelle liefert dann die Fläche (Wahrscheinlichkeit) zwischen dem Mittelwert und z.

$$z_1 = \frac{60-57}{5} = 0{,}6 \quad \rightarrow \quad \text{Fläche zwischen 0 und 0,6:} \quad 0{,}22575$$

$$z_2 = \frac{55-57}{5} = -0{,}4 \quad \rightarrow \quad \text{Fläche zwischen 0 und 0,4:} \quad 0{,}15542$$

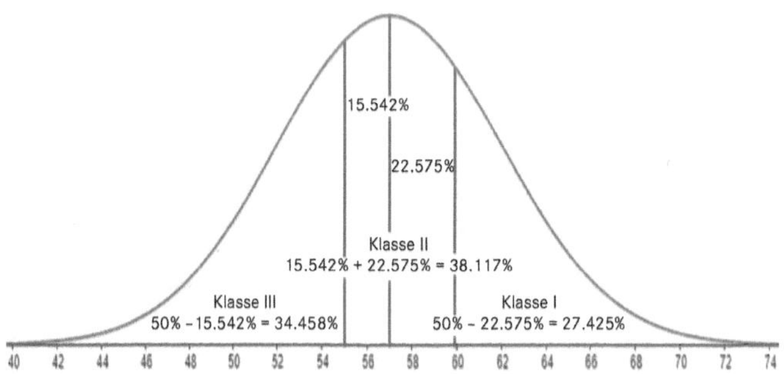

Klasse I: $p_{\mathrm{I}} = 0{,}5 - 0{,}22575 = 0{,}27425 = 27{,}425\,\%$

Klasse II: $p_{\mathrm{II}} = 0{,}22575 + 0{,}15542 = 0{,}38117 = 38{,}117\,\%$

Klasse III: $p_{\mathrm{III}} = 0{,}5 - 0{,}15542 = 0{,}34458 = 34{,}458\,\%$

Tagesumsatz $600 \cdot (0{,}4 \cdot 0{,}27425 + 0{,}35 \cdot 0{,}38117 + 0{,}3 \cdot 0{,}34458) = 207{,}89$

Mit dem TI-30X Pro ist die Sache etwas einfacher:

Normalcdf, mean=57, sigma=5

Klasse I: LOWERBnd=60, UPPERBnd=1E99, VALUE=0.27425, STORE: x

Klasse II: LOWERBnd=55, UPPERBnd=60, VALUE=0.38117, STORE: y

Klasse III: LOWERBnd=-1E99, UPPERBnd=55, VALUE=0.34458, STORE: z

Tagesumsatz 600·(0.4x+0.35y+0.3z)=207.89

1E99 = 10^{99} hat die Bedeutung von ∞. Die größte im Rechner darstellbare Zahl ist $9.999999999 \cdot 10^{99}$.

5.6.1 Approximation der Binomialverteilung durch die Normalverteilung

Viele Wahrscheinlichkeitsverteilungen gehen bei zunehmenden Zahlen in die Normalverteilung über. Für die Binomialverteilung gilt dabei: $\mu = n \cdot p$, $\sigma^2 = n \cdot p \cdot (1 - p) = \mu \cdot (1 - p)$.

Damit kann, speziell bei großen Fallzahlen, anstelle der Binomialverteilung mit der einfacher zu handhabenden Normalverteilung gerechnet werden. Dabei gilt folgende Faustregel: **Falls $\sigma > 3$, also $n \cdot p \cdot (1 - p) > 9$, sind die Unterschiede vernachlässigbar.**

Im nachstehenden Beispiel ist diese Bedingung mit $\sigma = 1.7$ nicht erfüllt. Die Grafik zeigt die immer noch recht brauchbare Übereinstimmung auch unter diesen Umständen.

Die Binomialverteilung ist *diskret*, die Anzahl der Ereignisse (die Werte auf der x-Achse) sind ganzzahlig. Ihre Wahrscheinlichkeiten entsprechen den Flächen der Rechtecke mit Breite 1 und Höhe $p(k)$ in der Graphik. Die Stufenlinie bildet die *(kontinuierliche)* Wahrscheinlichkeitsverteilung der Binomialverteilung, denn die Summe aller Rechteckflächen ist 1.

Wenn wir die Binomialverteilung durch eine Normalverteilung annähern, ersetzen wir die Stufenlinie durch die glatte Kurve der Normalverteilung. Bei der Wahrscheinlichkeit ersetzen wir die Flächen der Rechtecke durch die Fläche unter der Kurve der Normalverteilung *über den gleichen Bereich.* Die Wahrscheinlichkeit für genau 3 Ereignisse entspricht der Fläche des Rechtecks zwischen 2,5 und 3,5 mit Höhe $p(3)$. Für die Wahrscheinlichkeit für 3 bis 5 Ereignisse muss die Fläche also zwischen 3 - 0,5 = 2,5 und 5 + 0,5 = 5,5 ausgewertet werden. Diese Anpassung der Bereichsgrenzen um 0,5 nennt man eine *Kontinuitätskorrektur.*

Beispiel:

5.23 Binomialverteilung für p = 0,4 und n = 12.

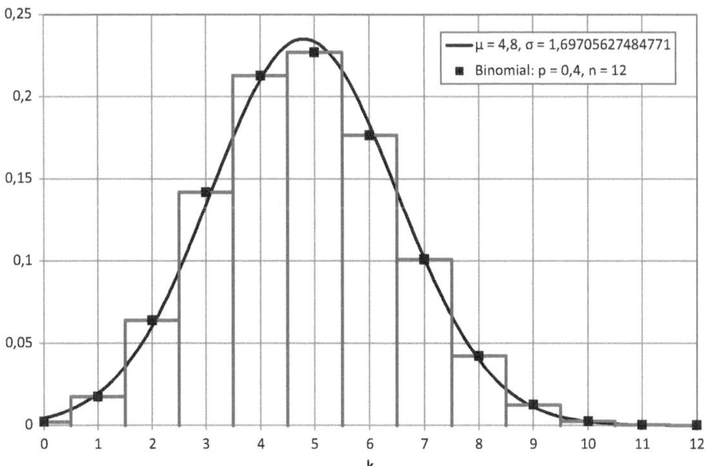

Auch in *Beispiel 5.24* ist die Bedingung $\sigma > 3$ klar nicht erfüllt, trotzdem ist die Näherung noch einigermaßen brauchbar:

Beispiel:

5.24 Beispiel aus 5.4.2: wir erhalten für die Normalapproximation

$$\mu = n \cdot p = 30 \cdot 0{,}04 = 1{,}2$$
$$\sigma = \sqrt{n \cdot p \cdot (1-p)} = \sqrt{\mu \cdot (1-p)} = \sqrt{1{,}2 \cdot 0{,}96} = 1{,}0733$$

Die Wahrscheinlichkeit, dass von den 30 Äpfeln k fleckig sind, beträgt bei

	Binomialverteilung		Approximation durch Normalverteilung			
k	*p*(*k*)	Summe	*f*(*k*)	kumuliert	LOWERbnd	UPPERbnd
0	0,294	0,294	0,199	0,257	-1E99	0.5
1	0,367	0,661	0,365	0,610	-1E99	1.5
2	0,222	0,883	0,282	0,887	-1E99	2.5
3	0,086	0,969	0,091	0,984	-1E99	3.5
4	0,024	0,994	0,012	0,999	-1E99	4.5

Unser Entscheid, in der Stichprobe bis zu 3 fleckige Äpfel zuzulassen, wäre bei Verwendung der Normalapproximation gleich ausgefallen.

Im folgenden Beispiel ist die Bedingung $\sigma > 3$ gut erfüllt. Die Fehler der Normalapproximation gegenüber der „richtigen" Binomialverteilung liegen hier weit unter 1 %:

Beispiel:

5.25 Eine perfekte Münze wird 100× geworfen. Mit welcher Wahrscheinlichkeit zeigt sie

- genau 40× „Kopf"?
- zwischen 45× und 49× „Kopf"?

Normalapproximation:

$$\mu = n \cdot p = 100 \cdot 0{,}5 = 50$$
$$\sigma = \sqrt{n \cdot p \cdot (1-p)} = \sqrt{100 \cdot 0{,}5 \cdot 0{,}5} = 5$$

binomial:

Binomialpdf, n = 100, p = 0.5, x = 40,VALUE = 0.010843867 = 1.084 %

normal:

Normalpdf, x = 40, Mean = 50, Sigma = 5,VALUE = 0.010798193 = 1.080 %

oder besser:

Normalcdf, Mean = 50, Sigma = 5, LOWERbnd = 39.5, UPPERbnd = 40.5, VALUE = 0.010852135 = 1.085 %

binomial:

Binomialcdf, n = 100, p = 0.5, x = 49, VALUE = 0.460205362 → y

Binomialcdf, n = 100, p = 0.5, x = 44, VALUE = 0.135626511 → z

y - z = 0.324578851 = 32 458 %

normal:

Normalcdf, Mean = 50, Sigma = 5,

LOWERbnd = 44.5, UPPERbnd = 49.5

VALUE = 0.324506002 = 32 451 %

5.7 Messdatenauswertung, Datenanalyse

5.7.1 Resultatangabe und Vertrauensintervall

Bei einer Größe, die aus streuenden Messwerten bestimmt wird, wollen wir wissen, wie „genau" sie ist. Meistens gibt man dafür entweder die Standardabweichung oder ein *Vertrauensintervall* (häufig für 95 % Sicherheit) an.

Es hat keinen Sinn, mehr Kommastellen anzugeben, als aussagekräftig sind!

Bei einer normal verteilten Größe geht man wie folgt vor:

- Bestimmung des arithmetischen Mittelwerts μ der Messwerte
- Berechnung der Standardabweichung σ
- Das 95 %-Vertrauensintervall ist $[\mu - 1{,}96\sigma, \mu + 1{,}96\sigma]$ (Tabelle 5.1).

Bei kleinen Stichproben sollte man an Stelle der Normalverteilung die sogenannte *Student*[40]*-t-Verteilung* verwenden, die die Unsicherheit bei μ und σ berücksichtigt, wenn diese Größen aus einer kleinen Stichprobe bestimmt werden. (Der aus einer Stichprobe der Größe n bestimmte Mittelwert hat seinerseits eine Varianz von σ^2/n. D. h., wenn man den Mittelwert mit einer zweiten Stichprobe oder Serie von Messungen bestimmt, erhält man meistens nicht dasselbe wie beim ersten Mal.)

[40] Pseudonym von William S. Gosset, 1876 - 1937, Mitarbeiter der Guinness-Brauerei

Bei der *t*-Verteilung werden anstelle der Werte der Normalverteilung in *Tabelle 5.1* die t_S-Werte aus *Tabelle 5.3* genommen (in „einfachen Fällen" gibt es $n - 1$ Freiheitsgrade):

Tabelle 5.3

n	Freiheits-grade	t_S für Sicherheit von			
		50 %	90 %	95 %	99 %
2	1	1	6,314	12,706	63,657
3	2	0,816	2,920	4,303	9,925
4	3	0,765	2,353	3,182	5,841
5	4	0,741	2,132	2,776	4,604
6	5	0,727	2,015	2,571	4,032
7	6	0,718	1,943	2,447	3,707
8	7	0,711	1,895	2,365	3,499
9	8	0,706	1,860	2,306	3,355
10	9	0,703	1,833	2,262	3,250
15	14	0,692	1,761	2,145	2,977
20	19	0,688	1,729	2,093	2,861
30	29	0,683	1,699	2,045	2,756
50	49	0,680	1,677	2,010	2,680
100	99	0,677	1,660	1,984	2,626
∞	∞	0,677	1,645	1,960	2,576

Bei 10 Messungen ist also das 95 %-Vertrauensintervall $[\mu - 2{,}262\sigma, \mu + 2{,}262\sigma]$.

Da die Werte alle größer sind als bei der Normalverteilung, wird dabei das Vertrauensintervall größer. Für große n nähert sich die *t*-Verteilung an die Normalverteilung an.

Zwischenwerte können linear interpoliert werden (das Vorgehen dazu ist in *Beispiel 5.30* weiter unten erläutert).

In Excel ist t_S durch die Funktion TINV verfügbar; für 95 % und 9 Freiheitsgrade beispielsweise gibt man ein TINV(0.05;9).

Beispiel:

5.26 Das 95 %-Vertrauensintervall für den Mittelwert bei $n = 10$ Messungen (9 Freiheitsgraden) ist gegeben durch

$$\mu - 2{,}262 \cdot \frac{\sigma}{\sqrt{10}}$$

$$\mu + 2{,}262 \cdot \frac{\sigma}{\sqrt{10}}$$

Eng mit dem Vertrauensintervall verwandt ist der Begriff des Prognoseintervalls.

Die Bestimmung des exakten Vertrauensintervalls bei der Binomialverteilung ist etwas aufwendig, hier kann häufig die Normalapproximation weiterhelfen.

Beispiele:

5.27 Vor einer Abstimmung werden 1032 Stimmbürger nach ihrer Meinung befragt. 568 geben an, dass sie JA stimmen werden. Wie groß wird voraussichtlich die Zustimmung mit 95 % Wahrscheinlichkeit sein?

Im Prinzip haben wir hier eine Stichprobe aus einer Binomialverteilung mit $p = \frac{568}{1032} = 55{,}04\%$ und $n = 1032$ vor uns.

Zur Berechnung der Unsicherheit verwenden wir die Normalapproximation mit $\mu = 568$ und $\sigma = \sqrt{568 \cdot (1 - 0{,}5504)} = 15{,}981$ und erhalten $\frac{1{,}96 \cdot \sigma}{n} = 3{,}035\%$.

In den Nachrichten wird es heißen: „Die Zustimmung zur Vorlage betrug zum jetzigen Zeitpunkt 55,0 % bei einer Unsicherheit von ±3,0 %.“

5.28

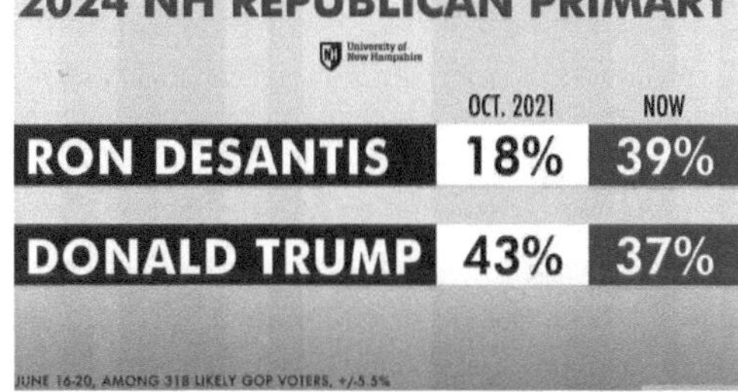

Die 39 % von 318 Wählern entsprechen 124 Wählern. Die Unsicherheit beträgt +- 5,5 %.

Die Standardabweichung beträgt hier σ = 8,7, die Bedingung zur Anwendung der Normalapproximation ist also erfüllt.

95 %-Unsicherheit mit Normalapproximation:

$$\frac{1{,}96 \cdot \sigma}{n} = \frac{1{,}96 \cdot \sqrt{n \cdot p \cdot (1-p)}}{n} = \frac{1{,}96 \cdot \sqrt{124 \cdot \left(1 - \frac{124}{318}\right)}}{318} = 5{,}4\%$$

5.7.2 Ausgleichsrechnung

Häufig ist es so, dass man eine Anzahl Messungen hat und eine Funktion, die den Zusammenhang zwischen unabhängigen und abhängigen Variablen beschreiben soll. Das sind normalerweise *mathematisch überbestimmte* Systeme, d. h., die einzelnen Messungen (Gleichungen) widersprechen sich.

Beispiel:

5.29 Einzylinder-Verbrennungsmotor bei konstanter Drehzahl

Leistung	Verbrauch
4,0 kW	2,6 kg/h
4,1 kW	2,0 kg/h
5,5 kW	4,0 kg/h
8,0 kW	4,0 kg/h
9,0 kW	4,1 kg/h
10,0 kW	6,5 kg/h
12,0 kW	7,2 kg/h
15,0 kW	7,0 kg/h
16,5 kW	7,6 kg/h
17,0 kW	8,8 kg/h
19,5 kW	8,9 kg/h
21,0 kW	10,4 kg/h
24,0 kW	10,6 kg/h
25,0 kW	12,2 kg/h

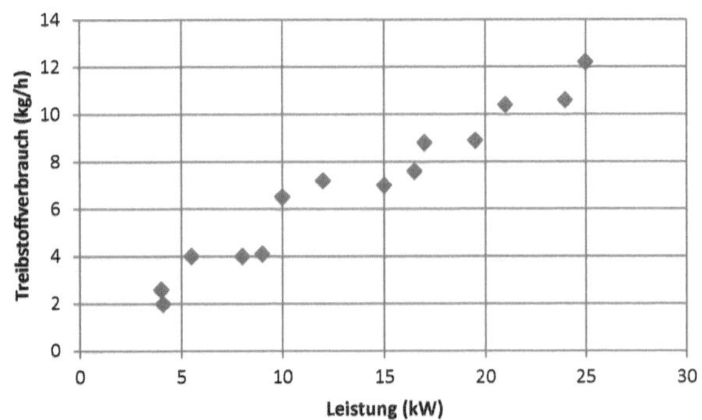

Bild 5.8 Graphische Darstellung der Messwerte aus *Beispiel 5.29*

Es liegt nahe anzunehmen, dass der Treibstoffverbrauch T etwa proportional zur *erzeugten* Leistung verlaufe. Damit müsste die *abgegebene* Leistung L einer Funktionsgleichung der Form

$$T = L \cdot a + b$$

genügen, in der b pauschal für innere Verluste wie z. B. Reibung steht.

Einsetzen der einzelnen Datenpunkte in diesen Ansatz liefert für jeden Datenpunkt eine lineare Gleichung, nämlich

$$4{,}0 \cdot a + b = 2{,}6$$

$$4{,}1 \cdot a + b = 2{,}0$$

$$5{,}5 \cdot a + b = 4{,}0$$

$$8{,}0 \cdot a + b = 4{,}0$$

usw.

Aus *2.4.1* wissen wir, dass Gleichungssysteme mit mehr Gleichungen als Unbekannten normalerweise keine Lösung haben. Man kann anhand der Graphik sehen, was damit gemeint ist, dass die Gleichungen sich widersprechen: es gibt keine gerade Linie $T = L \cdot a + b$, die durch alle Punkte geht.

Die Größen a und b sollen nun so bestimmt werden, dass alle Messungen *möglichst gut* erfüllt sind.

Die Methode, die hier angewendet wird, heißt *Ausgleichung nach kleinsten Quadraten.* Sie stammt ebenfalls von Gauß[21]. Dabei werden die unbekannten Größen in der Funktion so bestimmt, dass *die Summe der Quadrate der Abweichungen in y minimal* wird. Bei einer linearen Funktion spricht man von einer *linearen Regression.*

Die Herleitung des Verfahrens wird mithilfe der Differenzialrechnung in *8.6.4* gegeben. Die Bestimmungsgleichungen für die Unbekannten a und b lauten

$$\left| \begin{array}{ccccc} \left(\sum x_i^2\right)\cdot a & + & \left(\sum x_i\right)\cdot b & = & \sum x_i \cdot y_i \\ \left(\sum x_i\right)\cdot a & + & n\cdot b & = & \sum y_i \end{array} \right| \tag{5.7}$$

Darin bedeuten

Σx_i^2 die Summe der Quadrate der x-Werte (hier: L^2),

Σx_i die Summe der x-Werte (hier: L),

Σy_i die Summe der y-Werte (hier: T),

$\Sigma x_i \cdot y_i$ die Summe der Produkte aus x- und y-Werten (hier: $L \cdot T$),

n die Anzahl Wertepaare (Punkte).

Dieses Resultat (dieselben Bestimmungsgleichungen für a und b) erhält man auch bei Multiplikation des überbestimmten Systems der linearen Gleichungen von links her mit der transponierten Koeffizientenmatrix (siehe *2.4.3*).

Beim TI-30X Pro geben wir die x-Daten in Kolonne L1 und die y-Daten in Kolonne L2 der Datentabelle ein und wählen dann unter **[stat-reg/distr]** entweder **2-Var Stats** oder **LinReg**. Es gibt hier beim Rechner eine gewisse Doppelspurigkeit. Bei der 2-Variablen-Statistik erhält man eine Menge Resultate, die man meistens nicht braucht, und man kann unter den Menüpositionen **x`(** und **y`(** die Regressionsgerade nach beliebigen x bzw. y-Werten auswerten, bei **LinReg** kann die Funktion für Auswertungen mit **[table]** übernommen werden.

In *Beispiel 5.29* erhalten wir als Lösungen $a = 0{,}4306$ kg/kWh und $b = 0{,}9877$ kg/h. (1 Ws = 1 J, und der Heizwert von Benzin beträgt etwa 41 MJ/kg. Wie groß ist der thermische Wirkungsgrad des Motors bei Vernachlässigung der Reibung b?)

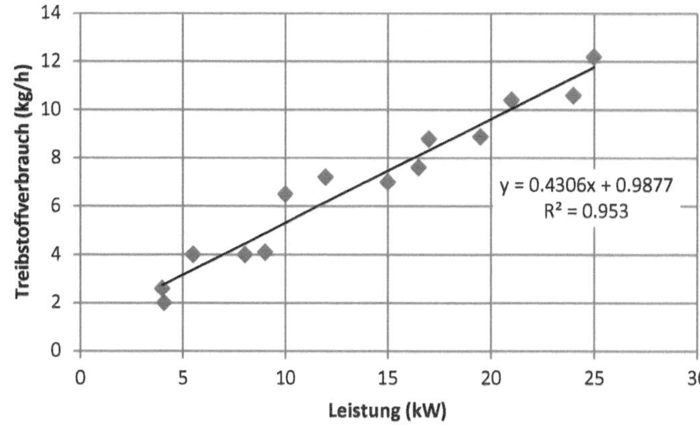

Bild 5.9 Rohdaten aus *Beispiel 5.18* mit der Ausgleichsgeraden

Die Güte der Annäherung wird durch den Pearson[41]-Korrelationskoeffizienten ausgedrückt. Bei einer perfekten aufsteigenden Korrelation (alle Punkte auf einer Linie) ist dieser +1, absteigend -1, in der Nähe von null ist das „totale Chaos“. Häufig wird nicht r angegeben, sondern r^2, womit das meistens uninteressante Vorzeichen elegant aus der Welt geschafft ist.

Interpolation von Tabellen

Mit der im Taschenrechner implementierten linearen Regression können wir im Handumdrehen Werte in Tabellen interpolieren.

Beispiel:

5.30 Bestimme t_S bei 95 % für $n = 43$ (42 Freiheitsgrade).

Der Tabelle in *5.7.1* entnehmen wir bei $n = 30$ $t_S = 2{,}045$ und bei $n = 50$ $t_S = 2{,}010$.

Wir geben die Werte in die Datentabelle des TI-30 ein und erhalten mit der 2-Variablen-Statistik $y'(43) = 2{,}02225$.

L1	L2
30	2.045
50	2.010

Bei TI-Taschenrechnern (außer bei den einfachsten TI-30-Modellen) können lineare Regressionen im Modus *2-Variablen-Statistik* durchgeführt werden; in Excel kommen bei der Berechnung folgende Funktionen zur Anwendung (siehe auch *Ref. 10*):

Englisch	deutsch	Bezeichnung	in *Beispiel 5.18*
SLOPE	STEIGUNG	Steigung der Geraden	$a = 0{,}4306$
INTERCEPT	ACHSENABSCHNITT	*y*-Achsenabschnitt	$b = 0{,}9877$
CORREL	KORREL	Korrelationskoeffizient	$r = 0{,}976$

Nicht alle Messdaten liegen ungefähr auf einer Geraden! Auch für „krumme“ Funktionen können Ausgleichsrechnungen nach kleinsten Quadraten durchgeführt werden. Wenn man sich über die zu wählende Regressionsfunktion nicht sicher ist, ist es gut, *zuerst die Daten graphisch darzustellen.* Regressionen mit Polynomen werden analog zu linearen Regressionen durchgeführt (Bestimmungsgleichungen durch Multiplikation des überbestimmten Gleichungssystems von links mit der transponierten Matrix).

In einer *xy*-Graphik kann Excel durch Anklicken der Datenserie und Drücken der rechten Maustaste einen TREND hinzufügen, ohne dass man Steigung etc. zuerst berechnen muss. Dabei kann die Regressionsfunktion ausgewählt werden, z. B. eine lineare Funktion für eine lineare Regression. Als allgemeine Regel soll man die Regressionsfunktion möglichst einfach wählen; hochgradige Polynome neigen zum Oszillieren. Unter „Optionen“ können zusätzlich Funktionsgleichung und Korrelationskoeffizient angezeigt werden (*Bild 5.9*).

[41] Karl Pearson, 1857 - 1936, britischer Universalgelehrter

Beispiel:

5.31 Unsere Luft enthält Wasserdampf, häufig angegeben in g/m^3 und in Prozent des maximal möglichen Gehalts. Warme Luft kann mehr Feuchtigkeit aufnehmen als kalte Luft. An warmer Luft trocknet aufgehängte Wäsche rascher. Wenn sich die Luft abkühlt, bleibt der absolute Wassergehalt in g/m^3 unverändert, hingegen steigt die relative Feuchte, weil die Sättigungfeuchte kleiner wird (die Luft weniger Wasserdampf aufnehmen kann). Beim Erreichen von 100 % Luftfeuchtigkeit findet bei weiterer Abkühlung Kondensation statt, d. h. Wasserdampf bildet kleine Tröpfchen: so entstehen Wolken, Nebel und Regen.

(*http://www.gerd-pfeffer.de/atm_feuchte.html*)

Diese Datenpunkte können wir durch eine Ausgleichskurve ersetzen. Durch Probieren erkennen wir schnell, dass ein Polynom 3. Grades (ein kubisches Polynom) eine ausreichend gute Näherung darstellt.

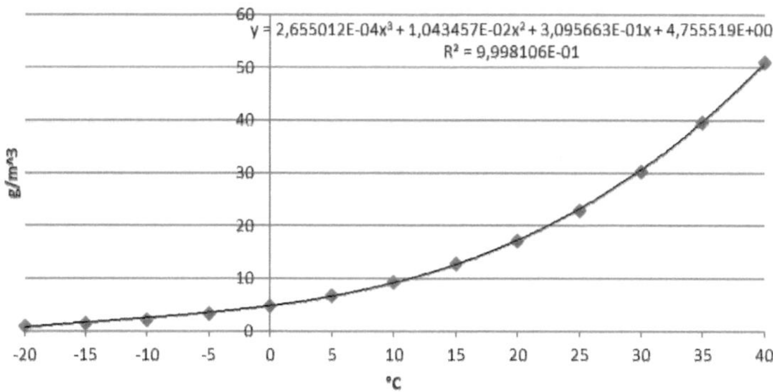

Beim TI-30X Pro kann die gefundene Näherungsfunktion (hier: die Funktion 3. Grades, kubische Parabel) zur einfachen Auswertung mit **[table]** übernommen werden.

Manchmal ist es auch möglich, eine „gerade" Linie zu bekommen, wenn man die Daten umwandelt, zum Beispiel logarithmiert. Wenn beispielsweise die theoretische Funktion für die Daten die Form

$$f(x) = a \cdot x^b$$

hat, wird daraus durch Logarithmieren

$$\log(f) = \log(a \cdot x^b) = \log(a) + \log(x^b) = \log(a) + b \cdot \log(x)$$

Das ist eine *Gerade* mit Steigung b und Achsenabschnitt log(a), wenn man die x- und Messwerte beide logarithmiert. Der TI-30X Pro bietet unter **[stat-reg/distr]** lineare, quadratische, kubische, logarithmische und Regressionen mit Potenz- und Exponentialfunktionen an.

Manchmal ist es auch möglich, eine „gerade" Linie zu bekommen, wenn man die Daten umwandelt, zum Beispiel *logarithmiert* (vgl. Beispiel der Lichtabsorption in *4.8.2*). Wenn beispielsweise die theoretische Funktion für die Daten die Form

$$f(x) = a \cdot x^b$$

hat, wird daraus durch Logarithmieren

$$\log(f) = \log(a \cdot x^b) = \log(a) + \log(x^b) = \log(a) + b \cdot \log(x)$$

Das ist eine *Gerade* mit Steigung b und Achsenabschnitt $\log(a)$, wenn man die x- und Messwerte beide logarithmiert.

Der TI-30X Pro bietet unter **stat–reg/distr** verschiedene Regressionen an.

5.7.3 Ausgleichsrechnung mit Excel

Wir setzen voraus, dass das Erstellen und Manipulieren einfacher Graphiken in Excel bekannt ist. In einer *xy*-Graphik kann durch Anklicken der Datenserie und Drücken der rechten Maustaste ein TREND hinzugefügt werden, ohne dass man Steigung etc. zuerst berechnen muss. Ein TREND in Excel ist eine Regressionsfunktion. An Regressionsfunktionen stehen dieselben Typen zur Verfügung wie beim TI-30X Pro.

In Excel sind Regressionspolynome bis zum Grad 6 möglich. Als allgemeine Regel soll man die Regressionsfunktion möglichst einfach wählen; hochgradige Polynome neigen zum Oszillieren. Unter den Optionen können zusätzlich Funktionsgleichung und Korrelationskoeffizient angezeigt werden (die Grafiken in *5.7.2* wurden mit Excel erstellt).

Mit dem in Excel als Add-In enthaltenen SOLVER können wir punktweise gegebene Daten an beliebige Funktionen nach kleinsten Quadraten ausgleichen.

Beispiel 5.32:

Bei der Zuführung von Papier zu einer Druckmaschine ab einer 1,2 m breiten Rolle soll die Papierbahn durch Winkelverstellung einer Wendestange zentriert werden können. Das zum Beispiel gehörige Excel-File steht zum Download zur Verfügung.

Gegeben: $v(\alpha) = \frac{1}{25{,}4} \cdot (70\pi + 1400 \cdot \cos(\alpha)) \cdot \sin(\alpha)$ (seitlicher Versatz in Zoll)

Gesucht: Möglichst einfache Umkehrfunktion $\alpha = \alpha(v)$ für den Bereich $v = 0 \ldots 12$, Fehler <0,1 % überall

Schwierigkeit: Die Funktion $v = v(a)$ kann nicht analytisch nach α aufgelöst werden.

Lösungsidee: Wir erstellen mithilfe der gegebenen Funktion $v(\alpha)$ in Excel eine Wertetabelle mit Werten für α und v für den interessierenden Bereich und bestimmen eine Funktion, die aus den v-Werten näherungsweise die α-Werte liefert.

Der Lösungsweg gliedert sich in folgende Schritte:

- **Wertetabelle erstellen.** Im Beispiel sei α in Spalte [A] und v in Spalte [C].
- Der Wertetabelle entnehmen wir, dass der interessierende Bereich zwischen 0° und 11° liegt. In diesem Bereich ist $\cos(x) \approx 1$ und damit der Vorfaktor mit $\cos(x)$ ungefähr konstant, d.h. die Funktion unterscheidet sich nur wenig von einem konstanten Vielfachen von $\sin(x)$. Es liegt deshalb nahe, zur Ausgleichung die Funktion $\alpha_{fit}(v) = p \cdot \arcsin(q \cdot v)$ zu wählen. p skaliert die y-Achse, während q die x-Achse skaliert.
- **Bestimmung der Parameter *p* und *q* in der Funktion so, dass die Quadratsumme der Abweichungen minimal wird.**

  Neben oder oberhalb der Wertetabelle legen wir in Excel einen Bereich mit 3 Zellen an, die wir zum Rechnen brauchen:

  - eine Zelle für p [D1],
  - eine Zelle für q [D2],
  - eine Zelle für die Fehlerquadratsumme [D3].

  Neben der Wertetabelle legen wir zwei weitere Spalten mit Werten an:

  - Eine Spalte [D] mit unserer Funktion $p \cdot \arcsin(q \cdot v)$, wobei für v die Werte aus Spalte [C] eingesetzt werden und für p und q die Zellen-Adressen [D1] und [D2].
  - Eine Spalte [E] mit den Abweichungen zwischen der Funktion (in Spalte [D]) und α (in Spalte [A]).

In Zelle [D3] wird die Quadratsumme (Excel-Funktion SUMPRODUCT) der Werte aus Spalte [E] eingesetzt und in [D1] und [D2] Startwerte für p und q.

Wahl der Startwerte:

Der Wert des Sinus beträgt maximal 1. Unsere Funktion für v liefert gemäß der Wertetabelle einen maximalen Wert von etwa 33. Für den Startwert von q setzen wir deshalb an $1/33 \approx 0{,}03$. Für kleine x (in rad) ist $\arcsin(x) \approx x$ und damit $\alpha \approx p \cdot q \cdot v$. Daraus erhalten wir für kleine Werte mit der Wertetabelle $\frac{\alpha}{v} = p \cdot q \approx 0{,}9$ und damit $p = 30$. Mit den Startwerten kann gespielt werden.

Jetzt wird der Solver[42] aufgerufen und wie folgt konfiguriert:

[42] Der Solver wird unter dem Menüpunkt „Data“ aufgerufen. Wenn der Solver da nicht erscheint, muss er unter „Optionen/Add-In“ aktiviert werden. Wenn das nicht möglich ist, muss er als Excel-Option nachinstalliert werden. Je nach Version von Excel sieht er leicht anders aus.

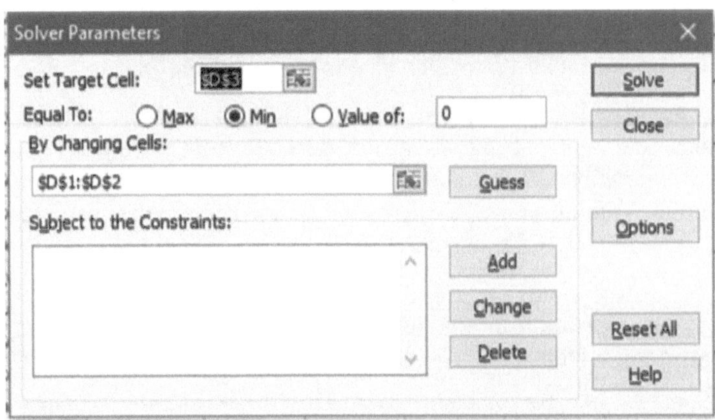

Bild 5.10

„Solve" löst den Berechnungsprozess aus, in dem der Solver die Werte für p [D1] und q [D2] so verändert, dass die Fehlerquadratsumme [D3] minimal wird. Das ist alles!

Der Solver führt ein schrittweises Näherungsverfahren aus, das bei bestimmten Kriterien abbricht. Einige dieser Kriterien können unter „Options" eingestellt werden. Mehrmaliges Durchlaufen liefert mit den Standard-Voreinstellungen des Solvers möglicherweise jedes Mal leicht andere (bessere) Ergebnisse. Für praktische Anwendungen sollten die Unterschiede unwichtig sein.

Im Beispiel erhalten wir (gerundet) $p = 30{,}307$ und $q = 0{,}0296$. Die größten relativen Abweichungen von 0,007 % treten bei Werten in der Nähe von Null am Anfang des Bereiches auf. Die Anforderungen sind erfüllt.

5.7.4 Einfache Tabellenkalkulation mit dem TI-30X Pro

Die vielseitig nutzbare Datentabelle des TI-30X Pro kann 42×3 Einträge aufnehmen.

Drücken von **[data]** zeigt den Inhalt der ersten paar Zeilen der drei Spalten **L1**, **L2** und **L3** an. Nochmaliges Drücken der Taste **[data]** führt zu einem Untermenu, mit dem unter **CLEAR** die Teilbereiche **L1**, **L2**, **L3** einzeln oder gesamthaft gelöscht werden können. Der zweite Menüpunkt **FORMULA** ermöglicht das Eingeben und Abändern/Löschen von Berechnungen zwischen den Spalten **L1**, **L2** und **L3**.

In den Formeln können alle Funktionen und Speicher des Rechners verwendet werden.

Beispiel 5.33:

Die folgende Tabelle enthält Körpergrößen und Gewichte von 21 jungen Teilnehmern (männlich) einer Technikerausbildung. Wir wollen den Body-Mass-Index (BMI) für diese Daten berechnen, der definiert ist als

$$BMI = \frac{Gewicht\,[\mathrm{kg}]}{\left(K\ddot{o}rpergr\ddot{o}\text{ß}e\,[\mathrm{m}]\right)^2}$$

Größe/cm	Gewicht/kg
185	90
178	84
170	72
172	65
174	74
186	76
187	100
178	72
180	76
182	72
169	72
180	76
180	80
190	80
178	90
176	100
170	75
175	72
174	85
180	110
183	94

Wir haben in **L1** die Körpergrößen in cm und in **L2** die entsprechenden Gewichte in kg. In **L3** möchten wir den Body-Mass-Index berechnen.

Wir gehen dazu wie folgt vor:

[data] [►] [►] (damit der Cursor in Spalte L3 steht)

[data] FORMULA 1:Add/Edit Frmla [enter]

Jetzt geben wir die Berechnungsformel ein:

L3 = [data] 2:L2 [÷] [(] **[data] 1:L1** [÷] 100 [)] [x^2]

Im Rechner steht

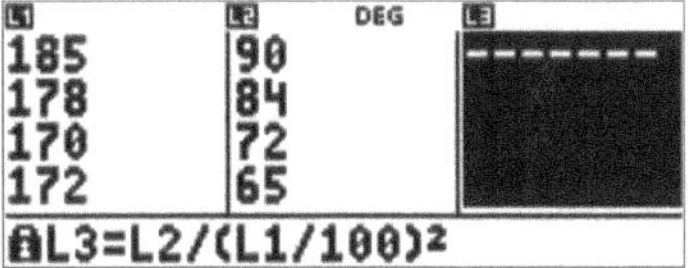

Spalte L3 wird nach Drücken von **[enter]** automatisch mit den berechneten Werten gefüllt, und diese stehen z. B. für statistische Auswertungen zur Verfügung.

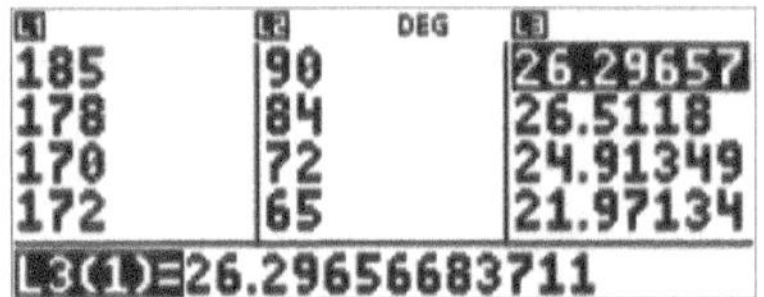

Bei einer Korrektur in L1 oder L2 oder beim Öffnen der Tabelle wird L3 automatisch neu berechnet.

5.8 Statistische Entscheidungsfindung

5.8.1 Statistisches Testen

Typische Fragestellung: Kann es sein, dass ein bestimmtes Resultat rein durch Zufall (d. h. Streuung) zustandegekommen ist? Falls die Antwort „nein" oder „eher nicht" lautet, heißt das natürlich, dass es für das Zustandekommen des Ergebnisses *Ursachen* geben muss, über die man sich Gedanken machen sollte.

Bereits in *5.7.1* haben wir den Begriff des *Vertrauensintervalls* kennengelernt. Die Wahrscheinlichkeit, dass bei Normalverteilung ein Wert weiter als $1{,}96\sigma$ vom Mittelwert entfernt liegt, beträgt weniger als 5 %, für 3σ weniger als 0,27 % (*Tabelle 5.1*). Dieses Konzept lässt sich erweitern auf Stichproben.

Wie in *5.7.1* kurz erwähnt wurde, ist der Mittelwert von Stichproben vom Umfang n einer normalverteilten Größe mit Standardabweichung σ ebenfalls normalverteilt, aber mit Standardabweichung $\frac{\sigma}{\sqrt{n}}$. Falls der „wahre" oder „normale" Wert μ^* der Größe bekannt ist, gibt die Testgröße

$$z = \frac{\mu - \mu^*}{\sigma_{Stichprobenmittel}} = \frac{\mu - \mu^*}{\frac{\sigma}{\sqrt{n}}} \tag{5.8}$$

an, um wie viele Standardabweichungen μ von μ^* entfernt ist. Falls $|z| > 1{,}96$, wissen wir, dass wir eine Stichprobe im < 5 %/Bereich erwischt haben und werden uns normalerweise dafür entscheiden, dass hier mehr als nur Streuung im Spiel sein muss.

Beispiel:

5.34 Zu hoher Blutdruck ist ein Risikofaktor für zahlreiche Erkrankungen. Der Blutdruck ist eine Größe, die individuell unterschiedlich ist und außerdem durch zahlreiche Faktoren (Nikotin, Erregungszustand, körperliche Aktivität, etc.) beeinflusst wird. Um die Wirkung eines blutdrucksenkenden Medikamentes trotz der Überlagerung mit diesen Einflüssen festzustellen, wird man eine große Anzahl von Probanden untersuchen.

Der Blutdruck wird bei 55 Patienten vor und nach der Behandlung mit einem Medikament gemessen. Die durchschnittliche Änderung ($\mu \pm \sigma$) beträgt -6,4 $\pm$ 20,5 mm Hg. Wir sagen normalerweise, das Medikament sei wirksam, *wenn der Punkt 0 (keine Änderung) außerhalb des 95 %-Vertrauensintervalls der Veränderung liegt.*

Wir erhalten z = -2,3. Weil $|z|$ > 1,96, schließen wir, dass das Medikament wirksam ist (den Blutdruck tatsächlich senkt).

Das Konzept lässt sich nochmals erweitern auf den *Vergleich von zwei Stichproben.* Die Frage ist jetzt, ob der Unterschied im Mittelwert zwischen den beiden Stichproben mit den beobachteten Streuungen durch Zufall erklärt werden kann oder nicht. Der Unterschied zwischen Stichproben derselben normalverteilten Grundgesamtheit ist ebenfalls wieder normalverteilt. Der Ausdruck für die Testgröße wird jetzt zu

$$z = \frac{\mu_1 - \mu_2}{\sigma_{12}} = \frac{\mu_1 - \mu_2}{\sqrt{\frac{\sigma_1^2}{n_1} + \frac{\sigma_2^2}{n_2}}} \tag{5.9}$$

Beim praktischen Vorgehen legt man zuerst das *Signifikanzniveau* α fest, meistens 5 % oder 1 %, und bestimmt daraus den *kritischen Wert* z_k aus Tabellen *(Tabelle 5.1, Tabelle 5.2)* oder rechnerisch, z. B. mit Excel oder wie in *9.5.1*. Das Signifikanzniveau ist die tiefste Wahrscheinlichkeit, bei der man noch akzeptieren will, dass der Unterschied durch Zufall zustandegekommen sein könnte. Der kritische Wert z_k ist die Grenze für das zugehörige Vertrauensintervall 1-α, beispielsweise für einen „zweiseitigen Test"

für α = 0,05 ist z_k = 1,96, denn [μ - 1,96 · σ, μ + 1,96 · σ] enthält 1 - α = 95 % der Fläche,

für α = 0,01 ist z_k = 2,576, denn [μ - 2,576 · σ, μ + 2,576 · I] enthält 1 - α = 99 % der Fläche.

Ist $|z|$ größer als dieser kritische Wert, wird angenommen, dass der Unterschied nicht reiner Zufall war. Man sagt dann, dass der Unterschied *auf dem Niveau 5 % (bzw. 1 %) statistisch signifikant* sei.

Beispiele:

5.35 Vergleich der Blutdrucksenkung von zwei Medikamenten A und B. Es sei

n_A = 73, $\mu_A \pm \sigma_A$ = -7,6 $\pm$ 23,4 mm Hg und

n_B = 48, $\mu_B \pm \sigma_B$ = -9,4 $\pm$ 20,7 mm Hg.

Ist der Unterschied statistisch signifikant auf dem Niveau 5 %?

Da das Signifikanzniveau 0,05 beträgt, ist der kritische Wert 1,96. Wir erhalten z = 0,44. Medikament B ist zwar „numerisch besser", aber weil $|z|$ < 1,96, ist der Unterschied statistisch nicht signifikant (könnte also auch zufällig sein).

Da die Binomialverteilung mit Ereigniswahrscheinlichkeit p mit wachsendem n rasch in eine Normalverteilung mit $\mu = n \cdot p$, $\sigma^2 = n \cdot p \cdot (1 - p)$ übergeht (siehe *5.6*), kann diese Methode auch für Proportionen verwendet werden. Die Testgröße wird jetzt zu

$$z = \frac{p_1 - p_2}{\sigma_{12}}, \text{ wo } \sigma_{12} = \sqrt{p \cdot (1-p) \cdot \left(\frac{1}{n_1} + \frac{1}{n_2}\right)} \text{ mit } p = \frac{n_1 \cdot p_1 + n_2 \cdot p_2}{n_1 + n_2} \quad (5.10)$$

5.36 In einer Bevölkerungsgruppe mit n_1 = 5104 Leuten gibt es 553 Raucher (p_1 = 10,835 %), in einer anderen Gruppe mit n_2 = 3521 Leuten gibt es 347 Raucher (p_2 = 9,855 %). Ist der Unterschied statistisch signifikant auf dem Niveau 5 %?

Wir erhalten z = 1,462. Der Unterschied ist also statistisch nicht signifikant.

Oft wird der umgekehrte Weg beschritten und anhand des berechneten z-Wertes aus *Tabelle 5.2* herausgelesen, welcher Grenzwahrscheinlichkeit dieses z entspricht. Der doppelte außerhalb liegende Bereich liefert den sogenannten *p-Wert*: p ist die Wahrscheinlichkeit für das erhaltene oder ein noch extremeres Resultat, *falls der Unterschied tatsächlich rein zufällig (durch Streuung) entstanden ist* (sog. *Nullhypothese*). Für z = 1,96 ist p = 0,05, für z = 2,576 ist p = 0,01. *Der Wert von 1 - p gibt an, am Rande von welchem Vertrauensintervall der erhaltene Wert liegt.* p = 0,03 bedeutet ein Resultat am Rande des 97 %-Vertrauensintervalls. Ein Unterschied ist statistisch signifikant auf dem Niveau 5 %, wenn $p < 0,05$.

Die Funktion TTEST in Excel führt einen Mittelwerts-Vergleichstest direkt anhand der Einzelwerte durch. Die beiden ersten Argumente sind die Bereiche mit den Daten, das dritte Argument ist normalerweise 2, das vierte 3. Als Resultat liefert der t-Test in Excel direkt den p-Wert.

Neben den hier beschriebenen statistischen Tests gibt es zahlreiche weitere, speziell auch für nicht-normalverteilte Daten. Wir gehen hier nicht auf Details ein.

Statistische Tests sind beispielsweise in der medizinischen Forschung stark verbreitet. Man darf nie vergessen, dass „statistisch signifikant" nicht dasselbe ist wie „relevant", und dass man mit Statistik *nie einen ursächlichen Zusammenhang „beweisen"* kann, also dass A die Ursache von B ist. Ob ein Unterschied statistisch signifikant ist, hängt stark von den Fallzahlen ab. Eine Blutdrucksenkung von durchschnittlich 2 mm Hg kann statistisch signifikant sein, rechtfertigt aber wohl kaum die Kosten einer Behandlung und das Risiko von Nebenwirkungen.

5.8.2 Prozessbeherrschung

Unter „Prozess" wollen wir einen *industriellen Prozess zur Herstellung eines Massengutes* verstehen. Dabei werden im Rahmen der Qualitätssicherung Stichprobenkontrollen vorgenommen. Eine 100 %-Kontrolle wird dann nicht gemacht, wenn sie zu aufwendig ist oder das Produkt zur Prüfung zerstört werden muss.

Wunsch: Aufgrund der Prüfungen an einer kleinen Stichprobe möchte man eine möglichst zuverlässige Aussage über die Qualität der ganzen Produktion erhalten.

Dafür werden *Stichprobenpläne* erstellt, die angeben, wie viele Teile pro Produktionslos geprüft werden müssen und wie viele davon höchstens außerhalb der Toleranzen liegen dürfen, damit das Los freigegeben werden darf. Diese Stichprobenumfänge hängen von der Losgröße und der geforderten Sicherheit ab: je höher die Sicherheit, desto mehr Prüfungen. Absolute Sicherheit gibt es leider nur bei 100%-Prüfung!

Häufiger Fall: Man hat eine bestimmte Messgröße und einen oberen und unteren Toleranzwert für diese Größe. Die Prozessbeherrschung wird durch 2 Größen ausgedrückt. Dabei werden die als normal verteilt angenommenen Messwerte mit den Toleranzgrenzen in Beziehung gesetzt und Aussagen dazu gemacht, ob die Toleranzgrenzen *problemlos, nicht immer* oder *allzu häufig nicht* eingehalten werden können. Es gilt (OL = obere Toleranzgrenze, UL = untere Toleranzgrenze):

$$c_{pk} = Minimum\left\{\frac{OL-\mu}{3\sigma}, \frac{\mu-UL}{3\sigma}\right\},\ c_p = \frac{OL-UL}{6\sigma}$$

Die Größe c_{pk} gibt an, wie das Intervall $\mu \pm 3\sigma$ bezüglich der Toleranzgrenzen liegt:

$c_{pk} > 1$	Das Intervall $\mu \pm 3\sigma$ liegt vollständig im Innern des Toleranzbandes.
$c_{pk} = 1$	Ein Rand des Intervalls $\mu \pm 3\sigma$ liegt auf einer Toleranzgrenze.
$0 < c_{pk} < 1$	μ liegt im Innern des Toleranzbandes, aber das Intervall $\mu \pm 3\sigma$ liegt teilweise außerhalb.
$c_{pk} = 0$	μ liegt auf einer Toleranzgrenze, 50% sind außer Toleranz.
$c_{pk} < 0$	μ liegt außerhalb des Toleranzbandes, über 50% sind außer Toleranz.

Gemäß der *Tabelle 5.1* beinhaltet das Intervall $\mu \pm 3\sigma$ 99,73% der Normalverteilung. Bei $c_{pk} > 1$ sind also auf 10000 Stück nicht mehr als 27 schlechte zu erwarten oder auf 1000 bis etwa 3.

Die Größe c_p beschreibt die Güte der Überdeckung von Ist (Messungen) und Soll (Toleranzen). c_p kann nur angewendet werden, wenn die Mittelwerte von Messungen und Sollwert gut übereinstimmen, also sicher nur dann, wenn $c_{pk} > 1$ ist. Es sind drei Klassen der Prozessfähigkeit üblich:

fähig	heißt ein Prozess, wenn $c_p > 1{,}33$ ist. Dies ist gleichbedeutend damit, dass das Intervall $\mu \pm 4\sigma$ voll innerhalb der Toleranzgrenzen liegt. Auf 100000 Stück sind dann nicht mehr als 6 fehlerhafte zu erwarten.
überwachungsbedürftig	heißt ein Prozess, wenn $1 < c_p < 1{,}33$ ist. Dann sind die Toleranzgrenzen zwischen 3σ und 4σ von μ entfernt, und auf 1000 Stück sind bis etwa 3 fehlerhafte zu erwarten.
nicht fähig	heißt ein Prozess, wenn $c_p < 1$ ist (die Toleranzgrenzen liegen innerhalb des $\pm 3\sigma$-Intervalls um μ und auf 1000 Stück müssen mehr als 3 fehlerhafte erwartet werden).

5.9 Manipulation durch Statistik

„Zahlen lügen nicht“ - das stimmt. Aber die Lüge schleicht durch die Hintertüre herein, wenn aus Zahlen „offensichtliche“ Folgerungen gezogen werden. Oft erscheinen solche Vereinfachungen und Folgerungen auf den ersten Blick plausibel. Zum Beispiel: „Wenn wir weniger Ausländer hätten, gäbe es mehr freie Wohnungen, mehr Jobs und mehr freie Parkplätze.“ Damit lässt sich wunderbar politische Stimmung und Propaganda machen.

Mit Statistik können wir nie einen kausalen (= ursächlichen) Zusammenhang beweisen, also dass „*B*“ die zwangsläufige Folge von „*A*“ ist.

Beispiele:

5.37 Heute gilt als gesichertes Wissen, dass Babies nicht vom Storch gebracht werden. Trotzdem scheint die untenstehende Darstellung[43] genau das zu „beweisen“:

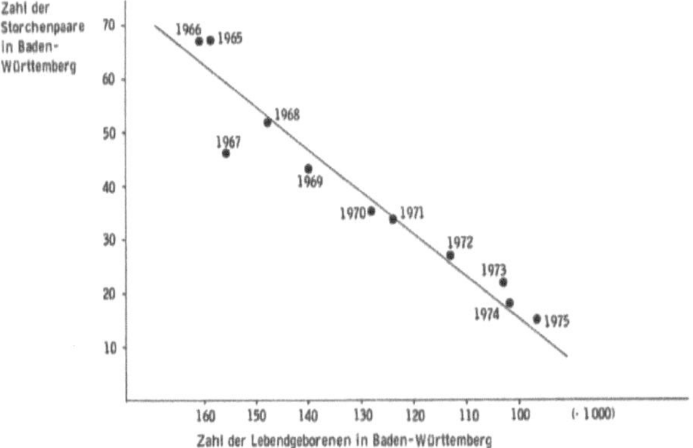

Aus einer Korrelation zwischen zwei Größen folgt nicht, dass die eine Größe direkt von der anderen abhängt.

5.38 Wenn ein Medikament bei 1000 Leuten mit einer bestimmten Krankheit die Sterblichkeit von 5 auf 2 reduziert, kann der Verkäufer dieses Medikamentes bekanntgeben, dass es die Sterblichkeit um sensationelle 60 % reduziert (**relatives Risiko**). Absolut reduziert sich die Sterblichkeit aber nur um 0,3 % von 0,5 % auf 0,2 %, was weit weniger dramatisch tönt - vor allem, wenn man bedenkt, dass dafür 100 % der Patienten das Medikament bezahlen, einnehmen und sich seinen Nebenwirkungen aussetzen müssen.

5.39 „Mein Großvater hat sein Leben lang geraucht und ist doch 95 geworden.“ Dieser Großvater widerlegt nicht, dass Menschen, die rauchen, im Durchschnitt sehr viel häufiger und früher an Kreislauferkrankungen und Krebs sterben als Nichtraucher. **Ein Einzelfall „beweist“ gar nichts** für den Rest der Menschheit!

Das Thema hat besondere Aktualität im Zusammenhang mit der Diskussion um Nebenwirkungen der Corona-Impfung.

[43] aus „Kontrazeption mit Hormonen“, Taubert/Kuhl, Georg Thieme Verlag 1981

5.10 Elektronische Hilfsmittel

Alle wissenschaftlichen Taschenrechner berechnen Mittelwert und Standardabweichung (bei einigen TI-Rechnern wird die Standardabweichung mit S bezeichnet, während σ den Divisor n verwendet). TI-Rechner mit 2-Zeilen-Anzeige und solche mit Multiview können unter der Bezeichnung *2-Variablen-Statistik* auch lineare Regressionen durchführen (inkl. Berechnung des Korrelationskoeffizienten und neuer x- bzw. y-Werte auf der Ausgleichsgeraden).

Der TI-30X Pro beherrscht mehrere Typen von Regressionen (bis 3. Grad polynomial, logarithmisch, Potenz- und Exponentialfunktion) sowie Binomial-, Poisson- und Normalverteilung auch kumulativ und invers (**stat–reg/distr**). Er berechnet ebenfalls Minimum, Maximum, Median und Quartile (**StatVars**).

Für Windows gibt es zahlreiche Statistikprogramme, auch Open Source (*Ref. 11*), diese erfordern aber viel spezialisiertes Wissen. Der Techniker wird normalerweise mit dem auskommen, was Excel bietet. Excel verfügt über eine Reihe statistischer Funktionen zu Binomial- und Normalverteilungen (und anderen) sowie Regressionen und ein Add-On „Datenanalyse", und Excel kann sehr schöne graphische Darstellungen anfertigen, abgesehen von den Möglichkeiten des Imports und Exports und der Abspeicherung von Daten und Resultaten sowie ihrer Verwendung in Berichten in einer Textverarbeitung. Dr. Zaiontz hat ein ausgezeichnetes kostenloses *Paket statistischer Zusatzfunktionen* als Add-In für Excel geschrieben *(Ref. 22).*

Von NCSS gibt es einen „Probability Calculator" (Freeware), mit dem alle vorstehend beschriebenen Berechnungen mit Binomial- und Normalverteilung (und viele weitere) durchgeführt werden können (*Ref. 12*; die Zahlen unten sind dem Beispiel in *5.4.2* entnommen):

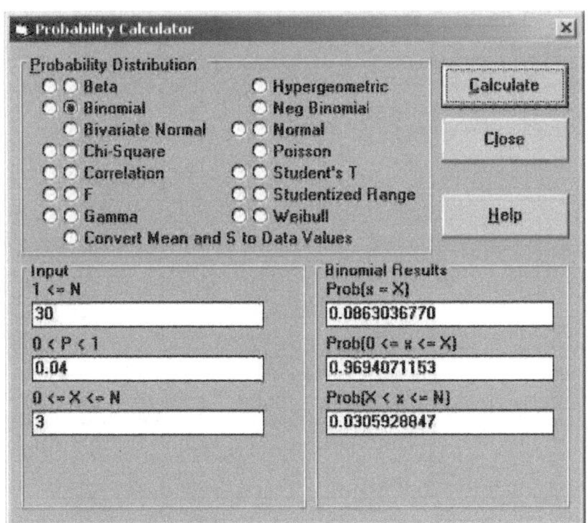

Bild 5.11 NCSS Probability Calculator (Freeware, 16-bit, *Ref. 12*)

5.11 Übungsaufgaben

5.11.1 Zu Abschnitt 5.4

5.1 Wenn eine Maschine 3 % Ausschuss produziert, wie groß ist dann die Wahrscheinlichkeit, unter 20 Teilen mehr als 2 Stück Ausschuss zu finden?

5.2 15 % der Bevölkerung sind Linkshänder. Wie groß ist die Wahrscheinlichkeit, in einer Gruppe von 40 Leuten

a) höchstens 10 Linkshänder

b) mindestens 5 Linkshänder

c) 3 bis 6 Linkshänder zu finden?

Welches ist der wahrscheinlichste Wert für die Anzahl Linkshänder?

5.3 Die Wahrscheinlichkeit, dass ein Kind ein Mädchen ist, beträgt 48 %. Mit welcher Wahrscheinlichkeit gibt es in einer Familie mit 4 Kindern

a) mindestens einen Knaben,

b) mindestens einen Knaben und ein Mädchen?

5.4 An einer Schule hat man festgestellt, dass ein neu eintretender Student 90 % Chance hat, das Diplom zu erhalten. Wie groß ist die Wahrscheinlichkeit, dass in einer Klasse mit 15 Studenten

a) keiner,

b) mindestens einer,

c) alle das Diplom erhalten?

5.5 Wenn wir 5-mal würfeln, mit welcher Wahrscheinlichkeit erhalten wir

a) keine 3,

b) genau eine 3,

c) 2-mal eine 3?

5.6 Mit welcher Wahrscheinlichkeit erhalten wir beim 6-maligen Würfeln mit 2 Würfeln

a) genau zweimal eine 9,

b) mindestens zweimal eine 9?

5.7 Wie groß ist (unter der Annahme, dass die Geburten gleichmäßig über das Jahr verteilt sind) die Wahrscheinlichkeit, dass 10 von 100 Leuten im Februar Geburtstag haben (ohne und mit Berücksichtigung der Schaltjahre)?

5.8 Wie groß ist die Wahrscheinlichkeit, dass 3 von 100 Leuten am 12. September Geburtstag haben (ohne und mit Berücksichtigung der Schaltjahre)?

5.11.2 Zu Abschnitt 5.5

5.9 Berechne Mittelwert, Median und Standardabweichung für

a) $X = \{84, 91, 72, 68, 87, 78\}$

b) $X = \{3{,}88, 4{,}09, 3{,}92, 3{,}97, 4{,}02, 3{,}95, 4{,}03, 3{,}92, 3{,}98, 4{,}06\}$

c) $X = \{2, 2, 5, 7, 9, 9, 9, 10, 10, 11, 12, 18\}$

5.10 Ein Student hat in Mathematik die Semesternote 5, in Mechanik 4,5 und in Elektrotechnik 4. Mathematik zählt doppelt. Was ist die Durchschnittsnote?

5.11 X besteht aus 6 Elementen und hat den Mittelwert 3,4, Y besteht aus 10 Elementen und hat den Mittelwert 4,1. Berechne den gemeinsamen Mittelwert.

5.12 In einer Firma beträgt der Durchschnittslohn für alle Mitarbeiter Fr. 50 000.-, für alle Männer Fr. 56 000.- und für alle Frauen Fr. 48 000.-. Wie viel Prozent Männer und Frauen arbeiten in dieser Firma?

5.13 Bei der Prüfung von 60 Kirschen werden folgende Gewichte gemessen:

Bereich	Anzahl
9,3 - 9,7	2
9,8 - 10,2	5
10,3 - 10,7	12
10,8 - 11,2	17
11,3 - 11,7	14
11,8 - 12,2	6
12,3 - 12,7	3
12,8 - 13,2	1

Berechne Mittelwert und Standardabweichung.

5.11.3 Zu Abschnitt 5.6

Verwende *Tabelle 5.2!*

5.14 Die Gewichte von 21 Studenten ergeben $\mu = 81{,}67$ kg und $\sigma = 11{,}69$ kg. Wie viele Studenten wiegen bei Normalverteilung über 90 kg? Wie viele unter 70 kg? Wie viele über 75 kg?

5.15 Die Körpergrößen von 18 Studenten ergeben $\mu = 178{,}83$ cm und $\sigma = 6{,}24$ cm. Wie viele Studenten liegen bei Normalverteilung zwischen 170 cm und 180 cm?

Wie groß ist die Wahrscheinlichkeit, dass ein Student über 2 m groß ist?

5.11.4 Zu Abschnitt 5.7

5.16 Berechne die 95 %-Vertrauensintervalle der *Aufgaben 5.9* bis *5.13!*

5.17 Eine Maschine soll Kugellagerkugeln mit einem Durchmesser von 5,74 mm und einer Standardabweichung von 0,08 mm herstellen. Um sicherzustellen, dass die Maschine einwandfrei arbeitet, wird alle 2 Stunden eine Stichprobe aus 6 Kugeln geprüft. In welchem Bereich muss der durchschnittliche Durchmesser der Stichprobe liegen, wenn alles normal ist? (In der Industrie arbeitet man häufig mit 6σ, also 99,73 % Sicherheit.)

5.18 Berechne die Regressionsgerade $y = f(x)$ für

x	y
1	1
3	2
4	4
6	4
8	5
9	7
11	8
14	9

5.19 Die Geburtenrate betrug in den USA auf 1000 Einwohner:

Jahr	Geburtenrate
1990	16,6
1991	16,3
1992	15,9
1993	15,5
1994	15,2
1995	14,8
1996	14,5

Versuche, eine einfache Formel dafür zu finden! Welche Geburtenrate war gemäss dem Trend für das Jahr 2000 zu erwarten?

5.20 Dem *CRC Handbook of Chemistry and Physics* entnehmen wir für den Gefrierpunkt von Ethanol-Wasser-Gemischen folgende Angaben:

Konzentration Gew-%	Gefrierpunkt °C
0	0
2,5	-1,02
5	-2,09
7,5	-3,23
10	-4,47
15	-7,36
20	-10,92
24	-14,47
30	-20,47
34	-24,27
40	-29,26
44	-32,68
50	-37,67
60	-44,93
68	-49,52

Finde eine einfache Funktion, die die Daten im ganzen Bereich gut annähert, und bestimme die Gefrierpunkte für Lagerbier (4,8 Vol-%), Rotwein (12 Vol-%), Schnaps (42 Vol-%) und Stroh-Rum (80 Vol-%). Ethanol hat bei 20 °C ein spezifisches Gewicht von 0,789 g/cm^3, 1 Vol-% entspricht also 100 · 0,789/99,789 Gew-%, 2 Vol-% entsprechen 100 · 1,578/99,578 Gew-%, etc.

5.21 Bei einer Bakterienkultur werden in Proben folgende Bakterienzahlen gezählt:

Zeit (h)	Anzahl
0	32
1	47
2	65
3	92
4	132
5	190
6	275

Überlege, wie Bakterien wachsen, und finde eine Funktion, die die Daten gut annähert. Bestimme dann die Zeit, in der sich die Anzahl Bakterien verdoppelt.

Krankheitssymptome treten auf, wenn die Anzahl Bakterien im Körper 100 Millionen erreicht hat. Bei einem intensiven Kuss werden 20000 Bakterien übertragen. Wie lange dauert es, bis sich die angesteckte Person krank fühlt?

5.22 Im Rahmen einer Diplomarbeit an der Inovatech wurde eine Federkennlinie gemessen[24]:

Kraft (N)	Höhe (μm)
100	13,145
200	9,389
300	7,824
400	6,885
500	5,320
600	4,695
700	4,382

Finde mit dem TI-30X Pro eine Funktion, die die Daten gut annähert (Kriterium: r^2 maximal).

5.11.5 Zu Abschnitt 5.8

5.23 Die Zugfestigkeit von Seilen beträgt 1000 N $\pm$ 100 N. Es wird vermutet, dass eine Änderung im Herstellprozess die Zugfestigkeit erhöhe. Die Prüfung von 50 Seilen nach neuer Machart liefert eine durchschnittliche Zugfestigkeit von 1060 N. Rechtfertigen diese Daten eine Umstellung der Produktion? Signifikanzniveau 1 %.

5.24 Ein bestimmter Fadentyp hat eine Reißfestigkeit von 9,72 N mit einer Standardabweichung von 1,4 N. Eine Stichprobe von 36 Fäden ergibt eine durchschnittliche Reißfestigkeit von 8,93 N. Was kann man daraus schließen? Signifikanzniveau 5 % bzw. 1 %.

5.25 In einer Primarschule wird eine Prüfung durchgeführt. Dabei erzielen 32 Knaben im Durchschnitt 72 $\pm$ 8 Punkte, 36 Mädchen im Durchschnitt 75 $\pm$ 6 Punkte. Gibt es geschlechterspezifische Unterschiede auf dem Signifikanzniveau 0,05?

5.26 100 Glühbirnen des Herstellers A weisen eine Lebensdauer von 1190 h $\pm$ 90 h auf, eine Stichprobe aus 75 Glühbirnen des Herstellers B liefern 1230 h $\pm$ 120 h. Ist der Unterschied auf dem Niveau 5 % bzw. 1 % statistisch signifikant?

5.27 Zum Testen eines neuen Düngers wird ein Feld in 60 gleich große Teile mit gleicher Bodenqualität und Sonnenbestrahlung aufgeteilt. Je 30 Teile werden mit dem herkömmlichen und mit dem neuen Dünger behandelt. Beim neuen Dünger werden pro Feld 18,2 kg $\pm$ 0,63 kg geerntet, beim alten Dünger 17,8 kg $\pm$ 0,54 kg. Was kann man aus diesen Resultaten schließen?

5.28 Zwei Schmerzmedikamente werden miteinander verglichen: Unter Medikament A beträgt die Schmerzfreiheit bei 90 Patienten 8,5 h $\pm$ 1,8 h, unter Medikament B bei 80 Patienten 7,9 h $\pm$ 2,1 h. Unterscheidet sich die Wirkung der beiden Produkte signifikant auf dem Niveau 5 %? Bestimme auch den p-Wert.

---

[44] Michael Güdel, Maschinentechniker, diplomiert 2012

5.29 Bei einer Prüfung liefert Maschine A 19 von 200 Teilen Ausschuss, Maschine B 5 von 100 Teilen. Gibt es auf dem Signifikanzniveau 5 % Unterschiede zwischen den Maschinen?

5.30 Zwei Würfel werden 100-mal geworfen. Dabei resultiert 23-mal ein Wert von 7. Ist der Verdacht, die Würfel seien nicht „gut" (gleichmäßig), auf dem Niveau 5 % bzw. 1 % berechtigt?

5.31 Ein Lieferant ist verpflichtet, mindestens 95 % gute Ware zu liefern. Bei einer Qualitätsprüfung werden in einer Stichprobe von 200 Stück 18 Stück Ausschuss gefunden. Ist die Abweichung vom Vertrag auf dem Niveau 5 % bzw. 1 % statistisch signifikant? (Vergleiche das Resultat mit dem der Binomialverteilung!)

5.32 An einer Schule hat man über Jahre die Erfahrung gemacht, dass 88 % der Kursanfänger am Ende das Diplom erhalten. In einer Klasse erhalten nur 9 von 15 Studenten das Diplom. Weicht diese Klasse auf dem Niveau 5 % signifikant vom Durchschnitt ab?

5.33 Es wird vermutet, dass ein neuer Nasenspray die Übertragung von Erkältungen vermindere. Es ist bekannt, dass 15,1 % der Bevölkerung eine Erkältung bekommen, wenn ein Familienmitglied angesteckt ist. Der Spray wurde an 180 Personen getestet, bei denen ein Familienmitglied sich erkältete. Von den 180 Personen steckten sich 17 an.

Kann die Firma aus diesen Daten den Schluss ziehen, dass der Spray wirksam sei? Signifikanzniveau 5 %; bestimme auch den p-Wert.

5.34 Eine telefonische Umfrage ergibt, dass 335 von 6000 angefragten Haushalten blau eingefärbtes Ketchup kaufen würden. Zwei Jahre früher hatte eine noch größere Umfrage ein Interesse von 5 % ergeben. Kann man daraus schließen, dass sich das Interesse inzwischen geändert hat? Signifikanzniveau 5 %.

6 Komplexe Zahlen

6.1 Definition und Grundbegriffe

6.1.1 Definition

Wie wir in *2.5.1* festgestellt haben, haben zahlreiche quadratische Gleichungen keine reellen Lösungen, beispielsweise

$$x^2 + 1 = 0.$$

Wir erweitern unseren Zahlenbereich, indem wir definieren:

$$i = \sqrt{-1} \text{ ist die imaginäre Einheit.} \tag{6.1}$$

(In der Elektrotechnik schreibt man normalerweise j, um Verwechslungen mit der Stromstärke i bzw. I zu vermeiden, siehe *6.7.*)

Gleichbedeutend ist

$$i^2 = -1.$$

Damit können wir jetzt Gleichungen wie die folgende *formal* lösen, wobei wir erst später sehen werden, ob das auch brauchbar ist:

$$x^2 + 9 = 0$$
$$x^2 = -9 = 9 \cdot (-1)$$
$$x = \pm\sqrt{9 \cdot (-1)} = \pm\sqrt{9} \cdot \sqrt{-1} = \pm 3 \cdot i$$

Mit dieser Erweiterung des Zahlenbegriffes hat jede quadratische Gleichung 2 (möglicherweise zusammenfallende) Lösungen.

Definition:

Eine komplexe Zahl ist die Summe einer reellen und einer imaginären Zahl,

$$z = x + i \cdot y. \tag{6.2}$$

x heißt *Realteil*, $i \cdot y$ heißt *Imaginärteil* der komplexen Zahl.

Für die Menge der komplexen Zahlen schreiben wir

$$\mathbb{C} = \{ z = x + \mathrm{i} \cdot y \mid x, y \in \mathbb{R} \}$$

Man sieht daran, dass $\mathbb{C}$ eine Erweiterung von $\mathbb{R}$ ist.

6.1.2 Die Gauß'sche Zahlenebene

In einem kartesischen Koordinatensystem (*4.2.2*) mit einer reellen und einer imaginären Achse kann man komplexe Zahlen als Punkte in der Ebene darstellen. Man nennt diese Ebene die *Gauß'sche Zahlenebene.*

Die Multiplikation einer reellen Zahl mit -1 entspricht in der Ebene einer Drehung um 180°. Eine Multiplikation mit -1 ist dasselbe wie zweimal eine Multiplikation mit $\sqrt{-1}$, was zwei Drehungen um 90° entspricht!

6.1.3 Komplexe Konjugation

Die komplexe Zahl $z^* = x - \mathrm{i}y$ heißt die zu $z = x + \mathrm{i}y$ *konjugiert komplexe* Zahl. Dabei wird also das Vorzeichen des Imaginärteils umgekehrt.

In der Gauß'schen Zahlenebene liegen konjugiert komplexe Zahlen spiegelbildlich zur reellen Achse.

Es gilt: $(z^*)^* = z$

Beispiele:

6.1 $z = 1 + 3\mathrm{i}$ $z^* = 1 - 3\mathrm{i}$

6.2 $z = -2 - 4\mathrm{i}$ $z^* = -2 + 4\mathrm{i}$

6.1.4 Betrag

Der Betrag einer reellen Zahl ist ihr absoluter Wert; bei Darstellung auf der Zahlengeraden ist das der Abstand von der Zahl 0. Unter dem Betrag einer komplexen Zahl z verstehen wir ihren geometrischen Abstand von der Zahl 0 in der Gauß'schen Zahlenebene, also

$$|z| = r = \sqrt{x^2 + y^2}.$$

6.1.5 Argument

Das Argument einer komplexen Zahl ist der im Gegenuhrzeigersinn gemessene Winkel, den die Verbindungslinie zum Nullpunkt in der Gauß'schen Zahlenebene mit der reellen Achse einschließt.

Wir schreiben:

$$\varphi = \arg(z)$$

Das Argument wird normalerweise in rad *(3.1)* angegeben.

6.2 Darstellungsformen

6.2.1 Algebraische Form

Das ist die uns bereits bekannte Form in kartesischen Koordinaten in der Gauß'schen Zahlenebene,

$$z = x + \mathrm{i}y.$$

6.2.2 Trigonometrische Form

Mit Betrag und Argument kann man eine komplexe Zahl in der Gauß'schen Zahlenebene auch in Polarkoordinaten beschreiben als

$$\begin{aligned} z &= r \cdot \cos(\varphi) + \mathrm{i} \cdot r \cdot \sin(\varphi) \\ &= r \cdot \big(\cos(\varphi) + \mathrm{i} \cdot \sin(\varphi)\big) \end{aligned} \tag{6.3}$$

weil $\dfrac{x}{r} = \cos(\varphi)$ und $\dfrac{y}{r} = \sin(\varphi)$.

6.2.3 Umrechnungen

Diese Umrechnungen können beim TI-30 eco RS ohne weitere Komplikationen mit den Funktionen **P ▸ R** und **R ▸ P** vorgenommen werden. Von Hand geht es so:

Trigonometrische → algebraische Form: $x = r \cdot \cos(\varphi)$

$$y = r \cdot \sin(\varphi)$$

Algebraische → trigonometrische Form: Im 1. Quadranten gilt:

$$r = \sqrt{x^2 + y^2}$$

$$\varphi = \arctan\left(\frac{y}{x}\right)$$

Wie wir in *4.10* gesehen haben, wiederholt sich die Tangensfunktion nach 180°. Eine kurze Untersuchung liefert sofort

Quadrant	x	y	Winkel	arctan(y/x)	Korrektur
I	1	1	45°	45°	keine
II	-1	1	135°	-45°	+180°
III	-1	-1	225°	45°	+180°
IV	1	-1	315°	-45°	keine oder +360°

Wir können also eine Vorschrift zur Berechnung des Winkels bei gegebenen x und y wie folgt festlegen:

$$\varphi = \arctan\left(\frac{y}{x}\right) \underbrace{+\pi}_{wenn\, x<0} \tag{6.4}$$

Wenn man das Argument positiv haben will, addiert man noch 2π, wenn es negativ herauskommt; negative Argumente im 4. Quadranten stellen aber kein Problem dar.

6.3 Die vier Grundrechenarten

6.3.1 Addition und Subtraktion

$$z_1 = x_1 + \mathrm{i}y_1$$

$$z_2 = x_2 + \mathrm{i}y_2$$

$$z_1 \pm z_2 = (x_1 + \mathrm{i}y_1) \pm (x_2 + \mathrm{i}y_2) = (x_1 \pm x_2) + \mathrm{i}(y_1 \pm y_2)$$

6.3.2 Multiplikation und Division

Multiplikation: $z_1 = x_1 + \mathrm{i}y_1$

$$z_2 = x_2 + \mathrm{i}y_2$$

$$z_1 \cdot z_2 = (x_1 + \mathrm{i}y_1) \cdot (x_2 + \mathrm{i}y_2) = x_1 \cdot x_2 + \mathrm{i} \cdot x_1 \cdot y_2 + \mathrm{i} \cdot y_1 \cdot x_2 + \mathrm{i}^2 \cdot y_1 \cdot y_2$$

$$= (x_1 \cdot x_2 - y_1 \cdot y_2) + \mathrm{i} \cdot (x_1 \cdot y_2 + y_1 \cdot x_2)$$

Spezialfall: $z \cdot z^* = (x^2 + y^2) + \mathrm{i} \cdot (-xy + yx) = x^2 + y^2 = |z|^2$

Es gilt also: $|z| = \sqrt{z \cdot z^*}$

Division (wir erweitern so, dass der Nenner reell wird)

$$z_1 = x_1 + \mathrm{i}y_1$$

$$z_2 = x_2 + \mathrm{i}y_2$$

$$\frac{z_1}{z_2} = \frac{x_1 + \mathrm{i}y_1}{x_2 + \mathrm{i}y_2} = \frac{x_1 + \mathrm{i}y_1}{x_2 + \mathrm{i}y_2} \cdot \frac{x_2 - \mathrm{i}y_2}{x_2 - \mathrm{i}y_2} = \frac{(x_1 + \mathrm{i}y_1) \cdot (x_2 - \mathrm{i}y_2)}{x_2^2 + y_2^2}$$

$$= \frac{x_1 \cdot x_2 + y_1 \cdot y_2}{x_2^2 + y_2^2} + \mathrm{i} \cdot \frac{x_2 \cdot y_1 - x_1 \cdot y_2}{x_2^2 + y_2^2}$$

6.3.3 Multiplikation und Division in trigonometrischer Darstellung

Multiplikation

$$\begin{aligned}
z_1 &= r_1 \cdot (\cos(\varphi_1) + \mathrm{i} \cdot \sin(\varphi_1)) \\
z_2 &= r_2 \cdot (\cos(\varphi_2) + \mathrm{i} \cdot \sin(\varphi_2)) \\
z_1 \cdot z_2 &= r_1 \cdot (\cos(\varphi_1) + \mathrm{i} \cdot \sin(\varphi_1)) \cdot r_2 \cdot (\cos(\varphi_2) + \mathrm{i} \cdot \sin(\varphi_2)) \\
&= r_1 \cdot r_2 \cdot ((\cos(\varphi_1) \cdot \cos(\varphi_2) - \sin(\varphi_1) \cdot \sin(\varphi_2)) + \mathrm{i} \cdot (\cos(\varphi_1) \cdot \sin(\varphi_2) + \cos(\varphi_2) \cdot \sin(\varphi_1))) \\
&= r_1 \cdot r_2 \cdot (\cos(\varphi_1 + \varphi_2) + \mathrm{i} \cdot \sin(\varphi_1 + \varphi_2))
\end{aligned}$$

(vergleiche 3.4.1 Additionstheoreme, Gl. (3.5) und 3.6))

Zusammenfassung:

Beim Multiplizieren komplexer Zahlen

- multiplizieren sich die Beträge und
- addieren sich die Argumente.

Eine Multiplikation komplexer Zahlen entspricht in der Gauß'schen Zahlenebene geometrisch einer *Drehstreckung*.

Division

Division ist die Umkehrung der Multiplikation. Folgerung:

Bei Division

- werden die Beträge dividiert,
- wird das Argument im Nenner vom Argument im Zähler subtrahiert.

6.3.4 Komplexe Arithmetik mit dem TI-30X Pro

Die Eingabe komplexer Zahlen erfolgt durch x+yi oder in polarer Darstellung (Betrag) ∠ (Winkel); das Zeichen ∠ ruft man unter **[complex] 1:** ∠ auf.

Jeder Speicher x, y, z, t, a, b, c, d kann eine komplexe Zahl aufnehmen.

Drücken von **[enter]** stellt immer die Zahl in der Anzeige im Standardformat dar.[45] Die Umrechnung in das andere Format erfolgt über die Menüpositionen 4 und 5 in **[complex]**.

Mit komplexen Zahlen können die Operatoren +, −, ×, ÷, 1/x, x^2 und x^3 verwendet werden.

[45] Das Standardformat für die komplexe Darstellung kann in **[mode]** eingestellt werden.

Beispiel:

6.3 $22\angle 15 \to x$

$3 + 4i \to y$

$x + y^3$ **[enter]** -95.74963182 + 46.69401899i

Die komplexe Arithmetik eignet sich auch zur Berechnung einer resultierenden Kraft in der Ebene (geometrische Addition von Kräften).

6.4 Höhere Rechenarten

6.4.1 Potenzen

Aus *6.3.3* folgt unmittelbar, wenn wir eine Potenz als mehrfache Multiplikation darstellen:

$$z^n = r^n \cdot \left(\cos(n \cdot \varphi) + \mathrm{i} \cdot \sin(n \cdot \varphi)\right) \tag{6.5}$$

Beim Argument ist nur der Rest bei Division durch 2π relevant.

Dieser Ausdruck ist analog zu *1.5.4* für beliebige (nicht nur ganzzahlige) Exponenten gültig.

6.4.2 Wurzeln

Definition:

z heißt *n-te Wurzel* von $a \in \mathbb{C}$, wenn gilt: $z^n = a$.

Beispiel:

6.4 Bestimme die dritten Wurzeln von $a = 8$.

Die Zahl $z_1 = \sqrt[3]{8} = 2$ ist eine offensichtliche dritte Wurzel von 8. Ist das die einzige Lösung?

Für die komplexen Zahlen

$$z_2 = 2 \cdot \left(\cos(120°) + i \cdot \sin(120°)\right)$$
$$z_3 = 2 \cdot \left(\cos(240°) + i \cdot \sin(240°)\right)$$

erhalten wir in der dritten Potenz

$$z_2^3 = 2^3 \cdot \left(\cos(3 \cdot 120°) + i \cdot \sin(3 \cdot 120°)\right) = 8 \cdot \left(\cos(360°) + i \cdot \sin(360°)\right) = 8$$
$$z_3^3 = 2^3 \cdot \left(\cos(3 \cdot 240°) + i \cdot \sin(3 \cdot 240°)\right) = 8 \cdot \left(\cos(720°) + i \cdot \sin(720°)\right) = 8$$

Winkel, die sich nur um Vielfache von 360° unterscheiden, sind in der Ebene gleichwertig (sie zeigen in die gleiche Richtung).

Die komplexen Zahlen z_2 und z_3 sind ebenfalls dritte Wurzeln der reellen Zahl 8!

Verallgemeinerung:

Die Gleichung $z^n = a$, wo $a = r \cdot (\cos(\varphi) + i \cdot \sin(\varphi))$, hat in $\mathbb{C}$ n verschiedene Lösungen der Form

$$z_1 = \sqrt[n]{r} \cdot \left(\cos\left(\frac{\varphi}{n}\right) + i \cdot \sin\left(\frac{\varphi}{n}\right)\right)$$

$$z_2 = \sqrt[n]{r} \cdot \left(\cos\left(\frac{\varphi}{n} + \frac{360°}{n}\right) + i \cdot \sin\left(\frac{\varphi}{n} + \frac{360°}{n}\right)\right)$$

$$z_3 = \sqrt[n]{r} \cdot \left(\cos\left(\frac{\varphi}{n} + 2 \cdot \frac{360°}{n}\right) + i \cdot \sin\left(\frac{\varphi}{n} + 2 \cdot \frac{360°}{n}\right)\right)$$

...

$$z_n = \sqrt[n]{r} \cdot \left(\cos\left(\frac{\varphi}{n} + (n-1) \cdot \frac{360°}{n}\right) + i \cdot \sin\left(\frac{\varphi}{n} + (n-1) \cdot \frac{360°}{n}\right)\right)$$

Diese n Lösungen bilden in der Gauß'schen Zahlenebene ein regelmäßiges n-Eck.

Beispiele:

6.5 Bestimme die dritten Wurzeln von $a = -8$.

$r = 8,\ \varphi = 180°$

$\sqrt[3]{r} = 2,\ \frac{\varphi}{3} = \frac{180°}{3} = 60°,\ \frac{360°}{3} = 120°$

$$z_1 = 2 \cdot (\cos(60°) + i \cdot \sin(60°))$$

$$z_2 = 2 \cdot (\cos(60° + 120°) + i \cdot \sin(60° + 120°)) = 2 \cdot (\cos(180°) + i \cdot \sin(180°)) = -2$$

$$z_3 = 2 \cdot (\cos(60° + 2 \cdot 120°) + i \cdot \sin(60° + 2 \cdot 120°)) = 2 \cdot (\cos(300°) + i \cdot \sin(300°))$$

6.6 Bestimme die vierten Wurzeln von $a = -1$.

$r = 1,\ \varphi = 180°$

$\sqrt[4]{r} = 1,\ \frac{\varphi}{4} = \frac{180°}{4} = 45°,\ \frac{360°}{4} = 90°$

$$z_1 = 1 \cdot (\cos(45°) + i \cdot \sin(45°)) = \cos(45°) + i \cdot \sin(45°)$$

$$z_2 = 1 \cdot (\cos(45° + 90°) + i \cdot \sin(45° + 90°)) = \cos(135°) + i \cdot \sin(135°)$$

$$z_3 = 1 \cdot (\cos(45° + 2 \cdot 90°) + i \cdot \sin(45° + 2 \cdot 90°)) = \cos(225°) + i \cdot \sin(225°)$$

$$z_4 = 1 \cdot (\cos(45° + 3 \cdot 90°) + i \cdot \sin(45° + 3 \cdot 90°)) = \cos(315°) + i \cdot \sin(315°)$$

6.7 Bestimme die fünften Wurzeln von $a = -2i$.

$r = 2$, $\varphi = 270°$

$$\sqrt[5]{r} = 1.149,\ \frac{\varphi}{5} = \frac{270°}{5} = 54°,\ \frac{360°}{5} = 72°$$

$$\begin{aligned}
z_1 &= 1.149 \cdot \left(\cos(54°) + i \cdot \sin(54°)\right) \\
z_2 &= 1.149 \cdot \left(\cos(54° + 72°) + i \cdot \sin(54° + 72°)\right) = 1.149 \cdot \left(\cos(126°) + i \cdot \sin(126°)\right) \\
z_3 &= 1.149 \cdot \left(\cos(54° + 2 \cdot 72°) + i \cdot \sin(54° + 2 \cdot 72°)\right) \\
&= 1.149 \cdot \left(\cos(198°) + i \cdot \sin(198°)\right) \\
z_4 &= 1.149 \cdot \left(\cos(54° + 3 \cdot 72°) + i \cdot \sin(54° + 3 \cdot 72°)\right) \\
&= 1.149 \cdot \left(\cos(270) + i \cdot \sin(270°)\right) \\
z_5 &= 1.149 \cdot \left(\cos(54° + 4 \cdot 72°) + i \cdot \sin(54° + 4 \cdot 72°)\right) \\
&= 1.149 \cdot \left(\cos(342) + i \cdot \sin(342°)\right)
\end{aligned}$$

6.8 Bestimme die dritten Wurzeln der komplexen Zahl $a = 3 + 4i$.

$$r = \sqrt{3^2 + 4^2} = 5,\ \varphi = \arctan\left(\frac{4}{3}\right) = 53{,}13°$$

$$\sqrt[3]{r} = 1{,}71,\ \frac{\varphi}{3} = \frac{53{,}13°}{3} = 17{,}71°,\ \frac{360°}{3} = 120°$$

$$\begin{aligned}
z_1 &= 1{,}71 \cdot \left(\cos(17{,}71°) + i \cdot \sin(17{,}71°)\right) \\
z_2 &= 1{,}71 \cdot \left(\cos(17{,}71° + 120°) + i \cdot \sin(17{,}71° + 120°)\right) \\
&= 1{,}71 \cdot \left(\cos(137{,}71°) + i \cdot \sin(137{,}71°)\right) \\
z_3 &= 1{,}71 \cdot \left(\cos(17{,}71° + 2 \cdot 120°) + i \cdot \sin(17{,}71° + 2 \cdot 120°)\right) \\
&= 1{,}71 \cdot \left(\cos(257{,}71°) + i \cdot \sin(257{,}71°)\right)
\end{aligned}$$

6.4.3 Exponentialfunktion

Für komplexe Argumente kann die Exponentialfunktion e^z aufgespalten werden in

$$e^z = e^{x+iy} = e^x \cdot e^{iy}$$

Der Term e^x stellt dabei einen reellen Faktor dar.

Interessant ist die Betrachtung des Beitrages e^{iy}. Durch Einsetzen in die Potenzreihenentwicklung für e^z (siehe *7.4*) ergibt sich, dass

$$e^{iy} = \cos(y) + i \cdot \sin(y) \qquad (6.7)$$

(y in rad).

Daraus erhalten wir als Nebenprodukt in einem einzigen Schritt und völlig selbstverständlich die trigonometrischen Additionstheoreme für Sinus und Kosinus aus Abschnitt *3.4.1*:

$$\begin{aligned}
e^{i\cdot(u+v)} &= \underbrace{\cos(u+v)}_{\text{Realteil}} + i\cdot \underbrace{\sin(u+v)}_{\text{Imaginärteil}} \\
e^{i\cdot u}\cdot e^{i\cdot v} &= \left(\cos(u)+i\cdot\sin(u)\right)\cdot\left(\cos(v)+i\cdot\sin(v)\right) \\
&= \left(\cos(u)\cdot\cos(v)+i^2\cdot\sin(u)\cdot\sin(v)\right)+i\cdot\left(\cos(u)\cdot\sin(v)+\sin(u)\cdot\cos(v)\right) \\
&= \underbrace{\left(\cos(u)\cdot\cos(v)-\sin(u)\cdot\sin(v)\right)}_{\text{Realteil}}+i\cdot\underbrace{\left(\cos(u)\cdot\sin(v)+\sin(u)\cdot\cos(v)\right)}_{\text{Imaginärteil}}
\end{aligned}$$

Für die komplexe Exponentialfunktion e^{x+iy} gilt also:

- e^x ist der *Betrag* der komplexen Zahl e^{x+iy},
- y ist das *Argument* der komplexen Zahl e^{x+iy}. e^{iy} stellt einen Punkt mit dem Winkelargument y (in rad) auf dem Umfang eines Kreises mit Radius 1 (Einheitskreis) um den Ursprung herum dar.

Mit der komplexen Exponentialfunktion können wir komplexe Zahlen in trigonometrischer Schreibweise auch in der Form

$$z = r\cdot e^{i\cdot\varphi}$$

darstellen. Sie ist besonders in der Elektrotechnik verbreitet, wo Berechnungen mit Wechselstrom fast immer in komplexer Schreibweise ausgeführt werden (siehe *6.7*). Allgemein werden Schwingungsvorgänge gern mit Hilfe der Exponentialfunktion mit komplexem Argument beschrieben, weil das Rechnen mit Exponentialfunktionen viel einfacher ist als mit trigonometrischen Funktionen (vgl. *Beispiel 6.12*). Der TI-30X Pro rechnet komplexe Zahlen mit **[complex] r∠Θ** in diese Form um.

Der Realteil von $e^{(x+iy)\cdot t}$ stellt mit $x<0$ eine *gedämpfte harmonische Schwingung* dar.

e^x ist also der *Betrag* von e^z. Ein beliebiges vertikales Geradenstück der Länge 2π in der Gauß'schen Zahlenebene wird durch die Exponentialfunktion auf einen Kreis mit dem Radius e^x abgebildet. Ein horizontaler Streifen der Breite 2π ergibt unter der Exponentialfunktion die gesamte Zahlenebene. Die Halbebene mit $\text{Re}(z) < 0$ geht in das Innere des Einheitskreises über, die mit $\text{Re}(z) > 0$ in das Äußere! Umgekehrt ist der Logarithmus im Imaginärteil nur bis auf 2π eindeutig, d. h. unter dem Logarithmus geht die gesamte Zahlenebene in einen Streifen der Breite 2π parallel zur x-Achse über.

Die folgende kurze Gleichung verknüpft die wichtigsten Zahlen der Mathematik miteinander:

$$e^{i\pi} + 1 = 0.$$

6.5 Der Fundamentalsatz der Algebra

Von Gauß stammt der Satz:

Im Bereich der komplexen Zahlen $\mathbb{C}$ hat jede algebraische Gleichung n-ten Grades der Form

$$a_n \cdot z_n + a_{n-1} \cdot z^{n-1} + \ldots + a_2 \cdot z^2 + a_1 \cdot z + a_0 = 0$$

mit $a_i \in \mathbb{C}$ *genau n Lösungen* (die nicht notwendigerweise alle voneinander verschieden sein müssen. Siehe auch *6.4.2!*).

Analog zu *2.5.2* gibt es für die Gleichung eine äquivalente Darstellung mit Linearfaktoren in der Form

$$a_n \cdot (z - z_1) \cdot (z - z_2) \cdot \ldots \cdot (z - z_n) = 0,$$

wo die z_i die Lösungen der Gleichung sind.

Falls alle a_i reell sind, können komplexe Lösungen nur *paarweise konjugiert komplex* vorkommen.

Damit erscheint die aus *2.5.1* bekannte Lösungsformel der quadratischen Gleichung,

$$x_{1,2} = \frac{-a_1 \pm \sqrt{a_1^2 - 4 \cdot a_2 \cdot a_0}}{2 \cdot a_2},$$

in einem neuen Licht. Wie in *2.6* erwähnt wurde, gibt es für Gleichungen dritten und vierten Grades allgemeine Lösungsformeln, für höhere Gleichungen nicht mehr (wurde durch Gauß bewiesen). Im Gegensatz zur quadratischen Gleichung muss man bei der Lösung einer Gleichung 3. oder 4. Grades *immer* mit komplexen Zahlen rechnen, auch dann, wenn die Lösungen am Schluss rein rell sind!

Anton Valdivia hat für die Lösung beliebiger Polynome mit reellen Koeffizienten ein hübsches Javascript-Programm geschrieben *(Ref. 28).*

6.6 Die Lösungsformel der kubischen Gleichung

Kubische Gleichung $a_3 \cdot z^3 + a_2 \cdot z^2 + a_1 \cdot z + a_0 = 0,\ a_i \in \mathbb{C}$

Mit den Hilfsgrößen

$$p = -\left(\frac{a_2}{3 \cdot a_3}\right)^2 + \frac{a_1}{3 \cdot a_3}$$

$$q = \left(\frac{a_2}{3 \cdot a_3}\right)^3 - \frac{1}{6} \cdot \frac{a_2 \cdot a_1}{a_3^2} + \frac{1}{2} \cdot \frac{a_0}{a_3}$$

$$u = \sqrt[3]{-q + \sqrt{q^2 + p^3}}$$

$$v = \sqrt[3]{-q - \sqrt{q^2 + p^3}}$$

lassen sich die drei Lösungen darstellen als

$$z_1 = u + v - \frac{a_2}{3 \cdot a_3}$$

$$z_{2,3} = -\frac{u+v}{2} - \frac{a_2}{3 \cdot a_3} \pm \mathrm{i} \cdot \sqrt{3} \cdot \frac{u-v}{2}$$

Wenn die a_i alle reell sind, gibt es drei relle oder eine relle und zwei konjugiert komplexe Lösungen. z_1 ist die immer relle Lösung.

Beispiel:

6.9 $x^3 - 6 \cdot x^2 + 11 \cdot x - 6 = 0$

$$a_3 = 1$$

$$a_2 = -6$$

$$a_1 = 11$$

$$a_0 = -6$$

$$p = -\left(\frac{-6}{3 \cdot 1}\right)^2 + \frac{11}{3 \cdot 1} = -4 + \frac{11}{3} = -\frac{1}{3}$$

$$q = \left(\frac{-6}{3 \cdot 1}\right)^3 - \frac{1}{6} \cdot \frac{(-6) \cdot 11}{1^2} + \frac{1}{2} \cdot \frac{-6}{1} = -8 + 11 - 3 = 0$$

$$u = \sqrt[3]{-0 + \sqrt{0^2 - \frac{1}{27}}} = \sqrt[3]{\sqrt{\frac{\mathrm{i}^2}{27}}} = \frac{\sqrt[3]{\mathrm{i}}}{\sqrt{3}} = \frac{-\mathrm{i}}{\sqrt{3}}$$

$$v = \sqrt[3]{-0 - \sqrt{0^2 - \frac{1}{27}}} = \sqrt[3]{-\sqrt{\frac{\mathrm{i}^2}{27}}} = \frac{\sqrt[3]{-\mathrm{i}}}{\sqrt{3}} = \frac{\mathrm{i}}{\sqrt{3}}$$

$$x_1 = \frac{-\mathrm{i}}{\sqrt{3}} + \frac{\mathrm{i}}{\sqrt{3}} - \frac{-6}{3 \cdot 1} = 2$$

$$x_{2,3} = -\frac{\frac{-\mathrm{i}}{\sqrt{3}} + \frac{\mathrm{i}}{\sqrt{3}}}{2} - \frac{-6}{3 \cdot 1} \pm \mathrm{i} \cdot \sqrt{3} \cdot \frac{\frac{-\mathrm{i}}{\sqrt{3}} - \frac{\mathrm{i}}{\sqrt{3}}}{2} = 2 \pm 1$$

Diese Lösungsformel ist im TI-30X Pro unter **poly-solv** programmiert.

Darstellung der Gleichung mit Linearfaktoren:

$x^3 - 6 \cdot x^2 + 11 \cdot x - 6 = (x - 2) \cdot (x - 1) \cdot (x - 3)$.

Das Lösungsverfahren für Gleichungen 4. Grades ist nochmals deutlich aufwendiger und soll hier nicht im Detail erörtert werden; man bringt durch eine Koordinatenverschiebung das kubische Glied zum Verschwinden, spaltet die Gleichung in zwei quadratische Faktoren auf und muss dann zur Bestimmung der Koeffizienten dieser Faktoren eine kubische Gleichung lösen. Jeder quadratische Faktor liefert zwei Lösungen. Am Schluss wird die Koordinatenverschiebung wieder rückgängig gemacht.

6.7 Ausblick: Komplexe Rechnung

Unsere Motivation zur Einführung komplexer Zahlen war anfänglich die Neugier, zu sehen, was herauskommt, wenn man Quadratwurzeln aus negativen Zahlen zulässt. Das sah damals noch ganz überschaubar aus.

Dann stellte sich überraschenderweise heraus, dass eine ganze Reihe von Dingen einfacher werden: eine quadratische Gleichung hat immer zwei Lösungen, eine Gleichung vom Grad n hat immer n Lösungen.

Es geht aber noch sehr viel weiter: Im Bereich der komplexen Zahlen fallen die meisten Einschränkungen beim Rechnen mit reellen Zahlen und Funktionen weg - etwa außer dass man nicht durch Null dividieren darf. So gibt es im komplexen Bereich Logarithmen zu allen (auch negativen) Zahlen, und trigonometrische Funktionen können beliebige Werte annehmen!

Es hängt alles an der komplexen Exponentialfunktion. In *6.4.3* haben wir gesehen

$$\begin{aligned} e^{x+iy} &= e^x \cdot e^{iy} \\ &= e^x \cdot \left(\cos(y) + i \cdot \sin(y)\right) \end{aligned}$$

e^x ist dabei ein positiver reeller Faktor, während e^{iy} die Punkte auf dem Einheitskreis beschreibt (mit Betrag $r = 1$ und Winkelargument y in rad). Bei Multiplikation mit einem reellen Faktor wird der Betrag mit diesem Faktor multipliziert, während der Winkel gleich bleibt. So können alle Punkte der komplexen Ebene als mögliche Werte der komplexen Exponentialfunktion dargestellt werden. In der Umkehrung heißt das, dass es zu jedem Punkt in der komplexen Ebene einen natürlichen Logarithmus gibt! Dieser ist nur eindeutig bis auf ein additives Vielfaches von 2πi, also innerhalb eines Streifens der Breite 2π im Imaginärteil.

Aus der obigen Beziehung folgt ebenfalls

$$\left.\begin{aligned} e^{iy} &= \cos(y) + i \cdot \sin(y) \\ e^{-iy} &= \cos(-y) + i \cdot \sin(-y) \\ &= \cos(y) - i \cdot \sin(y) \end{aligned}\right\} \Rightarrow \left\{\begin{aligned} e^{iy} + e^{-iy} &= 2 \cdot \cos(y) \\ e^{iy} - e^{-iy} &= 2i \cdot \sin(y) \end{aligned}\right.$$

Daraus erhalten wir als neue universelle Definitionen von Sinus und Kosinus

$$\begin{aligned} \sin(y) &= \frac{1}{2i} \cdot \left(e^{iy} - e^{-iy}\right) \\ \cos(y) &= \frac{1}{2} \cdot \left(e^{iy} + e^{-iy}\right) \end{aligned}$$

Diese Definitionen von Sinus und Kosinus sind diejenigen, die man in der „höheren" Mathematik verwendet. Damit können Sinus und Kosinus für komplexe y beliebige komplexe Werte annehmen, d. h. die reelle Einschränkung auf den Wertebereich [-1, +1] entfällt, und von Gegen- bzw. Ankatheten und Hypotenusen ist definitiv nicht mehr die Rede! Nach wie vor gilt, dass Sinus und Kosinus eine Periode von 2π haben, d. h. wenn man beim Argument 2π addiert, erhält man denselben (komplexen) Wert.

Die Untersuchung komplexer Funktionen von komplexen Variablen ist ein eigenes fruchtbares Gebiet der Mathematik. Ohne komplexe Funktionen und ihre ausführliche Untersuchung im 19. Jahrhundert wären die großen Theorien der Physik des 20. Jahrhunderts (Relativitätstheorie und Quantenmechanik) nicht möglich gewesen. Auch hier gilt, was in *6.5* angesprochen wurde: Wir führen Berechnungen mit komplexen Größen durch und erhalten am Schluss Resultate, die unsere „reelle" Welt beschreiben!

6.8 Anwendung: Wechselstromrechnung (Kurzer Abriss)

6.8.1 Einführung

Grund für die Verwendung der komplexen Rechnung ist der Umstand, dass das Rechnen mit komplexen Exponentialfunktionen deutlich einfacher und eleganter ist als mit Winkelfunktionen - ein einziger Blick auf Beispiel 6.11 unten kann das für alle Zeiten klar machen! Die komplexe Rechnung bietet zur Behandlung *aller* Schwingungsprobleme große formale Vorteile. Dafür tauscht man die auf den ersten Blick etwas „unanschauliche" Rechnerei mit komplexen Zahlen ein. Man gewöhnt sich aber schnell an den Formalismus. Wir können hier natürlich nur eine knappe Einführung geben; siehe z. B. *Ref. 14* für eine ausführlichere Diskussion.

„Sichtbar" ist jeweils nur der Realteil. Wie bei der Lösung der kubischen Gleichung in *6.6* ergeben sich aus der Rechnung mit komplexen Zahlen, „die es ja eigentlich gar nicht gibt", am Schluss *sinnvolle reelle Resultate*. „Gibt" es sie also vielleicht doch? Und was heißt das überhaupt? Eigentlich „gibt" es ja schon die negativen Zahlen nicht richtig, und wir rechnen doch auch mit großem Erfolg mit ihnen!

In der Elektrotechnik wird die imaginäre Einheit mit j bezeichnet, um Verwechslungen mit der Stromstärke I zu vermeiden.

Komplexe Größen werden in der Elektrotechnik normalerweise *unterstrichen*.

Eine Wechselspannung $U \cdot \cos(\omega \cdot t)$ wird normalerweise in der Form

$$\underline{U}(t) = U \cdot \mathrm{e}^{\mathrm{j} \cdot \omega \cdot t}$$

dargestellt. $\underline{U}$ stellt man sich als *Zeiger* der Länge U (Scheitelspannung) vor, der in der Gauß'schen Zahlenebene mit der Winkelgeschwindigkeit ω rotiert (siehe auch *4.10.3*). Die *Projektion des Zeigers auf die reelle Achse* ist wieder die der Messung zugängliche Wechselspannung $U \cdot \cos(\omega \cdot t)$.

6.8.2 Zerlegung einer Wechselspannung mit Nullphasenwinkel

Eine Wechselspannung mit Nullphasenwinkel schreiben wir konventionell (mit einem Additionstheorem, siehe *3.4.1*) als

$$U(t) = U \cdot \cos(\omega \cdot t + \delta) = U \cdot \left(\cos(\omega \cdot t) \cdot \cos(\delta) - \sin(\omega \cdot t) \cdot \sin(\delta)\right)$$

und komplex

$$\underline{U}(t) = U \cdot e^{j\cdot(\omega\cdot t+\delta)} = \left(U \cdot e^{j\cdot\delta}\right) \cdot e^{j\cdot\omega t}$$

mit dem Realteil (siehe *6.3.2*)

$$\begin{aligned} U(t) &= \mathrm{Re}\Big(\big(U \cdot (\cos(\delta) + j \cdot \sin(\delta))\big) \cdot \big(\cos(\omega \cdot t) + j \cdot \sin(\omega \cdot t)\big)\Big) \\ &= \underbrace{\big(U \cdot \cos(\delta)\big)}_{\substack{\text{Realteil} \\ \text{Vorfaktor}}} \cdot \underbrace{\cos(\omega \cdot t)}_{\substack{\text{Realteil} \\ \text{zeitabh. Teil}}} - \underbrace{\big(U \cdot \sin(\delta)\big)}_{\substack{\text{Imaginärteil} \\ \text{Vorfaktor}}} \cdot \underbrace{\sin(\omega \cdot t)}_{\substack{\text{Imaginärteil} \\ \text{zeitabh. Teil}}} \end{aligned}$$

Beispiel:

6.10 Stelle $U(t) = 10\,\mathrm{V} \cdot \sin(\omega \cdot t + 30°)$ als Überlagerung von Spannungen ohne Nullphasenwinkel dar.

Zuerst müssen wir den Sinus in einen Kosinus umwandeln:

$$\sin(\alpha) = \cos(90° - \alpha) = \cos(\alpha - 90°)$$

$$U(t) = 10\,\mathrm{V} \cdot \cos(\omega \cdot t + 30° - 90°) = 10\,\mathrm{V} \cdot \cos(\omega \cdot t - 60°)$$

$$U(t) = 10\,\mathrm{V} \cdot e^{-j\cdot 60} \cdot e^{j\cdot\omega t}$$

Real- und Imaginärteil des Vorfaktors:

10∠-60 **[complex] a+bi** = 5 - 8,660254038i

$$U(t) = 5\,\mathrm{V} \cdot \cos(\omega \cdot t) + 8{,}660254038\,\mathrm{V} \cdot \sin(\omega \cdot t)$$

6.8.3 Überlagerung von Wechselspannungen

$\underline{U}_1(t)$ und $\underline{U}_2(t)$ seien zwei um den Winkel δ phasenverschobene Wechselspannungen gleicher Frequenz, also

$$\underline{U_1}(t) = U_1 \cdot e^{j\cdot\omega\cdot t}$$

$$\underline{U_2}(t) = U_2 \cdot e^{j\cdot(\omega\cdot t+\delta)}$$

Für die Überlagerung $\underline{U}(t) = \underline{U}_1(t) + \underline{U}_2(t)$ ergibt sich

$$\begin{aligned} U_1 \cdot e^{j\cdot\omega\cdot t} + U_2 \cdot e^{j\cdot(\omega\cdot t+\delta)} &= \left(U_1 + U_2 \cdot e^{j\cdot\delta}\right) \cdot e^{j\cdot\omega\cdot t} \\ &= \Big(\big(U_1 + U_2 \cdot \cos(\delta)\big) + j \cdot \big(U_2 \cdot \sin(\delta)\big)\Big) \cdot e^{j\cdot\omega\cdot t} \end{aligned}$$

Mit der Arithmetik der komplexen Zahlen lassen sich daraus sofort der neue Scheitelwert und seine Phasenverschiebung bestimmen. Die resultierende „reale" Wechselspannung ist natürlich mit den Umrechnungen aus *4.10.3* wiederum gegeben durch den Realteil,

$$\begin{aligned} U(t) &= \big(U_1 + U_2 \cdot \cos(\delta)\big) \cdot \cos(\omega \cdot t) - U_2 \cdot \sin(\delta) \cdot \sin(\omega \cdot t) \\ &= \hat{U} \cdot \cos(\omega \cdot t + \hat{\delta}) \end{aligned}$$

weil $j^2 = -1$. Falls die beiden Spannungen unterschiedliche Frequenzen haben, werden die Ausdrücke unwesentlich komplizierter, am Vorgehen ändert sich nichts!

Beispiel:

6.11 Bestimme die Überlagerung von $U_1(t) = 10\,\mathrm{V}\cdot\cos(\omega\cdot t)$ und $U_2(t) = 5\,\mathrm{V}\cdot\cos(\omega\cdot t + 30°)$.

- Herkömmliche Rechnung mit Additionstheoremen, vgl. *4.10.2*:

$$\begin{aligned}U(t) &= 10\cdot\cos(\omega\cdot t) + 5\cdot\cos(\omega\cdot t + 30°)\\ &= 10\cdot\cos(\omega\cdot t) + 5\cdot\left(\cos(\omega\cdot t)\cdot\cos(30°) - \sin(\omega\cdot t)\cdot\sin(30°)\right)\\ &= \underbrace{\left(10 + 5\cdot\cos(30°)\right)}_{A}\cdot\cos(\omega\cdot t) - \underbrace{\left(5\cdot\sin(30°)\right)}_{B}\cdot\sin(\omega\cdot t)\\ &= \sqrt{A^2+B^2}\cdot\left(\frac{A}{\sqrt{A^2+B^2}}\cdot\cos(\omega\cdot t) - \frac{B}{\sqrt{A^2+B^2}}\cdot\sin(\omega\cdot t)\right)\\ &= 14.547\cdot\left(0.985\cdot\cos(\omega\cdot t) - 0.172\cdot\sin(\omega\cdot t)\right)\end{aligned}$$

$$\left.\begin{array}{l}\cos(\delta) = 0{,}985 \;\Rightarrow \delta = 9{,}896° \;\text{ oder }\; \delta = -9{,}896°\\ \sin(\delta) = 0{,}172 \;\Rightarrow \delta = 9{,}896° \;\text{ oder }\; \delta = 170{,}104°\end{array}\right\} \Rightarrow U(t) = 14{,}547\,\mathrm{V}\cdot\cos(\omega\cdot t + 9{,}896°)$$

- Komplexe Rechnung:

$$U(t) = \left(10\,\mathrm{V} + 5\,\mathrm{V}\cdot e^{j\cdot 30°}\right)\cdot e^{j\cdot\omega\cdot t}$$

Vorfaktor (mit dem Rechner) $10 + 5\angle 30 = 14{,}54656456\angle 9{,}89609039$

$U(t) = 14{,}547\,\mathrm{V}\cdot\cos(\omega\cdot t + 9{,}896)$

Die komplexe Rechnung liefert alle Resultate in einem Schritt, ohne Additionstheoreme, ohne zusätzliche Überlegungen und ohne Fehlerquellen! Und wenn wir einen dritten und vierten Strom addieren, wird die herkömmliche Rechnung noch sehr viel mühsamer, während wir komplex nur jedes Mal einen weiteren komplexen Vorfaktor addieren.

6.8.4 Komplexe Widerstände (Impedanzen)

Strom und Spannung hängen über das bekannte Ohm'sche Gesetz

$$U = I\cdot R$$

über den Widerstand miteinander zusammen. Neben den sogenannten Ohm'schen Widerständen äußern sich auch Spulen und Kondensatoren im Wechselstromkreis wie (frequenzabhängige) Widerstände, aber mit dem wichtigen Unterschied, dass bei induktiven Widerständen (Spulen) die Spannung dem Strom um $90° = \pi/2$ vorauseilt, bei kapazitativen Widerständen (Kondensatoren) ihm aber gleichviel hinterherläuft. In der komplexen

Rechnung wird das sehr elegant dadurch berücksichtigt, dass induktive Widerstände in der Zahlenebene um +90° gedreht werden, kapazitative um -90°, bzw. mit

$$e^{j\cdot\frac{\pi}{2}} = j\cdot\sin\left(\frac{\pi}{2}\right) = j$$

oder

$$e^{j\cdot\left(-\frac{\pi}{2}\right)} = j\cdot\sin\left(-\frac{\pi}{2}\right) = -j = \frac{1}{j}$$

multipliziert werden. Mit den bekannten Definitionen für

	Einheit	Abkürzung
Spannung U	Volt	V
Stromstärke I	Ampère	A
Leistung P	Watt	$W = V\cdot A$
Widerstand R	Ohm	$\Omega = \frac{V}{A}$
Induktivität L	Henry	$H = \frac{V\cdot sec}{A}$
elektrische Kapazität C	Farad	$F = \frac{A\cdot sec}{V}$

ergibt sich daraus für den komplexen Widerstand von Spulen und Kondensatoren in der Einheit Ω.

$$Z_{ind} = j\cdot\omega\cdot L$$

$$Z_{kap} = \frac{-j}{\omega\cdot C} = \frac{1}{j\cdot\omega\cdot C}$$

(L = Induktivität, C = Kapazität).

Dadurch wird über das Ohm'sche Gesetz und die komplexe Arithmetik sehr elegant der Phasenwinkel zwischen Strom und Spannung berücksichtigt, ohne dass man mehr tun muss, als richtig zu rechnen! Der komplexe Gesamtwiderstand Z in einer Schaltung wird nach den bekannten Gesetzen unter Verwendung der Rechenregeln aus *6.3* ermittelt,

bei Serieschaltung $Z = \sum Z_i$,

bei Parallelschaltung $\frac{1}{Z} = \sum \frac{1}{Z_i}$

Der komplexe Gesamtwiderstand hat einen Betrag (*Scheinwiderstand*) und einen Phasenwinkel, der die resultierende Phasenverschiebung zwischen Spannung und Strom angibt. Der Realteil wird als *Wirkwiderstand* bezeichnet, der Imaginärteil als *Blindwiderstand*.

Für die Leistung gilt

$$S = U \cdot I^* = P + j \cdot Q$$

$|S|$ = S = Scheinleistung, P = Wirkleistung, Q = Blindleistung

Dabei ist I^* die konjugiert-komplexe Stromstärke (*6.1.3*). Die Wirkleistung wird reell auch ausgedrückt als $P = U_0 \cdot I_0 \cdot \cos(\varphi)$, mit dem in der Elektrotechnik berühmten Faktor $\cos(\varphi)$. U_0 und I_0 bezeichnen die Scheitelwerte von Spannung und Stromstärke (vgl. *9.7.8*). Der um ±90° phasenverschobene Blindstrom liefert die Energie zum Aufbau der elektrischen und magnetischen Felder bei Kapazitäten und Induktivitäten; diese Energie wird periodisch wieder an das Netz zurückgegeben. Für die Auslegung von Komponenten und Stromversorgung ist der Wert der Scheinleistung maßgebend.

Berechnungsbeispiele mit dem TI-30X Pro

Zu den Möglichkeiten und Einschränkungen des Rechners für komplexe Arithmetik verweisen wir auf die Bemerkungen in *6.3.4*. Die Verwendung von Speichern vereinfacht die Berechnung und verbessert massiv die Übersichtlichkeit und Überprüfbarkeit der Ergebnisse, abgesehen vom Vermeiden von Rundungsungenauigkeiten! Es empfiehlt sich, zu Beginn der Berechnung, wie in den folgenden Beispielen gezeigt, ein Schema des Berechnungsverlaufes mit den verwendeten Formeln zu erstellen und festzulegen, welche Größen man später wieder braucht und in welchem Speicher man sie ablegen will.

Alle Größen müssen in den Grundeinheiten (Ω, F, H, V, A, etc.) eingesetzt werden und die Winkelgeschwindigkeit in rad/sec. Der Rechner darf dabei auf DEG eingestellt sein.

6.12 Berechne für die folgende Schaltung Wirkwiderstand, Blindwiderstand, Scheinwiderstand und Phasenwinkel zwischen Strom und Spannung bei einer 50 Hz-Wechselspannung. C = 100 μF, R = 220 Ω, L = 500 mH.

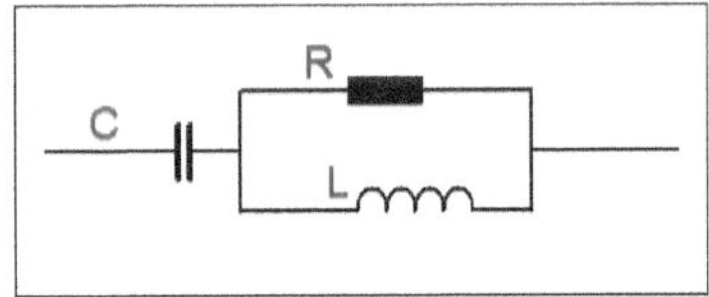

Wir speichern ab

$\omega = 2\pi \cdot \frac{50}{\text{sec}}$	$2\pi \cdot 50 = 314{,}1592654$	→ t
C: $Z_1 = \frac{1}{j \cdot \omega \cdot C}$	$\frac{1}{i \cdot t \cdot 100 \cdot 10^{-6}} = 31{,}83098862\angle -90$	→ a
R: $Z_2 = R$	220 = 220	→ b
L: $Z_3 = j \cdot \omega \cdot L$	$i \cdot t \cdot 500 \cdot 10^{-3} = 157{,}0796327\angle 90$	→ c

und berechnen (der Rechner sei auf Standardformat r∠θ eingestellt)

$Z = Z_1 + \frac{Z_2 \cdot Z_3}{Z_2 + Z_3}$	$a + \frac{b \cdot c}{b + c} = 103{,}597434\angle 44{,}18840049$	→ x

Wirkwiderstand	**[complex] real** (x)	74,28471964 (Ω)
Blindwiderstand	**[complex] imaginary** (x)	72.20947826 (Ω)
Scheinwiderstand	**[complex] magnitude** (x)	103.597434 (Ω)
Phasenverschiebung	**[complex] polar angle** (x)	44.18840049 (Einstellung DEG)[46]

Scheinwiderstand und Phasenverschiebung kann man natürlich ohne Berechnung direkt der Polardarstellung des komplexen Gesamtwiderstandes Z entnehmen.

6.13 Ein Wirkwiderstand R = 150 Ω liegt mit einem Kondensator der Kapazität C = 10 μF in Reihe an der Klemmenspannung 230 V/50 Hz.

Wie groß sind Blindwiderstand, Scheinwiderstand, Phasenverschiebung, Strom, Spannung am Widerstand und am Kondensator, Scheinleistung, Wirkleistung und Blindleistung?

Impedanz der Kapazität: $Z_C = \frac{1}{j \cdot \omega \cdot C} = \frac{1}{j \cdot 2\pi \cdot \frac{50}{\text{sec}} \cdot 10 \cdot 10^{-6} \frac{\text{A} \cdot \text{sec}}{\text{V}}} = -j \cdot \frac{1000}{\pi} \Omega$

Alle Phasenverschiebungen beziehen sich auf die Klemmenspannung.

$R = 150\Omega$	150	→	x
$Z_C - \frac{1000}{\pi} j\Omega$	$-\frac{1000}{\pi} i = 318.3098862\angle -90$	→	y
$Z = R + Z_C$	$x + y = 351,88234352\angle -64,7683628$ $= 150 - 318,309886236 j\Omega$		

Blindwiderstand:	318.3 Ω
Scheinwiderstand:	351.9 Ω
Phasenverschiebung:	-64.8°

Der Strom, der sich einstellt, ergibt sich aus Spannung und Gesamtwiderstand mit dem Ohm'schen Gesetz. Er ist an jedem Ort in der Schaltung gleich.

$I = \frac{U}{Z}$	$\frac{230}{x + y} = 0.653627567\angle 64.7683628$	→	z

Die Spannungen an Widerstand und Kondensator werden mit dem Ohm'schen Gesetz berechnet:

$U_R = R \cdot I$	$x \cdot z = 98,04413504\angle 64,7683628$ $= 41,794140936 + 88,689921633 jV$
$U_C = Z_C \cdot I$	$y \cdot z = 208,0561164\angle -25,2316372$ $= 188,205859037 - 88,689921613 jV$

[46] Umrechnung in Grad, Minuten, Sekunden: siehe *3.2.3*

Wie es sein muss, ist $U_R + U_C = 230\,\text{V}$.

Die Leistung ergibt sich durch $S = U \cdot I^*$ (I* ist zu I konjugiert-komplex, siehe *6.1.3*):

$S = U \cdot I^*$	230 · **conj**(z) = 150.3343404∠-64.7683628 → t
Scheinleistung	150.3 W
Wirkleistung P = Re(S)	**real**(t) = 64.08434944 W
Blindleistung Q = Im(S)	**imag**(t) = -135.9912132 W (kapazitativ, weil <0)

6.8.5 Praxisbeispiel: RC-Filter

Durch Kombination eines ohm'schen Widerstandes mit einer Kapazität erhalten wir ein *RC-Filter 1. Ordnung*, das entweder hohe (Tiefpassfilter) oder tiefe (Hochpassfilter, bei Vertauschung von R und C) Frequenzen abschwächt. Serieschaltung eines Hoch- und Tiefpassfilters ergeben ein *Bandpassfilter*.[47]

Tiefpassfilter

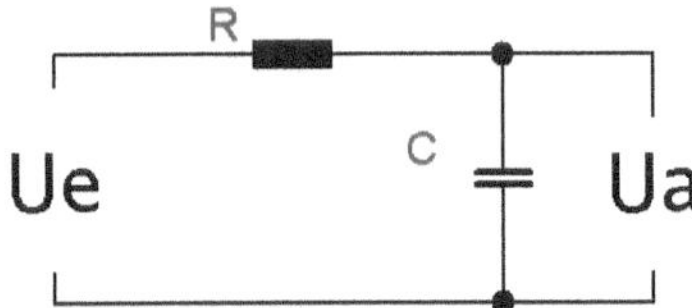

Bild 6.1

Das Eingangssignal wird bei U_e angelegt, das Ausgangssignal bei U_a abgegriffen.

Durch R und C fließt derselbe Strom, gemäß dem Ohm'schen Gesetz kann dieser (mit komplexen Größen) ausgedrückt werden als

$$I = \frac{U}{Z} = \frac{U_e}{R + \frac{1}{j \cdot \omega \cdot C}} = \frac{U_a}{\frac{1}{j \cdot \omega \cdot C}}$$

$$\Rightarrow U_a = \frac{\frac{1}{j \cdot \omega \cdot C}}{R + \frac{1}{j \cdot \omega \cdot C}} \cdot U_e = \underbrace{\frac{1}{1 + j \cdot \omega \cdot R \cdot C}}_{H(\omega)} \cdot U_e = H(\omega) \cdot U_e$$

denn R und C sind in Serie geschaltet und U_a gibt die über C resultierende Spannung an. Die Größe $H(\omega)$ wird als *Übertragungsfunktion* bezeichnet (in der Elektrotechnik schreibt man dafür $H(j\omega)$), denn sie enthält die Umrechnung zwischen Eingangssignal und Ausgangssignal. **Die ganze Information über das Verhalten des Tiefpassfilters steckt also in dieser komplexen Funktion $H(\omega)$.**

[47] Dieter Zastrow, Elektrotechnik/15. Auflage, Vieweg-Verlag, Kapitel 24

Wir wissen, was bei der Operation $U_a = H(\omega) \cdot U_e$ herauskommt: Die (komplexe) Amplitude der Wechselspannung U_e wird mit einem Faktor $|H(\omega)|$ multipliziert und U_a erhält gegenüber U_e eine Phasenverschiebung $\arg(H(\omega))$. Wie man oben sehen kann, ist hier $|H(\omega)| \leq 1$. (Es kann nicht mehr herauskommen als hineingeht.) Wie immer sind die Realteile die beobachtbaren Größen.

Für die Übertragungsfunktion $H(\omega)$ sind zwei Arten der graphischen Darstellung üblich. Wir diskutieren hier die Übertragungsfunktion am Zahlenbeispiel mit R = 1 kΩ und C = 0,1 µF.

Nyquist-Diagramm (Ortskurve)

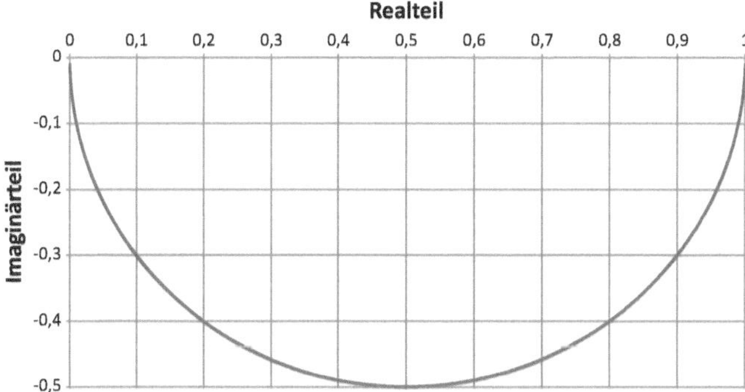

Bild 6.2

Im Nyquist-Diagramm werden Real- und Imaginärteil von $H(\omega)$ für den gesamten Frequenzbereich in der Gauß'schen Zahlenebene dargestellt. Für Frequenz 0 Hz (Gleichstrom) hat die Übertragungsfunktion den Wert $H(0) = 1$, für Frequenz ∞ hat sie den Wert $H(\infty) = 0$.

Im Nyquist-Diagramm kann man den Absolutbetrag $|H(\omega)|$ als Abstand vom Nullpunkt und den Phasenwinkel direkt herauslesen. Im Beispiel ist $\arg(H(0)) = 0°$ und $\arg(H(\infty)) = -90°$.

Falls die Kurve für irgendeine Frequenz durch den Punkt −1 geht, tritt dort eine Instabilität (Schwingen) auf.

Bode-Diagramm

Die Frequenz wird auf einer logarithmischen Skala in der Einheit rad/sec dargestellt, also nicht in Hz. Das ist in der Elektrotechnik so üblich. Für die Umrechnung in Hz muss durch 2π dividiert werden.

Der erste Graph stellt den Amplitudengang in Abhängigkeit der Frequenz dar. Normalerweise wird die Abschwächung der Leistung in Dezibel aufgetragen (20x Zehnerlogarithmus der Amplitudenabschwächung).

Man sieht darin sehr gut, dass kleine Frequenzen – im Beispiel bis etwa 3000 rad/sec oder 500 Hz – praktisch ungehindert durchgelassen werden, während bei höheren Frequenzen die Dämpfung stark zunimmt. Bei höheren Frequenzen beträgt die Abschwächung 20 dB pro Frequenz-Dekade.

Amplitudengang (in dB):

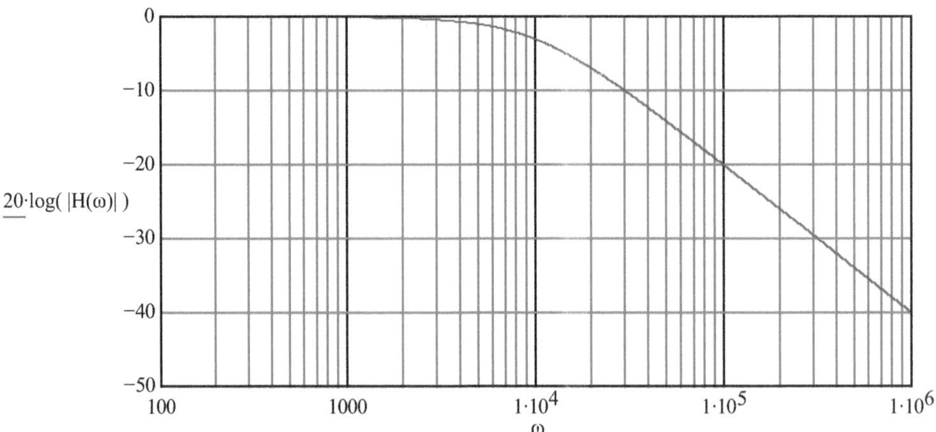

Phasengang (in Winkelgrad):

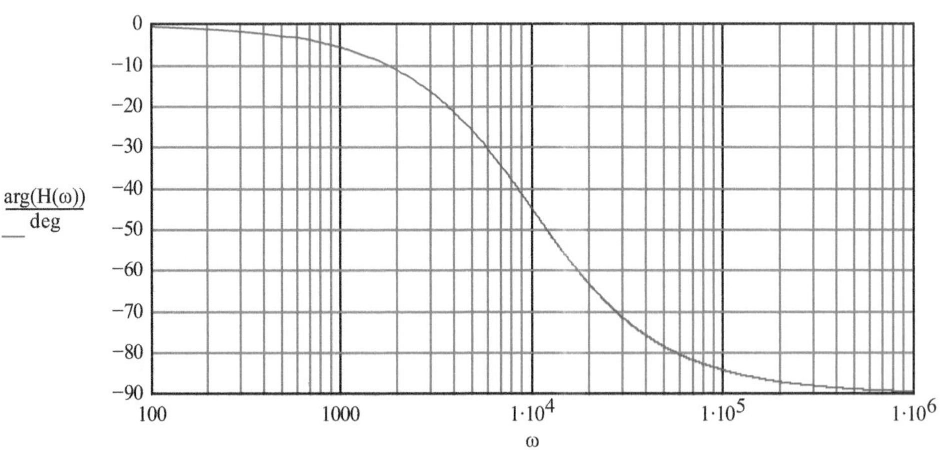

Bild 6.3

7 Folgen und Reihen

7.1 Begriffe und Definitionen

7.1.1 Folgen

Eine Folge ist eine geordnete (d. h., die Reihenfolge ist definiert) Menge von Zahlen.

Andere Betrachtungsweise: Eine Folge ist eine Zuordnung von Zahlen zu $\mathbb{N}$, den natürlichen Zahlen.

Die einzelnen Zahlen heißen *Glieder* der Folge.

Wir unterscheiden *endliche* (mit einer endlichen Zahl von Gliedern) und *unendliche* Folgen. Das erste Glied heißt *Anfangsglied*, das letzte (bei einer endlichen Folge) *Endglied*.

Beispiele:

7.1 {1, 2, 3, 4, 5, 6, 7}: Anfangsglied 1, Endglied 7

7.2 {1, 1/4, 1/9, 1/16, 1/25, 1/36, 1/49, 1/64}: Anfangsglied 1, Endglied 1/64

Häufig wird eine Folge durch ihr *Bildungsgesetz* gegeben. Wir schreiben zum Beispiel

$$n \rightarrow n^2 - 6, n \in \mathbb{N}$$

oder

$$a_n = n^2 - 6, n \in \mathbb{N}.$$

Das ist so zu verstehen: Setze für n alle Zahlen aus $\mathbb{N}$ ein, um die Glieder der Folge zu erhalten.

Eine Folge mit wechselnden Vorzeichen, zum Beispiel $a_n = (-1)^n$, wird als *alternierende Folge* bezeichnet.

Statt in einer absoluten Form kann ein Bildungsgesetz auch *rekursiv* definiert sein, d. h. a_n wird durch einen (oder mehrere) Vorgänger, z. B. a_{n-1}, definiert. Irgendein Glied muss dabei absolut gegeben sein, damit die Folge eindeutig wird.

Beispiele:

7.3 $a_1 = 2$, $a_{n+1} = a_n + ½$ liefert die Folge {2, 2,5, 3, 3,5, … }

7.4 $a_1 = 1$, $a_{n+1} = 2a_n - 3$ liefert die Folge {1, −1, −5, −13, … }

7.5 Der maximale Überhang von zwei aufeinanderliegenden Backsteinen ergibt sich, wenn der Schwerpunkt des oberen direkt über dem Ende des unteren Steins liegt. Legt man diese zwei Steine auf einen dritten, so ist der maximale Überhang erreicht, wenn der gemeinsame Schwerpunkt der beiden oberen über der Kante des dritten liegt, etc. So entsteht eine gekrümmte Säule.

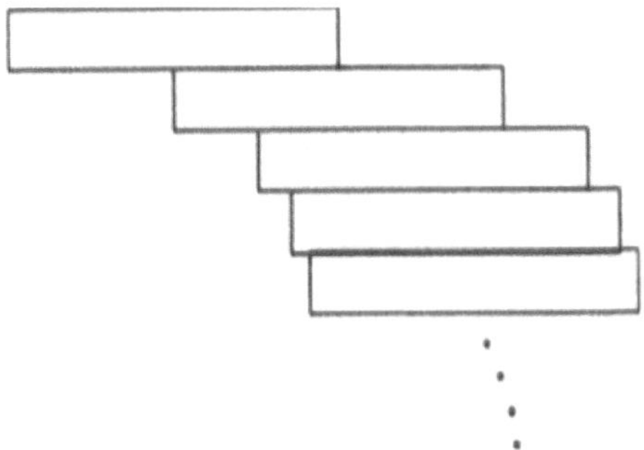

Bild 7.1

Wie groß kann der Überhang maximal werden?[48]

Wir bauen den Stapel von oben nach unten hin auf. Der Einfachheit halber nehmen wir an, dass die Steine Länge 1 haben.

Der Schwerpunkt des obersten Steins liegt bei $a_1 = 0{,}5$. Hier fängt der zweite Stein an, mit Schwerpunkt bei $a_1 + 0{,}5 = 1$. Der gemeinsame Schwerpunkt liegt bei

$$a_2 = \frac{a_1 + (a_1 + 0{,}5)}{2} = 0{,}75$$

Hier fängt der dritte Stein an, sein Schwerpunkt liegt bei $a_2 + 0{,}5 = 1{,}25$. Der gemeinsame Schwerpunkt der obersten drei Steine liegt nach dem bekannten **Momentensatz für den gemeinsamen Schwerpunkt mehrerer Flächen**[49] bei

$$a_3 = \frac{2 \cdot a_2 + (a_2 + 0{,}5)}{2+1} = 0{,}916666...$$

a_n bezeichne die Lage des gemeinsamen Schwerpunkts der ersten n Steine. Der Schwerpunkt des $(n+1)$-ten Steins liegt dann bei $a_n + 0{,}5$, und der gemeinsame Schwerpunkt der ersten $n+1$ Steine liegt nach dem Momentensatz bei

$$a_{n+1} = \frac{n \cdot a_n + (a_n + 0{,}5)}{n+1} = \frac{(n+1) \cdot a_n + 0{,}5}{n+1} = a_n + \frac{0{,}5}{n+1}$$

[48] Aufgabe aus M. Vowe/R. Wiedemann, Kombinatorik - beschreibende Statistik

[49] Lehrbuch Böge, Technische Mechanik, Abschnitt 2.2.3.1

Diese Folge wächst sehr langsam (für sehr große n wie 0,5 $\ln(n)$), ist also unbeschränkt - der Überhang kann unendlich groß werden:

- Bei n = 31 wird der Wert 2 überschritten. Das kann man mit genügend Sorgfalt noch auf dem Küchentisch nachbauen!
- Für einen Überhang von 3 muss man 227 Steine aufeinanderschichten, für einen solchen von 4 sind es bereits 1674 Steine, für 5 sind es 12367.

Diese Berechnung können wir mit dem TI-30X Pro ausführen - allerdings dauert sie etwas, weil bei jedem Berechnungsschritt die ganze Summe neu berechnet wird:

Aufgabe:

Berechnung der Anzahl Summanden für einen Überhang von 2, d.h. löse $a_n = \sum_{k=1}^{n} \frac{0,5}{k} = 2$ nach n auf.

Lösung:

Wir geben im Rechner in **[num-solv]** ein

$$\sum_{x=1}^{y}\left(\frac{0.5}{x}\right) = 2$$

x = 1 (spielt keine Rolle was)

y = 1

SOLVE FOR: y

SOLVE

Berechnung	Resultat	Dauer[50]	Kontrolle
$\sum_{x=1}^{y}\left(\frac{0.5}{x}\right) = 2$	y = 30,999...	14 Sekunden	$\sum_{x=1}^{30}\left(\frac{0,5}{x}\right) = 1,9974...$ $\sum_{x=1}^{31}\left(\frac{0,5}{x}\right) = 2,0136...$
$\sum_{x=1}^{y}\left(\frac{0.5}{x}\right) = 3$	y = 226,999...	2 Minuten 9 Sekunden	$\sum_{x=1}^{226}\left(\frac{0,5}{x}\right) = 2,9999...$ $\sum_{x=1}^{227}\left(\frac{0,5}{x}\right) = 3,0021...$

Die Kontrolle geht sehr viel schneller, da die Summe nur einmal berechnet wird.

[50] TI-30X Pro MathPrint; beim Vorgängermodell TI-30X Pro MultiView dauert es sehr viel länger. Wenn man die Gleichung umformt, dauert es ebenfalls länger.

7.6 Die Folge mit $a_n = a_{n-1} + a_{n-2}$, wobei $a_1 = 1$ und $a_2 = 1$, heißt Fibonacci[51]-Folge {1, 1, 2, 3, 5, 8, 13, 21, 34, ...}. Mit ihr beschrieb Leonardo das *Wachstum* einer abgeschlossenen Kolonie von Hasen. Ab dem zweiten Lebensmonat hat jedes Paar pro Monat zwei Junge verschiedenen Geschlechts. Sie sterben nie.

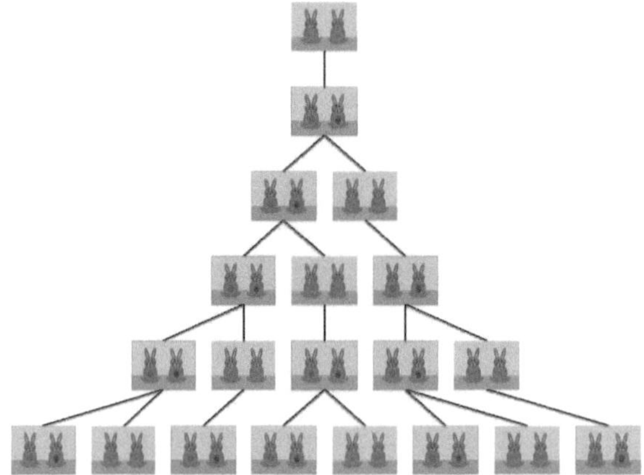

Bild 7.2

Die *Fibonacci-Folge* kommt an vielen Orten in der Natur vor, z. B. sind bei Pflanzen die Anzahlen der Kelch- und Blütenblätter aufeinanderfolgende Fibonacci-Zahlen, und wir finden sie in den Spiralen auf Schneckenhäusern und Muscheln. Mit zunehmendem n nähert sich das Verhältnis aufeinanderfolgender Glieder der Folge dem *goldenen Schnitt* 0,618... bzw. 1,618... an.

(a und b stehen zueinander im Goldenen Schnitt, wenn $\frac{a}{a+b} = \frac{b}{a}$; das führt auf $a = \frac{1+\sqrt{5}}{2} \cdot b = 1{,}618 \cdot b$ resp. $b = \frac{1}{1{,}618} \cdot a = 0{,}618 \cdot a$.)

7.1.2 Reihen

Summiert man die Glieder einer Folge, so erhält man eine *Reihe*. Dabei kommt die in 4.4 eingeführte Summenschreibweise wieder vorteilhaft zur Anwendung.

Der TI-30X Pro berechnet Reihen mit der Funktion **math sum(**.

Beispiele:

7.7 $\sum_{k=1}^{6} k = 1+2+3+4+5+6 = 21$

[51] Leonardo von Pisa, genannt Fibonacci, ungefähr 1170 - 1240

7.8 $\sum_{k=1}^{3} k^2 = 1+4+9 = 14$

7.9 $\sum_{k=1}^{4} 2^k = 2+4+8+16 = 30$

7.10 $\sum_{k=3}^{4} (k+1) = (3+1)+(4+1) = 9$

7.11 $\sum_{k=1}^{3} \left(2k^2 - 2k + 1\right) = 1+5+13 = 19$

Wenn man die Glieder einer Folge vom ersten bis zum n-ten Glied summiert, erhält man für alle n wiederum eine Folge, eine Summenfolge, mit der rekursiven Bildungsvorschrift $s_1 = a_1$, $s_{n+1} = s_n + a_{n+1}$.

Wichtige Reihen

Summe der ungeraden Zahlen $$\sum_{k=1}^{n} (2k-1) = n^2 \quad (7.1)$$

Summe der natürlichen Zahlen $$\sum_{k=1}^{n} k = \frac{n \cdot (n+1)}{2} \quad (7.2)$$

Summe der Quadratzahlen $$\sum_{k=1}^{n} k^2 = \frac{n \cdot (n+1) \cdot (2n+1)}{6} \quad (7.3)$$

Summe der dritten Potenzen $$\sum_{k=1}^{n} k^3 = \left(\frac{n \cdot (n+1)}{2}\right)^2 = \left(\sum_{k=1}^{n} k\right)^2 \quad (7.4)$$

Summe der vierten Potenzen $$\sum_{k=1}^{n} k^4 = \frac{n^5}{5} + \frac{n^4}{2} + \frac{n^3}{3} - \frac{n}{30} \quad (7.5)$$

Siehe *https://www.youtube.com/watch?v=fw1kRz83Fj0* für weiterführende Betrachtungen zur Summe von Potenzen!

7.2 Arithmetische Folgen und Reihen

7.2.1 Arithmetische Folgen

Definition:

Eine Folge, bei der die Differenz von einem Glied zum nächsten immer gleich groß ist, also $a_{n+1} - a_n = d = \text{const.}$, heißt *arithmetische Folge*. ■

Beispiele:

7.12 $\{a_n\} = \{1, 2, 3, 4, 5, \ldots\}$ $d = 1$

7.13 $\{a_n\} = \{1, 3, 5, 7, 9, \ldots\}$ $d = 2$

7.14 $\{a_n\} = \{5, 2, -1, -4, \ldots\}$ $d = -3$

Rekursiv gilt also für eine arithmetische Folge

$$a_{n+1} = a_n + d \tag{7.6}$$

und absolut

$$a_n = a_1 + (n - 1) \cdot d \tag{7.7}$$

a_n ist das *arithmetische Mittel* von a_{n-1} und a_{n+1}:

$$a_n = \frac{a_{n-1} + a_{n+1}}{2}$$

7.2.2 Arithmetische Reihen

Und jetzt kommt die berühmte Geschichte vom Wunderkind: Als C.F. Gauß die dritte Klasse besuchte, wollte sich der Lehrer, J.G. Büttner, ein bisschen Ruhe verschaffen und gab der Klasse die Aufgabe, die Zahlen von 1 bis 60 zusammenzuzählen:

$$1 + 2 + 3 + 4 + \ldots + 57 + 58 + 59 + 60.$$

Nach kurzer Zeit brachte der kleine Carl Friedrich die richtige Antwort: 1830. Er hatte die Aufgabe so gelöst:

1	2	3	4	5	6		...		29	30
60	59	58	57	56	55		...		32	31
61	61	61	61	61	61		...		61	61

Also: $30 \cdot 61 = 1830$.

Und genauso bilden wir auch heute noch arithmetische Reihen:

$$s_n = \sum_{k=1}^{n} a_k = \frac{n}{2} \cdot (a_1 + a_n) = \frac{n}{2} \cdot (2 \cdot a_1 + (n-1) \cdot d) \tag{7.8}$$

Der Wert einer arithmetischen Reihe beträgt *n*-mal den Mittelwert der Glieder der Folge.

7.3 Geometrische Folgen und Reihen

7.3.1 Geometrische Folgen

Wir reden von einer *geometrischen* Folge, wenn das Verhältnis von zwei aufeinanderfolgenden Gliedern immer gleich ist, also

$$\frac{a_{n+1}}{a_n} = q = const.$$

Daraus ergibt sich sofort die Rekursionsformel

$$a_{n+1} = a_n \cdot q = a_{n-1} \cdot q^2 = \ldots = a_1 \cdot q^n,$$

also

$$a_n = a_1 \cdot q^{n-1}.$$

7.3.2 Geometrische Reihen

Nach *7.3.1* ist

$$s_n = a_1 \cdot (1 + q + q^2 + q^3 + \ldots + q^{n-1}) = a_1 \cdot S_{n-1}.$$

Zur Berechnung der Summe der Potenzen, S_{n-1}, multiplizieren wir S_{n-1} mit q und subtrahieren diesen Ausdruck von S_{n-1}, also:

$$S_{n-1} - q \cdot S_{n-1} = 1 - q^n$$
$$S_{n-1} \cdot (1-q) = 1 - q^n$$
$$S_{n-1} = \frac{1-q^n}{1-q}$$

Damit erhalten wir für die geometrische Reihe den Ausdruck

$$s_n = a_1 \cdot \frac{1-q^n}{1-q} \tag{7.9}$$

Das ist die Beziehung, die wir bereits in *2.9.2* verwendet haben.

a_n ist das *geometrische Mittel* von a_{n-1} und a_{n+1}:

$$a_n = \sqrt{a_{n-1} \cdot a_{n+1}}$$

Beispiel:

7.15 In der Homöopathie werden Krankheiten mit Substanzen behandelt, die ähnliche Symptome hervorrufen (häufig handelt es sich dabei um eigentliche Gifte). Diese Substanzen werden mit Wasser so stark verdünnt, dass sie keine giftigen Wirkungen mehr ausüben. Am Anfang der Präparate steht die sogenannte „Urtinktur", bestehend aus je zur Hälfte dem Arzneimittel und Alkohol. Das Verdünnen und Schütteln wird „Potenzieren" genannt und mit „C" für eine Verdünnung 1:100 bzw. „D" für 1:10 bezeichnet. Durch das Potenzieren entsteht in der Konzentration des Wirkstoffes eine *geometrische Folge*. Für eine Potenzierung D8 wird 8-mal 1:10 verdünnt. In der Potenzierung D12 bzw. C6 (also $1:10^{12}$) kommt so etwa ein Tropfen einer einmolaren Urtinktur (das sind so viele Gramm, wie das Molekulargewicht beträgt) auf das Wasservolumen des Bodensees, bei D24 (bzw. C12) auf das Volumen des atlantischen Ozeans. Bei dieser Potenz enthält durchschnittlich die Hälfte aller 1 l-Flaschen ein Molekül des Wirkstoffes.[52] In den meisten Fällen enthalten die verabreichten „Medikamente" pro Einzeldosis kein einziges Molekül des „Wirkstoffes". Da das Lösungsmittel immer auch ganz geringe Mengen an Verunreinigungen enthält, überwiegen diese bei hohen Potenzen alle Bestandteile der noch vorhandenen „Urtinktur".

Homöopathie „wirkt" also nicht im herkömmlichen Sinn des Wortes wie ein Medikament, dessen Wirkstoff im Körper in Stoffwechselvorgänge eingreift oder Vorgänge auslöst bzw. behindert, aber trotzdem hilft sie vielen Leuten. Das Gefühl, dass einem geholfen wird, kann zusammen mit dem Einfluss der Zeit die Selbstheilung unterstützen. Bei vielen Krankheiten ist ein „Placeboeffekt" gut bekannt, beispielsweise bei Migräne. So „funktionieren" auch Handauflegen und Geistheilen. Es gibt zur Homöopathie ein sehenswertes *Kurzvideo* und auch ausführlichere Dokumentarfilme.

7.3.3 Unendliche geometrische Reihen

Was passiert mit a_n, wenn n immer größer wird? Wie man durch eine kurze Untersuchung der verschiedenen Fälle sieht, hängt das von q ab, und zwar gilt grob

$$|q|>1 \quad\Rightarrow\quad |a_n|\to\infty, \qquad |s_n|\to\infty$$

$$|q|<1 \quad\Rightarrow\quad |a_n|\to 0, \qquad s_n\to a_1\cdot\frac{1}{1-q}$$

Das ist doch ein erstaunlicher Befund: Die Summe von unendlich vielen Zahlen, die alle > 0 sind, kann endlich sein!

Beispiel:

7.16 $1+\frac{1}{2}+\frac{1}{4}+\frac{1}{8}+\frac{1}{16}+\ldots=1\cdot\frac{1}{1-\frac{1}{2}}=2$

Dafür genügt es nicht, dass $a_n\to 0$ geht, denn z. B. ist $1+\frac{1}{2}+\frac{1}{3}+\frac{1}{4}+\ldots=\infty$ (wächst sehr langsam wie $\ln(n)$).

52 *https://de.wikipedia.org/wiki/Hom%C3%B6opathie*

7.4 Potenzreihen bekannter Funktionen

Wir benutzen Taschenrechner und andere elektronische Hilfsmittel, die mit mathematischen Funktionen rechnen, meist ohne uns zu überlegen, wie der Taschenrechner auf die Werte dieser Funktionen kommt - denn eigentlich können wir (und auch der Taschenrechner und der Computer) beim zahlenmäßigen Rechnen nur addieren/subtrahieren und multiplizieren/dividieren. Alle numerischen Berechnungen müssen auf diese Operationen zurückgeführt werden.

Unendliche Reihen sind in der angewandten Mathematik und Physik von großer Bedeutung, denn zahlreiche wichtige transzendente Funktionen lassen sich durch sogenannte *Potenzreihen* darstellen und damit praktisch berechnen. (Diese Reihen gelten übrigens auch für komplexe Argumente!) Indem man die unendliche Reihe nach einer endlichen Anzahl Glieder abbrechen lässt, erhält man *beliebig gute Annäherungen transzendenter Funktionen durch Polynome.* Wir geben hier zur Illustration einige Beispiele, ohne auf die zugrundeliegende Theorie einzugehen.

Die wohl wichtigste und bekannteste Potenzreihe ist die folgende:

Beispiel:

7.17 $$e^x = 1 + x + \frac{x^2}{2!} + \frac{x^3}{3!} + \frac{x^4}{4!} + \frac{x^5}{5!} + \ldots = \sum_{k=0}^{\infty} \frac{x^k}{k!}$$

Mit 13 Gliedern beträgt der maximale Fehler für $0 < x < 1$ etwa 10^{-11} (bei größeren x nimmt er rasch zu). Durch Multiplikation bzw. Division mit ganzzahligen Potenzen von e können damit alle Werte von e^x mit dieser Genauigkeit ermittelt werden, denn es ist z.B.

$$e^{3.2} = e^{0.2} \cdot e \cdot e \cdot e$$

Mit *4.8* können wir damit die Exponentialfunktion für eine beliebige Basis berechnen.

Wenn wir mit dieser Reihe $e^{i \cdot x}$ bilden und uns an die Beziehung $e^{i \cdot x} = \cos(x) + i \cdot \sin(x)$ aus *6.4.3* erinnern, erhalten wir mit $i^2 = -1$ für Real- und Imaginärteil.

Beispiele:

7.18 $$\cos(x) = 1 - \frac{x^2}{2!} + \frac{x^4}{4!} - \frac{x^6}{6!} + \ldots = \sum_{k=0}^{\infty} (-1)^k \cdot \frac{x^{2 \cdot k}}{(2 \cdot k)!} \quad (x \text{ in rad})$$

7.19 $$\sin(x) = x - \frac{x^3}{3!} + \frac{x^5}{5!} - \frac{x^7}{7!} + \ldots = \sum_{k=0}^{\infty} (-1)^k \cdot \frac{x^{2 \cdot k + 1}}{(2 \cdot k + 1)!} \quad (x \text{ in rad})$$

Die Glieder dieser Reihen werden wegen des Anwachsens der Fakultäten rasch klein, außerdem sind sie alternierend und konvergieren aus diesen beiden Gründen rasch, und die Reihen können für praktische Berechnungen verwendet werden. Wenn wir nur schon die ersten vier Glieder nehmen und den Winkelbereich auf 0° bis 45° einschränken, treten erst in der 6. bzw. 7. Nachkommastelle Abweichungen auf (mit einer größeren Anzahl von Gliedern werden die Werte entsprechend noch genauer):

Beispiele:

7.20 $cos(x) \approx 1 - \frac{x^2}{2} + \frac{x^4}{24} - \frac{x^6}{720}$

Fehler <0.000004 für Winkel <45°

7.21 $\sin(x) \approx x - \frac{x^3}{6} + \frac{x^5}{120} - \frac{x^7}{5040}$

Fehler <0.0000004 für Winkel <45°

Auch für die Tangensfunktion gibt es eine praktisch brauchbare Annäherung:

Beispiel:

7.22 $\tan(x) \approx x + \frac{x^3}{3} + \frac{2 \cdot x^5}{15} + \frac{17 \cdot x^7}{315}$

Fehler <0.000006 für Winkel <22.5°

Alle Winkelfunktionen können mithilfe der Periodizität (siehe nachstehende Grafik) und einfacher Identitäten auf den Gültigkeitsbereich 0° bis 45° bzw. 0° bis 22,5° zurückgeführt werden (siehe *3.2.2* und *3.4.2*):

$$\sin(x) = \cos(90° - x)$$
$$cos(x) = \sin(90° - x)$$

$$\tan(x) = \frac{1}{\tan(90° - x)} \qquad \tan(x) = \frac{2 \cdot \tan\left(\frac{x}{2}\right)}{1 - \tan^2\left(\frac{x}{2}\right)}$$

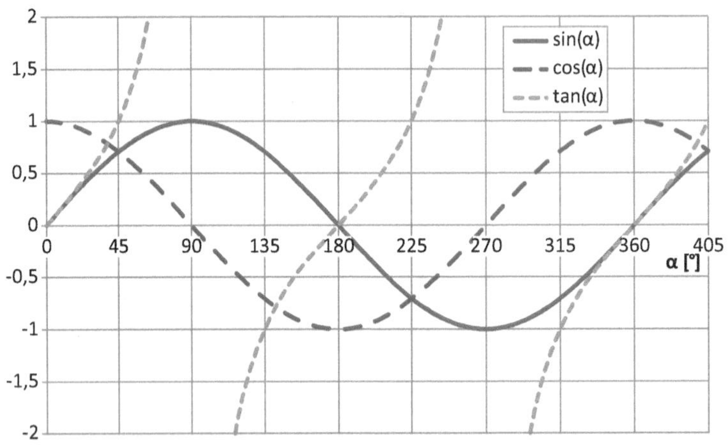

Weitere wichtige Reihen sind

Beispiele:

7.23 $\ln(x)=(x-1)-\frac{(x-1)^2}{2}+\frac{(x-1)^3}{3}-\frac{(x-1)^4}{4}+...=\sum_{k=1}^{\infty}(-1)^{k+1}\cdot\frac{(x-1)^k}{k}$ $[0<x\leq 2]$

7.24 $\arctan(x)=x-\frac{x^3}{3}+\frac{x^5}{5}-\frac{x^7}{7}+\frac{x^9}{9}-...=\sum_{k=0}^{\infty}(-1)^k\cdot\frac{x^{2\cdot k+1}}{2\cdot k+1}$ $[|x|\leq 1]$

Bei den letzten beiden Reihen konvergiert die Reihe nur für den Bereich von x, der in der eckigen Klammer angegeben sind (d. h., für andere Werte geht der Wert der Reihe gegen ∞ und sie ist für Berechnungen nicht brauchbar). Das ist aber keine praktische Einschränkung, denn man kann jeden Logarithmus auf den Logarithmus einer Zahl ≤ 2 zurückführen,

$$\ln(x)=\ln(x/\mathrm{e})+1=\ln(x/\mathrm{e}^2)+2=\ln(x/\mathrm{e}^3)+3=...$$

Reihen für arcsin und arccos existieren, sie sind aber etwas kompliziert. Die Winkelfunktionen Sinus und Kosinus können mit Hilfe der Umrechnungen in 3.2.2 auf den Tangens zurückgeführt und die Reihe für arctan verwendet werden.

Mithilfe der Reihe für den Arcustangens kann theoretisch $\pi=4\cdot\arctan(1)$ berechnet werden.

In den Reihen (*Beispiel 7.23*) und (*Beispiel 7.24*) nehmen die Glieder langsamer ab, als wenn sie (wie in *Beispiel 7.17* bis *Beispiel 7.19*) durch die rasch sehr groß werdenden Fakultäten dividiert werden. Zum numerischen Rechnen eignen sich Potenzreihen nur beschränkt, wenn sie langsam zum Resultat konvergieren. Beispielsweise erhalten wir mit den ersten 1000 Gliedern der obigen Reihe für π den Wert 3,142592, es sind also erst 3 Stellen des Wertes 3,14159265... korrekt. Rechner und Computer verwenden deshalb andere Algorithmen, die bei Beschränkung auf die sinnvolle Genauigkeit schneller arbeiten, beispielsweise Interpolationsmethoden zusammen mit Wertetabellen oder den CORDIC-Algorithmus. Siehe in diesem Zusammenhang auch *9.5.1*.

Eine weit effizientere Berechnungsmethode für π, die auf Isaac Newton zurückgeht, findet man in diesem (englischen) Video (*https://www.youtube.com/watch?v=gMlf1ELvRzc* bei etwa 16 Minuten Laufzeit). Der indische (tamilische) Mathematiker Ramanujan[53] hat für π eine noch bessere (wenn auch weniger anschauliche) Berechnungsformel hinterlassen.

Zur Darstellung beliebiger Funktionen durch Potenzreihen gibt es ausgedehnte mathematische Methoden. In der Physik kommt es häufig vor, dass man eine Funktion in einer „kleinen" Umgebung durch die ersten Glieder ihrer Potenzreihe ersetzt und dadurch mathematisch einfache und brauchbare Näherungslösungen erhält, wie in

[53] Srinivasa Ramanujan, 1887 - 1920, mathematisches Naturtalent

Beispiel:

7.25 $\sqrt{1+x}=1+\frac{1}{2}\cdot x-\frac{1\cdot 1}{2\cdot 4}\cdot x^2+\frac{1\cdot 1\cdot 3}{2\cdot 4\cdot 6}\cdot x^3-\frac{1\cdot 1\cdot 3\cdot 5}{2\cdot 4\cdot 6\cdot 8}\cdot x^4+\ldots$

(vgl. die Näherung des Wurzelausdruckes in *8.7.6*). Weitere Reihen finden sich auch in besseren Formelsammlungen.

7.5 Übungsaufgaben

7.5.1 Zu Abschnitt 7.1

Bestimme das Bildungsgesetz!

7.1 $\{a_n\} = \{3, 5, 7, 9, \ldots\}$

7.2 $\{a_n\} = \{0, 3, 6, 9, \ldots\}$

7.3 $\{a_n\} = \{-2, 4, -6, 8, \ldots\}$

7.4 $\{a_n\} = \{5, 2, -1, -4, \ldots\}$

7.5 $\{a_n\} = \{1/2, 2, 9/2, 8, \ldots\}$

7.6 $\{a_n\} = \{3,\ 1{,}5,\ 0{,}75,\ 0{,}375, \}$

7.7 $\{a_n\} = \{-1/3, 1/2, -3/5, 2/3, \ldots\}$

7.5.2 Zu Abschnitt 7.2

7.8 Fülle die leeren Felder für die folgenden arithmetischen Reihen aus:

	a_1	d	n	a_n	s_n
a)	5	3			440
b)	4	3	30		
c)	10		20	-85	
d)			43	302	6665
e)		5	57	448	
f)	-205	5			4250

7.9 Berechne die Summe der geraden Zahlen zwischen 0 und 42!

7.10 Die Summe des 3. und 11. Gliedes einer arithmetischen Reihe ist gleich 34, die des 7. und 12. Gliedes gleich 44. Wie viel beträgt die Summe der ersten 25 Glieder dieser Reihe?

7.11 Wie viele aufeinanderfolgende ungerade Zahlen sind zu addieren, wenn das Anfangsglied 1 ist und die Summe 1600 betragen soll?

7.12 Papier der Dicke 0,1 mm wird auf einen Wickelkern mit Durchmesser 500 mm aufgewickelt. Wie lang ist die Papierbahn, wenn der Außendurchmesser der Rolle 1000 mm beträgt? (2 Lösungsmöglichkeiten: arithmetische Reihe und Umwandlung der Seitenfläche Rechteck → Kreisscheibe)

7.13 Eine Geschichte aus der guten alten Zeit, als es noch keine 13. Monatslöhne gab: Ein Mann verdient bei Stellenantritt 48000 Franken im Jahr und erhält jedes Jahr eine Erhöhung von 100 Franken pro Monat. Wie hoch ist der Monatslohn im 25. Dienstjahr und wie viel hat er in den 25 Jahren total verdient?

7.14 Bei einem Wettbewerb sollen 6000 Franken so unter 12 Gewinner verteilt werden, dass jeder 30 Franken weniger erhält als der vorangehende. Wie hoch sind der erste und der 12. Preis?

7.5.3 Zu Abschnitt 7.3

7.15 Fülle die leeren Felder aus:

	a_1	q	n	a_n	s_n
a)		2	10	1536	
b)	13		9	3328	
c)		3	10		49205
d)	25	-4			81925
e)	230	-3	12		

7.16 Die Summe einer geometrischen Reihe beträgt 32767. Wie viele Glieder besitzt die Folge, wenn $a_1 = 1$ und $q = 2$ ist?

7.17 Ein Unternehmen will den Umsatz mit gleichmäßiger Wachstumsrate von gegenwärtig 1,6 Millionen auf 2,3 Millionen in 5 Jahren steigern. Wie hoch sind die Umsätze in jedem Jahr?

8 Differenzialrechnung

Bei einer Größe, die als Funktion gegeben ist, möchte man häufig wissen, wie empfindlich sie auf kleine „Störungen“ reagiert, d. h. um wie viel sich die Größe an irgend einer Stelle bei einer kleinen Änderung der Argumentvariablen ändert. Diese Größe, dieser Multiplikator, ist die *Kurvensteigung* des Graphen, siehe auch *4.2.2*.

Beispiel:

8.1
- Wenn von einer Bewegung die Position über die Zeit aufgezeichnet ist, entspricht die Kurvensteigung dem pro Sekunde zurückgelegten Weg. Die Steigung ist die *momentane Geschwindigkeit.*
- Die Geschwindigkeitsänderung pro kleine Zeiteinheit ist gleich der *momentanen Beschleunigung.*
- Die Zu- oder Abnahme des elektrischen Potenzials pro Distanzeinheit ist die *elektrostatische Kraft* auf eine Einheitsladung.
- Die Veränderung der elektrischen Ladung pro Zeiteinheit ist der *elektrische Strom.*

8.1 Grundlagen

8.1.1 Grenzwerte von Zahlenfolgen

Wenn bei einer unendlichen Zahlenfolge der Index n immer größer wird, sind zwei unterschiedliche Verhaltensweisen möglich:

- $a_n \to \infty$ bzw. $a_n \to -\infty$ (divergiert)
- $a_n \to c$ = const. (konvergiert)

Von alternierenden Folgen (*7.1.1*) wollen wir einmal absehen, weil sie für uns hier nicht wichtig sind.

Man nennt diesen Wert, dem eine Folge mit wachsendem n zustrebt, den *Grenzwert* der Folge und schreibt dafür

$$\lim_{n \to \infty}(a_n) = \infty \qquad \textit{oder} \qquad \lim_{n \to \infty}(a_n) = -\infty$$

bzw.

$$\lim_{n \to \infty}(a_n) = c\,.$$

„lim“ steht für das lateinische Wort *limes*, das Grenze bedeutet. In Deutschland gibt es Überreste einer Grenzbefestigung des römischen Reiches gegen die wilden Germanen, die als Limes bekannt ist.

Interessant sind für uns natürlich in erster Linie die Fälle, wo eine Folge einem endlichen Grenzwert zustrebt. In einer mathematisch etwas korrekteren Definition beschreibt man den Grenzwert so:

> c heißt Grenzwert der Zahlenfolge $\{a_n\}$, wenn es zu jeder noch so kleinen positiven Zahl ε einen Wert n_0 so gibt, dass für alle $n > n_0$ gilt: $|a_n - c| < \varepsilon$. ■

Eine unendliche Zahlenfolge mit einem endlichen Grenzwert heißt *konvergent*, sonst *divergent*. Man sagt, eine Folge konvergiere gegen ihren Grenzwert.

Beispiel:

8.2 Überlege Dir diese Zusammenhänge am Beispiel der Folge mit $a_n = \dfrac{n+1}{n}$!

8.1.2 Grenzwerte von Funktionen

Genau wie bei Folgen kann man auch vom Grenzwert einer Funktion $f(x)$ reden.

> Eine Zahl g heißt Grenzwert der Funktion $f\colon x \rightarrow f(x)$ für $x \rightarrow \infty$, wenn es zu jeder beliebigen (noch so kleinen) positiven Zahl ε eine Zahl x_ε so gibt, dass für alle $x > x_\varepsilon$ gilt: $|f(x) - g| < \varepsilon$. ■

Auf deutsch heißt das: Wenn x immer größer wird, kommen $f(x)$ und g immer näher zusammen.

Man schreibt dafür: $\lim\limits_{x \to \infty} (f(x)) = g$

Ist ein Grenzwert ∞ oder $-\infty$, nennt man ihn *uneigentlich*.

Bei gebrochenrationalen Funktionen nimmt man zur Grenzwertbestimmung in Zähler und Nenner die Glieder mit den höchsten Potenzen und kürzt, denn wenn x immer größer wird, zählen nur noch diese Glieder, während die niedrigeren Potenzen bedeutungslos werden.

Beispiele:

8.3 $$f(x) = \frac{2x}{1+x^2} \quad \rightarrow \frac{2x}{x^2} = \frac{2}{x} \quad \xrightarrow{x \to \pm\infty} 0$$

$$g(x) = \frac{2x^2}{1+x^2} \quad \rightarrow \frac{2x^2}{x^2} = 2 \quad \xrightarrow{x \to \pm\infty} 2$$

$$h(x) = \frac{3x^3 - 2x^2 + 5}{6x^3 + 17x^2 + 9} \quad \rightarrow \frac{3x^3}{6x^3} = \frac{1}{2} \quad \xrightarrow{x \to \pm\infty} \frac{1}{2}$$

$$i(x) = \frac{3x^2 - 5}{x+1} \quad \rightarrow \frac{3x^2}{x} = 3x \quad \xrightarrow{x \to \pm\infty} \pm\infty$$

Wir müssen uns dabei nicht auf die Fälle $x \to \infty$ beschränken. Bei zahlreichen Funktionen gibt es Punkte, an denen sie nicht definiert sind, beispielsweise weil dort durch null dividiert wird.

8.4 $f(x)=\dfrac{x^2-4}{x-2}$ ist bei $x = 2$ nicht definiert. Wenn wir für x einen „ganz wenig" über 2 liegenden Wert einsetzen, erhalten wir aber vernünftige Ergebnisse,

$$f(2{,}01) = 4{,}01,$$

$$f(2{,}00001) = 4{,}00001,$$

und entsprechend

$$f(1{,}99) = 3{,}99,$$

$$f(1{,}999) = 3{,}999.$$

Wie man sieht, geht der Funktionswert von unten her gegen 4, wenn x kleiner ist als 2, und von oben her gegen 4, wenn x größer ist als 2.

Um das mathematisch sauber abzuklären, konstruieren wir zwei Zahlenfolgen, die von unten bzw. von oben her gegen 2 konvergieren, und setzen diese Zahlen in die Funktion ein:

$$u_n = 2-\frac{1}{n}, \qquad v_n = 2+\frac{1}{n}$$

$$f(u_n)=\frac{u_n^2-4}{u_n-2}=\frac{\left(2-\frac{1}{n}\right)^2-4}{\left(2-\frac{1}{n}\right)-2}=\frac{4-\frac{4}{n}+\left(\frac{1}{n}\right)^2-4}{-\frac{1}{n}}=4-\frac{1}{n} \Rightarrow \lim_{n\to\infty}\left(f(u_n)\right)=4$$

$$f(v_n)=\frac{v_n^2-4}{v_n-2}=\frac{\left(2+\frac{1}{n}\right)^2-4}{\left(2+\frac{1}{n}\right)-2}=\frac{4+\frac{4}{n}+\left(\frac{1}{n}\right)^2-4}{\frac{1}{n}}=4+\frac{1}{n} \Rightarrow \lim_{n\to\infty}\left(f(v_n)\right)=4$$

Man spricht hier von einem *linksseitigen* und einem *rechtsseitigen* Grenzwert und schreibt

$$\lim_{x\uparrow 2}\left(\frac{x^2-4}{x-2}\right)=4$$

bzw.

$$\lim_{x\downarrow 2}\left(\frac{x^2-4}{x-2}\right)=4.$$

(Wenn man sich die binomischen Formeln *Gl. (1.7)* gut gemerkt hat, sieht man natürlich sofort, dass man bei unserer Funktion den Term $(x - 2)$ kürzen kann und die Funktion eigentlich nur

$$f(x) = x + 2$$

lautet.)

Grenzwertsätze für Funktionen

Wenn $\lim\limits_{x \to x_0}(f(x)) = u$ und $\lim\limits_{x \to x_0}(g(x)) = v$, dann existieren auch

$$\lim_{x \to x_0}(f(x) \pm g(x)) = u \pm v$$

$$\lim_{x \to x_0}(f(x) \cdot g(x)) = u \cdot v$$

$$\lim_{x \to x_0}\left(\frac{f(x)}{g(x)}\right) = \frac{u}{v}, v \neq 0$$

8.1.3 Stetigkeit

Eine Funktion heißt in einem Bereich *stetig*, wenn sie in diesem Bereich keine Unterbrüche hat, anders gesagt: wenn einer sehr kleinen Änderung von x immer eine sehr kleine Änderung in y entspricht.

Man kann es sich so merken: Eine Funktion ist stetig, wenn man den Graphen in einem Zug zeichnen kann.

Beispiele:

8.5 $f(x) = x^2$ ist für alle reellen Zahlen stetig.

8.6 $g(x) = 1/(x - 3)$ ist stetig auf den Intervallen $(-\infty, 3)$ und $(3, \infty)$.

Sätze über stetige Funktionen

1. Sind $f(x)$ und $g(x)$ auf dem Intervall $[a, b]$ stetig, so sind auch $f(x) \pm g(x)$, $f(x) \cdot g(x)$ und $f(x)/g(x)$ auf $[a, b]$ stetig (bei f/g darf g in $[a, b]$ keine Nullstelle haben).
2. Ist $f(x)$ auf dem Intervall $[a, b]$ stetig und $f(a) \neq f(b)$, so nimmt f in $[a, b]$ jeden Wert zwischen $f(a)$ und $f(b)$ mindestens einmal an.
3. Spezialfall von Satz 2: Ist $f(x)$ auf dem Intervall $[a, b]$ stetig und haben $f(a)$ und $f(b)$ verschiedene Vorzeichen, so hat f zwischen a und b mindestens eine Nullstelle x_0.

Daraus ergibt sich sofort ein Verfahren zur Bestimmung von Nullstellen (Lösung von Gleichungen) durch fortgesetzte Intervallhalbierung, das allerdings ziemlich langsam zur Lösung konvergiert.

8.2 Die Ableitung

8.2.1 Der Differenzialquotient

Sei f eine stetige Funktion. Die Größe

$$a(x_1, x_2) = \frac{f(x_2) - f(x_1)}{x_2 - x_1}$$

heißt *Differenzenquotient* der Funktion f über x_1 und x_2.

Ist die Funktion *f* linear, so entspricht der Differenzenquotient der Steigung des Graphen von *f*. Bei einer allgemeineren Funktion mit einem gekrümmten Graphen ist die Streigung in jedem Punkt anders. Man sieht sofort, dass der Differenzenquotient für genügend kleine Intervalle eine Annäherung an die Kurvensteigung darstellt. Wenn man einen kleinen Bereich aus dem Graphen immer stärker herauszoomt, wird das Kurvenstück immer mehr zu einem Geradenstück.

Wir wollen den Differenzenquotienten an der Stelle x_0 für die Funktion $f(x) = x^2$ berechnen (vgl. auch 4.3.1):

$$a(x_0, x_1) = \frac{x_1^2 - x_0^2}{x_1 - x_0} = \frac{(x_1 + x_0)\cdot(x_1 - x_0)}{x_1 - x_0} = x_1 + x_0$$

Wenn wir hier x_1 immer näher gegen x_0 gehen lassen, geht der Differenzenquotient gegen $2x_0$. Wir erhalten das überraschende Resultat, dass die Kurvensteigung der Funktion $f(x) = x^2$ überall $= 2x$ ist! In einer etwas allgemeiner verwendbaren Herleitung würden wir schreiben: Sei Δx eine Intervallbreite, also

$$a(x_0, x_0+\Delta x) = \frac{f(x_0+\Delta x) - f(x_0)}{(x_0+\Delta x) - x_0} = \frac{(x_0+\Delta x)^2 - x_0^2}{\Delta x} = \frac{x_0^2 + 2x_0\Delta x + \Delta x^2 - x_0^2}{\Delta x}$$

$$= \frac{2x_0\Delta x + \Delta x^2}{\Delta x} = 2x_0 + \Delta x$$

Wenn wir jetzt den Grenzwert $\Delta x \to 0$ bilden, geht der Differenzenquotient wiederum gegen $2x_0$.

Der Grenzwert des Differenzenquotienten, wenn die Intervallbreite gegen null geht, heißt *Differenzialquotient* oder *Ableitung* der Funktion. Das Bilden der Ableitung heißt auch *Differenzieren.*

Für die Ableitung der Funktion $f(x)$ schreiben wir f' oder $\frac{d}{dx}f$ oder $\frac{df}{dx}$.

Der TI-30X Pro nähert beim numerischen Differenzieren den Grenzwert eines symmetrischen Differenzenquotienten an **d/dx□**.

8.2.2 Wichtige Ableitungsregeln

Wir möchten den Grenzwert des Differenzenquotienten für eine beliebige Potenzfunktion bestimmen:

$$a(x_0, x_0+\Delta x) = \frac{f(x_0+\Delta x) - f(x_0)}{(x_0+\Delta x) - x_0} = \frac{(x_0+\Delta x)^n - x_0^n}{\Delta x}$$

Dazu erinnern wir uns an die Potenzen binomischer Ausdrücke in *1.5.3*. Die *n*-ten Potenzen von x_0 subtrahieren sich weg. Das 2. Glied lautet $n \cdot x^{n-1} \cdot \Delta x$, dann kommen Glieder mit höheren Potenzen von Δx. Bei der Division durch Δx bleiben also ein Glied $n \cdot x^{n-1}$ und Glieder mit Potenzen von Δx, die bei der Grenzwertbildung wegfallen.

Resultat:

$$f(x) = x^n \Rightarrow f'(x) = n \cdot x^{n-1} \qquad (8.1)$$

Diese Beziehung gilt nicht nur für ganzzahlige n, sondern für beliebige rationale und sogar komplexe Exponenten!

Beispiele:

8.7 $f(x)=x^5 \quad\Rightarrow\quad f'(x)=5\cdot x^4$

8.8 $f(x)=\frac{1}{x^2}=x^{-2} \quad\Rightarrow\quad f'(x)=-2\cdot x^{-2-1}=-\frac{2}{x^3}$

8.9 $f(x)=\sqrt{x}=x^{\frac{1}{2}} \quad\Rightarrow\quad f'(x)=\frac{1}{2}\cdot x^{\frac{1}{2}-1}=\frac{1}{2}\cdot x^{-\frac{1}{2}}=\frac{1}{2\sqrt{x}}$

8.10 $g(x)=x^{\pi} \quad\Rightarrow\quad g'(x)=\pi\cdot x^{\pi-1}$

8.11 $f(x)=x=x^1 \quad\Rightarrow\quad f'(x)=1\cdot x^{1-1}=1\cdot x^0=1$

8.12 $f(x)=1=x^0 \quad\Rightarrow\quad f'(x)=0\cdot x^{0-1}=0$

Ein konstantes Glied verschwindet beim Ableiten.

Konstanter Faktor

Wir multiplizieren unsere Funktion $f(x)$ mit einem konstanten Faktor A und bilden den Differenzenquotienten:

$$a(x_1,x_2)=\frac{A\cdot f(x_2)-A\cdot f(x_1)}{x_2-x_1}=A\cdot\frac{f(x_2)-f(x_1)}{x_2-x_1}$$

Ein konstanter Faktor bleibt beim Ableiten unverändert erhalten.

Beispiele:

8.13 $f(x) = 5\cdot x^2 \quad\Rightarrow f'(x) = 5\cdot 2\cdot x = 10\cdot x$

8.14 $f(z) = (1+i)\cdot z^{2+i} \quad\Rightarrow f'(z) = (1+i)\cdot(2+i)\cdot z^{1+i} = (1+3i)\cdot z^{1+i}$

Summe von Funktionen

Wir bilden den Differenzenquotienten der Summe zweier Funktionen:

$$a(x_1,x_2)=\frac{\left(f(x_2)+g(x_2)\right)-\left(f(x_1)+g(x_1)\right)}{x_2-x_1}=\frac{f(x_2)-f(x_1)}{x_2-x_1}+\frac{g(x_2)-g(x_1)}{x_2-x_1}$$

Die Ableitung einer Summe von Funktionen ist die Summe ihrer Ableitungen.

Beispiel:

8.15 $$f(x)=13\cdot x^4-5\cdot x^7+\frac{3}{x^2}-12=13\cdot x^4-5\cdot x^7+3\cdot x^{-2}-12\cdot x^0$$

$$\Downarrow$$

$$f'(x)=13\cdot 4\cdot x^3-5\cdot 7\cdot x^6+3\cdot(-2)\cdot x^{-3}-12\cdot 0\cdot x^{-1}$$

$$=52\cdot x^3-35\cdot x^6-\frac{6}{x^3}$$

8.2.3 Die Ableitung ganzrationaler Funktionen

Durch **Zusammenfassung** unserer Erkenntnisse:

- Die Ableitung einer Potenz x^n ergibt $n \cdot x^{n-1}$,
- Ein konstanter Faktor bleibt beim Ableiten erhalten,
- Die Ableitung einer Summe stetiger Funktionen ist die Summe ihrer Ableitungen,

erhalten wir für die Ableitung einer ganzrationalen Funktion

$$f: x \to y = f(x) = a_n \cdot x^n + a_n - 1 \cdot x^{n-1} + \ldots + a_2 \cdot x^2 + a_1 \cdot x + a_0,\ a_i \in \mathrm{R},\ a_n \neq 0$$

$$f': x \to y = f'(x) = a_n \cdot n \cdot x^{n-1} + a_{n-1} \cdot (n-1) \cdot x^{n-2} + \ldots + 2 \cdot a_2 \cdot x + a_1$$

oder, in Summenschreibweise,

$$f(x) = \sum_{i=0}^{n} a_i \cdot x^i \Rightarrow f'(x) = \sum_{i=1}^{n} a_i \cdot i \cdot x^{i-1} \qquad (8.2)$$

Wie man sieht, erhält man beim wiederholten Ableiten einer ganzrationalen Funktion irgendeinmal null.

8.2.4 Die Ableitungsfunktion

Beim Ableiten entsteht aus der Ausgangsfunktion eine neue Funktion, die *Ableitungsfunktion.*

Der Wert der *Ableitungsfunktion f'* an einer bestimmten Stelle x_0 gibt den Wert der Kurvensteigung der *Ausgangsfunktion f* an dieser Stelle an: *f hat bei* x_0 *die Steigung* $f'(x_0)$. ■

Die Steigung ist auch der Tangens des Winkels zur Horizontalen.

Beispiel:

8.16 Die Parabel $y = x^2$ hat an der Stelle $x_0 = 5$ die Steigung $2 \cdot 5 = 10$.

Die Ableitungsfunktion *f'* können wir genauso ableiten wie *f* und erhalten dann die *zweite Ableitung f"* der Ausgangsfunktion - und so weiter!

Wir können das Ableiten geistig von der Anbindung an die Steigung loslösen und als *mathematische Operation an einer Funktion* ansehen. ■

Beispiel:

8.17 Bild 8.1 zeigt eine Ausgangsfunktion sowie ihre erste und zweite Ableitung,

$$f(x) = 0.5x^3 - 3x^2 + 9$$

$$f'(x) = 1.5x^2 - 6x$$

$$f''(x) = 3x - 6$$

Die Funktion f hat bei $x = 0$ ein Maximum und bei $x = 4$ ein Minimum. An diesen Stellen ist die Kurvensteigung = 0. Man sieht, dass die Ableitungsfunktion f' an diesen Stellen den Wert 0 annimmt. Weiter sieht man, dass die Ableitungsfunktion dort > 0 ist, wo die Funktion ansteigt, und dort < 0 ist, wo f abnimmt. Dasselbe wie für f und f' gilt für f' und f''.

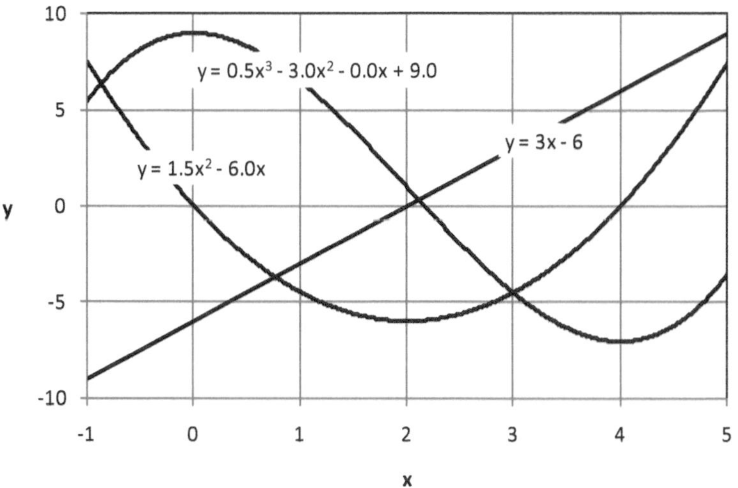

Bild 8.1 Ganzrationale Funktion 3. Grades mit 1. und 2. Ableitung

8.3 Die Bedeutung der 1. bis 3. Ableitung

8.3.1 Maxima

Wir sagen, eine Funktion $f(x)$ habe an der Stelle x_0 ein *Maximum*, wenn für alle Werte $f(x)$ in einer kleinen Umgebung von x_0 gilt: $f(x) < f(x_0)$.

Dabei unterscheiden wir zwischen *lokalen Maxima* und einem *globalen Maximum*.

Bei Betrachtung eines Graphen mit einem Maximum stellen wir fest:

- Beim Maximum selber ist die Kurve horizontal, also ist die Steigung = 0.
- Links vom Maximum steigt die Kurve an, die Steigung ist > 0.
- Rechts vom Maximum nimmt die Kurve ab, die Steigung ist < 0.

Zusammengefasst: Wenn wir von links nach rechts über das Maximum fahren, ist die Steigung zuerst positiv, wird immer kleiner, geht durch null und wird dann negativ. Die Steigung nimmt also, ausgehend von einem positiven Wert, laufend ab. Das heißt, dass die *Steigung der Steigung negativ* ist, also $f''(x_0) < 0$.

f hat bei x_0 ein (lokales oder globales) Maximum ⇔ $f'(x_0) = 0$ und $f''(x_0) < 0$.

8.3.2 Minima

Wir sagen, eine Funktion $f(x)$ habe an der Stelle x_0 ein *Minimum*, wenn für alle Werte $f(x)$ in einer kleinen Umgebung von x_0 gilt: $f(x) > f(x_0)$.

Dabei unterscheiden wir zwischen *lokalen Minima* und einem *globalen Minimum*.

Bei Betrachtung eines Graphen mit einem Minimum stellen wir fest:

- Beim Minimum selber ist die Kurve horizontal, also ist die Steigung = 0.
- Links vom Minimum nimmt die Kurve ab, die Steigung ist < 0.
- Rechts vom Minimum steigt die Kurve an, die Steigung ist > 0.

Zusammengefasst: Wenn wir von links nach rechts über das Minimum fahren, ist die Steigung zuerst negativ, geht durch null und wird dann positiv. Die Steigung nimmt also, ausgehend von einem negativen Wert, laufend zu. Das heißt, dass die *Steigung der Steigung positiv* ist, also $f''(x_0) > 0$.

f hat bei x_0 ein (lokales oder globales) Minimum ⇔ $f'(x_0) = 0$ und $f''(x_0) > 0$.

8.3.3 Krümmung

Wir können zwei Arten von Krümmungsverhalten unterscheiden: Linkskrümmung und Rechtskrümmung (wie im Straßenverkehr).

Linkskrümmung:

- Die Steigung nimmt von links nach rechts *zu*. (Das stimmt auch, wenn sie negativ ist und weniger stark negativ wird.)
- Eine Größe, die zunimmt, hat eine positive Steigung.
- Die Steigung der Steigung ist also bei Linkskrümmung positiv.

f(x) ist bei x_0 nach links gekrümmt ⇔ $f''(x_0) > 0$.

Rechtskrümmung:

- Die Steigung nimmt von links nach rechts *ab*. (Das stimmt auch, wenn sie negativ ist und noch stärker negativ wird.)
- Eine Größe, die abnimmt, hat eine negative Steigung.
- Die Steigung der Steigung ist also bei Rechtskrümmung negativ.

f(x) ist bei x_0 nach rechts gekrümmt ⇔ $f''(x_0) < 0$.

Der Krümmungsradius hat den Wert $R(x) = \frac{\left(1+\left(f'(x)\right)^2\right)^{\frac{3}{2}}}{f''(x)} \approx \frac{1}{f''(x)}$, falls $f'(x)$ klein ist.

Bei einem Minimum oder Maximum mit $f'(x) = 0$ ist die Beziehung also exakt.

Damit können wir die Bedingungen für ein Maximum oder Minimum auch so formulieren:

- f hat bei x_0 ein (lokales oder globales) Maximum $\Leftrightarrow$ $f'(x_0) = 0$ und f ist nach rechts gekrümmt.
- f hat bei x_0 ein (lokales oder globales) Minimum $\Leftrightarrow$ $f'(x_0) = 0$ und f ist nach links gekrümmt.

8.3.4 Wendepunkte

Wir wollen jetzt noch untersuchen, was es heißt, wenn $f''(x_0) = 0$ ist. Dabei müssen wir vier verschiedene Fälle unterscheiden:

1. $y = f''(x)$ schneidet die x-Achse bei x_0 von oben nach unten, also so, dass $f''(x) > 0$ für $x < x_0$ und $f''(x) < 0$ für $x > x_0$. Dann ist $f(x)$ für $x < x_0$ nach links gekrümmt und für $x > x_0$ nach rechts gekrümmt. $f'''(x_0)$ ist < 0. Wir sagen, dass $f(x)$ bei x_0 einen *Wendepunkt* (von links nach rechts) habe.
2. $y = f''(x)$ schneidet die x-Achse bei x_0 von unten nach oben, also so, dass $f''(x) < 0$ für $x < x_0$ und $f''(x) > 0$ für $x > x_0$. Dann ist $f(x)$ für $x < x_0$ nach rechts gekrümmt und für $x > x_0$ nach links gekrümmt. $f'''(x_0)$ ist > 0. Wir sagen, dass $f(x)$ bei x_0 einen Wendepunkt (von rechts nach links) habe.
3. $y = f''(x)$ berührt die x-Achse bei x_0 von oben her, also so, dass $f''(x) > 0$ für $x < x_0$ und $f''(x) > 0$ für $x > x_0$. Dann ist $f(x)$ überall nach links gekrümmt. f'' hat bei x_0 ein Maximum, d. h. $f'''(x_0) = 0$. x_0 ist für f kein besonderer Punkt.
4. $y = f''(x)$ berührt die x-Achse bei x_0 von unten her, also so, dass $f''(x) < 0$ für $x < x0$ und $f''(x) < 0$ für $x > x_0$. Dann ist $f(x)$ überall nach rechts gekrümmt. f'' hat bei x_0 ein Minimum, d. h. $f'''(x_0) = 0$. x_0 ist für f kein besonderer Punkt.

f hat bei $\mathbf{x_0}$ einen Wendepunkt $\Leftrightarrow$ $\mathbf{f''(x_0) = 0}$ und $\mathbf{f'''(x_0) \neq 0}$.

Ist zusätzlich $f'(x_0) = 0$, spricht man von einem *Sattelpunkt*.

8.3.5 Beispiel

Bestimme Maximum, Minimum und Wendepunkt von *Beispiel 8.16* in *8.2.4*!

Ausgangsfunktion: $f(x) = 0{,}5x^3 - 3x^2 + 9$

Ableitungen: $f'(x) = 1{,}5x^2 - 6x$

$f''(x) = 3x - 6$

$f'''(x) = 3$

Maximum, Minimum: $f'(x) = 1{,}5x^2 - 6x$ hat Nullstellen bei $x_1 = 0$ und $x_2 = 4$.

Wert von f'' an diesen Stellen:

$$f''(0) = 3 \cdot 0 - 6 = -6 < 0 \quad \Rightarrow x_1 = 0 \text{ ist ein Maximum,}$$
$$f''(4) = 3 \cdot 4 - 6 = +6 > 0 \quad \Rightarrow x_2 = 4 \text{ ist ein Minimum.}$$

Wendepunkt: $f''(x) = 3x - 6$ hat eine Nullstelle bei $x_w = 2$.

Wert von $f'''(x) = 3$ an dieser Stelle:

$$f'''(2) = 3 > 0 \quad \Rightarrow x_w = 2 \text{ ist ein Wendepunkt rechts-links.}$$

Vergleiche mit Bild 8.1!

8.4 Weitere Ableitungsregeln

8.4.1 Produktregel

Es sei $f(x) = g(x) \cdot h(x)$. Für die Ableitung gilt

$$f'(x) = \lim_{\Delta x \to 0} \left(\frac{\Delta f}{\Delta x} \right)$$

Nun ist an der Stelle $x + \Delta x$

$$\begin{aligned} f + \Delta f &= (g + \Delta g) \cdot (h + \Delta h) \\ &= g \cdot h + g \cdot \Delta h + \Delta g \cdot h + \Delta g \cdot \Delta h \end{aligned}$$

und damit

$$\Delta f = g \cdot \Delta h + \Delta g \cdot h + \Delta g \cdot \Delta h$$
$$\frac{\Delta f}{\Delta x} = g \cdot \frac{\Delta h}{\Delta x} + \frac{\Delta g}{\Delta x} \cdot h + \Delta g \cdot \frac{\Delta h}{\Delta x}$$

Das letzte Glied verschwindet im Grenzübergang $\Delta x \to 0$, und es bleibt die *Produktregel*

$$f(x) = g(x) \cdot h(x) \Rightarrow f'(x) = g(x) \cdot h'(x) + g'(x) \cdot h(x) \tag{8.3}$$

Zum Vertiefen: Leite $f(x) = (x^3 - 2x^2 + 14) \cdot (x^3 - 2x^2 + 14)$ mit der Produktregel ab. Multipliziere die Funktion aus, leite direkt ab und vergleiche die Ergebnisse.

8.4.2 Quotientenregel

Es sei $f(x) = \dfrac{g(x)}{h(x)}$. Nun ist

$$f + \Delta f = \frac{g + \Delta g}{h + \Delta h}$$
$$\Delta f = \frac{g + \Delta g}{h + \Delta h} - \frac{g}{h} = \frac{(g + \Delta g) \cdot h - g \cdot (h + \Delta h)}{(h + \Delta h) \cdot h} = \frac{g \cdot h + \Delta g \cdot h - g \cdot h - g \cdot \Delta h}{(h + \Delta h) \cdot h}$$

woraus folgt

$$\frac{\Delta f}{\Delta x}=\frac{1}{(h+\Delta h)\cdot h}\cdot\left(\frac{\Delta g}{\Delta x}\cdot h-g\cdot\frac{\Delta h}{\Delta x}\right).$$

Im Grenzübergang $\Delta x \to 0$ ergibt sich daraus die *Quotientenregel*

$$f(x)=\frac{g(x)}{h(x)}\Rightarrow f'(x)=\frac{g'(x)\cdot h(x)-g(x)\cdot h'(x)}{h^2(x)}=\frac{g'(x)}{h(x)}-\frac{g(x)\cdot h'(x)}{h^2(x)} \tag{8.4}$$

Beispiel:

8.18 $f(x)=\dfrac{2\cdot x^3-x+4}{x^2-1}$

$$f'(x)=\frac{(2\cdot 3\cdot x^2-1)\cdot(x^2-1)-(2\cdot x^3-x+4)\cdot(2\cdot x)}{(x^2-1)^2}=\frac{2\cdot x^4-5\cdot x^2-8\cdot x+1}{(x^2-1)^2}$$

8.4.3 Kettenregel

Die Kettenregel erlaubt das Ableiten von *verschachtelten Funktionen*, das sind Funktionen, die ihrerseits einfachere Funktionen enthalten.

Beispiele:

8.19 $f(x) = (x^3 - 2x^2 + 14)^2$ besteht aus der *inneren Funktion* $z(x) = x^3 - 2x^2 + 14$ und der *äußeren Funktion* $f(z) = z^2$.

8.20 $f(x)=\sqrt{25-x^2}$ besteht aus der inneren Funktion $z(x) = 25 - x^2$ und der äußeren Funktion $f(z)=\sqrt{z}$.

Formal können wir bilden

$$\frac{\Delta f}{\Delta x}=\frac{\Delta f}{\Delta z}\cdot\frac{\Delta z}{\Delta x}$$

Der erste Faktor geht beim Grenzübergang über in die Ableitung von f nach z, der zweite in die Ableitung von z nach x. Das ist die *Kettenregel*:

$$F(x)=f(z(x))\Rightarrow F'(x)=f'(z)\cdot z'(x) \tag{8.5}$$

In Worten: Äußere Ableitung mal innere Ableitung.

Analog bei mehrfach verschachtelten Funktionen.

Beispiele:

8.21 $f(x)=\left(x^3-2x^2+14\right)^2$

$$f'(x)=\underbrace{2\cdot\left(x^3-2x^2+14\right)}_{\text{äußere}}\cdot\underbrace{\left(3x^2-4x\right)}_{\text{innere}}=6x^5-20x^4+16x^3+84x^2-112x$$

8.22 $f(x)=(x+1)^5$

$$f'(x)=5\cdot(x+1)^4\cdot 1=5\cdot(x+1)^4$$

8.23 $f(x)=\sqrt{25-x^2}$

$$f'(x)=\frac{1}{2\cdot\sqrt{25-x^2}}\cdot(-2\cdot x)=-\frac{x}{\sqrt{25-x^2}}$$

8.24 $f(x)=\dfrac{4}{\left(2\cdot x^2-3\right)^2}=4\cdot\left(2\cdot x^2-3\right)^{-2}$

$$f'(x)=4\cdot(-2)\cdot\left(2\cdot x^2-3\right)^{-3}\cdot(2\cdot 2\cdot x)=-\frac{32\cdot x}{\left(2\cdot x^2-3\right)^3}$$

8.4.4 Die Ableitung der trigonometrischen Funktionen

Sinus- und Kosinusfunktion

In *7.4* haben wir für Sinus und Kosinus ihre Potenzreihendarstellungen kennengelernt:

$$\sin(x)=x-\frac{x^3}{3!}+\frac{x^5}{5!}-\frac{x^7}{7!}+\ldots$$

$$\cos(x)=1-\frac{x^2}{2!}+\frac{x^4}{4!}-\frac{x^6}{6!}+\ldots$$

Diese können wir mit der Potenzregel ableiten und erhalten sofort und ohne Umwege

$$f(x)=\sin(x) \quad\Rightarrow\quad f'(x)=\cos(x)$$

$$f(x)=\cos(x) \quad\Rightarrow\quad f'(x)=-\sin(x)$$

Beispiel:

8.25 $f(x)=\sqrt{\sin(3\cdot x)}$

$$f'(x)=\underbrace{\frac{1}{2\cdot\sqrt{\sin(3\cdot x)}}}_{\text{äusserste Abl.}}\cdot\underbrace{\cos(3\cdot x)}_{\text{zweitäusserste Abl.}}\cdot\underbrace{3}_{\text{innere Abl.}}=\frac{3\cdot\cos(3\cdot x)}{2\cdot\sqrt{\sin(3\cdot x)}}$$

Tangensfunktion

Mithilfe der Quotientenregel *8.4.2* erhalten wir jetzt

$$f(x) = \tan(x) = \frac{\sin(x)}{\cos(x)}$$

$$f'(x) = \frac{\cos(x)\cdot\cos(x) - \sin(x)\cdot(-\sin(x))}{\cos^2(x)} = \frac{\cos^2(x) + \sin^2(x)}{\cos^2(x)} = \frac{1}{\cos^2(x)} = 1 + \tan^2(x)$$

$$f(x) = \tan(x) \qquad \Rightarrow \qquad f'(x) = \frac{1}{\cos^2(x)} = 1 + \tan^2(x)$$

8.4.5 Die Ableitung von Exponentialfunktionen

In *7.4* haben wir die Potenzreihendarstellung für e^x kennengelernt:

$$e^x = 1 + x + \frac{x^2}{2!} + \frac{x^3}{3!} + \frac{x^4}{4!} + \frac{x^5}{5!} + \ldots$$

Diese können wir mit der Potenzregel ableiten und erhalten sofort und ohne Umwege

$$f(x) = e^x \qquad \Rightarrow \qquad f'(x) = e^x$$

Aus *4.8* wissen wir, dass wir jede Exponentialfunktion a^x (mit $a > 0$, $a \neq 1$) schreiben können als

$$a^x = \left(e^{\ln(a)}\right)^x = e^{\ln(a)\cdot x}$$

Damit liefert die Kettenregel für ihre Ableitung

$$f(x) = a^x \qquad \Rightarrow \qquad f'(x) = \ln(a)\cdot a^x$$

8.4.6 Die Ableitung der Umkehrfunktion: zyklometrische und Logarithmusfunktionen

Nach *4.11.2* gilt, wenn $g(x)$ die Umkehrfunktion von $f(x)$ ist, $f(g(x)) = x$. Mit der Kettenregel erhalten wir daraus

$$\underbrace{\frac{d}{dx} f(g(x))}_{f'(g)\cdot g'(x)} = \frac{d}{dx} x = 1 \qquad \Rightarrow \qquad g'(x) = \frac{1}{f'(g(x))} \tag{8.11}$$

Damit können wir die Ableitung der Umkehrfunktion wie folgt sofort angeben:

1. Bilde $1/f'(x)$!
2. Ersetze in diesem Ausdruck x durch $g(x)$: das Resultat ist $g'(x)$!

Beispiele:

8.26 $f(x)=x^2 \qquad f'(x)=2x \qquad g(x)=\sqrt{x}$

$$\frac{1}{f'(x)}=\frac{1}{2x}\xrightarrow{x\to g(x)}\frac{1}{2\sqrt{x}}=g'(x)$$

8.27 $f(x)=\sin(x) \qquad f'(x)=\cos(x) \qquad g(x)=\arcsin(x)$

$$\frac{1}{f'(x)}=\frac{1}{\cos(x)}\xrightarrow{x\to g(x)}\frac{1}{\cos(\arcsin(x))}=\frac{1}{\sqrt{1-x^2}}=g'(x)$$

cos(arcsin(x)) ist der Kosinus desjenigen Winkels, dessen Sinus = x ist.

8.28 $f(x)=\cos(x) \qquad f'(x)=-\sin(x) \quad g(x)=\arccos(x)$

$$\frac{1}{f'(x)}=-\frac{1}{\sin(x)}\xrightarrow{x\to g(x)}\frac{-1}{\sin(\arccos(x))}=\frac{-1}{\sqrt{1-x^2}}=g'(x)$$

sin(arccos(x)) ist der Sinus des Winkels, dessen Kosinus den Wert x hat.

8.29 $f(x)=\tan(x) \qquad f'(x)=1+\tan^2(x) \qquad g(x)=\arctan(x)$

$$\frac{1}{f'(x)}=\frac{1}{1+\tan^2(x)}\xrightarrow{x\to g(x)}\frac{1}{1+\tan^2(\arctan(x))}=\frac{1}{1+x^2}=g'(x)$$

8.30 Die Logarithmusfunktion ist die Umkehrfunktion zur Exponentialfunktion:

$f(x)=\mathrm{e}^x \qquad f'(x)=\mathrm{e}^x \qquad g(x)=\ln(x)$

$$\frac{1}{f'(x)}=\frac{1}{\mathrm{e}^x}\xrightarrow{x\to g(x)}\frac{1}{\mathrm{e}^{\ln(x)}}=\frac{1}{x}=g'(x)$$

Demzufolge gilt für die Ableitung der Logarithmusfunktion

$$f(x)=\ln(x) \qquad \Rightarrow \qquad f'(x)=\frac{1}{x}$$

Die Logarithmusfunktion ist die einzige transzendente (= nicht-algebraische) Funktion mit rationaler Ableitung.

Nach *1.6.3* ist $\log_a(x)=\frac{1}{\ln(a)}\cdot\ln(x)$, und damit

$$f(x)=\log_a(x)\Rightarrow f'(x)=\frac{1}{\ln(a)}\cdot\frac{1}{x}$$

$$f(x)=\log_{10}(x)\Rightarrow f'(x)=\frac{1}{2{,}303}\cdot\frac{1}{x}=0{,}43429\cdot\frac{1}{x}$$

8.4.7 Zusammenfassung (Formelsammlung)

Ableitungsregeln

konstanter Faktor	$f(x)=C\cdot g(x)$	$f'(x)=C\cdot g'(x)$
Summenregel	$f(x)=g(x)\pm h(x)$	$f'(x)=g'(x)\pm h'(x)$
Produktregel	$f(x)=g(x)\cdot h(x)$	$f'(x)=g'(x)\cdot h(x)+g(x)\cdot h'(x)$
Quotientenregel	$f(x)=\frac{g(x)}{h(x)}$	$f'(x)=\frac{g'(x)\cdot h(x)-g(x)\cdot h'(x)}{h^2(x)}$ $=\frac{g'(x)}{h(x)}-\frac{g(x)\cdot h'(x)}{h^2(x)}$
Kettenregel	$f(x)=g(h(x))$	$f'(x)=g'(h(x))\cdot h'(x)$

Wichtige Funktionen und ihre Ableitungen

x^n	$\rightarrow$	$n\cdot x^{n-1}$
gilt für alle n, speziell auch für folgende Fälle:		
$C=C\cdot x^0$	$\rightarrow$	$C\cdot 0\cdot x^{0-1}=0$
$\sqrt{x}=x^{\frac{1}{2}}$	$\rightarrow$	$\frac{1}{2}\cdot x^{\frac{1}{2}-1}=\frac{1}{2}\cdot x^{-\frac{1}{2}}=\frac{1}{2\cdot x^{\frac{1}{2}}}=\frac{1}{2\cdot\sqrt{x}}$
$\sqrt[n]{x^m}=x^{\frac{m}{n}}$	$\rightarrow$	$\frac{m}{n}\cdot x^{\frac{m}{n}-1}=\frac{m}{n}\cdot x^{\frac{m-n}{n}}=\frac{m}{n}\cdot\sqrt[n]{x^{m-n}}$
$\frac{1}{x^n}=x^{-n}$	$\rightarrow$	$-n\cdot x^{-n-1}=-\frac{n}{x^{n+1}}$
$\sin(x)$	$\rightarrow$	$\cos(x)$
$\cos(x)$	$\rightarrow$	$-\sin(x)$
$\tan(x)$	$\rightarrow$	$\frac{1}{\cos^2(x)}=1+\tan^2(x)$
$\arcsin(x)$	$\rightarrow$	$\frac{1}{\sqrt{1-x^2}}$

$\arccos(x)$	→	$-\frac{1}{\sqrt{1-x^2}}$
$\arctan(x)$	→	$\frac{1}{1+x^2}$
e^x	→	e^x
a^x	→	$\ln(a) \cdot a^x$
$\ln(x)$	→	$\frac{1}{x}$
$\log_a(x)$	→	$\frac{1}{\ln(a)} \cdot \frac{1}{x}$

8.5 Funktionen mit mehreren Variablen

Es sei jetzt $f = f(x, y)$ eine Funktion in den voneinander unabhängigen Variablen x und y. Wenn sich x um Δx ändert, ändert sich f um

$$\Delta f = \frac{\partial f}{\partial x} \cdot \Delta x$$

und entsprechend für y. Die Ableitung nach einer einzelnen Variablen nennen wir eine *partielle Ableitung*. Falls sich x und y um kleine Größen Δx und Δy ändern, resultiert für die Änderung der Funktion näherungsweise („in erster Ordnung")

$$\Delta f = \frac{\partial f}{\partial x} \cdot \Delta x + \frac{\partial f}{\partial y} \cdot \Delta y \tag{8.14}$$

Die Größe

$$df = \frac{\partial f}{\partial x} \cdot dx + \frac{\partial f}{\partial y} \cdot dy \tag{8.15}$$

nennen wir *totales Differenzial* von f. Einfache Anwendungen sind in *8.6.4* und *8.6.10* illustriert.

8.6 GeoGebra

(Ref. 29)

Zahlreiche elektronische Hilfsmittel können heute auch analytisch (formelmäßig) ableiten. Wir empfehlen auch hier das sehr einfach zu bedienende Softwarepaket GeoGebra, das es als Online-Version, für iOS, Android und alle Computerplattformen kostenlos gibt.

Der Befehl zum Ableiten heißt deutsch „Ableitung()“. In die Klammer wird die abzuleitende Funktion eingesetzt, zusätzlich können Angaben zur Stufe (die wievielte Ableitung) und zur Variablen, nach der abgeleitet werden soll, eingegeben werden. GeoGebra liefert gleich auch noch eine graphische Darstellung des Resultates. Siehe *https://wiki.geogebra.org/de/Ableitung_%28Befehl%29* zur Syntax.

Beispiele:

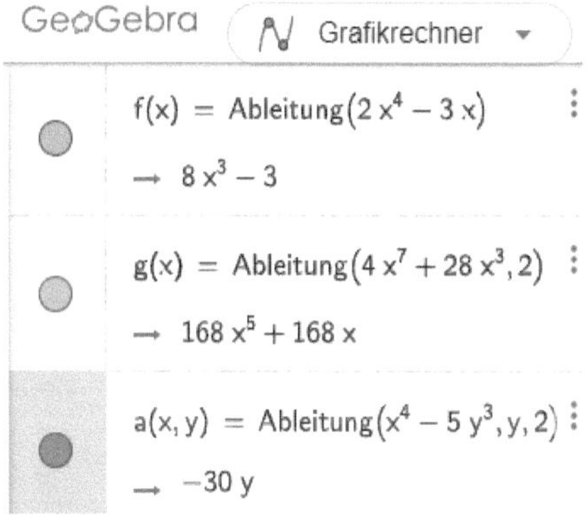

Bild 8.2 Erste Zeile: 1. Ableitung von $2x^4 - 3x$, Mitte: 2. Ableitung von $4x^7 + 28x^3$, untere Zeile: 2. Ableitung nach y von $x^4 - 5y^3$

8.7 Anwendungen

8.7.1 Kurvendiskussion

Die Methode der Kurvendiskussion wurde früher gebraucht, wenn man sich von einer unbekannten Funktion eine Vorstellung machen wollte. Im Zeitalter der graphikfähigen Taschenrechner hat diese Methode aber ihre frühere Daseinsberechtigung eingebüßt und ihre Anwendung kann höchstens noch dem Zweck dienen, das Ableiten und Rechnen zu üben.

Grundsätzlich geht es darum, in mehreren Schritten Kurveneigenschaften abzuklären und die „wichtigen“ Kurvenpunkte zu lokalisieren, sodass man am Schluss in der Lage ist, den Graphen von Hand zu skizzieren. Speziell geht es dabei um

- Definitionsbereich: meistens entweder $\mathbb{R}$ oder ein Teil davon
- Symmetrien: siehe *Abschnitt 4.4*

- Nullstellen: siehe *Kapitel 2 und 4*
- Unstetigkeitsstellen (meistens Pole): wo durch null dividiert wird
- Extrema (Maxima und Minima): siehe *Abschnitte 8.3.1* und *8.3.2*
- Wendepunkte: siehe *Abschnitt 8.3.4*
- Monotonie: aus der 1. Ableitung; gemeint sind Bereiche, in denen die Kurve steigt bzw. fällt (mathematische Definition: gilt in einem Bereich $x > x_0 \Rightarrow f(x) > f(x_0)$, so heißt die Funktion in diesem Bereich monoton steigend, bei $x > x_0 \Rightarrow f(x) < f(x_0)$ monoton fallend)
- Krümmungsverhalten: aus der 2. Ableitung, siehe *Abschnitt 8.3.3*

Siehe auch *Abschnitt 8.3.5!*

8.7.2 Extremwertprobleme

Bei Extremwertaufgaben geht es darum, Werte für eine Variable so zu bestimmen, dass eine bestimmte Funktion extremal (= minimal oder maximal) wird. Beispiel: Bestimmung der Höhe *h* für maximales Volumen in *Bild 4.14*.

Der Lösungsvorgang gliedert sich normalerweise in drei Schritte:

1. Aufgabe verstehen.
2. Funktion aufstellen, die extremal gemacht werden soll. Wenn das Problem mehrere Variablen enthält, müssen dabei mithilfe von Nebenbedingungen Variablen aus dieser Funktion eliminiert werden, sodass sie am Schluss nur noch eine Variable enthält. Tipp: Wahl nach Möglichkeit so treffen, dass man nicht mit Wurzeln rechnen muss, das geht einfacher!
3. Extrema bestimmen (1. Ableitung = 0 setzen; je nachdem mithilfe der 2. Ableitung prüfen, ob es sich um ein Minimum oder Maximum handelt) und Lösungen mit dem ursprünglichen Problem überprüfen.

Tipps:

- Manchmal wird die Lösung eines Problems einfacher, wenn man anstelle des Maximums einer Funktion f das Minimum der Funktion $1/f$ ermittelt (oder umgekehrt).
- Bei praktischen Aufgaben kann es vorkommen, dass das Extremum an einer Stelle ohne horizontalen Kurvenverlauf liegt, z. B. am Rand des möglichen Bereiches. Randpunkte oder Knickpunkte müssen je nachdem „manuell“ kontrolliert werden.

Der in *5.7.3* als Add-in zu Excel vorgestellte SOLVER erlaubt die Bestimmung von Extrempunkten für beinahe beliebige Funktionen auch mit mehreren Variablen.

8.7.3 Numerische Lösung von Extremwertproblemen mit Excel

Beispiel:

8.31 Bestimme bei dem oben offenen Körper a und x so, dass bei einem festen Volumen von 800 cm³ die Oberfläche A minimal wird.

$$V(a,x) = a^2 \cdot x + \frac{1}{3} \cdot a^2 \cdot (a - x) = 800\,\text{cm}^3$$

$$\Rightarrow x(a) = \frac{3}{2} \cdot \frac{V}{a^2} - \frac{a}{2}$$

$$A(a) = 4 \cdot a \cdot x(a) + 2 \cdot a \cdot \sqrt{\left(\frac{a}{2}\right)^2 + (a - x(a))^2}$$

Die Auswertung mit Ableiten etc. wäre viel zu aufwendig, sie erfolgt numerisch mit Excel (siehe auch *5.7.3*). Die Lösung steht in den Zellen [A2] und [A3]. Der Solver bestimmt, ausgehend von einem Startwert von z. B. 10, den Wert a in Zelle [A2] so, dass Funktion $A(a)$ in Zelle [A4] minimal wird.

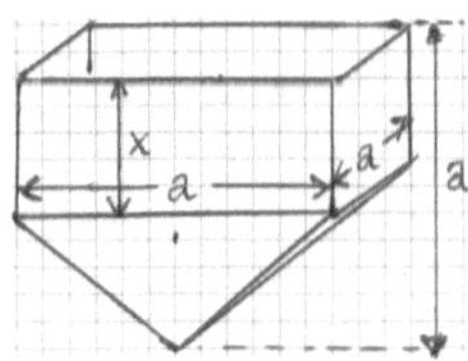

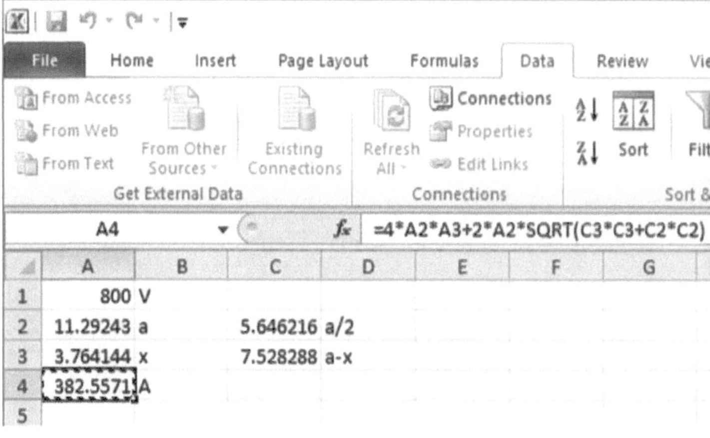

8.7.4 Einige Extremalprinzipien aus der Physik

Beispiele:

8.32 Bei Reflexion an einem Spiegel nimmt das Licht den kürzesten Weg (eigentlich den Weg, auf dem die Zeit minimal ist). Wo liegt der Punkt C auf dem Spiegel?

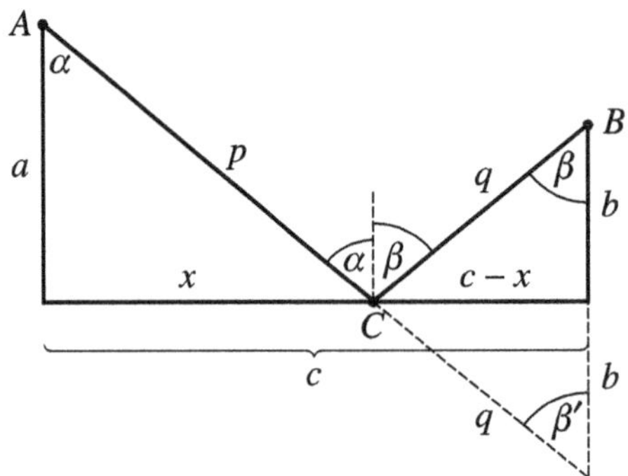

Bild 8.3 Lichtreflexion an einem Spiegel

[54] Christiaan Huygens, holländischer Astronom, Mathematiker und Physiker, 1629 - 1695 in Den Haag

$$s = p + q = \sqrt{a^2 + x^2} + \sqrt{b^2 + (c - x)^2} \to \min$$

$$\frac{ds}{dx} = \frac{2 \cdot x}{2 \cdot \sqrt{a^2 + x^2}} + \frac{2 \cdot (c - x) \cdot (-1)}{2 \cdot \sqrt{b^2 + (c - x)^2}} = 0$$

$$\Rightarrow \sin(\alpha) = \sin(\beta)$$

Also: Einfallwinkel = Ausfallwinkel! Lösung: $\frac{x}{a} = \frac{c - x}{b}$ etc.

8.33 Die Lichtgeschwindigkeit in Glas oder Wasser ist kleiner als in der Luft (am größten ist sie im Vakuum). Zwischen zwei Punkten nimmt das Licht immer den Weg, für den die benötigte Reisezeit minimal ist. (Das Licht „weiß“ natürlich nicht, wo es hingeht, es breitet sich einfach *wellenförmig* aus. *Bild 8.4* zeigt das sog. Huygens'sche[28] Prinzip: Die Wellenfront ist die Überlagerung von kugelförmigen *Elementarwellen*, die von jedem Punkt ausgehen. Da die Ausbreitung im Glas langsamer ist als in der Luft, ergibt sich die Brechung.)

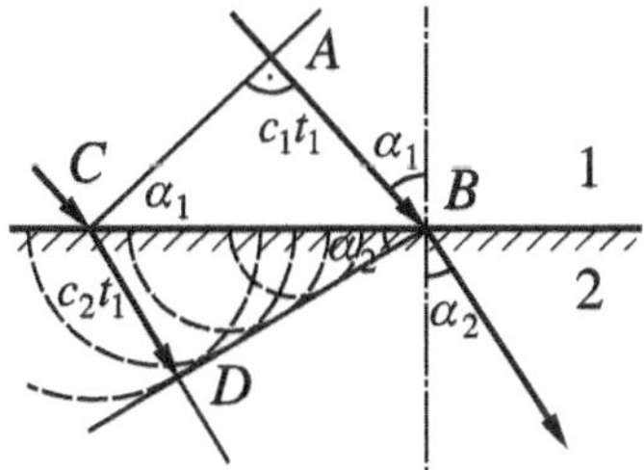

Bild 8.4 Elementarwellen: Huygens'sches Prinzip

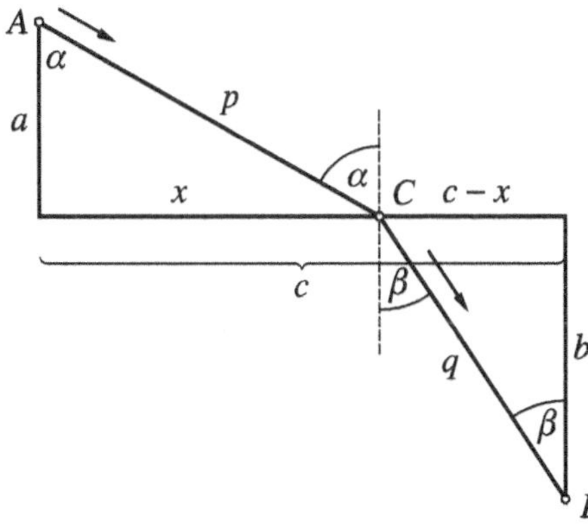

Bild 8.5 Lichtbrechung an einer Oberfläche

$$t=\frac{p}{v_1}+\frac{q}{v_2}=\frac{\sqrt{a^2+x^2}}{v_1}+\frac{\sqrt{b^2+(c-x)^2}}{v_2}\rightarrow \min$$

$$\frac{dt}{dx}=\frac{2\cdot x}{2\cdot\sqrt{a^2+x^2}\cdot v_1}+\frac{2\cdot(c-x)\cdot(-1)}{2\cdot\sqrt{b^2+(c-x)^2}\cdot v_2}=0$$

$$\Rightarrow\frac{\sin(\alpha)}{v_1}=\frac{\sin(\beta)}{v_2}\Rightarrow\frac{\sin(\alpha)}{\sin(\beta)}=\frac{v_1}{v_2}=n$$

Das ist das *Brechungsgesetz*: Das Verhältnis der Sinus der Winkel zur Normalen der Trennfläche ist gleich dem Verhältnis der Lichtgeschwindigkeiten in den beiden Medien. Dieses Verhältnis heißt *Brechungsindex n*. Der Brechungsindex wird normalerweise im Verhältnis Vakuum/dichteres Medium als Zahlenwert > 1 angegeben.

Ein Material mit höherem Brechungsindex hat eine geringere Lichtgeschwindigkeit und „biegt" einen Lichtstrahl stärker ab. Bei einem Brillenträger korrigiert eine Glaslinse die Fehler des Auges, sie lenkt die Lichtstrahlen so ab, dass sie am richtigen Ort auf der Netzhaut ankommen. Linsen aus hochbrechendem Material sind dünner und damit leichter als andere, was bei starker Fehlsichtigkeit von Vorteil und auch ästhetisch befriedigender ist.

In Lösungen und Mischungen aus Flüssigkeiten hängt der Brechungsindex oft stark von den Konzentrationen ab. Mit einem Refraktometer kann man durch Bestimmung des Brechungswinkels rasch und kostengünstig eine Konzentrationsbestimmung z. B. von Zucker oder Alkohol in Wasser durchführen.

8.34 Naturvorgänge laufen so ab, dass ein System möglichst viel Energie (an die Umgebung) abgibt. Der Zustand mit minimaler Energie ist der stabile Endzustand, bei dem der Vorgang aufhört. (Das geht natürlich nur so weit, wie die Umgebung die Energie aufnehmen kann!)

- Der Stein am Boden hat weniger (potenzielle) Energie als der Stein auf dem Dach. Er fällt deshalb hinunter, sobald er kann, aber nie hinauf. Durch die Fallenergie werden Boden und Körper verformt und erwärmt.
- Bei einer Verbrennung werden größere Moleküle in kleinere Teile zerlegt (es ist noch ein bisschen komplizierter) und Bindungsenergie als Wärme an die Umgebung abgegeben.

8.35 Die Bewegung eines Körpers zwischen zwei Punkten verläuft so, dass die Differenz zwischen der mittleren kinetischen Energie und der mittleren potenziellen Energie über die Zeit minimal ist (Prinzip der kleinsten Wirkung).

8.7.5 Ausgleichsrechnung: Beispiel Lineare Regression

In *5.7.2* haben wir uns mit dem Problem befasst, in einer „einfachen“ Funktion die Funktionsparameter so zu bestimmen, dass eine Summe von Fehlerquadraten *minimal* wird[55]. Wir geben hier die Herleitung der Lösung:

Es seien $x_1, x_2, \ldots, x_n$ die x-Werte der gegebenen Daten und $y_1, y_2, \ldots, y_n$ die zugehörigen y-Werte. Die y-Werte sollen durch eine lineare Funktion der Form

$$f(x) = a \cdot x + b$$

mit den unbekannten Größen a und b als Funktion der x-Werte angenähert werden. Daraus ergibt sich die Fehlerquadratsumme

$$S = \sum_{i=1}^{n} \left((a \cdot x_i + b) - y_i \right)^2 \to \min \qquad \Rightarrow \qquad dS = \frac{\partial S}{\partial a} \cdot da + \frac{\partial S}{\partial b} \cdot db = 0$$

Beide partiellen Ableitungen müssen also notwendigerweise gleichzeitig = 0 sein:

$$\frac{\partial S}{\partial a} = \sum_{i=1}^{n} 2 \cdot (a \cdot x_i + b - y_i) \cdot x_i = 2 \cdot \left(a \cdot \sum_{i=1}^{n} x_i^2 + b \cdot \sum_{i=1}^{n} x_i - \sum_{i=1}^{n} x_i \cdot y_i \right) = 0$$

$$\frac{\partial S}{\partial b} = \sum_{i=1}^{n} 2 \cdot (a \cdot x_i + b - y_i) \cdot 1 = 2 \cdot \left(a \cdot \sum_{i=1}^{n} x_i + b \cdot \sum_{i=1}^{n} 1 - \sum_{i=1}^{n} y_i \right) = 0$$

Das liefert uns folgende 2 Bestimmungsgleichungen für die Unbekannten a und b:

$$\begin{array}{lcccl} \left(\sum x_i^2\right) \cdot a & + & \left(\sum x_i\right) \cdot b & = & \sum x_i \cdot y_i \\ \left(\sum x_i\right) \cdot a & + & n \cdot b & = & \sum y_i \end{array} \tag{8.16}$$

oder (in Matrixschreibweise)

$$\begin{pmatrix} \sum x_i^2 & \sum x_i \\ \sum x_i & n \end{pmatrix} \cdot \begin{pmatrix} a \\ b \end{pmatrix} = \begin{pmatrix} \sum x_i \cdot y_i \\ \sum y_i \end{pmatrix}$$

8.7.6 Maschinenbau: Wechselkräfte in einer Kolbenmaschine

Eine Kurbel mit Radius r ist über eine Pleuelstange der Länge a im Punkt P mit einem Kreuzkopf verbunden. Derartige Konstruktionen finden wir in jeder Kolbenmaschine, wenn eine Hin-und-her-Bewegung und eine Drehbewegung ineinander umgewandelt werden.

[55] Der arithmetische Mittelwert einer Datenfolge erfüllt dieses Kriterium ebenfalls!

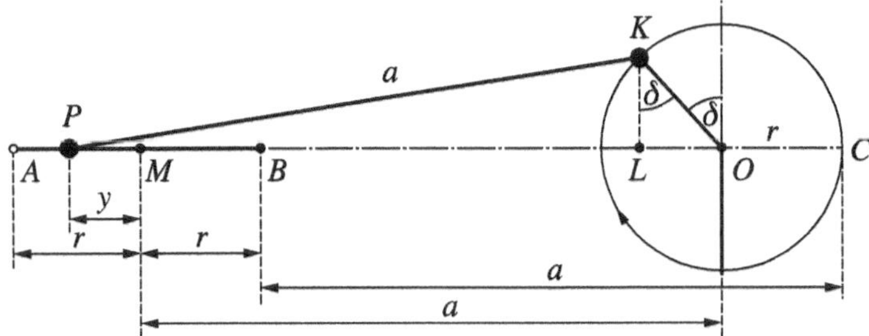

Bild 8.6 Kurbeltrieb

Wir können annehmen, dass sich die Kurbel gleichmäßig drehe (mehrere über eine ganze Umdrehung auf der Kurbelwelle versetzt angeordnete Zylinder, Schwungmasse), und berechnen die Bewegung (Position) des Punktes P in Funktion der Zeit. Die Ableitung der Position nach der Zeit ist die Geschwindigkeit, die Ableitung der Geschwindigkeit nach der Zeit ist die Beschleunigung, und *die Beschleunigung ist nach dem Newton'schen*[56] *Aktionsprinzip proportional zur wirkenden Kraft*, $F = m \cdot a$ (a ist hier die Beschleunigung, nicht die Länge des Pleuels). Die zweite Ableitung der Position wird uns also Angaben zu den zeitlich veränderlichen Kräften (Wechselkräften) liefern, die für Festigkeitsbetrachtungen und zur Dimensionierung der Teile entscheidend sind.

Aus einer geometrischen Betrachtung sieht man, dass für P im Punkt B die Kurbel im Punkt C sein muss und für Punkt A in der anderen Extremstellung. Für P in der mittleren Position M ist aber K nicht in der höchsten oder tiefsten Position, sondern in der schräg gemessenen Entfernung a von M. Für die Bewegung zwischen M-B-M dreht sich also die Kurbel um etwas mehr als 180°, für die Bewegung zwischen M-A-M um etwas weniger als 180°. Wir müssen deshalb eine gewisse „Unregelmäßigkeit" der Bewegung erwarten.

Wir berechnen die Auslenkung y vom Punkt M nach links als Funktion des Winkels δ mit dem Satz von Pythagoras:

$$\mathrm{KL} = r\cos(\delta)$$

$$\begin{aligned} y &= \sqrt{a^2 - r^2 \cdot \cos^2(\delta)} + r \cdot \sin(\delta) - a \\ &= a \cdot \sqrt{1 - \left(\frac{r}{a} \cdot \cos(\delta)\right)^2} + r \cdot \sin(\delta) - a \end{aligned}$$

Weil $r \ll a$ und $|\cos(\delta)| \leq 1$, ist der Ausdruck in der Klammer $\ll 1$, und wir dürfen die Wurzel durch eine Näherungsformel ersetzen (es wird damit einfacher):

Falls $|\varepsilon| \ll 1$, ist $\sqrt{1-\varepsilon} \approx 1 - \frac{\varepsilon}{2}$ (vergleiche *7.4*).

(Übung: Untersuche den Gültigkeitsbereich der Näherungsformel für verschiedene Fälle, $a = 3r \ldots 6r$! Wie groß ist der maximale Fehler in Prozent? Quadriere!)

[56] Sir Isaac Newton, 1643 – 1727, englischer Physiker und Mathematiker

Damit erhalten wir

$$y = -\frac{a}{2} \cdot \frac{r^2}{a^2} \cdot \underbrace{\cos^2(\delta)}_{=\frac{1}{2}(1+\cos(2\cdot\delta))} + r \cdot \sin(\delta) = r \cdot \sin(\delta) - \frac{r^2}{4 \cdot a} \cdot \cos(2 \cdot \delta) - \frac{r^2}{4 \cdot a}$$

Die Bewegung des Kreuzkopfes ist also eine Überlagerung von 2 Bewegungen:

- der Bewegung $y_1 = r \cdot \sin(\delta)$ und
- der Bewegung $y_2 = \frac{r^2}{4 \cdot a} \cdot \cos(2 \cdot \delta)$ mit der um einen Faktor $\frac{r}{4 \cdot a} << 1$ kleineren Amplitude und der doppelten Frequenz.

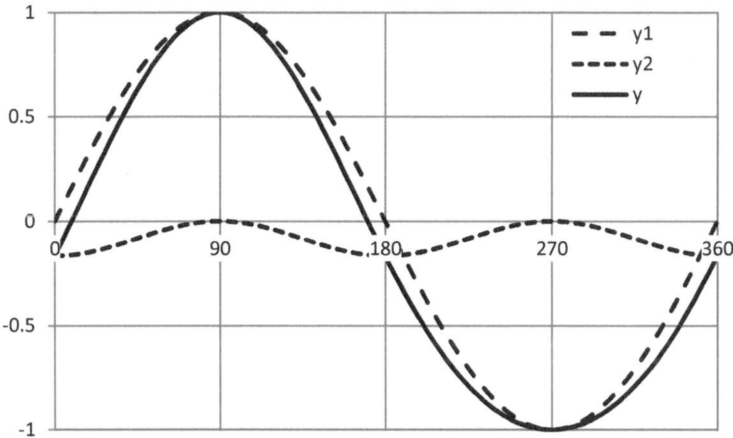

Bild 8.7 Bewegung des Kreuzkopfes (mit $r = 1$, $a = 3$)

Wie man anhand von *Bild 8.7* sieht, weicht die resultierende Bewegung y nur wenig vom „reinen" Sinus y_1 ab. Bei den Nulldurchgängen der y-Kurve ist P am Punkt M, bei 0,5 am Punkt A und bei 1,5 am Punkt B. Man sieht gut, dass die Bewegung M-A-M schneller ist als die Bewegung M-B-M.

Zur Bildung der zeitlichen Ableitungen ersetzen wir jetzt δ durch $\omega \cdot t$, wo ω die Winkelgeschwindigkeit in rad/s ist (siehe auch *4.10.3*):

$$y(t) = r \cdot \sin(\omega \cdot t) - \frac{r^2}{4 \cdot a} \cdot \cos(2 \cdot \omega \cdot t) - \frac{r^2}{4 \cdot a} = r \cdot \left(\sin(\omega \cdot t) - \frac{1}{4} \cdot \frac{r}{a} \cdot \cos(2 \cdot \omega \cdot t) - \frac{1}{4} \cdot \frac{r}{a} \right)$$

$$v(t) = \frac{dy}{dt} = r \cdot \omega \cdot \cos(\omega \cdot t) + \frac{r^2}{2 \cdot a} \cdot \omega \cdot \sin(2 \cdot \omega \cdot t) = \omega \cdot r \cdot \left(\cos(\omega \cdot t) + \frac{1}{2} \cdot \frac{r}{a} \cdot \sin(2 \cdot \omega \cdot t) \right)$$

$$b(t) = \frac{dv}{dt} = -r \cdot \omega^2 \sin(\omega \cdot t) + \frac{r^2}{a} \cdot \omega^2 \cos(2 \cdot \omega \cdot t) = -\omega^2 \cdot r \cdot \left(\sin(\omega \cdot t) - \frac{r}{a} \cdot \cos(2 \cdot \omega \cdot t) \right)$$

Die Größe r/a heißt *Schubstangenverhältnis*.

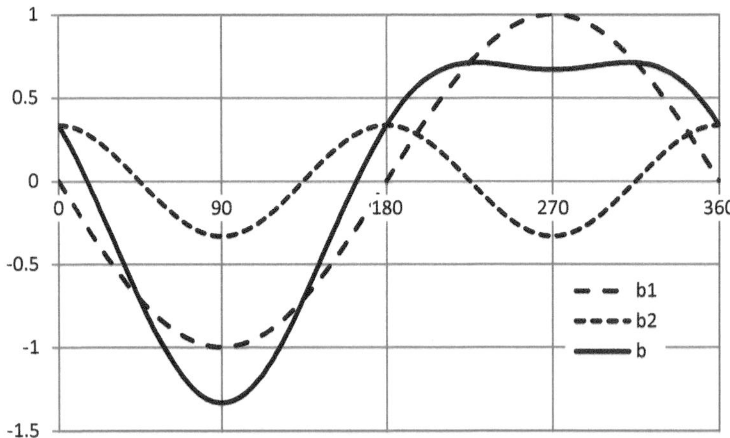

Bild 8.8 Beschleunigung des Kreuzkopfes (mit $r = 1$, $a = 3$)

An diesem Resultat sind zwei Dinge bemerkenswert:

- Die Beschleunigung (und damit die Kraft) wachsen *quadratisch* mit der Winkelgeschwindigkeit, d. h. *mit der Umdrehungszahl*, und linear mit r.
- Das Verhältnis der Amplitude der „unregelmäßigen" Schwingung b_2 mit der doppelten Frequenz zur „Grundschwingung" b_1 ist bei der Auslenkung $\frac{1}{4} \cdot \frac{r}{a}$, bei der Beschleunigung $\frac{r}{a}$, also viermal so groß, und macht sich in der resultierenden Beschleunigung deutlich bemerkbar (*Bild 8.8*).

Bei höherer Tourenzahl nehmen deshalb die Vibrationen und Beanspruchungen durch Wechselbelastungen im Motor stark zu, was auf Kosten der Lebensdauer speziell der Lager der Kurbelwelle, aber auch anderer Teile geht.

Kolbenmaschinen mit ihren hin- und herschwingenden Massen sind prinzipiell für hohe Tourenzahlen weniger geeignet als Maschinen mit einer kontinuierlichen Drehbewegung wie z. B. Turbinen oder auch der Wankelmotor. Bei diesen wachsen die Kräfte ebenfalls quadratisch mit der Umdrehungszahl, doch sind sie immer gleichgerichtet (nicht Wechselkräfte) und der „unregelmäßige" Beitrag tritt nicht auf.

8.7.7 Das Newton-Verfahren zur numerischen Auflösung von Gleichungen

Die Funktion $f(x)$ habe bei N eine Nullstelle:

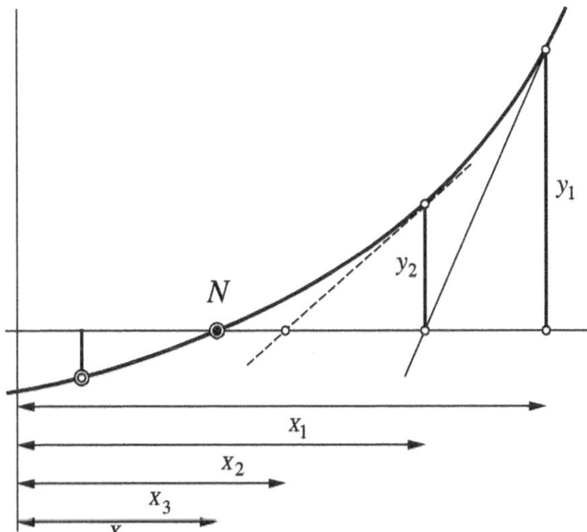

Bild 8.9 Newton-Verfahren zur Nullstellenbestimmung

Wenn wir von einem Punkt x_1 in der Nähe von N die Tangente an $y = f(x)$ legen, schneidet diese die x-Achse bei x_2, wobei

$$f'(x_1) = \frac{\Delta y}{\Delta x} = \frac{y_1}{x_1 - x_2} = \frac{f(x_1)}{x_1 - x_2} \Rightarrow x_2 = x_1 - \frac{f(x_1)}{f'(x_1)}$$

und x_2 etwas näher bei N liegt als x_1. Mehrmalige Anwendung dieses Verfahrens liefert immer bessere Näherungswerte für die Nullstelle. Das schrittweise Verfahren ist also folgendes:

1. Bestimme einen Startwert x_1, das ist ein Wert, der in der Nähe der Nullstelle liegt.
2. Bilde die Folge $x_{n+1} = x_n - \dfrac{f(x_n)}{f'(x_n)}$.

Bei einer einfachen Nullstelle (wenn der Graph von f die x-Achse schräg schneidet) liefert das Verfahren das richtige Resultat mit jedem Schritt auf etwa zwei Dezimalstellen genauer (man nennt das „quadratische Konvergenz“), also viel rascher als die Intervallhalbierung in *8.1.3*.

Mit diesem Verfahren können wir Gleichungen lösen, die nicht durch Umformungen in die Form „$x = \ldots$“ gebracht werden können. Einzige Bedingung ist, dass wir Funktion und 1. Ableitung an jeder Stelle auswerten können.

Bei Nullstellen mit horizontalem Kurvenverlauf, z.B. bei mehrfachen Nullstellen eines Polynoms, ist die erste Ableitung von $f(x)$ bei N gleich null (überlege: Kettenregel bei Darstellung eines Polynoms mit Linearfaktoren) und die Konvergenz wird in der Nähe von N *sehr* langsam, *bzw. konvergiert in der Praxis nicht.* Wenn sich in der Nähe des Startwertes ein Extremum befindet, kann der Näherungswert „herumhüpfen“ (man kann sich das graphisch vorstellen).

Bei mehreren Nullstellen hängt das Resultat vom gewählten Startwert ab.

Beispiele:

8.36 Bestimme die Quadratwurzel der Zahl a!

Die Quadratwurzel ist Lösung der Gleichung ist $x^2 - a = 0$, woraus sich ergibt

$$x_{n+1} = x_n - \frac{x_n^2 - a}{2 \cdot x_n} = \frac{1}{2} \cdot \left(x_n + \frac{a}{x_n} \right),$$

also der Mittelwert aus der letzten Näherung x_n und dem Quotienten a/x_n. Das Verfahren konvergiert sehr rasch und ist unempfindlich bezüglich Startwert (Lösung mit dem gleichen Vorzeichen wie Startwert).

8.37 Löse die Gleichung $5^x = 10x$!

Graph der Funktion $5^x - 10x$:

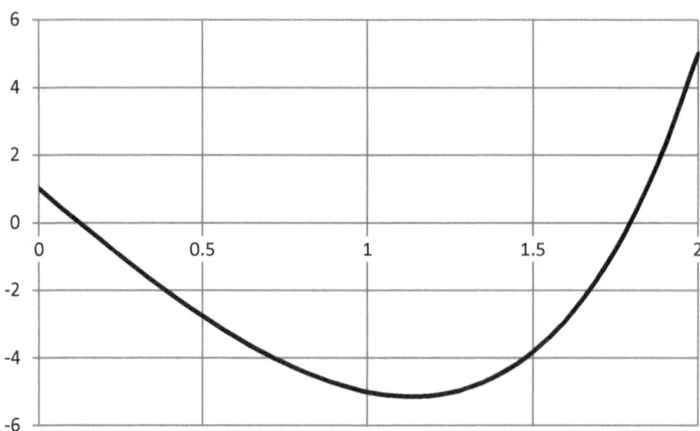

Die Iterationsvorschrift ist hier $x_{n+1} = x_n - \frac{5^x - 10x}{\ln(5) \cdot 5^x - 10}$. Wir erhalten

Mit Startwert $x_0 = 0$	Mit Startwert $x_0 = 2$
$x_1 = 0{,}119181527$	$x_1 = 1{,}834633925$
$x_2 = 0{,}121620138$	$x_2 = 1{,}795666962$
$x_3 = 0{,}1216213$	$x_3 = 1{,}793720677$
$x_4 = 0{,}1216213$	$x_4 = 1{,}793716004$
$x_5 = 0{,}1216213$	$x_5 = 1{,}793716004$

8.38 Schallmessortung, *3.6.3*

Bestimme die Nullstelle der Funktion

$$f(x)=z_1\cdot x-z_2\cdot\sqrt{\left(x+\frac{e-q}{2}\right)\cdot\left(x-\frac{e+q}{2}\right)}-z_3\cdot\sqrt{\left(x+\frac{f-p}{2}\right)\cdot\left(x-\frac{f+p}{2}\right)}$$

$$\text{mit } z_1=\frac{\sqrt{(g+p-q)\cdot(g-p+q)}}{2},\ z_2=\sqrt{\frac{f-p}{2}\cdot\frac{f+p}{2}},\ z_3=\sqrt{\frac{e-q}{2}\cdot\frac{e+q}{2}}$$

Zahlenbeispiel: e = 5 km, f = 4 km, g = 8 km, p = 2 km, q = 1 km

Graph der Funktion:

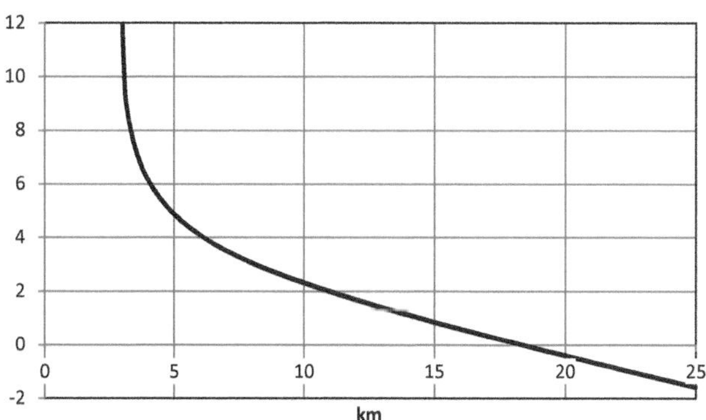

Newton-Verfahren $x_{n+1}=x_n-\frac{f(x_n)}{f'(x_n)}$

Die Ableitung ist

$$f'(x)=z_1-z_2\cdot\frac{2\cdot x-q}{2\cdot\sqrt{\left(x+\frac{e-q}{2}\right)\cdot\left(x-\frac{e+q}{2}\right)}}-z_3\cdot\frac{2\cdot x-p}{2\cdot\sqrt{\left(x+\frac{f-p}{2}\right)\cdot\left(x-\frac{f+p}{2}\right)}}$$

Der Startwert muss groß gewählt werden – mit zu kleinem x werden Wurzeln imaginär. Mit dem Startwert x = 100 km erhalten wir nach 3 Rechenschritten das Resultat 18,336 km auf 1 cm genau.

Vergleiche auch *Beispiel 3.14.*

8.39 Zügelproblem, *Übungsaufgabe 8.79*

Bestimme die Nullstelle der Funktion $f(\varphi)=\frac{v-a\cdot\cos(\varphi)}{\sin^2(\varphi)}-\frac{v-b\cdot\sin(\varphi)}{\cos^2(\varphi)}$

Zahlenbeispiel: a = 3 m, b = 2 m, v = 1,5 m

Graph der Funktion:

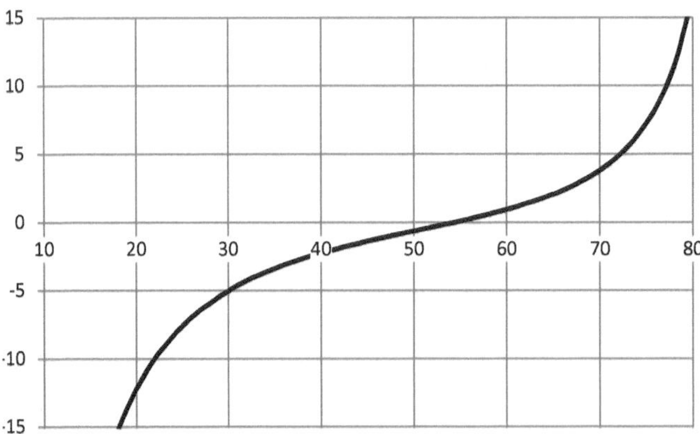

Lösung:

Schrittweise Näherung mit dem Newton-Verfahren $x_{n+1} = x_n - \dfrac{f(x_n)}{f'(x_n)}$

Aus dem Graphen wissen wir, dass es eine Lösung im Bereich $0° < \varphi < 90°$ gibt.

Wenn wir die Funktion mit $\sin^2(\varphi) \cdot \cos^2(\varphi)$ multiplizieren, ändert sich die Nullstelle nicht, weil $\sin^2(\varphi) \cdot \cos^2(\varphi) \neq 0$ dort, wo die Lösung liegt (im Bereich $0° < \varphi < 90°$). Auf diese Weise vermeiden wir beim Ableiten die unhandliche Quotientenregel!

Wir suchen also jetzt die Nullstelle der Funktion

$$g(\varphi) = f(\varphi)\cdot\sin^2(\varphi)\cdot\cos^2(\varphi) = \big(v - a\cdot\cos(\varphi)\big)\cdot\cos^2(\varphi) - \big(v - b\cdot\sin(\varphi)\big)\cdot\sin^2(\varphi).$$

Die Ableitung ist (mit Produkt- und Kettenregel)

$$\begin{aligned} g'(\varphi) &= -a\cdot\big(-\sin(\varphi)\big)\cdot\cos^2(\varphi) + \big(v - a\cdot\cos(\varphi)\big)\cdot 2\cdot\cos(\varphi)\cdot\big(-\sin(\varphi)\big) \\ &\quad - \Big(-b\cdot\cos(\varphi)\cdot\sin^2(\varphi) + \big(v - b\cdot\sin(\varphi)\big)\cdot 2\cdot\sin(\varphi)\cdot\cos(\varphi)\Big) \\ &= \sin(\varphi)\cdot\cos(\varphi)\cdot\Big(a\cdot\cos(\varphi) + b\cdot\sin(\varphi) - 2\cdot\big(v - a\cdot\cos(\varphi)\big) - 2\cdot\big(v - b\cdot\sin(\varphi)\big)\Big) \\ &= \sin(\varphi)\cdot\cos(\varphi)\cdot\Big(3\cdot\big(a\cdot\cos(\varphi) + b\cdot\sin(\varphi)\big) - 4\cdot v\Big) \end{aligned}$$

Mit dem Startwert φ_0 = 0,5 rad $\cong$ 28,65° erhalten wir nach 4 Rechenschritten das Resultat 0,949484952 rad $\cong$ 54,40148° $\cong$ 54°24'05" auf 9 Stellen nach dem Komma.

Weil sin und cos eine Periode von $2\pi \cong 360°$ haben, hat die Gleichung unendlich viele Lösungen. Je nach Wahl des Startwertes erhält man ein anderes Resultat.

8.7.8 Vereinfachung des Newton-Verfahrens: Regula falsi

Beim Newton-Verfahren muss bei jedem Iterationsschritt der Wert der Ableitung bestimmt werden. Falls das nicht gut möglich oder unbequem ist, kann anstelle der Ableitung (Differenzialquotient) der *Differenzenquotient* aufeinanderfolgender Näherungen genommen werden:

$$f'(x_n) \approx \frac{f(x_n) - f(x_{n-1})}{x_n - x_{n-1}}$$

$$\Downarrow$$

$$x_{n+1} = x_n - \frac{f(x_n)}{\frac{f(x_n) - f(x_{n-1})}{x_n - x_{n-1}}}$$

$$= x_n - \frac{(x_n - x_{n-1}) \cdot f(x_n)}{f(x_n) - f(x_{n-1})}$$

Die Konvergenz ist etwas schlechter (langsamer) als beim Newton-Verfahren, dafür muss die Ableitung nicht berechnet werden. Die Berechnung erfordert *zwei* Startwerte x_0 und x_1 in der Nähe der Lösung.

Das ist die „Regula falsi", so genannt, weil dabei mit 2 „falschen" (d. h. ungenauen) Werten ein neuer „falscher" Wert bestimmt wird, der aber „weniger falsch" ist. Geometrisch liegt jeder neue Näherungswert beim Schnittpunkt der Geraden durch die beiden letzten Funktionswerte mit der x-Achse.

Beispiel:

8.40 Vergleiche *Beispiel 8.31*, $5^x = 10x$:

$x_0 = 0$ (Startwert)

$x_1 = 1$ (Startwert)

$x_2 = 0{,}166666667$

$x_3 = 0{,}102203789$

$x_4 = 0{,}121795925$

$x_5 = 0{,}121621955$

$x_6 = 0{,}121621300$

Beim Newton-Verfahren sind bereits bei der dritten Näherung alle angezeigten Stellen richtig, hier braucht es dafür fünf Berechnungsdurchgänge.

Vermutlich verwendet **num-solv** im TI-30X Pro ein derartiges Verfahren.

Zum Vertiefen: Lösung der Anwendungsbeispiele in *8.7.7*

8.7.9 Bestimmung aller Lösungen einer algebraischen Gleichung

Wie bereits in *2.6* erwähnt wurde, gibt es Lösungsformeln für algebraische Gleichungen nur bis zum 4. Grad. Das sogenannte *Horner-Schema* (sogenannt, weil es vor Horner (1819) bereits von anderen Mathematikern beschrieben worden war) erlaubt *gleichzeitig die Berechnung des Funktionswertes, die Berechnung der Ableitung und die Abspaltung einer gefundenen Nullstelle einer ganzrationalen Funktion* und eignet sich zusammen mit dem vorstehend beschriebenen Newton-Verfahren dazu, die (reellen) Nullstellen schrittweise eine nach der anderen zu bestimmen.

Das Horner-Schema wird in der numerischen Mathematik gern zur Berechnung von Polynomen verwendet, weil es sehr effizient arbeitet (es müssen keine Potenzen berechnet werden). Das Verfahren ist relativ einfach zu programmieren.

Am einfachsten lässt sich die Methode an einem Beispiel demonstrieren. Wir nehmen dazu eine ganzrationale Funktion 4. Grades. Diese Funktion lässt sich schreiben als (wir nummerieren die Koeffizienten hier umgekehrt wie in *4.2.1*)

$$f(x) = a_0 \cdot x^4 + a_1 \cdot x^3 + a_2 \cdot x^2 + a_3 \cdot x + a_4 = \underbrace{\left(\underbrace{\left(\underbrace{(a_0 \cdot x + a_1)}_{b_1} \cdot x + a_2 \right)}_{b_2} x + a_3 \right)}_{b_3 \, etc.} \cdot x + a_4$$

Es ist also $b_4 = f(x)$. Nun ist (mit $b_0 = a_0$) die Ableitung an dieser Stelle

$$\begin{aligned} f'(x) &= b_0 \cdot x^3 + b_1 \cdot x^2 + b_2 \cdot x + b_3 \\ &= \left((b_0 \cdot x + b_1) \cdot x + b_2 \right) \cdot x + b_3 \end{aligned}$$

Damit haben wir Funktionswert und Ableitung an der Stelle x und können mit dem Newton-Verfahren wie in *8.6.6* die Nullstelle berechnen. Während die a_i konstant sind, ändern sich die b_i (außer b_0) mit jeder neuen Näherung von x.

Aber es kommt noch besser: In *4.4* haben wir erwähnt, dass eine ganzrationale Funktion

$$f(x) = a_0 \cdot x^n + a_1 \cdot x^{n-1} + \ldots + a_{n-2} \cdot x^2 + a_{n-1} \cdot x + a_n$$

mit den Nullstellen $x_1, x_2, x_3, \ldots, x_n$ mit Linearfaktoren dargestellt werden kann als

$$f(x) = a_0 \cdot (x - x_1) \cdot (x - x_2) \cdot \ldots \cdot (x - x_n).$$

Wenn x_N eine Nullstelle der Funktion f ist, sind die mit $x = x_N$ gebildeten Koeffizienten

$$b_0 = a_0$$

$$b_1 = b_0 \cdot x_N + a_1$$

$$b_2 = b_1 \cdot x_N + a_2 \qquad \text{etc.}$$

gerade **die Koeffizienten desjenigen Polynoms, das nach Abspaltung der Nullstelle x_N übrigbleibt:**

$$\frac{f(x)}{x - x_N} = b_0 \cdot x^{n-1} + b_1 \cdot x^{n-2} + b_2 \cdot x^{n-3} + \ldots + b_{n-2} \cdot x + b_{n-1}$$

Nach jedem Schritt hat die zu lösende Restgleichung einen um 1 niedrigeren Grad. *Ref. 6* enthält eine leicht modifizierte Implementation auch für mehrfache Nullstellen.

8.7.10 Parameterbestimmung in der Physik: Gas-Zustandsgleichung

Ein ideales Gas ist ein Gas, das für *n* mol (1 mol sind $6{,}022142 \cdot 10^{23}$ Gasteilchen, Moleküle genannt) der Zustandsgleichung

$$p \cdot V = n \cdot R \cdot T$$

gehorcht. *p* bezeichnet den Druck, *V* das Volumen, $R = 8{,}31447$ J/(K · mol) die universelle Gaskonstante und *T* die absolute Temperatur (in K). Dabei werden die Moleküle als Massenpunkte betrachtet, d. h. ihre räumliche Ausdehnung und gegenseitigen Anziehungskräfte werden vernachlässigt. Der Druck als Funktion des Volumens wird in diesem Modell (von jetzt an setzen wir $n = 1$ mol) durch

$$p(V) = \frac{R \cdot T}{V}$$

dargestellt. Dieser Ausdruck beschreibt das tatsächliche Verhalten in weiten Bereichen recht gut, bei tieferer Temperatur werden die Abweichungen realer Gase vom idealen Verhalten aber immer ausgeprägter.

Van der Waals[57] hat 1879 eine Zustandsgleichung aufgestellt, die in guter Näherung zahlreiche Abweichungen der wirklichen Gase vom idealen Zustand beschreibt. Sie lautet für ein mol eines Gases

$$\left(p + \frac{a}{V^2}\right) \cdot (V - b) = R \cdot T$$

a und *b* sind Materialkonstanten, die von der Art des Gases abhängen und aus Messungen bestimmt werden müssen. Die Größe a/V^2 bezeichnet man als *Binnendruck*; sie modelliert die Anziehungskraft der Moleküle untereinander (die Größe ist proportional zum Quadrat der Teilchendichte!). Im Innern des Gases wirkt sich die gegenseitige Anziehung der Teilchen wie eine Erniedrigung des Druckes nach außen aus und muss für den Druck in der Zustandsgleichung wieder addiert werden. Die Größe *b* heißt *Kovolumen* und berücksichtigt den Umstand, dass die Moleküle selber auch Platz brauchen; ihr Wert beträgt gemäß einer theoretischen Untersuchung das vierfache Eigenvolumen der Moleküle.

Wie man sieht, geht die van-der-Waals-Gleichung für großes *V* und kleine *a* und *b* (Moleküle als Massenpunkte ohne Zwischenkräfte) in die Gleichung für das ideale Gas über.

---

[57] Johannes Diderik van der Waals, holländischer Physiker, Amsterdam, 1837 - 1923

Aus experimentell erhaltenen Daten (siehe *Bild 8.10*) geht hervor, dass die Isotherme beim sog. *kritischen Punkt* K einen *Sattelpunkt* hat, d. h. erste und zweite Ableitung von p nach dem Volumen sind = 0 (vergleiche *8.3.4*). Beim kritischen Punkt verschwindet der Unterschied zwischen flüssiger und gasförmiger Phase.

Die grau hinterlegte Fläche in Bild 8.10 bezeichnet den Bereich, in dem sowohl Gas wie auch Flüssigkeit (Kondensat) vorkommen.

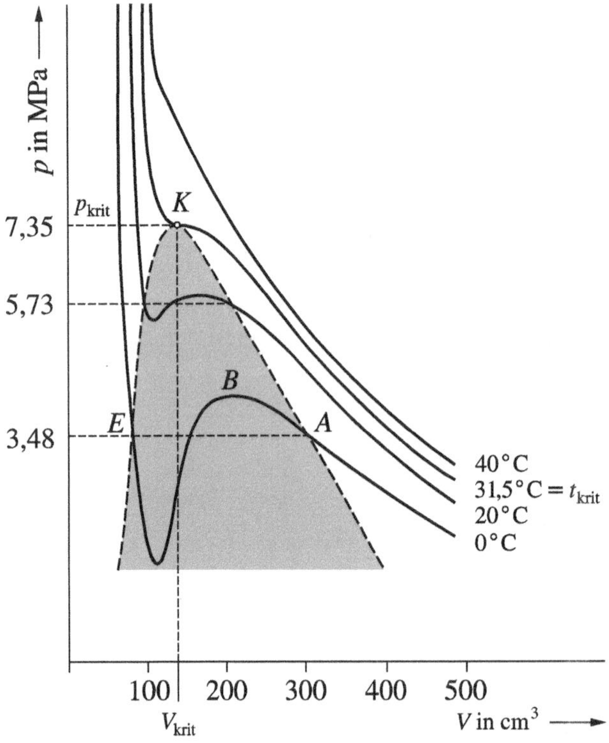

Bild 8.10 Isothermen des Kohlendioxids

Tatsächlich bildet die van-der-Waals-Gleichung auch dieses Verhalten ab und erlaubt damit gleichzeitig die Bestimmung der Parameter a und b. Wir erhalten für die erste und zweite Ableitung des Druckes nach dem Volumen

$$p(V) = \frac{R \cdot T}{V - b} - \frac{a}{V^2}$$

$$p'(V) = -\frac{R \cdot T}{(V-b)^2} + \frac{2 \cdot a}{V^3} = 0 \Rightarrow T = \frac{2 \cdot a}{V^3} \cdot \frac{(V-b)^2}{R}$$

$$p''(V) = \frac{2 \cdot R}{(V-b)^3} \cdot T - \frac{6a}{V^4} = \frac{2 \cdot R}{(V-b)^3} \cdot \frac{2 \cdot a}{V^3} \cdot \frac{(V-b)^2}{R} - \frac{6 \cdot a}{V^4} = 0 \Rightarrow V = 3 \cdot b$$

$$\Rightarrow T = \frac{2 \cdot a}{(3 \cdot b)^3} \cdot \frac{(3 \cdot b - b)^2}{R} = \frac{8 \cdot a}{27 \cdot b \cdot R}$$

$$\Rightarrow p = \frac{R \cdot \frac{8 \cdot a}{27 \cdot b \cdot R}}{3 \cdot b - b} - \frac{a}{(3 \cdot b)^2} = \frac{a}{27 \cdot b^2}$$

Kritischer Druck p_k und Temperatur T_k können experimentell bestimmt werden; für CO_2 sind $p_k = 73{,}85$ bar und $T_k = 31{,}1$ °C. Wir erhalten damit

$$a = 27 \cdot b^2 \cdot p_k$$

$$b = \frac{R \cdot T_k}{8 \cdot p_k} = 0.043 \, \frac{1}{\text{mol}}$$

$$a = 27 \cdot b^2 \cdot p_k = 3.656 \, \frac{1^2 \cdot \text{bar}}{\text{mol}^2}$$

Mit der van-der-Waals-Gleichung gilt mit dieser Bestimmung für alle Gase:

$$\frac{p_k \cdot V_k}{R \cdot T_k} = \frac{3}{8} = 0.375$$

Gemessene Werte bei realen Gasen liegen zwischen 0,23 und 0,29, sind also durchwegs tiefer: Die Übereinstimmung ist aber erstaunlich gut, wenn man berücksichtigt, dass sich die kritischen Temperaturen bei verschiedenen Stoffen um einen Faktor von bis zu 80 unterscheiden.

8.7.11 Fehlerfortpflanzung

In der Praxis kommt es häufig vor, dass man aus Messgrößen eine neue Größe berechnet. Von den Messgrößen kennt man die (Un-)Genauigkeit, und es interessiert, wie sich diese Ungenauigkeiten in einer Ungenauigkeit der berechneten Größe niederschlagen.

Die Ableitung $f'(x)$ einer Funktion $f(x)$ ist nichts anderes als der Verstärkungsfaktor, mit dem sich eine kleine Änderung in der unabhängigen Variablen x im Funktionswert $f(x)$ multipliziert.

Beispiel:

8.41 Wir messen Durchmesser und Höhe eines Zylinders mit einer bestimmten Genauigkeit und berechnen daraus das Volumen.

Das Volumen eines Zylinders mit Durchmesser D und Höhe h ist gegeben durch

$$V(D,h)=\frac{D^2\cdot\pi}{4}\cdot h$$

Eine kleine Änderung des Durchmessers um ΔD führt zu einer Änderung des Volumens um

$$\Delta V(\Delta D)=\frac{\partial V}{\partial D}\cdot\Delta D=\frac{2\cdot D\cdot\pi}{4}\cdot h\cdot\Delta D=\frac{D\cdot\pi\cdot h}{2}\cdot\Delta D\,,$$

eine kleine Änderung der Höhe um Δh führt zu einer Änderung des Volumens um

$$\Delta V(\Delta h)=\frac{\partial V}{\partial h}\cdot\Delta h=\frac{D^2\cdot\pi}{4}\cdot 1\cdot\Delta h=\frac{D^2\cdot\pi}{4}\cdot\Delta h$$

(siehe dazu auch *8.5*). Zusammengefasst für beide Arten von Fehlern:

$$\Delta V(\Delta D,\Delta h)=\frac{D\cdot\pi\cdot h}{2}\cdot\Delta D+\frac{D^2\cdot\pi}{4}\cdot\Delta h$$

Dieser Ausdruck ist das *totale Differenzial* von V. Das ist der einfachste Fall der Fehlerfortpflanzung. Man kann damit eine „worst case"-Abschätzung vornehmen.

Dieser Ausdruck ist im Beispiel nichts anderes ist als die Oberfläche, multipliziert mit dem Fehler senkrecht zu dieser Oberfläche: $D\cdot\pi\cdot h$ ist die Mantelfläche, die mit $\frac{1}{2}\Delta D$ multipliziert wird, und $D^2\cdot\pi/4$ ist die Grundfläche, die mit Δh multipliziert wird. *Wir berechnen also gewissermaßen das Volumen einer „Haut" der Dicke $\frac{1}{2}\Delta D$ bzw. $\frac{1}{2}\Delta h$ um den Körper herum.*

Wenn wir beim Zylinder mit dem Durchmesser 10 cm und der Höhe 20 cm Durchmesser und Höhe beide um 0,1 mm zu groß messen, erhalten wir das Volumen um

$$\Delta V=314.2\text{ cm}^2\cdot\Delta D+78.5\text{ cm}^2\cdot\Delta h=3.9\text{ cm}^3$$

zu groß.

8.7.12 Unsicherheitsabschätzung

Wenn wir eine Funktion $f(x, y, \ldots)$ haben und die Messungen von $x, y, \ldots$ voneinander unabhängig sind mit Standardabweichungen σ_x, σ_y, ..., gilt für die Varianz von f das *Gauß'sche Fehlerfortpflanzungsgesetz*,

$$\sigma_f^2=\left(\frac{\partial f}{\partial x}\right)^2\cdot\sigma_x^2+\left(\frac{\partial f}{\partial y}\right)^2\cdot\sigma_y^2+\ldots \qquad (8.17)$$

Für das *Beispiel 8.36* ergibt sich mit σ = 0,1 mm: σ_V = 323,9 cm$^2\cdot\sigma$ = 3,239 cm^3.

Beispiele:

8.42 Für die ohm'schen Widerstände in der folgenden Schaltung kennen wir Nominalwerte und Standardabweichungen der Herstelltoleranz. Bestimme den Ersatzwiderstand und seine Standardabweichung.

$$R_1 = (100 \pm 2)\Omega$$
$$R_2 = (50 \pm 1)\Omega$$
$$R_3 = (200 \pm 3)\Omega$$

Ersatzwiderstand:

$$\frac{1}{R} = \frac{1}{R_1 + R_2} + \frac{1}{R_3}$$
$$R = \frac{(R_1 + R_2) \cdot R_3}{(R_1 + R_2) + R_3} = \frac{(100\Omega + 50\Omega) \cdot (200\Omega)}{100\Omega + 50\Omega + 200\Omega} = \frac{30000\Omega^2}{350\Omega} = 85{,}714\Omega$$

Ableitungen:

$$\frac{\partial R}{\partial R_1} = \frac{R_3 \cdot (R_1 + R_2 + R_3) - (R_1 \cdot R_3 + R_2 \cdot R_3) \cdot 1}{(R_1 + R_2 + R_3)^2} = \frac{R_3^2}{(R_1 + R_2 + R_3)^2} = \frac{200^2}{350^2} = 0{,}327$$

Für die Ableitung nach R_2 können wir in der Ableitung nach R_1 einfach R_1 und R_2 vertauschen, da R_1 und R_2 in R „gleichberechtigt" vorkommen:

$$\frac{\partial R}{\partial R_2} = \frac{\partial R}{\partial R_1} = 0{,}327$$
$$\frac{\partial R}{\partial R_3} = \frac{(R_1 + R_2) \cdot (R_1 + R_2 + R_3) - (R_1 \cdot R_3 + R_2 \cdot R_3) \cdot 1}{(R_1 + R_2 + R_3)^2}$$
$$= \frac{R_1^2 + R_2^2 + 2 \cdot R_1 \cdot R_2}{(R_1 + R_2 + R_3)^2} = \frac{(R_1 + R_2)^2}{(R_1 + R_2 + R_3)^2} = \frac{150^2}{350^2}$$
$$= 0{,}184$$

Gauß:

$$\sigma^2 = \left(\frac{\partial R}{\partial R_1}\right)^2 \cdot \sigma_1^2 + \left(\frac{\partial R}{\partial R_2}\right)^2 \cdot \sigma_2^2 + \left(\frac{\partial R}{\partial R_3}\right)^2 \cdot \sigma_3^2$$
$$= 0{,}327^2 \cdot (2\Omega)^2 + 0{,}327^2 \cdot (1\Omega)^2 + 0{,}184^2 \cdot (3\Omega)^2$$
$$= 0{,}837\Omega^2$$
$$\sigma = 0{,}915\Omega$$

Ergebnis für die Schaltung:

$$R = (85{,}714 \pm 0{,}915)\Omega$$

8.43 Unsicherheit bei der Schnittpunktberechnung in *4.2.3* bei einem Winkelfehler mit Standardabweichung 1° für beide Azimute.

In den Geradensteigungen wird zur Vereinfachung tan(90° - α) = 1/tan(α) gesetzt, außerdem müssen wir natürlich in den Formeln für x_S und y_S die Ausdrücke für b_{HP} und b_{CB} einsetzen, da die Azimute in ihnen vorkommen:

Standardabweichung des Winkelfehlers: σ_a = 1°

Schnittpunktkoordinaten als Funktionen der gemessenen Azimute:

$$x_S = \frac{\left(y_{CB} - \frac{x_{CB}}{\tan(Azi_{CB})}\right) - \left(y_{HP} - \frac{x_{HP}}{\tan(Azi_{HP})}\right)}{\frac{1}{\tan(Azi_{HP})} - \frac{1}{\tan(Azi_{CB})}}$$

$$y_S = \frac{1}{\tan(Azi_{HP})} \cdot (x_S - x_{HP}) + y_{HP}$$

Da die analytischen Ableitungen dieser Ausdrücke nach den beiden Azimuten ziemlich unhandlich sind (im Ausdruck für y_S muss der ganze Ausdruck für x_S eingesetzt werden) und wir ihre Werte nur an einem einzigen Punkt brauchen, verwenden wir numerische Ableitungen (mit dem Rechner):

$$\left.\frac{\partial x_S}{\partial Azi_{HP}}\right|_{Azi_{HP}=79°15'36'', Azi_{CB}=218°55'53''} = 1042.519 \frac{\text{m}}{\text{rad}}$$

$$\left.\frac{\partial x_S}{\partial Azi_{CB}}\right|_{Azi_{HP}=79°15'36'', Azi_{CB}=218°55'53''} = 3249.038 \frac{\text{m}}{\text{rad}}$$

$$\left.\frac{\partial y_S}{\partial Azi_{HP}}\right|_{Azi_{HP}=79°15'36'', Azi_{CB}=218°55'53''} = 1290.561 \frac{\text{m}}{\text{rad}}$$

$$\left.\frac{\partial y_S}{\partial Azi_{CB}}\right|_{Azi_{HP}=79°15'36'', Azi_{CB}=218°55'53''} = 615.935 \frac{\text{m}}{\text{rad}}$$

Daraus:

$$\sigma_x = \sqrt{\left(\frac{\partial x_S}{\partial Azi_{HP}}\right)^2 + \left(\frac{\partial x_S}{\partial Azi_{CB}}\right)^2} \cdot \sigma_\alpha = 59.554\,\text{m}$$

$$\sigma_y = \sqrt{\left(\frac{\partial y_S}{\partial Azi_{HP}}\right)^2 + \left(\frac{\partial y_S}{\partial Azi_{CB}}\right)^2} \cdot \sigma_\alpha = 24.958\,\text{m}$$

Die Kurven gleicher Unsicherheit werden in diesem Fall mit unterschiedlichen Verteilungsbreiten in x und y von Kreisen zu *Ellipsen*. Der Bereich, in dem der Punkt mit 95 % Sicherheit zu liegen kommt, ist das Innere einer Ellipse (Fehlerellipse).

Das Resultat mit einer größeren Unsicherheit in x und einer kleineren in y entspricht dem, was man anhand von *Bild 4.3* erwartet.

Für Genauigkeitsabschätzungen bei sehr komplexen Systemen wird die sogenannte *Monte-Carlo-Methode* angewendet. Man gibt für die interessierenden Einflussgrößen Standardabweichungen vor, rechnet mit computergenerierten normalverteilten Zufallszahlen und den Methoden der Fehlerfortpflanzung in *8.7.11* oder auch direkt die Systemantwort für sehr viele Fälle durch und wertet sie statistisch aus. Dabei greift man wieder auf den Zentralen Grenzwertsatz der Statistik (*5.6*) zurück.

8.8 Übungsaufgaben

8.8.1 Zu Abschnitt 8.1

8.1 Bestimme $\lim\limits_{x\to\infty}\left(3-\frac{1}{x}+\frac{1}{x^2}\right)$

8.8.2 Zu Abschnitt 8.2

Bestimme $f'(x)$!

8.2 $f(x) = 5x$

8.3 $f(x) = 4x^2 + 2$

8.4 $f(x) = 2x - 9x^3$

8.5 $f(x) = x^3 + 5x^2$

8.6 $f(x) = \frac{1}{2}x^4 + 3x^3 - 2x + 15$

8.7 $f(x)=\frac{3}{x^2}-\frac{1}{x}+7$

8.8 $f(x)=5x$

8.9 $f(x)=9x^{\frac{1}{3}}$

8.10 $f(x)=x^2+\sqrt{x}$

8.11 $f(x)=12x^8+\frac{6}{x^2}-3x+6$

8.8.3 Zu Abschnitt 8.3

Bestimme Maxima, Minima und Wendepunkte!

8.12 $f(x) = -3x^3 - 10{,}5x^2 + 30x + 6$

8.13 $f(x) = x^3 - 8x^2 + 4x + 12$

8.14 $f(x) = x^4 - 7x^3 + 9x^2 + 27x - 54$ (mehrfache Nullstelle, Sattelpunkt)

8.8.4 Zu Abschnitt 8.4

8.15 $f(x) = x \cdot (a - 2 \cdot x)^2$

8.16 $f(x)=\frac{a}{x}$

8.17 $f(x)=\frac{a}{x^2}$

8.18 $f(x)=x+\frac{a\cdot b}{x}$

8.19 $f(x)=\frac{1}{x}-\frac{a^2}{x^3}$

8.20 $f(x)=\frac{a\cdot x}{(x+b)^2}$

8.21 $f(x)=3\cdot x^2-\frac{2}{(b-x)^3}$

8.22 $f(x)=x^2\cdot\left(4\cdot a^2-x^2\right)^3$

8.23 $f(x)=\frac{x}{x^2+a\cdot b}$

8.24 $f(x)=\frac{x^2-9}{x^2-4}$

8.25 $f(x)=\frac{x}{\left(x^2-4\right)^2}$

8.26 $f(x)=\frac{x^2-4\cdot a\cdot x}{(x-2\cdot a)^2}$

8.27 $f(x)=\frac{x^3\cdot\left(x^2-2\cdot a^2\right)}{\left(x^2-a^2\right)^2}$

8.28 $f(x)=\frac{(a+x)^3}{x}$

8.29 $f(x)=\sqrt{\frac{a}{2\cdot x}}$ 8.30 $f(x)=\sqrt{a^2-x^2}$

8.31 $f(x)=\sqrt{r^2-(x-a)^2}$ 8.32 $f(x)=\sqrt{x^2+(a-x)^2}$

8.33 $f(x)=x\cdot\sqrt{2\cdot a-x}$ 8.34 $f(x)=\sqrt{x\cdot(r-x)^3}$

8.35 $f(x)=(a+x)\cdot\sqrt{a^2-x^2}$ 8.36 $f(x)=\sqrt{\frac{x^3}{x-2\cdot a}}$

8.37 $f(x)=\sqrt{\frac{\frac{1}{2}\cdot x^2+1}{x-1}}$ 8.38 $f(x)=\frac{\sqrt{(x^2+1)^3}}{x}$

8.39 $f(x)=\frac{(b+x)^2}{x\cdot\sqrt{b^2-x^2}}$ 8.40 $f(x)=p\cdot 10^{m\cdot x-a}$

8.41 $f(x)=\ln\left(x-\frac{a}{2\cdot x}\right)$ 8.42 $f(x)=\frac{1}{2}\cdot\sin(2\cdot x)$

8.43 $f(x)=\cos(x)+\frac{1}{2}\cdot\sin(3\cdot x)$ 8.44 $f(x)=\frac{a}{\sin(x)}+\frac{b}{\cos(x)}$

8.45 $f(x)=\frac{c}{\sin(x)}-b\cdot\tan(x)$ 8.46 $f(x)=\sin(2\cdot x)-x\cdot\sin(x)$

8.47 $f(x)=\sin^2(x)+\cos^2(x)$ 8.48 $f(x)=x\cdot\cos^2(x)$

8.49 $f(x)=\sqrt{\frac{1+\cos(x)}{1-\cos(x)}}$ 8.50 $f(x)=a\sin(x)$

8.8.5 Zu Abschnitt 8.6.2

8.51 Die Zahl 100 soll so in zwei Summanden zerlegt werden, dass die Summe ihrer Quadrate möglichst klein ist.

8.52 Die Zahl 24 soll so in zwei Summanden zerlegt werden, dass ihr Produkt möglichst groß ist.

8.53 Zu welcher negativen Zahl muss man ihren Kehrwert addieren, damit die Summe am größten wird?

8.54 Welches Rechteck mit 25 m^2 Fläche hat den kleinsten Umfang?

8.55 Mit einer Schnur von 32 m Länge soll ein möglichst großes Rechteck abgesteckt werden. Wie groß sind Länge und Breite?

8.56 Mit einem Zaun der Länge 40 m soll eine möglichst große rechteckige Weide abgesteckt werden. Auf einer Seite kann die Weide dabei an eine vorhandene Mauer anlehnen.

8.57 Ein oben offenes quadratisches Prisma mit Oberfläche 100 cm^2 soll maximales Volumen haben. Wie groß sind Kantenlänge und Höhe?

8.58 Aus einem quadratischen Blech der Länge a soll durch Hochbiegen und Verschweißen der Ränder eine Kiste (ohne Deckel) mit möglichst großem Volumen hergestellt werden. Wie viel muss an den Ecken weggeschnitten werden?

8.59 Aus einem Blech mit den Maßen 60 x 100 mm soll durch Hochbiegen und Verschweißen der Ränder eine oben offene Kiste größten Inhalts hergestellt werden. Wie groß sind Länge, Breite und Tiefe dieses Kastens?

8.60 Löse die vorherige Aufgabe für ein rechteckiges Blech mit den Seiten a und b und den Fall, dass die Kiste einen Deckel hat.

8.61 Wie muss sich bei einer zylindrischen Konservendose (mit Deckel!) der Durchmesser zur Höhe verhalten, damit bei gegebenem Volumen möglichst wenig Blech gebraucht wird?

8.62 Wie ist das Verhältnis in der vorherigen Aufgabe, wenn die Büchse oben offen ist?

8.63 Eine Käseschachtel mit Deckel und halbrundem Grundriss mit Volumen ½ l soll möglichst leicht sein. Wie groß sind Radius und Höhe zu wählen?

8.64 Ein konischer Körper mit 1 l Inhalt habe minimale Oberfläche. r, h = ? (Volumen = Grundfläche · Höhe/3)

8.65 Aus einem kreisförmigen Blech mit $r = 15$ cm soll ein Sektor mit dem Zentriwinkel φ so ausgeschnitten werden, dass der entstehende Trichter den größten Inhalt hat. Bestimme φ und V_{max}.

8.66 Zwei Ohm'sche Widerstände R_1 und R_2 haben bei Parallelschaltung einen Widerstand von 160 W. In Serieschaltung soll der Gesamtwiderstand möglichst klein sein. Berechne R_1 und R_2.

Widerstände in Serieschaltung addieren sich, bei Parallelschaltung addieren sich die Kehrwerte.

8.67 Aus drei Brettern gleicher Breite von 25 cm soll eine trapezförmige, oben offene Rinne mit möglichst großem Querschnitt hergestellt werden. Unter welchem Winkel müssen die Bretter aneinandergefügt werden?

8.68 Aus einem Baumstamm mit rundem Querschnitt und Radius r soll ein rechteckiger Balken mit der größten Belastbarkeit auf Biegung herausgeschnitten werden. Das maximale Biegemoment ist gleich dem Produkt aus zulässiger Spannung (Materialkonstante) und Widerstandsmoment $W = b \cdot h^2/6$; b = Breite, h = Höhe.

Wie groß müssen b und h gewählt werden?

Wie viel Prozent des Stammes sind Abfall?

Wie groß ist der Verlust an Biegefestigkeit gegenüber dem ganzen Stamm? Das Widerstandsmoment für eine Kreisscheibe ist $W = \pi \cdot r^3/4$.

8.69 Bei drehenden Maschinen hängen Leistung P (in Watt) und Drehmoment M gemäß $P = M \cdot \omega$ zusammen, wobei ω die Winkelgeschwindigkeit in rad/s ist. Siehe dazu auch die Erläuterungen in *4.10.3*.

Ein Automotor habe einen Drehmomentverlauf $M(n) = 230 - \frac{(n-3500)^2}{50000}$ in N m. n bezeichnet die Drehzahl in U/min. Berechne, bei welcher Drehzahl der Motor die maximale Leistung abgibt und wie viele PS diese beträgt (1 PS = 735,5 W).

Dieselmotoren arbeiten mit höherem Zylinderdruck und haben deshalb höhere Drehmomente als gleich große Benzinmotoren. Was ist die Konsequenz daraus für den Benzinmotor, wenn beide die gleiche Leistung abgeben sollen?

8.70 Eine Turbine hat eine Leistung von $P = w \cdot (v - u) \cdot u$ (Turbinenformel von Euler[27]). Darin bedeuten w die pro Sekunde auftreffende Maße (Dampf- oder Wasserstrahl), v die (tangentiale) Strahlgeschwindigkeit und u die Geschwindigkeit der Turbinenschaufeln. Bei welchem Wert von u wird die maximale Leistung (maximale Energieübertragung vom Strahl auf die Turbine) erzielt?

8.71 Wir wollen N gleichartige Akkus so verschalten, dass das System einen möglichst großen Strom liefert. Die Schaltung muss aus n_p Elementen von je n_s in Serie geschalteten Zellen bestehen, damit alle dieselbe Spannung haben, und es muss $N = n_p \cdot n_s$ gelten. Bestimme n_p und n_s.

Gegeben: v Spannung einer Zelle

r innerer Widerstand einer Zelle

R_a äußerer Widerstand der Leitung (Verbraucher)

Das Ohm'sche Gesetz lautet: $U = I \cdot R$. Widerstände in Serie addieren sich, bei Widerständen parallel addieren sich die Kehrwerte.

8.72 Ein Gärtner möchte ein kreisförmiges und ein quadratisches Beet umzäunen. Es stehen 100 m Zaun zur Verfügung.

Bestimme den Radius r des kreisförmigen Blumenbeetes und die Seitenlänge a des quadratischen Blumenbeetes so, dass die Fläche der beiden Blumenbeete zusammen

a) maximal

b) minimal ist.

8.73 Bei einem Stückpreis von 14,40 Fr. werden wöchentlich 11392 Stück eines Artikels verkauft, bei einem Preis von 18,20 Fr. sind es noch 9226 Stück. Die Nachfrage ist in diesem Bereich eine lineare Funktion des Verkaufspreises.

Bestimme die Funktionsgleichungen für Nachfrage N und Umsatz U. Mit welcher Preisfestlegung könnte der größte Umsatz erzielt werden (Absatz der Ware vorausgesetzt)?

8.74 Eine über der Mitte eines runden Tisches mit Radius r aufgehängte höhenverstellbare Lampe soll so eingestellt werden, dass ein am Tischrand liegendes Buch maximal beleuchtet wird. Bestimme die Höhe h.

8.75 Zwei Lampen mit den Lichtstärken L_1 = 27 Lux und L_2 = 64 Lux sind 10 m voneinander entfernt. Ermittle den Punkt *P* zwischen den 2 Lampen, der am schwächsten beleuchtet ist. (Die Beleuchtungsstärke ist proportional der Lichtstärke *L* und umgekehrt proportional zum Quadrat der Entfernung.)

8.76 Hans steht auf einer Seite eines 300 m breiten Flusses (ohne Strömung) und möchte möglichst schnell zu seinem Schatz an einem Punkt e = 450 m flussabwärts am anderen Ufer gelangen. Er ist ein sehr guter Schwimmer und legt im Wasser 5 km/h zurück, an Land 13 km/h. Wie weit flussabwärts (x) liegt der Punkt, den er beim Schwimmen anzielen soll?

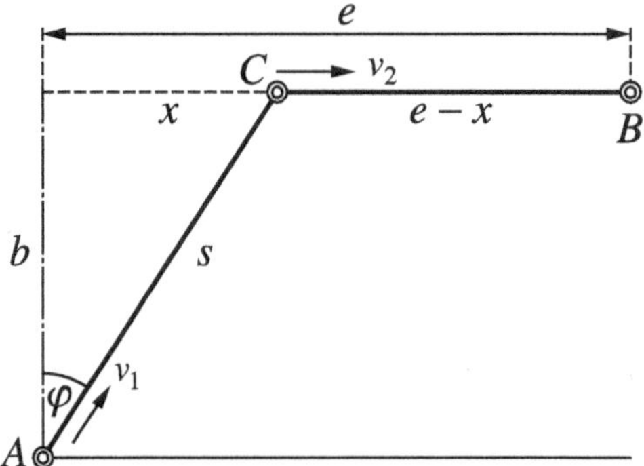

8.77 Eine Leiter der Länge *S* (Dicke vernachlässigt) soll durch eine Öffnung der Höhe *h* in ein Gebäude der Breite *b* gebracht werden. Wie lang darf *S* höchstens sein?

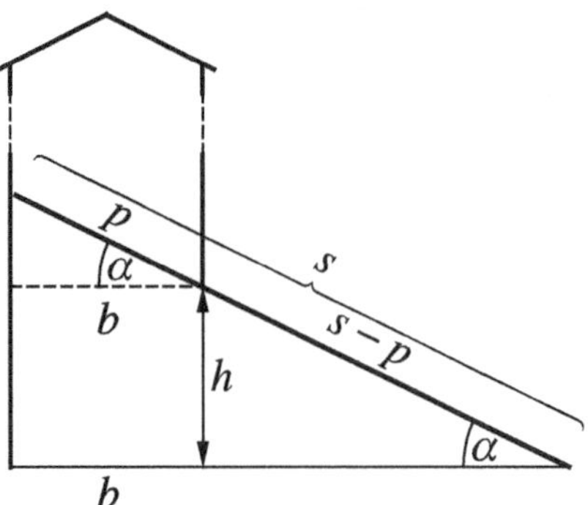

Aufgabe: b = 5 m, h = 3 m

Anleitung: Drücke *S* in der eingezeichneten Stellung als Funktion von b, h und α aus, bestimme das *Minimum* von $S(\alpha)$.

8.78 Berechne, wie hoch die Öffnung in *Aufgabe 8.77* minimal sein muss, wenn S = 10 m gegeben ist.

8.79 Beim Zügeln (oder in der Tiefgarage): Wie lange darf ein Möbelstück der Breite v höchstens sein, damit es um die Ecke eines Korridors geht? Der Korridor habe auf einer Seite eine Breite a, auf der anderen Seite b.

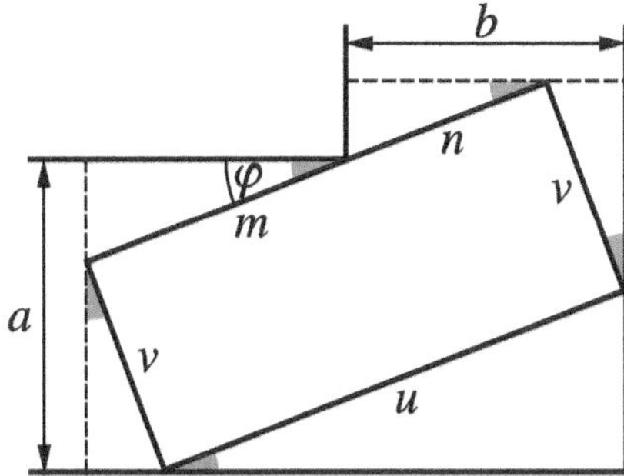

Aufgabe: a = 3 m, b = 2 m, v = 1,5 m

Bei dieser Aufgabe berechnet man das *Minimum* (als Funktion des Winkels φ) der Länge eines Körpers, der mit zwei Ecken die Wände berührt und mit einer Wand die Korridorecke, es ist ist also $m + n$ als Funktion von a, b, v und φ auszudrücken. (Bei der praktischen Umsetzung Toleranz nicht vergessen!)

Die Aufgabe führt am Ende auf eine algebraische Gleichung 6. Grades und wird am besten schon vorher im Stadium der Winkelfunktionen numerisch gelöst. Eine numerische Lösung mit dem Newton-Verfahren findet sich in *Beispiel 8.34*. Die Lösung ist selbstverständlich auch mit dem TI-30xPro möglich.

9 Integralrechnung

9.1 Das bestimmte Integral

9.1.1 Begriffe und Grundlagen

Das Grundproblem der Integralrechnung besteht in der Berechnung der Fläche zwischen dem Graphen einer Funktion und der x-Achse. Zahlreiche technische und wissenschaftliche Problemstellungen erfordern dies.

Beispiel:

9.1
- Die Fläche zwischen der Geschwindigkeitsfunktion und der Zeitachse entspricht dem bei einer Bewegung zurückgelegten Weg (bei konstanter Geschwindigkeit ist Weg = Geschwindigkeit · Zeit).

  Wir stellen uns eine Bewegung vor, die stückweise aus Abschnitten mit gleichförmiger Beschleunigung, konstanter Geschwindigkeit und gleichförmiger Verzögerung besteht. Hier können wir (wie aus dem Mechanikunterricht hoffentlich in Erinnerung geblieben ist) den zurückgelegten Weg durch Aufaddieren von Drei- und Vierecken bestimmen. Und wenn die Beschleunigung nicht konstant ist?

- Die Fläche zwischen der Kraftfunktion und der Wegachse entspricht der geleisteten Arbeit (bei konstanter Kraft ist Arbeit = Kraft · Weg).

  Wird ein Körper der Masse m gegen die Erdanziehung (Schwerkraft) um h Meter angehoben, so wird die Arbeit $m \cdot g \cdot h$ geleistet, die jetzt als potenzielle Energie (Energie der Lage) im Körper steckt.

  Beim Strecken einer idealen Feder (ideale Feder: die Kraft ist proportional zur Auslenkung aus der Ruhelage) nimmt die Kraft mit dem Weg zu, und die Energie kann als Summe von Drei- und Vierecksflächen berechnet werden. Und wenn die Kraft z. B. mit dem Quadrat des Abstandes abnimmt?

Unter dem *bestimmten Integral* versteht man die Fläche zwischen x-Achse und einer Kurve zwischen zwei x-Werten a und b.

Schreibweise für ein bestimmtes Integral: $F = \int_a^b f(x)dx$

$f(x)$ Integrand
a, b Integrationsgrenzen
dx Symbol dafür, dass über x integriert wird

Wie man anhand einer graphischen Darstellung sofort sieht, gilt

$$\int_a^c f(x)dx = \int_a^b f(x)dx + \int_b^c f(x)dx$$

$$\int_a^b f(x)dx = -\int_b^a f(x)dx, \quad \textit{speziell} \int_a^a f(x)dx = 0$$

9.1.2 Berechnung bestimmter Integrale

Ist $f(x)$ eine konstante Funktion, ist die Fläche unter der Kurve ein Rechteck. Die Fläche unter dem Graphen von $f(x) = 1$ zwischen $x = 0$ und $x = a$ ist gleich a. Die Fläche unter dem Graphen von $f(x) = c$ beträgt $c \cdot a$, also das c-Fache.

Ist $f(x)$ eine lineare Funktion, kann man die Fläche zwischen dem Graphen und der x-Achse aus Rechtecken und Dreiecken berechnen. Ist zum Beispiel $f(x) = x$, beträgt die Fläche zwischen $x = 0$ und $x = a$ gerade $\frac{1}{2}a^2$.

Schwieriger wird es bei einem „krummen" Graphen, zum Beispiel $f(x) = x^2$. Wir versuchen, die Fläche unter der Kurve näherungsweise zu ermitteln, indem wir sie in schmale rechteckige Streifen schneiden und diese addieren.

Zu diesem Zweck unterteilen wir den Bereich zwischen $x = 0$ und $x = a$ in n gleich breite Streifen der Breite a/n und bilden die Summe der Flächen der unterhalb und der oberhalb der Funktion verlaufenden Stufenfunktionen S_u und S_o:

$$S_u = \frac{a}{n}\cdot 0^2 + \frac{a}{n}\cdot\left(\frac{a}{n}\right)^2 + \frac{a}{n}\cdot\left(\frac{2a}{n}\right)^2 + \frac{a}{n}\cdot\left(\frac{3a}{n}\right)^2 + \ldots + \frac{a}{n}\cdot\left(\frac{(n-1)a}{n}\right)^2$$

$$S_o = \frac{a}{n}\cdot\left(\frac{a}{n}\right)^2 + \frac{a}{n}\cdot\left(\frac{2a}{n}\right)^2 + \frac{a}{n}\cdot\left(\frac{3a}{n}\right)^2 + \ldots + \frac{a}{n}\cdot\left(\frac{(n-1)a}{n}\right)^2 + \frac{a}{n}\cdot\left(\frac{na}{n}\right)^2$$

Die wirkliche Fläche S liegt zwischen diesen beiden Werten, $S_u < S < S_o$. Aus den obigen Ausdrücken ergibt sich mithilfe der Formel für die Summe der Quadratzahlen (s. Gl. (7.3))

$$\sum_{k=1}^{n} k^2 = \frac{n\cdot(n+1)\cdot(2n+1)}{6}$$

$$S_u = \frac{a^3}{n^3}\cdot\left(1^2+2^2+3^2+\ldots+(n-1)^2\right) = \frac{a^3}{n^3}\cdot\sum_{k=1}^{n-1}k^2 = \frac{a^3}{n^3}\cdot\frac{(n-1)\cdot n\cdot(2n-1)}{6}$$

$$= \frac{a^3}{n^3}\cdot\frac{2n^3-3n^2+n}{6} = \frac{a^3}{6}\cdot\left(2-\frac{3}{n}+\frac{1}{n^2}\right) \xrightarrow{n\to\infty} \frac{a^3}{3}$$

$$S_o = \frac{a^3}{n^3}\cdot\left(1^2+2^2+3^2+\ldots+(n-1)^2+n^2\right) = \frac{a^3}{n^3}\cdot\sum_{k=1}^{n}k^2 = \frac{a^3}{n^3}\cdot\frac{n\cdot(n+1)\cdot(2n+1)}{6}$$

$$= \frac{a^3}{n^3}\cdot\frac{2n^3+3n^2+n}{6} = \frac{a^3}{6}\cdot\left(2+\frac{3}{n}+\frac{1}{n^2}\right) \xrightarrow{n\to\infty} \frac{a^3}{3}$$

Damit ist gezeigt, dass auch S gegen $\frac{a^3}{3}$ strebt.

Zum Vertiefen: Berechne $\int_0^a x^3\,dx$. Benütze dabei Gl. (7.4): $\sum_{k=1}^{n} k^3 = \left(\frac{n\cdot(n+1)}{2}\right)^2$ aus *7.1.2.*

Wie man aufgrund dieser Ergebnisse vermuten wird, gilt $\int_0^a x^n\,dx = \frac{a^{n+1}}{n+1}$, wiederum nicht nur für ganzzahlige n, sondern für beliebige, sogar komplexe n, und damit auch

$$\int_a^b x^n\,dx = \int_0^b x^n\,dx - \int_0^a x^n\,dx = \frac{b^{n+1}}{n+1} - \frac{a^{n+1}}{n+1} \equiv \left.\frac{x^{n+1}}{n+1}\right|_a^b \tag{9.1}$$

9.2 Die Stammfunktion und ihre Ableitung

Durch die Zuordnung

$$F_0 : x \to F_0(x) = \int_0^x f(s)ds$$

wird eine neue Funktion von x definiert, die *Integralfunktion*. Ihr Wert entspricht der Fläche unter dem Graphen von $f(s)$ zwischen $s = 0$ und $s = x$. Im Falle von $f(s) = s^2$ ist, wie wir soeben gesehen haben, $F_0(x) = x^3/3$.

Definition:

F(x) ist eine Stammfunktion von f(x), wenn gilt: $\int_a^b f(x)dx = F(x)|_a^b = F(b) - F(a)$.

Die Integralfunktion $F_0(x)$ ist demnach eine Stammfunktion von $f(x)$. Man sieht sofort, dass man zu einer Stammfunktion eine beliebige Konstante addieren darf und die Stammfunktion danach immer noch eine Stammfunktion ist.

Mit der Stammfunktion ist die Bestimmung der Fläche unter der Kurve auf die Bestimmung der (einer) Stammfunktion verlagert. Das Problem ist damit natürlich nicht einfacher geworden, es hat einfach einen anderen Namen bekommen!

Das Konzept ist aber so wichtig, dass wir noch einen Moment daran wenden wollen. Die Fläche unter der Kurve einer Funktion sehen wir plötzlich nur noch als eine Zahl, und diese Zahl fassen wir als Differenz zweier Werte einer neuen Funktion auf. Der geistige Schritt ist ähnlich wie beim Ableiten, wo wir von der Steigung eines Graphen redeten und diese Steigung dann plötzlich nur noch der Funktionswert der Ableitungsfunktion war.

Eine Folgerung aus der Existenz der Stammfunktion ist

$$\int_a^b f(x)dx = F(b) - F(a) = -\big(F(a) - F(b)\big) = -\int_b^a f(x)dx \qquad (9.2)$$

Wenn wir x um Δx vergrößern, vergrößert sich der Wert der Integralfunktion um das schmale Flächenstück zwischen x und Δx.

Wir betrachten die Fläche A unter der Kurve von $f(x)$ zwischen x und $x + \Delta x$, wenn $F(x)$ eine Stammfunktion von $f(x)$ ist:

$$A = F(x + \Delta x) - F(x)$$

Wir wollen dabei annehmen, dass $F(x + \Delta x) > F(x)$ sei (für den umgekehrten Fall werden in der folgenden Rechnung die Ungleichheitszeichen umgekehrt, was an der Aussage nichts ändert). Dann ist aus geometrischen Gründen

$$f(x)\cdot\Delta x < F(x+\Delta x) - F(x) < f(x+\Delta x)\cdot\Delta x$$

$$f(x) < \frac{F(x+\Delta x) - F(x)}{\Delta x} < f(x+\Delta x)$$

Im Grenzübergang $\Delta x \to 0$ gehen der erste und der dritte Ausdruck gegen $f(x)$, der mittlere Ausdruck aber gegen $F'(x)$, die Ableitung der Stammfunktion.

Die Ableitung einer Stammfunktion ist gleich dem Integranden, F'(x) = f(x). Die Integration ist die Umkehrung der Differenziation!

9.3 Das unbestimmte Integral

Mit dem Konzept der Stammfunktion (*9.2*) wurde der Integralbegriff von der Fläche und den Integrationsgrenzen losgelöst. *Das Integrieren wird jetzt als* **abstrakte mathematische Operation** *an einer Funktion gesehen.* Wir bezeichnen

$$\int f(x)dx$$

als *unbestimmtes Integral* der Funktion $f(x)$. Für die Stammfunktion der Funktion $f(x)$ gilt

$$F(x) = \int f(x)dx + C.$$

Die *Integrationskonstante C* steht dafür, dass zu einer Stammfunktion eine beliebige Konstante addiert werden kann. Bei der Umkehrung des Integrierens, dem Ableiten, werden additive Konstanten bekanntlich zu Null (*8.2.2*). Stammfunktionen sind also *nur bis auf eine additive Konstante eindeutig.*

Das Integrieren gilt als eine große Kunst in der Mathematik. In Formelsammlungen füllen Integrale Dutzende von Seiten. Sehr viele Integrale sind unlösbar und können nur als bestimmte Integrale numerisch ausgewertet werden. Mit raffinierten Methoden kann man versuchen, unlösbare Integrale auf lösbare zurückzuführen. Die nächsten Abschnitte sollen eine Vorstellung dieser Techniken vermitteln, ohne dass wir zu sehr in die Details gehen. Programme wie Mathematica, Maple oder Mathcad können heute besser integrieren als weit über 99,99 % der Bevölkerung.

9.4 Integrationsregeln

9.4.1 Integrationsregeln aus Ableitungsregeln

Aus jeder Ableitungsregel (siehe *8.2.2* und *8.4*) ergibt sich durch Umkehrung eine Integrationsregel:

$$\int \left(f(x) \pm g(x)\right) dx = \int f(x) dx \pm \int g(x) dx \tag{9.3}$$

$$\int A \cdot f(x) dx = A \cdot \int f(x) dx \tag{9.4}$$

Ableitungsregel	Integrationsregel	
$x^n \to n \cdot x^{n-1} \Rightarrow \frac{x^{n+1}}{n+1} \to x^n$	$x^n \to \frac{x^{n+1}}{n+1} + C$	(9.5)
$a^{\lambda x} \to \lambda \cdot \ln(a) \cdot a^{\lambda x} \Rightarrow \frac{a^{\lambda x}}{\lambda \cdot \ln(a)} \to a^{\lambda x}$	$a^{\lambda x} \to \frac{a^{\lambda x}}{\lambda \cdot \ln(a)} + C$	(9.6)
$e^{\lambda x} \to \lambda \cdot e^{\lambda x} \Rightarrow \frac{e^{\lambda x}}{\lambda} \to e^{\lambda x}$	$e^{\lambda x} \to \frac{e^{\lambda x}}{\lambda} + C$	(9.7)
$\ln(x) \to \frac{1}{x}$	$\frac{1}{x} \to \ln(x) + C$	(9.8)
$\sin(a \cdot x) \to a \cdot \cos(a \cdot x)$	$\cos(a \cdot x) \to \frac{\sin(a \cdot x)}{a} + C$	(9.9)
$\cos(a \cdot x) \to - a \cdot \sin(a \cdot x)$	$\sin(a \cdot x) \to -\frac{\cos(a \cdot x)}{a} + C$	(9.10)
$\tan(x) \to \frac{1}{\cos^2(x)}$	$\frac{1}{\cos^2(x)} \to \tan(x) + C$	(9.11)
$\frac{1}{\tan(x)} \to -\frac{1}{\sin^2(x)}$	$\frac{1}{\sin^2(x)} \to -\frac{1}{\tan(x)} + C$	(9.12)
$\arcsin(x) \to \frac{1}{\sqrt{1-x^2}}$	$\frac{1}{\sqrt{1-x^2}} \to \arcsin(x) + C$	(9.13)

9.4.2 Logarithmische Ableitung

Aus der Ableitung des Logarithmus und der Kettenregel beim Ableiten (*8.4.3*) ergibt sich folgende Integrationsregel:

$$\int \frac{g'(x)}{g(x)} dx = \ln\left(g(x)\right) + C \tag{9.14}$$

Beispiele:

9.2 $$\int \frac{x}{x^2+5} dx = \frac{1}{2} \cdot \int \frac{2 \cdot x}{x^2+5} dx = \frac{1}{2} \cdot \ln(x^2+5) + C$$

9.3 $$\int \frac{1}{\tan(x)} dx = \int \frac{\cos(x)}{\sin(x)} dx = \ln\left(\sin(x)\right) + C$$

9.4 $$\int \tan(x) dx = \int \frac{\sin(x)}{\cos(x)} dx = -\ln\left(\cos(x)\right) + C$$

9.4.3 Partielle Integration

Aus der Produktregel beim Ableiten (*8.4.1*) folgt durch Integrieren

$$\underbrace{\int f'(x) dx}_{\substack{=f(x) \\ =g(x)\cdot h(x)}} = \int g(x) \cdot h'(x) dx + \int g'(x) \cdot h(x) dx$$

$$\Rightarrow \int g(x) \cdot h'(x) dx = g(x) \cdot h(x) - \int g'(x) \cdot h(x) dx \tag{9.15}$$

Dadurch wird ein Integral auf ein anderes (hoffentlich einfacheres) zurückgeführt.

Beispiele:

9.5 $$\int \underbrace{x}_{g} \cdot \underbrace{e^x}_{h'} dx = \underbrace{x}_{g} \cdot \underbrace{e^x}_{h} - \int \underbrace{1}_{g'} \cdot \underbrace{e^x}_{h} dx = x \cdot e^x - e^x + C = e^x \cdot \left(x - 1\right) + C$$

9.6 In diesem Beispiel muss zweimal partiell integriert werden:

$$\begin{aligned}\int \underbrace{x^2}_{g} \cdot \underbrace{\cos(x)}_{h'} dx &= x^2 \cdot \sin(x) - \int 2x \cdot \sin(x) dx \\ &= x^2 \cdot \sin(x) - \left(-2x \cdot \cos(x) + \int 2 \cdot \cos(x) dx\right) \\ &= x^2 \cdot \sin(x) - \left(-2x \cdot \cos(x) + 2 \cdot \sin(x)\right) \\ &= x^2 \cdot \sin(x) + 2x \cdot \cos(x) - 2 \cdot \sin(x) + C\end{aligned}$$

9.7 $$\int \ln(x) dx = \int \underbrace{\ln(x)}_{g} \cdot \underbrace{1}_{h'} dx = x \cdot \ln(x) - \int \underbrace{x}_{h} \cdot \underbrace{\frac{1}{x}}_{g'} dx = x \cdot \ln(x) - x + C = x \cdot \left(\ln(x) - 1\right) + C$$

9.4.4 Integration durch Substitution

Umkehrung der Kettenregel: Umwandlung des Integrals in ein anderes (einfacheres).

4 Schritte:

1. Ersetze x durch $u(z)$ und dx durch $\frac{du}{dz}\cdot dz = u'(z)\cdot dz$.
2. Wenn bestimmtes Integral: Rechne die Integrationsgrenzen von x in z um.
3. Löse $\int f(x)dx = \int f(u(z))\cdot u'(z)dz$
4. Ersetze z durch die Umkehrfunktion $u^{-1}(x)$

Beispiele:

9.8 siehe *Abschnitt 9.6.8*

9.9 $\int \frac{x}{\sqrt{ax+b}}dx$

Der Ausdruck $\sqrt{ax+b}$ stört und soll weggeschafft werden:

$$z = \sqrt{ax+b} \Rightarrow x(z) = \frac{z^2-b}{a} \Rightarrow \frac{dx(z)}{dz} = \frac{2z}{a} \Rightarrow dx = \frac{2z}{a}dz$$

einsetzen:

$$\int \frac{x}{\sqrt{ax+b}}dx = \int \underbrace{\frac{z^2-b}{a}}_{x}\cdot \underbrace{\frac{1}{z}}_{\frac{1}{\sqrt{ax+b}}}\cdot \underbrace{\frac{2z}{a}dz}_{dx} = \frac{2}{a^2}\cdot \int \left(z^2-b\right)dz$$

$$= \frac{2}{a^2}\cdot\left(\frac{z^3}{3} - bz\right) + C$$

$$= \frac{2}{a^2}\cdot\left(\frac{\sqrt{ax+b}^3}{3} - b\cdot\sqrt{ax+b}\right) + C$$

9.5 Numerische Integration

9.5.1 Integration durch Approximation

Jede differenzierbare Funktion kann durch *Potenzreihen* (sog. *Taylorreihen*) dargestellt werden (zum Begriff der Potenzreihe vergleiche *7.4*). Bei bekannten Funktionen kennen wir häufig auch andere Annäherungen mithilfe von Polynomen.

Beispiel:

9.10 Das Integral der Gauß'schen Normalverteilungsfunktion Gl. (*5.6*) kann für $x > 0$ angenähert werden durch

$$\frac{1}{2\cdot\pi}\int_x^{\infty} e^{-\frac{s^2}{2}} ds \approx \frac{1}{2\cdot\pi}\cdot e^{-\frac{x^2}{2}}\cdot\begin{pmatrix}1.330274429\cdot t^5 - 1.821255978\cdot t^4 + 1.781477937\cdot t^3 \\ -0.356563782\cdot t^2 + 0.31938153\cdot t\end{pmatrix},$$

wo $t = \dfrac{1}{1+0.2316419\cdot x}$. Der absolute Fehler ist dabei $< 7{,}5\cdot 10^{-8}$!

9.5.2 Trapez-Integration

Sehr viele Funktionen können bei aller Kunst nicht analytisch (mit einer „Formel" als Resultat) integriert werden, oder sie sind nur *punktweise* (beispielsweise als Messwerte irgendwelcher Art) gegeben.

Zur Bestimmung der Fläche unter der Kurve kehren wir zu den Überlegungen in *Abschnitt 9.1.2* am Anfang dieses Kapitels zurück.

Die Kurve sei gegeben als *n* Messwerte $y_1, y_2, \ldots, y_n$ an den zugehörigen *Stützstellen* $x_1, x_2, \ldots, x_n$. Durch geradlinige Verbindung der Punkte entsteht eine stückweise lineare Funktion, deren Integral als Summe von n^{-1} trapezförmigen Teilflächen angenähert werden kann als

$$\sum_{i=1}^{n-1}\left(x_{i+1}-x_i\right)\cdot\frac{y_{i+1}+y_i}{2} = \frac{1}{2}\cdot\sum_{i=1}^{n-1}\left(x_{i+1}-x_i\right)\cdot\left(y_{i+1}+y_i\right)$$

Die Stützstellen können in dieser Form, was ein zusätzlicher Vorteil des Verfahrens ist, beliebig und unregelmäßig angeordnet sein, siehe *9.7.13* für eine typische Anwendung.

Eine Verfeinerung des Verfahrens könnte darin bestehen, die punktweise gegebene Funktion durch eine sogenannte Spline-Interpolation „abzurunden", der Gewinn ist aber zweifelhaft und das einfache und klare Trapez-Verfahren wird deshalb meistens vorgezogen. (Bei der Spline-Interpolation wird die Kurve stückweise möglichst glatt durch kubische Polynome angenähert, die durch alle Stützpunkte gehen und bei denen das Integral über das Quadrat der zweiten Ableitung - dieses ist bei einem elastischen Stab proportional zur totalen Deformationsenergie - minimal ist. Die erste Ableitung ist stetig, die Approximation hat also keine Knicke. Die Spline-Interpolation ist in zahlreichen Softwarepaketen programmiert.)

9.5.3 Romberg-Integration

Für den Fall, dass die Funktion nicht analytisch integriert, aber an beliebigen Stellen ausgewertet werden kann, existieren konvergierende numerische Verfahren zur Berechnung bestimmter Integrale. Das Romberg-Verfahren basiert auf fortgesetzter Trapez-Integration mit anschließender Konvergenzverbesserung.

Es bezeichne $T(h)$ den Trapezwert bei Einteilung des Integrationsbereiches in n gleich große Intervalle der Breite $h = \frac{b-a}{n}$, und $x_j = a + j \cdot h, j = 0, 1, \ldots, n$:

$$T(h) = \sum_{j=0}^{n} h \cdot \frac{f(x_j) + f(x_{j+1})}{2} = h \cdot \left(\tfrac{1}{2} \cdot f(a) + f(x_1) + f(x_2) + \ldots + f(x_{n-1}) + \tfrac{1}{2} \cdot f(b)\right)$$

Jetzt bilden wir mit

$$T_{n,0} = T\left(\frac{b-a}{2^n}\right) \text{ und } T_{n,k} = \frac{4^k \cdot T_{n,k-1} - T_{n-1,k-1}}{4^k - 1}$$

das Romberg-Schema

$$\begin{matrix} T_{0,0} & & \\ T_{1,0} & T_{1,1} & \\ T_{2,0} & T_{2,1} & T_{2,2} \\ \ldots & & \end{matrix}$$

etc., dessen *Diagonale* rasch gegen den Wert des Integrals konvergiert (außer wenn der Integrand nicht „genügend oft" stetig differenzierbar ist). Die Werte $T_{n,0}$ können aus $T_{n-1,0}$ durch Hinzufügen der neuen Zwischenwerte und Division durch 2 gebildet werden, ohne alles neu zu berechnen.

9.6 GeoGebra

Der Befehl in Geogebra lautet „Integral()"; die Syntax ist erklärt unter *https://wiki.geogebra.org/de/Integral_%28Befehl%29*.

Integralfunktion:

f(x) = Integral(0.1 x³ − 3 x + 1)

→ $0.025\,x^4 + \frac{-3}{2}\,x^2 + x$

Graphische Darstellung:

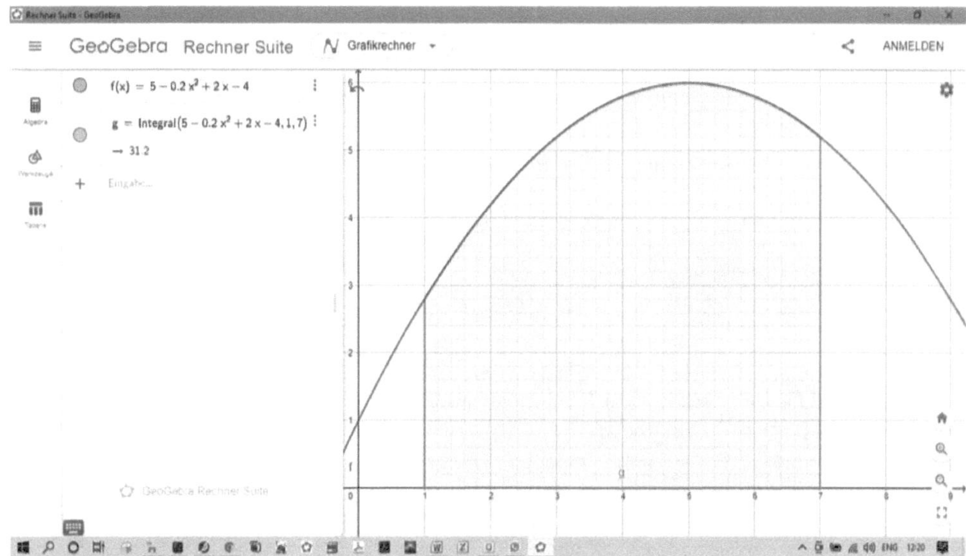

Fläche zwischen zwei Kurven (Eingabe mit „Integral()"):

$$a = \text{IntegralZwischen}\left(0.5\,(x-3)^2 - 2,\, 14 - (x+1)^2,\, -\frac{7}{3},\, 3\right)$$

→ -37.9258815

Eingabe...

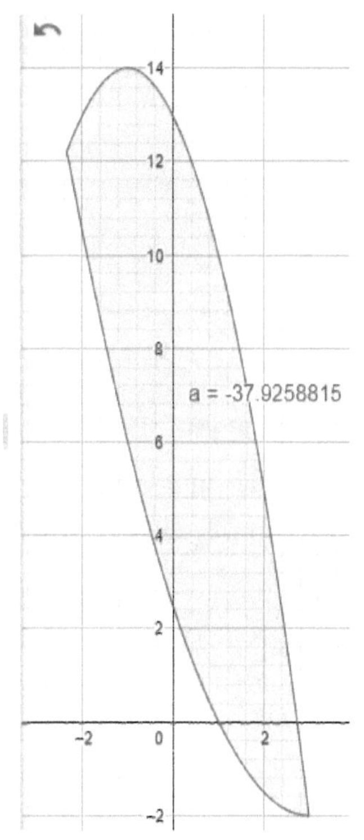

9.7 Anwendungen

9.7.1 Mittelwert einer Funktion in einem Intervall

Eine Funktion, beispielsweise ein zeitlich veränderliches kontinuierliches Signal, sei durch $f(t)$ gegeben. Die Fläche unter der Kurve in einem Intervall $[a, b]$ kann auch ausgedrückt werden als Produkt aus der Breite $b - a$ und dem Mittelwert von f,

$$F = \int_a^b f(t)dt = (b-a)\cdot\overline{f} \qquad \Rightarrow \qquad \overline{f} = \frac{1}{b-a}\cdot\int_a^b f(t)dt \tag{9.16}$$

Beispiele:

9.11 Erwärmt man einen Festkörper, so zeigt sich bei genauer Beobachtung, dass er sich verlängert. Die Verlängerung Δl ist proportional zur ursprünglichen Länge l_0 und zur Temperaturdifferenz Δt

$$\Delta l = \alpha\cdot l_0\cdot\Delta t = \varepsilon\cdot l_0$$

mit der Dehnung

$$\varepsilon = \frac{\Delta l}{l_0} = \alpha\cdot\Delta t$$

α ist eine Materialgröße und heißt Längendehnungskoeffizient; ihr Wert gibt an, um wieviel (relativ) sich ein Stab der Länge 1 bei Erwärmung um 1 °C verlängert.

α nimmt mit der Temperatur zu - häufig so schwach, dass der Wert über kleine Bereiche als konstant angesehen werden kann. Für große Bereiche kann der Verlauf des Ausdehnungskoeffizienten durch Polynome angenähert werden. Für Stahl gilt dabei im Bereich -250 °C bis 700 °C die Näherung[58]

$$\alpha_{Stahl}(t) = \left(11{,}26\cdot10^{-6} + 21{,}88\cdot10^{-9}\cdot t - 52{,}56\cdot10^{-12}\cdot t^2 + 55\cdot10^{-15}\cdot t^3\right)/\,\mathrm{K}$$

Bestimme den mittleren Ausdehnungskoeffizienten für Stahl für eine Temperaturerhöhung von -50 °C auf 320 °C.

Wir geben im Rechner ein:

11.26**[EE]**-6 sto → a

21.88**[EE]**-9 sto → b

-52.56**[EE]**-12 sto → c

55**[EE]**-15 sto → d

[58] Cerbe/Wilhelms, Technische Thermodynamik, Hanser Verlag, 16. Auflage

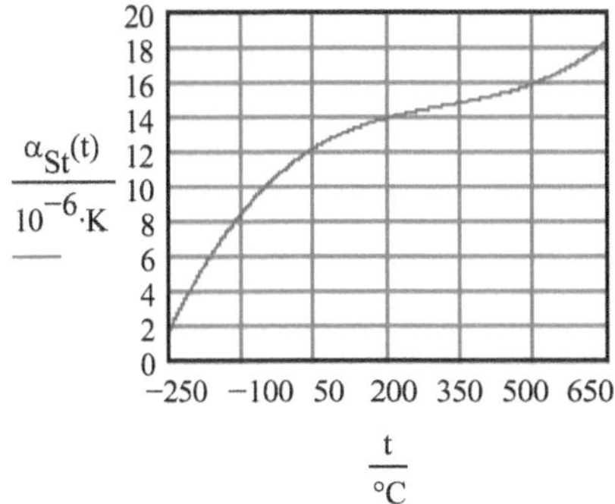

$$\alpha_m\Big|_{t_1}^{t_2} = \frac{1}{t_2 - t_1}\cdot\int_{t_1}^{t_2}\alpha(\tau)\cdot d\tau$$

$$\alpha_m\Big|_{-50\,K}^{320\,K} = \frac{1}{370\,K}\cdot\int_{-50}^{320}\left(a + bx + cx^2 + dx^3\right)d\,x = 13{,}046\cdot 10^{-6}\ /\,K$$

(Natürlich könnte hier zur Berechnung des Integrals leicht die Stammfunktion bestimmt werden. Diesen Aufwand und die damit verbundenen Fehlerquellen kann man sich mit dem TI-30X Pro aber schenken, wenn man nur am zahlenmäßigen Resultat interessiert ist.)

9.12 Berechne den Gleichrichtwert eines sinusförmigen Wechselstroms der Amplitude $\hat{\imath}$.

Bei einer Zweiweg-Gleichrichterschaltung wird eine negative Stromrichtung umgekehrt, was einem „Umklappen" (Vorzeichenwechsel) der negativen Anteile des Stromes entspricht. Der Gleichrichtwert ist deshalb der Mittelwert des Betrages des Stromes, $\overline{|i|} = \frac{1}{T}\cdot\int_0^T |i(t)|\cdot dt$, über eine ganze Periode. Bei einem sinusförmigen Wechselstrom $i(t) = \hat{\imath}\cdot\sin(\omega\cdot t)$ genügt schon eine halbe Periode. Indem wir die positive Halbperiode nehmen, können wir uns die Betragsbildung sparen.

Wir ersetzen $\omega\cdot t$ durch x und erhalten

$$\omega = \frac{2\cdot\pi}{T} \Rightarrow \frac{2}{T} = \frac{\omega}{\pi} \qquad \textit{Vorfaktor}$$

$$\omega\cdot t = x \Rightarrow dt = \frac{1}{\omega}\cdot dx$$

$$t = 0 \Leftrightarrow x = 0 \qquad \textit{untere Integrationsgrenze}$$

$$t = \frac{T}{2} \Leftrightarrow x = \pi \qquad \textit{obere Integrationsgrenze}$$

$$\overline{|i|} = \frac{2}{T} \cdot \int_0^{\frac{T}{2}} \hat{i} \cdot \sin(\omega \cdot t) \cdot dt = \frac{\omega}{\pi} \cdot \int_0^{\pi} \frac{\hat{i} \cdot \sin(x)}{\omega} \cdot dx$$

$$= \frac{\hat{i}}{\pi} \cdot \left[-\cos(x)\right]_0^{\pi}$$

$$= \frac{\hat{i}}{\pi} \cdot \left(-\cos(\pi) - (-\cos(0))\right)$$

$$= \frac{\hat{i}}{\pi} \cdot \left(-(-1) - (-1)\right)$$

$$= \frac{2}{\pi} \cdot \hat{i}$$

$$= 0.6366 \cdot \hat{i}$$

Zum Vertiefen: Berechne den Gleichrichtwert einer sägezahnförmigen Wechselspannung!

9.7.2 Flächenschwerpunkt

Wird ein Körper in Teilkörper zerlegt, so ist die Summe der Momente der Gewichtskräfte der Teilkörper für einen beliebigen Punkt P gleich dem Moment der Gewichtskraft des Gesamtkörpers. Es gilt also für die Schwerpunkte der Teilkörper komponentenweise (d.h. in x und y) ein *Momentensatz* (siehe z.B. A. Böge, Technische Mechanik, Abschnitt 2.2.1)

$$d_0 \cdot F = \sum_i d_i \cdot F_i \quad \Rightarrow \quad d_0 = \frac{\sum_i d_i \cdot F_i}{F} = \frac{\sum_i d_i \cdot F_i}{\sum_i F_i}$$

wo d_0 der (vorzeichenbehaftete) Wirkabstand der Gewichtskraft vom Punkt P ist.

Mit diesem Verfahren können wir den Schwerpunkt für ein Flächenstück zwischen der x-Achse und den Werten einer Funktion bestimmen. Wir zerlegen die Fläche in schmale Streifen der Breite dx mit der Fläche $\mathrm{d}F = f(x) \cdot \mathrm{d}x$. Das Moment jedes Streifens (bei überall gleichem Flächengewicht) bezüglich $x = 0$ ist gegeben durch $x \cdot \mathrm{d}F = x \cdot f(x) \cdot \mathrm{d}x$. Wir summieren bzw. integrieren diese Momente über die ganze Fläche, d.h. von a bis b. Das bedeutet für die x-Koordinate des Schwerpunktes

$$x_0 \cdot F = \int_a^b x \cdot \mathrm{d}F = \int_a^b x \cdot f(x)\mathrm{d}x \quad \Rightarrow \quad x_0 = \frac{\int_a^b x \cdot f(x)\mathrm{d}x}{F} = \frac{\int_a^b x \cdot f(x)\mathrm{d}x}{\int_a^b f(x)\mathrm{d}x}$$

Der Schwerpunkt jedes Streifens $\mathrm{d}F = f(x) \cdot \mathrm{d}x$ bezüglich y liegt in der Mitte zwischen 0 und $f(x)$ bei $\frac{f(x)}{2}$. Wir erhalten damit

$$y_0 \cdot F = \int_a^b \frac{f(x)}{2} \cdot \mathrm{d}F = \int_a^b \left(\frac{f(x)}{2} \cdot f(x) \right) \mathrm{d}x \Rightarrow y_0 = \frac{1}{2} \cdot \frac{\int_a^b (f(x))^2 \,\mathrm{d}x}{F} = \frac{1}{2} \cdot \frac{\int_a^b (f(x))^2 \,\mathrm{d}x}{\int_a^b f(x) \,\mathrm{d}x}$$

Volumenberechnung von Rotationskörpern: Aus den Guldin'schen Regeln wissen wir, dass das Volumen eines Rotationskörpers gegeben ist als Produkt aus der erzeugenden (rotierenden) Fläche und dem Weg ihres Schwerpunktes bei einem Umgang. Dabei kürzen sich die bei den Schwerpunktkoordinaten im Nenner stehenden Integrale heraus:

Volumen bei Rotation um y-Achse:

$$V = 2\pi \cdot \int_a^b x \cdot f(x) \,\mathrm{d}x$$

Volumen bei Rotation um x-Achse:

$$V = \pi \cdot \int_a^b (f(x))^2 \,\mathrm{d}x$$

Die letzte Formel für das Volumen bei Rotation um die x-Achse kann man auch so interpretieren:

Wir zerschneiden den Rotationskörper entlang der x-Achse in dünne Kreisscheiben. Jede dieser Kreisscheiben mit Radius $f(x)$ und Dicke $\mathrm{d}x$ hat ein Volumen $[f(x)]^2 \cdot \pi \cdot \mathrm{d}x$. Summation dieser Kreisscheiben führt im Grenzübergang $\mathrm{d}x \to 0$ wieder zum obigen Integral.

Beispiel:

9.13 Der oben erwähnte Momentensatz liefert ein Verfahren, um den Schwerpunkt einer von mehreren Kurven begrenzten Fläche zu bestimmen:

Ermittle den Schwerpunkt der Fläche zwischen den Funktionen

$$f_1(x) = \frac{1}{10} \cdot \left(x^2 - 2 \cdot x + 36\right) \text{ und } f_2(x) = \frac{1}{4} \cdot \left(x^2 - 12 \cdot x + 40\right)$$

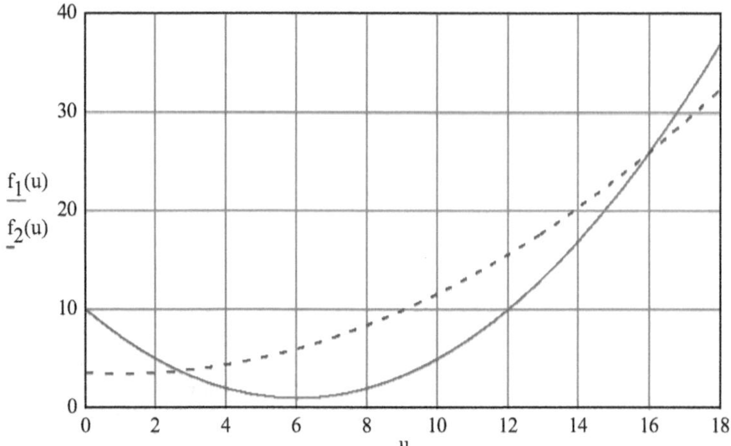

Die Schnittpunkte der beiden Begrenzungslinien liegen bei $a = \frac{8}{3}$ und $b = 16$.

$$A = A_1 - A_2 = \int_{\frac{8}{3}}^{16} f_1(x)\,\mathrm{d}\,x - \int_{\frac{8}{3}}^{16} f_2(x)\,\mathrm{d}\,x = \int_{\frac{8}{3}}^{16} \left(f_1(x) - f_2(x)\right)\mathrm{d}\,x = 59{,}259$$

$$\left.\begin{aligned} x_1 &= \frac{1}{A_1} \cdot \int_{\frac{8}{3}}^{16} x \cdot f_1(x)\,\mathrm{d}\,x \\ x_2 &= \frac{1}{A_2} \cdot \int_{\frac{8}{3}}^{16} x \cdot f_2(x)\,\mathrm{d}\,x \end{aligned}\right\} x_0 = \frac{A_1 \cdot x_1 - A_2 \cdot x_2}{A} = \frac{1}{A} \cdot \int_{\frac{8}{3}}^{16} x \cdot \left(f_1(x) - f_2(x)\right)\mathrm{d}\,x = 9{,}333$$

$$\left.\begin{aligned} y_1 &= \frac{1}{2 \cdot A_1} \cdot \int_{\frac{8}{3}}^{16} \left(f_1(x)\right)^2 \mathrm{d}\,x \\ y_2 &= \frac{1}{2 \cdot A_2} \cdot \int_{\frac{8}{3}}^{16} \left(f_2(x)\right)^2 \mathrm{d}\,x \end{aligned}\right\} y_0 = \frac{A_1 \cdot y_1 - A_2 \cdot y_2}{A} = \frac{1}{2 \cdot A} \cdot \int_{\frac{8}{3}}^{16} \left(\left(f_1(x)\right)^2 - \left(f_2(x)\right)^2\right)\mathrm{d}\,x = 8{,}667$$

Volumen bei Rotation um die y-Achse:

$$V_y = 2\pi \cdot x_0 \cdot A = 3475{,}144 = 2\pi \cdot \int_{\frac{8}{3}}^{16} x \cdot \left(f_1(x) - f_2(x)\right)\mathrm{d}\,x$$

Volumen bei Rotation um die x-Achse:

$$V_x = 2\pi \cdot y_0 \cdot A = 3226{,}920 = \pi \cdot \int_{\frac{8}{3}}^{16} \left(\left(f_1(x)\right)^2 - \left(f_2(x)\right)^2\right)\mathrm{d}\,x$$

9.7.3 Bogenlänge

Für die Bogenlänge eines Kurvenstückes gilt:

$$\Delta s = \sqrt{(\Delta x)^2 + (\Delta y)^2} = \sqrt{\frac{(\Delta x)^2 + (\Delta y)^2}{(\Delta x)^2}} \cdot \Delta x = \sqrt{1 + \left(\frac{\Delta y}{\Delta x}\right)^2} \cdot \Delta x$$

$$\Rightarrow ds = \sqrt{1 + (f'(x))^2}\, dx$$

Die Bogenlänge der Kurve $f(x)$ von $x = a$ bis $x = b$ beträgt somit

$$S = \int_a^b \sqrt{1 + (f'(x))^2}\, dx \qquad (9.19)$$

Beispiel:

9.14 Umfang einer Ellipse:

Eine Ellipse mit den Halbachsen a und b wird beschrieben durch die Gleichung $\frac{x^2}{a^2} + \frac{y^2}{b^2} = 1$. Ihre Fläche ist gegeben durch $a \cdot b \cdot \pi$, entsprechend $r^2 \cdot \pi$ beim Kreis (ein Kreis ist eine Ellipse mit $a = b = r$). Während der Kreis einen berechenbaren Umfang hat, gibt es überraschenderweise keine exakte Formel für den Umfang der Ellipse. Vom Kreis ausgehend ist die naheliegende einfachste Näherungsformel $(a+b) \cdot \pi$. Dieser Ausdruck ist kleiner als der wahre Umfang; bei einem Verhältnis $a : b < 2{,}6 : 1$ beträgt der Fehler aber weniger als 5 %.

Exakter Umfang:

$$\frac{x^2}{a^2} + \frac{y^2}{b^2} = 1 \rightarrow y = \frac{b}{a} \cdot \sqrt{a^2 - x^2}$$

$$y' = -\frac{b}{a} \cdot \frac{x}{\sqrt{a^2 - x^2}}$$

$$U = 4 \cdot \int_0^a \sqrt{1 + \frac{b^2}{a^2} \cdot \frac{x^2}{a^2 - x^2}}\, \mathrm{d}x$$

Zu diesem Integral existiert keine Stammfunktion, es ist nur numerisch lösbar (sonst gäbe es ja eine Formel für den Umfang der Ellipse ...).

Beispielsweise:

$a = 5,\ b = 3 \rightarrow U = 25{,}527$

Zum Vergleich: $(a+b) \cdot \pi = 25{,}133$ Fehler 1,6%

Weitere Näherungen (und Spielereien dazu) finden wir in einem (englischen) Youtube-Video: *https://www.youtube.com/watch?v=5nW3nJhBHL0.*

Dieses Integral kann schon bei relativ einfachen Funktionen häufig nur numerisch ausgewertet werden.

9.7.4 Linienschwerpunkt

Analog zur Rechnung beim Flächenschwerpunkt berechnen wir mit der Bogenlänge die x-Koordinate des Linienschwerpunktes. Wir zerlegen die Kurve in kleine Stücke mit der Länge $\mathrm{d}S = \sqrt{1+\left(f'(x)\right)^2}\,\mathrm{d}x$ und Schwerpunkt $\left(x \mid f(x)\right)$. Das Moment jedes Stücks (bei überall gleichem Längengewicht) bezüglich $x = 0$ ist gegeben durch $x \cdot \mathrm{d}S$, bezüglich $y = 0$ durch $f(x) \cdot \mathrm{d}S$. Wir summieren bzw. integrieren diese Momente über den ganzen Bereich, d. h. von a bis b. Das bedeutet für die x-Koordinate des Schwerpunktes

$$x_0 \cdot S = \int_a^b x \cdot \mathrm{d}S = \int_a^b x \cdot \sqrt{1+\left(f'(x)\right)^2}\,\mathrm{d}x$$

$$\Rightarrow x_0 = \frac{\int_a^b x \cdot \sqrt{1+\left(f'(x)\right)^2}\,\mathrm{d}x}{S} = \frac{\int_a^b x \cdot \sqrt{1+\left(f'(x)\right)^2}\,\mathrm{d}x}{\int_a^b \sqrt{1+\left(f'(x)\right)^2}\,Fx}$$

und entsprechend für die y-Koordinate,

$$y_0 \cdot S = \int_a^b f(x) \cdot \mathrm{d}S = \int_a^b f(x) \cdot \sqrt{1+\left(f'(x)\right)^2}\,\mathrm{d}x$$

$$\Rightarrow y_0 = \frac{\int_a^b f(x) \cdot \sqrt{1+\left(f'(x)\right)^2}\,\mathrm{d}x}{S} = \frac{\int_a^b f(x) \cdot \sqrt{1+\left(f'(x)\right)^2}\,\mathrm{d}x}{\int_a^b \sqrt{1+\left(f'(x)\right)^2}\,\mathrm{d}x}$$

Oberfläche von Rotationskörpern: Aus den Guldin'schen Regeln wissen wir, dass die Oberfläche eines Rotationskörpers gegeben ist als Produkt aus der Bogenlänge der erzeugenden (rotierenden) Kontur und dem Weg ihres Schwerpunktes bei einem Umgang. Dabei kürzen sich die bei den Schwerpunktkoordinaten im Nenner stehenden Integrale heraus:

Oberfläche bei Rotation um y-Achse:

$$A = 2\pi \cdot \int_a^b x \cdot \sqrt{1+\left(f'(x)\right)^2}\,\mathrm{d}x$$

Oberfläche bei Rotation um x-Achse:

$$A = 2\pi \cdot \int_a^b f(x) \cdot \sqrt{1+\left(f'(x)\right)^2}\,\mathrm{d}x$$

Beispiel:

9.15 Bestimme den Schwerpunkt der Umfangskontur der Fläche aus Beispiel 9.13 und die Oberfläche des Rotationskörpers, der entsteht, wenn die Fläche um die y- und um die x-Achse rotiert.

$$f_1(x)=0{,}1\cdot x^2-0{,}2\cdot x+3{,}6 \qquad \Rightarrow \qquad f_1'(x)=0{,}2\cdot x-0{,}2$$

$$f_2(x)=0{,}25\cdot x^2-3\cdot x+10 \qquad \Rightarrow \qquad f_2'(x)=0{,}5\cdot x-3$$

$$S=S_1+S_2=\int_{\frac{8}{3}}^{16}\sqrt{1+\left(f_1'(x)\right)^2}\,\mathrm{d}x+\int_{\frac{8}{3}}^{16}\sqrt{1+\left(f_2'(x)\right)^2}\,\mathrm{d}x=26{,}566+32{,}331$$

$$=\int_{\frac{8}{3}}^{16}\left(\sqrt{1+\left(f_1'(x)\right)^2}+\sqrt{1+\left(f_2'(x)\right)^2}\right)\mathrm{d}x=58{,}897$$

$$x_1=\frac{1}{S_1}\cdot\int_{\frac{8}{3}}^{16}x\cdot\sqrt{1+\left(f_1'(x)\right)^2}\,\mathrm{d}x=10{,}552$$

$$x_2=\frac{1}{S_2}\cdot\int_{\frac{8}{3}}^{16}x\cdot\sqrt{1+\left(f_2'(x)\right)^2}\,\mathrm{d}x=11{,}165$$

$$x_0=\frac{x_1\cdot S_1+x_2\cdot S_2}{S}=\frac{10{,}552\cdot 26{,}566+11{,}165\cdot 32{,}331}{58{,}897}=10{,}888$$

$$=\frac{1}{S}\cdot\int_{\frac{8}{3}}^{16}x\cdot\left(\sqrt{1+\left(f_1'(x)\right)^2}+\sqrt{1+\left(f_2'(x)\right)^2}\right)\mathrm{d}x=10{,}888$$

$$y_1=\frac{1}{S_1}\cdot\int_{\frac{8}{3}}^{16}f_1(x)\cdot\sqrt{1+\left(f_1'(x)\right)^2}\,\mathrm{d}x=13{,}989$$

$$y_2=\frac{1}{S_2}\cdot\int_{\frac{8}{3}}^{16}f_2(x)\cdot\sqrt{1+\left(f_2'(x)\right)^2}\,\mathrm{d}x=11{,}191$$

$$y_0=\frac{y_1\cdot S_1+y_2\cdot S_2}{S}=\frac{13.989\cdot 26.566+11.191\cdot 32.331}{58.897}=12{,}453$$

$$=\frac{1}{S}\cdot\int_{\frac{8}{3}}^{16}\left(f_1(x)\cdot\sqrt{1+\left(f_1'(x)\right)^2}+f_2(x)\cdot\sqrt{1+\left(f_2'(x)\right)^2}\right)\mathrm{d}x=12{,}453$$

Oberfläche bei Rotation um die y-Achse:

$$A_y = 2\pi\cdot S\cdot x_0 = 4029{,}341 = 2\pi\cdot\int_{\frac{8}{3}}^{16} x\cdot\left(\sqrt{1+\left(f_1'(x)\right)^2}+\sqrt{1+\left(f_2'(x)\right)^2}\right)\mathrm{d}\,x$$

Oberfläche bei Rotation um die x-Achse:

$$A_x = 2\pi\cdot S\cdot y_0 = 4608{,}242 = 2\pi\cdot\int_{\frac{8}{3}}^{16} f_1(x)\cdot\sqrt{1+\left(f_1'(x)\right)^2}+f_2(x)\cdot\sqrt{1+\left(f_2'(x)\right)^2}\,\mathrm{d}\,x$$

9.7.5 Flächen- und Trägheitsmomente

Bei Biegung eines Stabes wird die eine Seite verkürzt (Druckspannung), die andere verlängert (Zugspannung). Dazwischen gibt es einen spannungsfreien Bereich, der seine Länge nicht ändert: die *neutrale Faser*. Die neutrale Faser geht durch den Schwerpunkt der Querschnittsfläche.

Bei einer durch das Material gegebenen zulässigen Spannung σ_{zul} beträgt das zulässige Biegemoment $M_{zul} = \sigma_{zul}\cdot W$. Das Widerstandsmoment W ist dabei der Quotient aus dem *axialen Flächenmoment 2. Grades* und dem Randfaserabstand (von der neutralen Faser).

Das axiale Flächenmoment 2. Grades I wird gebildet, indem jedes Flächenelement der Querschnittsfläche mit dem Quadrat seines Abstandes von der neutralen Faser gewichtet wird.

Flächenmoment: Rechteck mit Breite B und Höhe H

$$dI = h^2\cdot dh\cdot db \Rightarrow I = \int_0^B\int_{-\frac{H}{2}}^{\frac{H}{2}} h^2\,dh\,db = \int_0^B db\cdot\int_{-\frac{H}{2}}^{\frac{H}{2}} h^2\,dh = B\cdot\left(\frac{h^3}{3}\right)\Bigg|_{-\frac{H}{2}}^{\frac{H}{2}} = \frac{B\cdot H^3}{12}$$

Flächenmoment: Kreisfläche mit Radius R

Hier rechnen wir in Polarkoordinaten r, φ. Das Flächenelement hat die Größe $dr\cdot(r\cdot d\varphi)$. Der senkrechte Abstand von der Mittellinie im Abstand r beim Winkel φ beträgt $r\cdot\sin(\varphi)$:

$$I = \int_0^R\int_0^{2\pi}\left(r\cdot\sin(\varphi)\right)^2\cdot r\,d\phi\,dr = \int_0^R r^3 dr\cdot\int_0^{2\pi}\sin^2(\varphi)\,d\phi = \frac{R^4}{4}\cdot\left(\frac{\varphi-\cos(\varphi)\cdot\sin(\varphi)}{2}\right)\Bigg|_0^{2\pi}$$

$$= \frac{R^4}{4}\cdot\frac{2\pi}{2} = \frac{R^4\cdot\pi}{4}$$

Trägheitsmoment: Quader mit Drehachse durch die Mitte

Das Trägheitsmoment J ist bei Drehbewegung die zur Masse bei Translationsbewegung analoge Größe, beispielsweise ist die Rotationsenergie gegeben durch (ω ist die Winkelgeschwindigkeit, siehe *4.10.3*)

$$E_{rot} = ½\cdot J\cdot\omega^2.$$

Bei der Berechnung von J wird jedes Massenelement mit dem *Quadrat seines Abstandes von der Drehachse* gewichtet. Für einen rechteckigen Quader der Breite B, Höhe H und Länge L und Drehachse in x-Richtung durch die Mitte des Körpers ergibt sich, wenn ρ die Dichte bezeichnet, also das Massenelement $dm = \rho \cdot dx \cdot dy \cdot dz$,

$$J = \int_{-\frac{H}{2}}^{\frac{H}{2}} \int_{-\frac{B}{2}}^{\frac{B}{2}} \int_{0}^{L} \left(y^2 + z^2\right) \cdot \rho \, dx \, dy \, dz = \rho \cdot \int_0^L dx \cdot \int_{-\frac{H}{2}}^{\frac{H}{2}} \int_{-\frac{B}{2}}^{\frac{B}{2}} \left(y^2 + z^2\right) dy \, dz$$

$$= \rho \cdot L \cdot \int_{-\frac{H}{2}}^{\frac{H}{2}} \left(\frac{y^3}{3} + z^2 \cdot y\right)\Bigg|_{-\frac{B}{2}}^{\frac{B}{2}} dz = \frac{1}{12} \cdot \underbrace{\rho \cdot L \cdot B \cdot H}_{\text{Gesamtmasse}} \cdot \left(B^2 + H^2\right) = \frac{m}{12} \cdot \left(B^2 + H^2\right)$$

9.7.6 Arbeit/Energie bei ortsabhängiger Kraft

Es wird Arbeit geleistet, wenn gegen eine Kraft etwas verschoben wird. Die Definition der Arbeit lautet deshalb

Arbeit = Kraft · Weg

$$W = F \cdot s$$

und hat die Einheit N · m = J (Joule[59]).

Die Kraft muss dabei nicht über den ganzen Weg gleich sein, sie kann beispielsweise von Ort, Zeit und Bewegungszustand abhängen! Immer und überall gilt aber:

$$dW = F \cdot ds$$

Kraft proportional zum Weg: Ideale Feder

Das einfachste Beispiel von Arbeit bei veränderlicher Kraft ist das Spannen einer Feder. Bei einer idealen Feder ist die Kraft proportional zur Auslenkung aus der Ruhelage, also

$$F(x) = k \cdot x$$

Um eine solche Feder aus der Ruhelage um die Länge L zu dehnen, muss die Arbeit

$$W = \int_{\substack{\text{ganzer} \\ \text{Vorgang}}} dW = \int_0^L F(x) dx = \int_0^L k \cdot x \, dx = k \cdot \frac{L^2}{2}$$

aufgewendet werden. Diese Arbeit ist jetzt in Form von Energie in der Feder gespeichert und kann wieder in Arbeit umgewandelt werden. (Normalerweise schreibt man $F(x) = -k \cdot x$, weil die Richtung von F der Richtung von x entgegengesetzt ist. Uns interessiert das Vorzeichen hier nicht.)

[59] benannt nach James Joule, 1818 – 1889, englischer Physiker

Kraft umgekehrt proportional zum Quadrat des Abstandes: Gravitation, Coulombkraft

Sowohl die Gravitationskraft zwischen zwei Massen wie auch die elektrostatische Kraft zwischen zwei Ladungen (Coulombkraft) nehmen mit dem Quadrat des Abstandes ab. Die entsprechenden Kraftgesetze sind

$$F_{Grav} = G \cdot \frac{m_1 \cdot m_2}{r^2}$$

Darin bezeichnen r den Schwerpunktabstand der beiden Massen m_1 und m_2 und G die Gravitationskonstante; ihr Wert beträgt $G = 6{,}67 \cdot 10^{-11}\ \mathrm{N \cdot m^2/kg^2}$. Die elektrostatische Kraft wird normalerweise in der Form

$$F_{Coul} = \frac{1}{4 \cdot \pi \cdot \varepsilon_0} \cdot \frac{q_1 \cdot q_2}{r^2}$$

geschrieben mit der Vakuum-Dielektrizitätskonstanten $\varepsilon_0 = 8{,}854 \cdot 10^{-12}\ \mathrm{C^2/(N \cdot m^2)}$. Die Coulombkraft wirkt anziehend, wenn die Ladungen verschiedene Vorzeichen haben.

Gravitationskraft und elektrostatische Kraft sind also mathematisch sehr ähnlich. Wichtige praktische Unterschiede sind:

- Die Gravitationskraft ist *sehr* schwach im Vergleich zur elektrostatischen Kraft,
- die Gravitation wirkt immer anziehend, es gibt keine Abstoßung,
- die Gravitationskraft kann nicht abgeschirmt werden.

Um einen Körper der Masse m_K vom Abstand r_1 zum Abstand r_2 vom Erdmittelpunkt anzuheben, muss die Arbeit

$$W(r_1, r_2) = \int_{r_1}^{r_2} G \cdot \frac{m_K \cdot m_{Erde}}{r^2} dr = G \cdot m_K \cdot m_{Erde} \int_{r_1}^{r_2} \frac{1}{r^2} dr = -G \cdot m_K \cdot m_{Erde} \cdot \left(\frac{1}{r_2} - \frac{1}{r_1} \right)$$

gegen die mit dem Abstand veränderliche Gravitationskraft geleistet werden. Man fasst die zum Zentralkörper Z gehörenden Größen zusammen und bezeichnet die Funktion

$$U_Z(r) = -G \cdot \frac{m_Z}{r}$$

als *Potenzial des Gravitationsfeldes* im Abstand r von diesem Körper mit der Masse m_Z. Ein Körper mit der Masse m_K hat dann im Abstand r bezüglich m_Z die *potenzielle Energie*

$$E_{pot} = m_K \cdot U_Z(r),$$

und wir erhalten $W(r_1, r_2) = E_{pot}(r_2) - E_{pot}(r_1)$.

Die potenzielle Energie hat bei dieser Definition im Unendlichen den Wert 0 und nimmt sonst negative Werte an; da es bei der potenziellen Energie nur auf *Differenzen* ankommt, kann der Bezugspunkt beliebig gesetzt werden.

In Koordinaten: Die im Potenzial U_Z auf m_K wirkende Kraft ist, wie aus der Konstruktion des Potenzials hervorgeht, im eindimensionalen Fall (nur x-Richtung)

$$F_x = m_K \cdot \left(-\frac{dU_Z}{dx} \right)$$

$$= -m_K \cdot \frac{d}{dx}\left(-\frac{G \cdot m_Z}{x} \right) = -m_K \cdot \left(+\frac{G \cdot m_Z}{x^2} \right) = -G \cdot \frac{m_K \cdot m_Z}{x^2},$$

also gerade wieder die Gravitationskraft[60]. Die Größe $g_x = -\frac{dU_Z}{dx}$ heißt *Feldstärke*; sie entspricht bei der Gravitation der *Beschleunigung F/m*, die ein Körper im Gravitationsfeld des Körpers Z erfährt.

An der Erdoberfläche, im Abstand 6373 km vom Erdmittelpunkt, beträgt die Feldstärke des Gravitationsfeldes $-9{,}81 \mathrm{m/s^2}$ (wirkt nach „unten", also in Richtung $-x$).

Diese Begriffe sind analog zum *elektrischen Potenzial* und dem *elektrischen Feld* einer Ladung, wobei das Vorzeichen beim Potenzial anders ist[61]: das elektrische Potenzial ist $\Phi(r) = \frac{1}{4 \cdot \pi \cdot \varepsilon_0} \cdot \frac{q_Z}{r}$. Die elektrische Feldstärke $E = -\frac{d\Phi}{dr}$ wird häufig auch definiert als $E = \frac{F}{q}$, was alles auf dasselbe hinausläuft.

9.7.7 Das RC-Glied

Aufladung eines Kondensators C über einen Widerstand R

Zur Zeit $t = 0$ wird ein Schalter geschlossen, der eine Batterie mit der Spannung U_0 mit einem RC-Glied verbindet. Der Kondensator sei ungeladen.

Die über dem Widerstand liegende Spannung

$$U_R = R \cdot I$$

und die am Kondensator anliegende Spannung

$$U_C = Q/C$$

(Q = Ladung) sind zusammen immer gleich der Spannung U_0, also

$$U_0 = R \cdot I + \frac{Q}{C}$$

---

[60] Bemerkung zu den Vorzeichen: Die absolute potenzielle Energie und das Potenzial U sind wegen $U(\infty) = 0$ negativ. Kraft- und Beschleunigungskomponente sind für $x > 0$ *negativ*, weil sie zum Zentralkörper hin (in der Richtung, in der x abnimmt) gerichtet sind.

[61] Massen sind immer > 0 und ziehen sich an. Ladungen mit *verschiedenen* Vorzeichen ziehen sich an.

Nach der Zeit abgeleitet ist der Ausdruck = 0, also

$$0=\frac{d}{dt}U_0=R\frac{d}{dt}I(t)+\frac{1}{C}\cdot\frac{d}{dt}Q(t)=R\frac{d}{dt}I(t)+\frac{1}{C}\cdot I(t)$$
$$\Rightarrow\frac{d}{dt}I(t)=-\frac{1}{RC}I(t)$$
$$\Rightarrow I(t)=I_0\cdot e^{-\frac{t}{RC}}=\frac{U_0}{R}\cdot e^{-\frac{t}{RC}}$$

Die Größe $\tau = R \cdot C$ bezeichnet man als Zeitkonstante des RC-Gliedes. Für die Spannungen über dem Widerstand und über dem Kondensator folgt daraus

$$U_R(t)=R\cdot I(t)=U_0\cdot e^{-\frac{t}{RC}}$$
$$U_C(t)=U_0-U_R=U_0\cdot\left(1-e^{-\frac{t}{RC}}\right)$$

Entladung eines Kondensators C über einen Widerstand R

Der Kondensator sei anfänglich geladen und habe eine Spannung U_0. Zur Zeit $t = 0$ werde ein Schalter geschlossen, der R und C miteinander verbindet. Jetzt ist immer

$$U_R(t)+U_C(t)=0$$
$$R\cdot I(t)+\frac{Q(t)}{C}=0$$
$$R\cdot\frac{d}{dt}I(t)+\frac{1}{C}\cdot\frac{d}{dt}Q(t)=R\cdot\frac{d}{dt}I(t)+\frac{1}{C}\cdot I(t)\Rightarrow\qquad I(t)=\frac{U_0}{R}\cdot e^{-\frac{t}{RC}}$$

Übung: Berechne daraus die Spannungen an R und C als Funktionen der Zeit!

9.7.8 Leistung des Wechselstroms

Nach dem Ohm'schen Gesetz hängt bei einem Gleichstrom die Spannung U (Volt) mit dem Strom I (Ampère) und dem Widerstand R (Ohm) zusammen nach

$$U = I \cdot R.$$

Die Leistung wird durch $P = U \cdot I = I^2 \cdot R$ (Watt) ausgedrückt, also beispielsweise die Heizleistung (Energie/Zeit) eines stromdurchflossenen Widerstandes.

Beim Wechselstrom hängt die Spannung von der Zeit t ab nach

$$U(t)=U_0\cdot\sin(\omega\cdot t)=U_0\cdot\sin\left(\frac{2\cdot\pi}{T}\cdot t\right),$$

wo T für die Periodendauer steht, bei 50 Hz also $T = 20$ ms. Nach dem Ohm'schen Gesetz ist also ebenso

$$I(t) = \frac{U(t)}{R} = \frac{U_0}{R} \cdot \sin\left(\frac{2 \cdot \pi}{T} \cdot t\right) = I_0 \cdot \sin\left(\frac{2 \cdot \pi}{T} \cdot t\right)$$

und damit die Leistung

$$P(t) = U_0 \cdot I_0 \cdot \sin^2\left(\frac{2 \cdot \pi}{T} \cdot t\right).$$

Nach einem trigonometrischen Additionstheorem gemäß Gl. (3.8) ist

$$\cos(\alpha \pm \beta) = \cos(\alpha) \cdot \cos(\beta) \mp \sin(\alpha) \cdot \sin(\beta)$$
$$\Rightarrow \sin(\alpha) \cdot \sin(\beta) = \frac{1}{2} \cdot \left(\cos(\alpha - \beta) - \cos(\alpha + \beta)\right)$$

also

$$P(t) = \frac{U_0 \cdot I_0}{2} \cdot \left(1 - \cos\left(\frac{4 \cdot \pi}{T} \cdot t\right)\right).$$

Die Leistung oszilliert mit der *doppelten Frequenz* des Stromes zwischen 0 und $U_0 \cdot I_0$.

Die Mittelwerte über eine Periode nennt man die *effektiven Werte*, die Werte eines *Gleichstroms mit der gleichen Leistung.*

Für die effektive Leistung müssen wir demnach die mittlere Leistung in einer Periode bestimmen (eigentlich würde schon eine halbe Periode genügen) – nachher wiederholt sich dasselbe. Das Integral von $U \cdot I$, dividiert durch die Intervallbreite, ist gleich dem Mittelwert von $U \cdot I$ im Intervall (überlege: Fläche/Breite = mittlere Höhe, vgl. *9.6.1*).

Bei der Umwandlung des Integrals wird $x = \frac{2 \cdot \pi}{T} \cdot t$ substituiert, und $dt = \frac{T}{2 \cdot \pi} dx$; siehe *9.4.4*:

$$P_{eff} = \left(U \cdot I\right)_{eff} = U_0 \cdot I_0 \cdot \frac{1}{T} \cdot \int_0^T \sin^2\left(\frac{2 \cdot \pi}{T} \cdot t\right) dt = U_0 \cdot I_0 \cdot \frac{1}{2 \cdot \pi} \cdot \int_0^{2 \cdot \pi} \sin^2(x) dx$$

$$\int \sin^2(x) dx = \int \left(\frac{1}{2} - \frac{\cos(2 \cdot x)}{2}\right) dx = \frac{x}{2} - \frac{\sin(2 \cdot x)}{4} \Rightarrow \int_0^{2 \cdot \pi} \sin^2(x) dx = \pi$$

Über eine ganze Periode ist also

$$P_{eff} = \frac{U_0 \cdot I_0}{2} = \frac{I_0^2 \cdot R}{2} = I_{eff}^2 \cdot R \qquad \Rightarrow \qquad I_{eff} = \frac{I_0}{\sqrt{2}},\ U_{eff} = \frac{U_0}{\sqrt{2}},\ P_{eff} = U_{eff} \cdot I_{eff}$$

Bei einem Wechselstrom mit Selbstinduktion oder Kapazität sind bekanntlich Strom und Spannung um eine Phase φ gegeneinander verschoben nach

$I(t) = I_0 \cdot \sin(x)$

$U(t) = U_0 \cdot \sin(x + \varphi)$,

wobei bei Selbstinduktion gilt $\varphi > 0$, bei Kapazität $\varphi < 0$ (siehe in diesem Zusammenhang auch *6.7.4*). Für die Leistung ergibt sich (siehe zweite und dritte Kurve in *Bild 9.1*: die Leistungskurve verschiebt sich horizontal und nach unten):

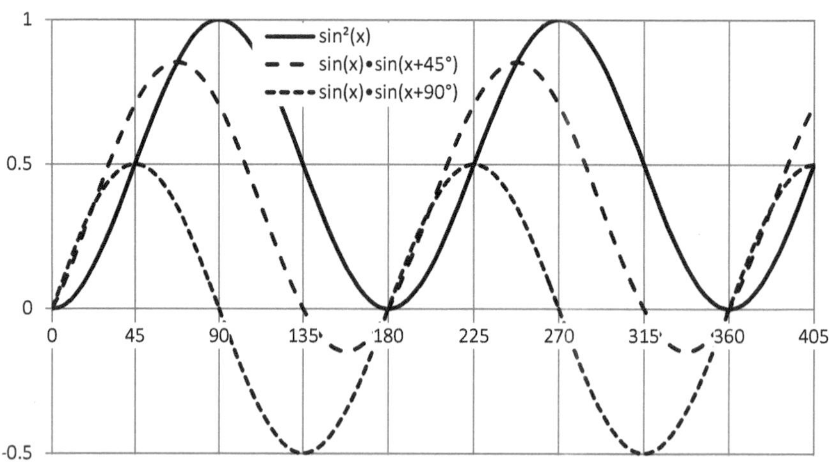

Bild 9.1 Zur Leistung des Wechselstroms

Die Leistung kann also zeitweise negativ sein!

$$P_{eff} = I_0 \cdot U_0 \cdot \frac{1}{2\cdot\pi} \cdot \int_0^{2\cdot\pi} \left(\sin(x)\cdot\sin(x+\varphi)\right)dx$$

Nach dem vorherigen Resultat ist mit $\beta = \alpha + \varphi$ (siehe *Abschnitt 3.4.1, Gl. (3.8)*)

$$\sin(\alpha)\cdot\sin(\alpha+\varphi) = \frac{1}{2}\cdot\left(\cos(-\varphi)-\cos(2\cdot\alpha+\varphi)\right) = \frac{1}{2}\cdot\left(\cos(+\varphi)-\cos(2\cdot\alpha+\varphi)\right)$$

$$\Rightarrow \int\left(\sin(x)\cdot\sin(x+\varphi)\right)dx = \frac{1}{2}\cdot\int\left(\cos(\varphi)-\cos(2\cdot x+\varphi)\right)dx = \frac{x}{2}\cdot\cos(\varphi) - \frac{\sin(2\cdot x+\varphi)}{4}$$

Der zweite Term verschwindet wieder beim Integrieren über eine ganze Periode, und wir erhalten

$$P_{eff} = \frac{U_0 \cdot I_0}{2}\cdot\cos(\varphi).$$

Die Leistung ist proportional zu $\cos(\varphi)$ und am größten, wenn keine Phasenverschiebung vorliegt, und sie ist = 0, wenn $\varphi = \pm 90°$ ist. Da cos eine gerade Funktion ist, ergibt sich für $+\varphi$ und $-\varphi$ jeweils das gleiche Resultat.

9.7.9 Frequenzanalyse (Fourier-Analyse, harmonische Analyse)

Wir haben verschiedentlich schon harmonische Bewegungen (sinusförmige Schwingungen) kennengelernt. In *8.7.6* haben wir außerdem eine Funktion angetroffen, die eine Überlagerung von zwei Schwingungen unterschiedlicher Frequenzen war.

Tatsächlich ist es so, dass *jede* Funktion (jedes Signal) als Überlagerung von (normalerweise unendlich vielen) harmonischen Schwingungen verschiedener Frequenzen dargestellt werden kann, wobei die Frequenzen die *Grundschwingung* mit $\omega_0 = 2\pi/T$ (vergleiche *4.10.3*) und ihre ganzzahligen Vielfachen, die sogenannten *Oberschwingungen*, enthalten:

$$f(t) = \frac{a_0}{2} + \sum_{n=1}^{\infty} \left(a_n \cdot \cos(n \cdot \omega_0 \cdot t) + b_n \cdot \sin(n \cdot \omega_0 \cdot t)\right)$$

Diese Darstellung als Summe von Sinus- und Kosinusschwingungen heißt *Fourier-Reihe*[62]. Das mathematische Problem besteht darin, *zu den verschiedenen Frequenzen die Amplituden, d. h. die Intensitäten der einzelnen Teilschwingungen, zu bestimmen* (Frequenzspektrum). Die Amplituden zu höheren Frequenzen gehen irgend einmal gegen Null, sodass die unendliche Reihe abgeschnitten und (beliebig gut) durch eine endliche Reihe angenähert werden kann. Ist das Signal nicht periodisch, aber endlich, so betrachten wir den bekannten Teil als *eine Periode.*

Zur Vereinfachung der folgenden Ausdrücke skalieren wir die Periodenlänge auf 2π, also $x = \omega_0 \cdot t$, und aus $f(t)$ machen wir $f(x/\omega_0) = g(x)$. Für die Koeffizienten a_n und b_n ergeben sich nun folgende Ausdrücke (für eine Herleitung verweisen wir auf https:de.wikipedia.org/wiki/Fourier-Analysis):

$$a_n = \frac{1}{\pi} \cdot \int_0^{2\pi} g(x) \cdot \cos(n \cdot x)\, dx$$

$$b_n = \frac{1}{\pi} \cdot \int_0^{2\pi} g(x) \cdot \sin(n \cdot x)\, dx$$

Diese Formeln gelten auch für $n = 0$, wobei sie sich dort vereinfachen, weil $\cos(0) = 1$ und $\sin(0) = 0$, also $b_0 = 0$. Die Integrale sind eine Art von *Projektionen* der Funktion auf die harmonischen Schwingungen.

Je nach Symmetrien (wir erinnern an gerade und ungerade Funktionen, Unterabschnitt Symmetrien in *4.4*) kann es sein, dass nur Sinus- oder nur Kosinus-Terme vorkommen.

Für den sehr wichtigen Spezialfall, dass unsere Funktion $f(t)$ punktweise (diskret) gegeben ist, existiert ein vereinfachtes Berechnungsverfahren, die sogenannte *Fast Fourier Transform* (FFT), die unter Verwendung der Additionstheoreme (*3.4.1*) mit Summen und Quadratwurzeln, also ohne Integrale und Winkelfunktionen auskommt und auch in Excel programmiert ist (aufrufbar über ‚Werkzeuge' und ‚Add-Ins'). Die FFT setzt voraus, dass die Anzahl Punkte (Funktionswerte) eine Potenz von 2 ist, und sie ist in Excel auf 1024 begrenzt. Die Berechnung in Excel liefert die *komplexen Fourierkoeffizienten* zur komple-

[62] Joseph Fourier, französischer Mathematiker und Physiker, 1768 - 1830

xen Exponentialfunktion (siehe *6.4.3*), die bekanntlich gleichwertig ist zur Darstellung mit Sinus und Kosinus.

Beispiele technischer Anwendungen

- Tonwahl beim Telefon: Jeder „Ton" enthält zwei Frequenzen, die durch Fourier-Analyse in der Telefonzentrale entschlüsselt werden.
- *Datenkomprimierung*: Technisch sehr wichtige Anwendungen findet die Fourier-Transformation im JPEG-Format bei der Komprimierung von als Pixelmuster abgespeicherten Bildern und bei der digitalen Speicherung und Komprimierung von Audio-Daten (WAV, MP3, etc.).
- *Selektive Entfernung von Störgeräuschen und Rauschen*: In einem akustischen Signal können gezielt die Amplituden zu bestimmten Frequenzen manipuliert (z. B. = 0 gesetzt) werden (digitale Filterung).
- *Kurvenglättung*: Man entscheidet anhand des Frequenzspektrums, bei welcher Oberschwingung man abbricht. Eine andere Methode zur Kurvenglättung besteht darin, die Amplituden mit einer Dämpfung, beispielsweise einer bei höheren Frequenzen abfallenden Funktion, zu multiplizieren.

Beispiel:

9.16 Bestimme die Fourier-Darstellung der Stufenfunktion

$f(x) = 1 \quad \text{für } 0 \leq x \leq \pi$

$f(x) = -1 \quad \text{für p} \leq x \leq 2\pi$

Wir haben hier die Periode bereits auf 2π normiert, es ist also $g(x) = f(x)$.

Da $f(x)$ eine *ungerade Funktion* (siehe *4.4*) ist, kommen nur sin-Terme vor (bei einer geraden Funktion nur cos-Terme). Für die Fourier-Koeffizienten erhalten wir damit

$$
\begin{aligned}
a_n &= 0 \\
b_n &= \frac{1}{\pi} \cdot \int_0^{2\pi} f(x) \cdot \sin(n \cdot x) dx \\
&= \frac{1}{\pi} \cdot \left(\int_0^{\pi} 1 \cdot \sin(n \cdot x) dx + \int_{\pi}^{2\pi} (-1) \cdot \sin(n \cdot x) dx \right) \\
&= \frac{1}{\pi} \cdot \left(\left(\frac{-\cos(n \cdot x)}{n} \right) \Bigg|_0^{\pi} - \left(\frac{-\cos(n \cdot x)}{n} \right) \Bigg|_{\pi}^{2\pi} \right) \\
&= \frac{1}{n \cdot \pi} \cdot (\cos(2n \cdot \pi) + \cos(0) - 2 \cdot \cos(n \cdot \pi)) \\
&= \frac{1}{n \cdot \pi} \cdot (1 + 1 - 2 \cdot \cos(n \cdot \pi))
\end{aligned}
$$

Es ist $\cos(n \cdot \pi) = -1$, wenn n ungerade ist ($n = 1, 3, 5, \ldots$)

$\cos(n \cdot \pi) = +1$, wenn n gerade ist ($n = 2, 4, 6, \ldots$)

Für gerade n ist deshalb $b_n = 0$. Für ungerade n können wir schreiben $n = 2 \cdot k - 1$, wo k alle natürlichen Zahlen durchläuft, also

$$b_{2\cdot k-1} = \frac{4}{\pi} \cdot \frac{1}{2 \cdot k - 1}$$

Damit erhalten wir für die Fourier-Reihe der Stufenfunktion:

$$f(x) = \frac{4}{\pi} \cdot \sum_{k=1}^{\infty} \frac{\sin((2 \cdot k - 1) \cdot x)}{2 \cdot k - 1}$$
$$= \frac{4}{\pi} \cdot \left(\sin(x) + \frac{1}{3} \cdot \sin(3 \cdot x) + \frac{1}{5} \cdot \sin(5 \cdot x) + \frac{1}{7} \cdot \sin(7 \cdot x) + \ldots \right)$$

Wie man sieht, werden die Koeffizienten b für höhere Frequenzen immer kleiner, die Beiträge ihrer Schwingungen also immer unbedeutender, und wir können die Reihe in der Praxis irgendwo abbrechen lassen.

Bild 9.2 zeigt die Reihe, wenn nach dem 1., 2. bzw. 10. Glied abgebrochen wird.

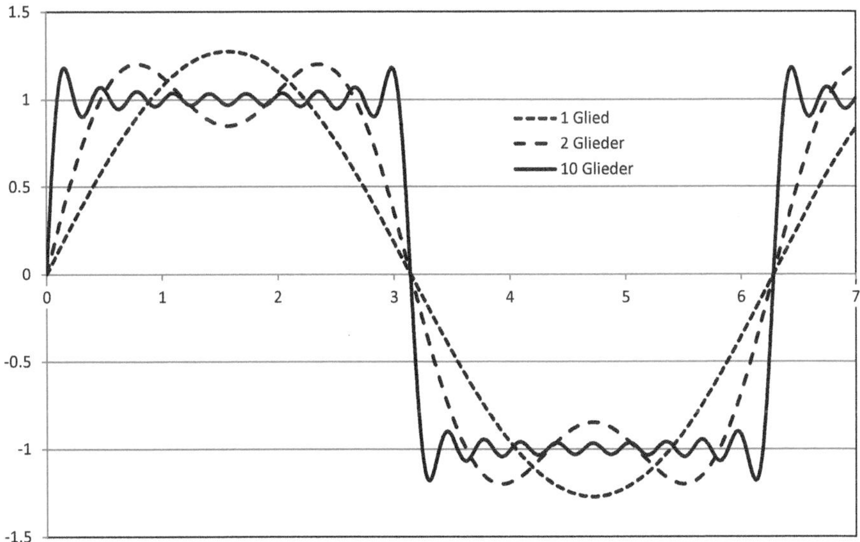

Bild 9.2 Erste, zweite und zehnte Annäherung einer Stufenfunktion durch Fourierentwicklung

Die Annäherung an die Stufenfunktion wird mit jedem weiteren Beitrag besser.

Häufig interessiert uns auch das *Frequenzspektrum*, d. h. die Intensitäten der einzelnen harmonischen Anteile (der einzelnen Frequenzen).

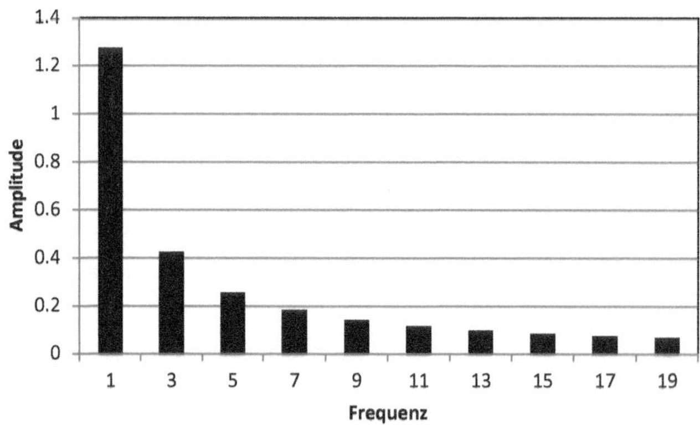

Bild 9.3 Amplituden der Fourierentwicklung einer Stufenfunktion

Zum Vertiefen: Bestimme die Fourier-Darstellung einer *Sägezahnfunktion* (Kippschwingung)!

9.7.10 Seilreibung

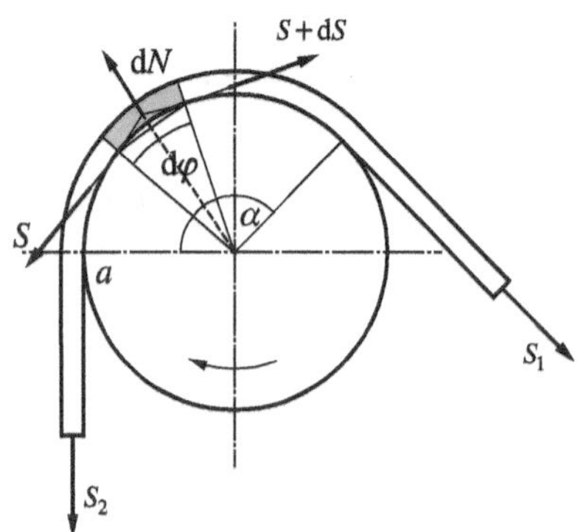

Bild 9.4 Seilreibung

Ein Seil (oder ein Riemen oder Faden) umschlingt eine Riemenscheibe mit einem Winkel α. Wir zeigen an diesem Beispiel, wie eine Grenzbetrachtung zur Bestimmung der Reibkraft in Abhängigkeit des Umschlingungswinkels angestellt wird:

Wir betrachten ein angetriebenes Trum, das sich im Uhrzeigersinn dreht. Links greift die Zugkraft S_2 an, rechts $S_1 > S_2$. *Im Gleichgewicht muss der Unterschied* $S_1 - S_2$ *gleich der Reibkraft sein.*

Wir greifen ein kleines Winkelelement $d\varphi$ heraus. Auf seiner rechten Seite ist die Zugkraft um dS größer als links, also

$$dS = \mu_0 \cdot dN$$

mit der Normalkraft dN und der Haftreibzahl μ_0. Die Anpresskraft in der Mitte dieses Elementes beträgt von der linken Zugkraft S her

$$dN_l = S \cdot \sin\left(\frac{d\varphi}{2}\right)$$

und von rechts

$$dN_r = (S + dS) \cdot \sin\left(\frac{d\varphi}{2}\right)$$

also zusammen

$$dN = (2S + dS) \cdot \sin\left(\frac{d\varphi}{2}\right) = 2S \cdot \sin\left(\frac{d\varphi}{2}\right) + dS \cdot \sin\left(\frac{d\varphi}{2}\right)$$

im Bogenmaß ist im Grenzfall kleiner Winkel $\sin(\varphi) \approx \varphi$, also

$$dN \approx 2 \cdot S \cdot \frac{d\varphi}{2} + dS \cdot \frac{d\varphi}{2} = S \cdot d\varphi + \frac{1}{2} \cdot dS \cdot d\varphi$$

$$\Downarrow$$

$$\frac{dS}{d\varphi} = \frac{\mu_0 \cdot dN}{d\varphi} = \mu_0 \cdot S + \frac{\mu_0}{2} \cdot dS \xrightarrow{d\varphi \to 0} \mu_0 \cdot S$$

$$\Downarrow$$

$$S(\varphi) = C \cdot e^{\mu_0 \cdot \varphi}$$

Im Punkt mit $\alpha = 0$ ist $S(0) = C \cdot 1 = S_2$, also $C = S_2$, auf der anderen Seite ist $S(\alpha) = S_2 \cdot e^{\mu_0 \cdot a} = S_1$. Diese Beziehung ist unter der Bezeichnung *Euler*[27]*-Eytelwein*[63]*-Seilreibungsformel* bekannt. Sie gilt natürlich genauso, wenn $S_1 < S_2$, woraus folgt:

$$\text{Bedingung für Nicht-Rutschen: } e^{-\mu_0 \cdot \alpha} \leq \frac{S_1}{S_2} \leq e^{\mu_0 \cdot \alpha}$$

Bei hohen Geschwindigkeiten muss die Verminderung der Normalkraft infolge der Fliehkraft berücksichtigt werden.

9.7.11 Abkühlung

Aus der Erfahrung wissen wir, dass sich ein heißer Körper in einer kalten Umgebung zuerst schnell abkühlt und dann desto langsamer, je mehr sich seine Temperatur der der Umgebung angleicht. Dasselbe gilt für Erwärmung, wenn die Umgebung wärmer ist als der Körper.

[63] Johann Albert Eytelwein, 1764 Frankfurt/Main - 1848 Berlin, deutscher Techniker

Es geht hier um die rein quantitative Beschreibung eines komplexen Vorganges, bei dem Konvektion, Wärmeleitung und Wärmestrahlung zusammen involviert sind. Gesucht ist die Temperatur $T(t)$ als Funktion der Zeit t mit der Anfangsbedingung $T(0) = T_1$ bei einer Umgebungstemperatur T_U. Die Ableitung dieser Funktion nach der Zeit,

$$\frac{dT(t)}{dt},$$

ist die *Abkühlgeschwindigkeit*: sie gibt in jedem Zeitpunkt t an, um wie viel Grad sich die Temperatur ändert, wenn die Zeit um 1 Einheit zunimmt.

Aufgrund von Beobachtungen (Messungen) vermuten wir, dass die *Abkühlgeschwindigkeit zu jedem Zeitpunkt proportional zur aktuellen Temperaturdifferenz* zur Umgebung sei, und setzen an

$$\frac{dT(t)}{dt} = -k \cdot \left(T(t) - T_U\right)$$

Das Minuszeichen kommt daher, weil T bei positiver Temperaturdifferenz abnimmt. k ist eine Konstante, die für jeden Fall neu so bestimmt werden muss, dass die Abkühlung mit der Realität übereinstimmt. Sie hängt vom Material, der Oberfläche, den Abmessungen etc. ab.

Wir lösen den Ansatz nach dt auf und integrieren über den ganzen Vorgang:

$$dt = -\frac{1}{k} \cdot \frac{1}{T - T_U} \cdot dT$$

$$t = \int dt = -\frac{1}{k} \cdot \int \frac{dT}{T - T_U} = -\frac{1}{k} \cdot \ln(T - T_U) + C$$

Die Integrationskonstante C wird so bestimmt, dass $T(0) = T_1$ (Anfangsbedingung):

$$0 = -\frac{1}{k} \cdot \ln(T_1 - T_U) + C$$

$$C = \frac{1}{k} \cdot \ln(T_1 - T_U)$$

Daraus folgt

$$t = -\frac{1}{k} \cdot \ln(T - T_U) + \frac{1}{k} \cdot \ln(T_1 - T_U) = -\frac{1}{k} \cdot \ln\left(\frac{T - T_U}{T_1 - T_U}\right)$$

$$-k \cdot t = \ln\left(\frac{T - T_U}{T_1 - T_U}\right)$$

$$\mathrm{e}^{-k \cdot t} = \frac{T - T_U}{T_1 - T_U}$$

und damit das gesuchte Resultat (überzeuge Dich durch Ableiten!),

$$T(t) = T_U + (T_1 - T_U) \cdot \mathrm{e}^{-k \cdot t} \tag{9.22}$$

Die Temperaturdifferenz klingt also *exponentiell* ab; die Temperatur nähert sich immer mehr der Umgebungstemperatur an, ohne diese (theoretisch) je zu erreichen.

Praktisches Beispiel: Ist der Kaffee am Morgen eher trinkbar, wenn die Milch

A) zu Beginn beigegeben wird, oder

B) erst vor dem Trinken?

Die Zielsetzung kann entweder *möglichst kalter* oder *möglichst warmer* Kaffee sein. Wir wollen uns nicht den Mund verbrennen und möchten abgekühlten Kaffee haben.

Bezeichnungen:

T_K Temperatur des Kaffees zur Zeit $t = 0$

T_U Temperatur der Umgebung

T_M Temperatur der Milch

m_K Menge Kaffee

m_M Menge Milch

(Zur Unterscheidung von der Zeit, t, bezeichnen wir hier Celsiustemperaturen mit T. Die Einheit der Temperatur spielt keine Rolle, weil es nur auf die Differenzen ankommt.)

Wir treffen folgende vereinfachende Annahme: Die Wärmekapazitäten sind für Kaffee und Milch gleich groß; beide bestehen ja zum größten Teil aus Wasser.

Bestimmung von k: Mit T_K = 80 °C und T_U = 20 °C ergibt sich mit k = 0,2 in 5 Minuten eine Abkühlung auf 42 °C, was für eine normale Kaffeetasse etwa realistisch sein dürfte. Wenn zu einem bestimmten Zeitpunkt eine Temperaturmessung vorliegt, kann k natürlich mit der Formel für $-k \cdot t$ (s. *Gl. (9.22)*) berechnet werden.

Der Ausdruck für die Mischungstemperatur lautet bei gleichen Wärmekapazitäten

$$T_{Mischung} = \frac{m_1 \cdot T_1 + m_2 \cdot T_2}{m_1 + m_2}$$

und damit

$$T_A(t) = T_U + \left(\frac{m_K \cdot T_K + m_M \cdot T_M}{m_K + m_M} - T_U \right) \cdot e^{-k \cdot t}$$

$$T_B(t) = \frac{m_K \cdot \left(T_U + (T_K - T_U) \cdot e^{-k \cdot t} \right) + m_M \cdot T_M}{m_K + m_M}$$

Daraus ergeben sich folgende Resultate:

- Ist der Kaffee wärmer und die Milch kälter als die Umgebung, ergibt sich im Fall B eine niedrigere Endtemperatur.
- Ist die Milch gleich warm wie die Umgebung, gibt es keinen Unterschied.
- Ist die Milch wärmer als die Umgebung, ergibt sich im Fall A eine niedrigere Endtemperatur.

Die Unterschiede sind allerdings nicht groß; mit 1 dl Kaffee von 80 °C und ¼ dl Milch von 4 °C ergeben sich nach 5 Minuten für A 36,5 °C, für B 34,5 °C.

Die Ausdrücke lassen sich unverändert auch für den Fall verwenden, wo der Kaffee anfänglich kälter ist als die Umgebung.

9.7.12 Barometrische Höhenformel

Der Luftdruck in einer bestimmten Höhe der Atmosphäre ist gleich dem Gewicht der über der Flächeneinheit lastenden Luftsäule. Daraus folgt, dass der Luftdruck mit zunehmender Höhe abnimmt.

Die *Zustandsgrößen* eines idealen Gases (Druck p, Volumen V, absolute Temperatur T in Grad Kelvin) sind durch eine *Zustandsgleichung* miteinander verknüpft:

$$p \cdot V = m \cdot R \cdot T$$

Dabei ist R die spezifische Gaskonstante, für Luft 287 J/(K · kg), und m die Gasmenge in kg. $m/V = r$ ist die Dichte des Gases (siehe auch *Abschnitt 8.6.9*).

Wir betrachten eine Luftsäule mit der Querschnittsfläche A. Wenn wir die Höhe um dH vergrößern, nimmt der Druck ab; er verändert sich um $dp = -\frac{(A \cdot dH) \cdot \rho \cdot g}{A} = -\rho \cdot g \cdot dH$, wobei ρ für die Luftdichte und $g = 9{,}81\ \text{m/s}^2$ für die Erdbeschleunigung stehen.

Wir setzen für die Dichte den Wert aus der Zustandsgleichung ein und erhalten $\frac{dp}{dH} = -\frac{g}{R \cdot T} \cdot p$.

Unter der Annahme, dass die Temperatur über den betrachteten (kleinen) Bereich konstant sei, können wir einfach integrieren:

$$p(H) = C \cdot \mathrm{e}^{-\frac{g}{R \cdot T} \cdot H}$$

Die Konstante C ist dabei der Wert von p für $H = 0$. Wenn wir für eine Referenzhöhe H_0 den Referenzdruck p_0 vorgeben, können wir die Formel schreiben als

$$p(H) = p_0 \cdot \mathrm{e}^{-\frac{g}{R \cdot T} \cdot (H - H_0)} = p_0 \cdot \mathrm{e}^{-\frac{g \cdot \rho_0}{p_0} \cdot (H - H_0)}$$

Das ist die *barometrische Höhenformel*. Obschon die Annahme T = const. über größere Bereiche nicht erfüllt ist, stimmt die Formel zwischen 0 und 6 km mit vernachlässigbarem Fehler mit derjenigen der Normatmosphäre in *4.7.3* überein.

9.7.13 Berechnung des Integrals einer punktweise gegebenen Funktion

Typische Situation: Eine Größe wird in (unregelmäßigen) Zeitabständen gemessen, und man interessiert sich für die Fläche unter der Kurve dieser Funktion. Man hat also keine Möglichkeit, die Funktion an beliebigen Stellen auszuwerten.

Beispiel: Man gibt einem Menschen ein Medikament. Der Wirkstoff verteilt sich im Körper und wird mehr oder weniger langsam abgebaut bzw. wieder ausgeschieden. Die Kurve der Wirkstoffkonzentration im Blut gegen die Zeit kommt durch Überlagerung von Aufnahme und Abbau/Ausscheidung zustande. Die Fläche unter der Kurve ist ein Maß dafür, wie viel von dem Wirkstoff dem Organismus zur Verfügung steht (Bioverfügbarkeit). Für jede Messung muss man eine Blutprobe nehmen. Man misst die Konzentration zu bestimmten Zeiten, am Anfang häufiger, nach einiger Zeit weniger häufig.

Dieses Problem wird am einfachsten durch Trapez-Integration wie in *9.5.2* gelöst.

9.7.14 Bewegungsprobleme in der Physik

Die Grundaufgabe besteht darin, bei gegebener Kraft (die z. B. von Zeit, Ort und Geschwindigkeit abhängt) für einen Massenpunkt aus Ort und Geschwindigkeit zu einem bestimmten Zeitpunkt *Ort und Geschwindigkeit zu einem beliebigen Zeitpunkt* zu berechnen.

Die momentane Geschwindigkeit einer Bewegung ist der Grenzwert des Ausdruckes $v = \Delta s/\Delta t$, wo s den Ort (eigentlich die *Position*) bezeichnet. Daraus sieht man, dass die Geschwindigkeit einer Bewegung die erste Ableitung der Position nach der Zeit ist. Die Ableitung der Geschwindigkeit nach der Zeit, der Grenzwert von $\Delta v/\Delta t$, also die zweite Ableitung des Ortes nach der Zeit, ist die Beschleunigung.

Gemäß dem Aktionsprinzip von Newton, $F = m \cdot a$, gilt

$$\frac{F}{m} = a = \frac{d^2 s}{dt^2}$$

Das Verhältnis Kraft/Masse ist also nichts anderes als die 2. Ableitung der gesuchten Ortsfunktion $s(t)$! Man nennt dies eine *Bewegungsgleichung*. Eine Gleichung, in der Ableitungen einer gesuchten Funktion vorkommen, heißt *Differenzialgleichung* (hier: 2. Ordnung, weil die 2. Ableitung vorkommt).

Beim Lösen einer Bewegungsgleichung suchen wir eine mathematische Funktion $s(t)$, die mit ihren Ableitungen die Bewegungsgleichung erfüllt. Für eine eindeutige Lösung müssen Ort und Geschwindigkeit zu irgendeinem Zeitpunkt, beispielsweise zur Zeit $t = 0$, gegeben sein (sogenannte *Anfangsbedingungen*). Leider ist es mathematisch nur in einfachen Fällen möglich, sogenannte *geschlossene Lösungen* („Formeln") anzugeben.

Beispiel:

9.17 Freier Fall ohne Luftwiderstand

Wir suchen die Höhe h als Funktion der Zeit, wenn zum Zeitpunkt $t = 0$ gilt $h = h_0$ und $v = v_0$.

Die Kraft (Gewichtskraft, Erdanziehungskraft) ist konstant. Die Richtung von h nach oben zählen wir positiv, die Erdbeschleunigung g negativ, weil sie nach unten zeigt (wenn t größer wird, wird h kleiner).

Kraftgesetz	$F = -m \cdot g$
Anfangsbedingungen	$h(0) = h_0$ $v(0) = v_0$
Bewegungsgleichung	$\frac{d^2}{dt^2} h(t) = \frac{F}{m} = -g$
Lösung durch zweimaliges Integrieren	$\frac{d}{dt} h(t) = v(t) = \int(-g)dt = -g \cdot t + C_1$ $h(t) = \int(-g \cdot t + C_1)dt = -g \cdot \frac{t^2}{2} + C_1 \cdot t + C_2$

Die Anfangsbedingungen sind erfüllt, wenn $C_1 = v_0$ und $C_2 = h_0$, und wir erhalten als Lösung $h(t) = h_0 + v_0 \cdot t - \frac{1}{2} g \cdot t^2$.

Literaturverzeichnis

Alle Internetlinks wurden am 06.03.2024 überprüft.

[1] Mathematikrezepte, http://www.pythagoras.ch

[2] http://www.bioconsult.ch/Inovatech

[3] http://www.matheass.de

[4] https://education.ti.com/de/schweiz/home

Downloadbereich von Texas Instruments mit Rechneranleitungen und mehr

[5] http://www.bioconsult.ch/Inovatech/Mathematik/Simplex.exe

[6] http://www.bioconsult.ch/Inovatech/Mathematik/Polynom.exe

[7] http://de.wikipedia.org/wiki/Marktdiagramm

[8] http://www.terrot-oldtimer.de/html/einstellungen.html

[9] http://www.bioconsult.ch/Inovatech/TI30XPRO.pdf

[10] http://www.bioconsult.ch/Inovatech/Mathematik/STATPROB.XLS

[11] http://cran.r-project.org

[12] http://www.bioconsult.ch/Inovatech/ncsscalc.zip

[13] http://www.bioconsult.ch/Inovatech/Mechanik/Skript_Me.pdf

[14] http://de.wikipedia.org/wiki/Komplexe_Wechselstromrechnung

[15] Knorrenschild, Vorkurs Mathematik, 6. Auflage. Carl Hanser Verlag, München 2023

[16] Bartsch, Taschenbuch mathematischer Formeln für Ingenieur- und Naturwissenschaften, 25. Auflage, Carl Hanser Verlag, München 2023

[17] Bartsch, Kleine Formelsammlung Mathematik, 8. Auflage, Carl Hanser Verlag, München 2023

[18] Völkel u.a., Mathematik für Techniker, 9. Auflage, Carl Hanser Verlag, München 2024

Lehrbuch mit zahlreichen Aufgaben und Lösungen, sehr ausführlich.

[19] Rapp, Mathematik für die Fachschule Technik, 4. Auflage. Vieweg Verlag, Braunschweig Wiesbaden 2003

Lehrbuch mit zahlreichen Aufgaben und Lösungen, enthält leider Druckfehler.

[20] https://de.wikipedia.org/wiki/Fourier-Analysis

[21] Dubbels Taschenbuch für den Maschinenbau. 24. Auflage. Springer Vieweg, Berlin Heidelberg 2014

Nicht ganz billiges Werk, das den Stoff der meisten technischen Fächer für Maschinentechniker inklusive Mathematik enthält. Das „Taschenbuch“ ist in den neueren Auflagen definitiv kein „Taschen“buch mehr.

[22] http://www.real-statistics.com/

[23] http://www.alpentunnel.de/10_Epochial/30_Gotthard/20_Vermessung/20_Gelpke/Bilder/gelpke_triangulation.pdf

[24] https://www.sos-mathe.ch/

[25] https://de.wikipedia.org/wiki/Ariane_V88

[26] https://de.wikipedia.org/wiki/MIM-104_Patriot

[27] https://de.wikipedia.org/wiki/Sto%C3%9F_(Physik)

[28] https://valdivia.staff.jade-hs.de/polynomnullstellen.html

[29] https://www.geogebra.org/

[30] https://wiki.geogebra.org/de/Ableitung_%28Befehl%29

[31] https://wiki.geogebra.org/de/Integral_%28Befehl%29

Sachwortverzeichnis

A

B

C

D

E

F

G

H

I

J

K

L

M

N

O

P

Q

R

S

T

U

V

W

Z